一変数関数編

# 解析演習

宮岡悦良　［著］
永倉安次郎

朝倉書店

### ❗ 書籍の無断コピーは禁じられています

　書籍の無断コピー（複写）は著作権法上での例外を除き禁じられています。書籍のコピーやスキャン画像、撮影画像などの複製物を第三者に譲渡したり、書籍の一部をSNS等インターネットにアップロードする行為も同様に著作権法上での例外を除き禁じられています。

　著作権を侵害した場合、民事上の損害賠償責任等を負う場合があります。また、悪質な著作権侵害行為については、著作権法の規定により10年以下の懲役もしくは1,000万円以下の罰金、またはその両方が科されるなど、刑事責任を問われる場合があります。

　複写が必要な場合は、奥付に記載のJCOPY（出版者著作権管理機構）の許諾取得またはSARTRAS（授業目的公衆送信補償金等管理協会）への申請を行ってください。なお、この場合も著作権者の利益を不当に害するような利用方法は許諾されません。

　とくに大学教科書や学術書の無断コピーの利用により、書籍の販売が阻害され、出版じたいが継続できなくなる事例が増えています。

　著作権法の趣旨をご理解の上、本書を適正に利用いただきますようお願いいたします。

［2025年3月現在］

# はじめに

　本書は，一変数関数の微積分を中心として，実数の基本性質から級数までの解析学を学習している方々の理解を深めるための演習書である．必要な定理や考え方は，ヒントや NOTE の形で載せて使いやすいように工夫してあるが，くわしくは，拙著「解析学 I」(共立出版)（本文中で，「解析学 I」として言及している）など，解析学の教科書を参照していただきたい．

　また，さらに学習をしたいときは，より多くの問題が載せてある「解析演習ハンドブック〔一変数関数編〕」（朝倉書店）を参照されるように希望する．

　なお，多変数関数の解析学に関しては，拙著「解析演習ハンドブック〔多変数関数編〕」，「解析演習〔多変数関数編〕」（朝倉書店）を参考にされたい．

　また，ご意見などがありましたら，miyaoka@rs.kagu.sut.ac.jp までお知らせください．

　終わりに，本書の出版にあたり終始ご尽力いただいた朝倉書店編集部の方々には心からお礼を申し上げたい．

2001 年 3 月

著　者

# 目　次

## 第1章　集合・関数・論理
- 1.1　集合・関数 ... 1
- 1.2　論　理 ... 4
- 章末問題 ... 9

## 第2章　実　数
- 2.1　四則演算 ... 13
- 2.2　順　序 ... 14
- 2.3　実　数 ... 17
- 章末問題 ... 22

## 第3章　数　列
- 3.1　数　列 ... 26
- 3.2　単調数列・部分数列 ... 33
- 3.3　数列の集積値・上極限・下極限 ... 37
- 章末問題 ... 39

## 第4章　関数の極限
- 4.1　関数の極限 (I) ... 49
- 4.2　極限定理 ... 52
- 4.3　関数の極限 (II) ... 54
- 章末問題 ... 63

## 第5章　連続関数

- 5.1　連続関数 ........................................................ 68
- 5.2　連続関数の性質 ................................................ 72
- 5.3　閉区間上の連続関数 .......................................... 78
- 章末問題 ............................................................. 82

## 第6章　微　分

- 6.1　導関数 ............................................................ 88
- 6.2　微分法の公式 .................................................... 92
- 6.3　平均値の定理 .................................................... 97
- 6.4　テーラーの定理 ............................................... 109
- 章末問題 ........................................................... 120

## 第7章　積　分

- 7.1　定積分 .......................................................... 139
- 7.2　定積分の基本性質 ............................................ 143
- 7.3　微積分学の基本定理 ......................................... 145
- 7.4　不定積分の計算 ............................................... 153
- 7.5　広義積分 ....................................................... 162
- 章末問題 ........................................................... 171

## 第8章　級　数

- 8.1　級　数 .......................................................... 187
- 8.2　正項級数 ....................................................... 191
- 8.3　絶対収束と条件収束 ......................................... 200
- 章末問題 ........................................................... 203

## 第9章　関数の列と級数

- 9.1　関数列 ................................................. 209
- 9.2　関数項級数 ........................................... 216
- 9.3　整級数 ................................................. 224
- 9.4　フーリエ級数 ....................................... 234
- 章末問題 ................................................... 246

## 付録

- A　基本事項 ............................................... 260
- B.0　極限 ................................................... 262
- B.1　微分の公式 ......................................... 262
- B.2　積分の公式 ......................................... 263

## 索引 ........................................................ 273

---

**記号について**

$N$：自然数全体の集合　　$Z$：整数全体の集合
$Q$：有理数全体の集合　　$R$：実数全体の集合
$x \in A$：$x$ は集合 $A$ の要素　　$A \subset B$：集合 $A$ は $B$ の部分集合
$\emptyset$：空集合　　$A \cup B$：集合 $A$ と $B$ の和集合
$A \cap B$：集合 $A$ と $B$ の共通部分　　$A - B$：集合 $A$ と $B$ の差集合
$A^c$：集合 $A$ の補集合
$p \Rightarrow q$：$p$ ならば $q$
$p \Leftrightarrow q$：$p$ ならば $q$, かつ, $q$ ならば $p$ ($p$ は $q$ の必要十分条件)

# 1 集合・関数・論理

## 1.1 集合・関数

(ex.1.1.1) $A = \{0, 2, 3, 4, 10\}, B = \{-2, -1, 0, 1, 2\}, C = \{100\}$ のとき，次を求めよ．
(a) (i) $A \cup B$ (ii) $A \cap B$ (iii) $A - B$ (iv) $B - A$ (v) $A \cap C$
(b) (i) $A \cup B \cup C$ (ii) $A \cap B \cap C$ (iii) $(A \cup B) \cap C$ (vi) $A \cup (B \cap C)$

【解】 (a) (i) $A \cup B = \{-2, -1, 0, 1, 2, 3, 4, 10\}$ (ii) $A \cap B = \{0, 2\}$
(iii) $A - B = \{3, 4, 10\}$ (iv) $B - A = \{-2, -1, 1\}$ (v) $A \cap C = \emptyset$
(b) (i) $A \cup B \cup C = \{-2, -1, 0, 1, 2, 3, 4, 10, 100\}$ (ii) $A \cap B \cap C = \emptyset$
(iii) $(A \cup B) \cap C = \emptyset$ (iv) $A \cup (B \cap C) = \{0, 2, 3, 4, 10\}$

(ex.1.1.2) $A$ と $B$ を集合とする．次を示せ．
(i) $A \cap (A \cup B) = A \cup (A \cap B) = A$ (ii) $A - (A - B) = A \cap B$

【解】 (i) $A \subset (A \cup B)$ なので，$A \cap (A \cup B) = A$．$A \supset (A \cap B)$ なので，
$A \cup (A \cap B) = A$．
(ii) $A \cup B = U$ を全体集合とする．$A - (A - B) = A \cap (A - B)^c = A \cap (A \cap B^c)^c$
$= A \cap (A^c \cup B) = (A \cap A^c) \cup (A \cap B) = \emptyset \cup (A \cap B) = A \cap B$

(ex.1.1.3) 次の $A, B$ について，直積 $A \times B$ を示せ．
(i) $A = \{1, 2, 3\}, B = \{-1, 0\}$ (ii) $A = \{1\}, B = \{0\}$ (iii) $A = \{0\}, B = \{1\}$
(iv) $A = \{1\}, B = \mathbf{R}$ (v) $A = \mathbf{R}, B = \{x \in \mathbf{R} : -1 < x < 3\}$

【解】(i) $A \times B = \{(1, -1), (1, 0), (2, -1), (2, 0), (3, -1), (3, 0)\}$   (ii) $A \times B = \{(1, 0)\}$
(iii) $A \times B = \{(0, 1)\}$   (iv) $A \times B = \{(1, y) : y \in \mathbf{R}\}$
(v)  $A \times B = \{(x, y) \in \mathbf{R} \times \mathbf{R} : -1 < y < 3\}$

(ex.1.1.4)  集合 $A$ のすべての部分集合を要素とする集合を $A$ の**ベキ集合**という．$\{0, 1, 2, 3\}$ のベキ集合を求めよ．

【解】$\{\emptyset, \{0\}, \{1\}, \{2\}, \{3\}, \{0, 1\}, \{0, 2\}, \{0, 3\}, \{1, 2\}, \{1, 3\}, \{2, 3\}, \{0, 1, 2\},$
$\{0, 1, 3\}, \{0, 2, 3\}, \{1, 2, 3\}, \{0, 1, 2, 3\}\}$

**NOTE:**  要素が $n$ 個の有限集合のべき集合の要素の個数は，
$$\sum_{k=0}^{n} {}_nC_k = (1+1)^n = 2^n \text{ 個である (二項定理参照)}.$$

(ex.1.1.5)  次の関数 $f$ の定義域と値域を求めよ．
(i)   すべての $x \in \{x : -3 \leq x < 3\}$ について，$f(x) = x^3 - 1$
(ii)  すべての自然数 $n$ について，$f(n) = 2^n$

【解】(i)   定義域：$\{x \in \mathbf{R} : -3 \leq x < 3\}$   値域：$\{x \in \mathbf{R} : -28 \leq x < 26\}$
(ii)  定義域：$\{n : n \in \mathbf{N}\}$   値域：$\{2^n : n \in \mathbf{N}\}$

(ex.1.1.6)  次の関数 $f$ について，$f(U), f^{-1}(V), f^{-1}(W)$ を求めよ．
(i)   $f(x) = |x|, \ x \in \mathbf{R}, \ U = \{x : -2 \leq x \leq 2\}, V = \{y : 0 \leq y \leq 3\}, W = \{y : y > 0\}$
(ii)  $f(x) = 2x - 4, \ x \in \mathbf{R}, \ U = \{x : -2 \leq x < 2\}, V = \{y : 0 \leq y \leq 3\}, W = \{y : y > 0\}$

<ヒント>  $f : A \to B$ を関数とし，$A$ の部分集合 $U$ に対して，集合 $\{f(x) : x \in U\}$ を $f$ による $U$ の**像**といい，$f(U)$ で表す．これは $B$ の部分集合である．また，$B$ の部分集合 $V$ に対して，$f^{-1}(V) = \{x \in A ; f(x) \in V\}$ とおいて，この集合を $f$ による $V$ の**原像**または**逆像**という．これは $A$ の部分集合である．また，$f(\emptyset) = \emptyset, \ f^{-1}(\emptyset) = \emptyset$ とする．

【解】(i)  $f(U) = \{y : 0 \leq y \leq 2\}, \ f^{-1}(V) = \{x : -3 \leq x \leq 3\}, \ f^{-1}(W) = \{x \in \mathbf{R} : x \neq 0\}$
(ii) $f(U) = \{y : -8 \leq y < 0\}, \ f^{-1}(V) = \{x : 2 \leq x \leq 7/2\}, \ f^{-1}(W) = \{x : x > 2\}$

(ex.1.1.7) 次の関数 $f: A \to B$ について，全射，単射，全単射かを示せ．全単射であれば，その逆関数を求めよ．
(i) $f(x) = -x + 2, A = B = \mathbf{R}$　(ii) $f(x) = |x| + 1, A = \{x : -2 < x < 2\}, B = \{y : y \geq 0\}$
(iii) $f(x) = x^2 - 1, A = \{x : -2 < x < 2\}, B = \{y : y \geq -1\}$
(iv) (iii) の $f(x)$ の $A = \{x : 0 < x < 2\}$ への制限

<ヒント> 関数 $f: A \to B$ について，$f(A) = B$. つまり，値域が $B$ と等しいとき，$f$ は**全射**または**上への写像**という．いいかえると，すべての $y \in B$ について，$f(x) = y$ となる $x \in A$ が存在すれば，$f$ は全射である．また，$x_1, x_2 \in A$ で，$x_1 \neq x_2$ ならば，$f(x_1) \neq f(x_2)$ であるとき，$f$ は**単射**または**1対1**であるという．いいかえると，$f(x_1) = f(x_2)$ ならば $x_1 = x_2$ がすべての $x_1, x_2 \in A$ について成り立つならば，$f$ は単射である．$f$ が全射かつ単射であるとき，$f$ は**全単射**または**1対1対応**という．

【解】(i) 全単射, $y = -x + 2$　(ii) 全射でも単射でもない．
(iii) 全射でも単射でもない．(iv) 全射でないが単射である．

(ex.1.1.8) 次の関数 $f, g$ の合成関数 $f \circ g$ と $g \circ f$ を求めよ．
(i) $f(x) = x^2, x \in \mathbf{R}, g(x) = -3x + 5, x \in \mathbf{R}$
(ii) $f(x) = \sqrt{x}, x > 0, g(x) = x^2, x > 0$

【解】(i) $(f \circ g)(x) = f(g(x)) = (-3x + 5)^2 = 9x^2 - 30x + 25$
　　　$(g \circ f)(x) = g(f(x)) = -3x^2 + 5$
(ii) $(f \circ g)(x) = f(g(x)) = \sqrt{x^2} = x, \ x > 0$
　　$(g \circ f)(x) = g(f(x)) = (\sqrt{x})^2 = x, \ x > 0$

(ex.1.1.9) $a, b \ (a < b)$ を実数とし，$I = \{x \in \mathbf{R} : 0 \leq x \leq 1\}$ とする．関数 $f: I \to \mathbf{R}$ を $f(x) = a + x(b - a), 0 \leq x \leq 1$ と定義する．$f$ が単射であることを示し，逆関数を求めよ．また，$f$ による $I$ の像を求めよ．

【解】$x_1 \neq x_2$ とすると，$f(x_1) - f(x_2) = (x_1 - x_2)(b - a)$.
ゆえに，$f(x_1) \neq f(x_2)$. よって，$f$ は単射．$f(I) = \{y \in \mathbf{R} : a \leq y \leq b\}$.
逆関数は，$y = \dfrac{x - a}{b - a}, \ a \leq x \leq b$.

## 1.2 論理

(ex.1.2.1) 次の命題は真であるか偽であるか？また，その理由を述べよ．
(i) $x^2 + y^3 = 0 \Leftrightarrow x = y = 0$
(ii) $x, y$ が有理数であれば，$x + y$ もまた有理数である．
(iii) $x, y$ が無理数であれば，$x + y$ もまた無理数である．
(iv) 奇数の2乗は奇数である．
(v) $x^2$ が奇数であれば，$x$ もまた奇数である．
(vi) $\alpha, \beta$ が2次方程式 $ax^2 + bx + c = 0$ $(a \neq 0)$ の解であるとき，
$$\alpha + \beta = -\frac{b}{a}, \quad \alpha\beta = \frac{c}{a} \quad (\text{解と係数の関係})$$
(vii) 多項式 $p(x)$ が $(x-a)$ で割り切れる． $\Leftrightarrow p(a) = 0$ （因数定理）

<ヒント> 「命題が真である」ことを示すには，一般に証明しなければならないが，「命題が偽である」ことを示すには反例を一つ示せばよい．

【解】(i) 偽．$x = 1, y = -1$ のとき，$x^2 + y^3 = 0$ であるが，$x = y = 0$ とならない．
(ii) 真．$x, y$ を有理数とすると，$x = \dfrac{q}{p}, y = \dfrac{q'}{p'}$ と表すことができる．ここで，$p \,(\neq 0), q, p' \,(\neq 0), q'$ は整数．$x + y = \dfrac{q}{p} + \dfrac{q'}{p'} = \dfrac{qp' + pq'}{pp'}$，$qp' + pq'$，$pp'$ は整数で $pp' \neq 0$ なので，$x + y$ も有理数．
(iii) 偽．$x = 2 + \sqrt{2}, y = -\sqrt{2}$ は無理数だが，$x + y = 2$ は無理数ではない．
(iv) 真．$a = 2k + 1, k \in \mathbf{Z}$ とすると，$a^2 = (2k+1)^2 = 2(2k^2 + 2k) + 1$．ゆえに，$a^2$ も奇数．
(v) 偽．$x^2 = 3$ は奇数であるが，$x = \sqrt{3}$ は奇数でない．
(vi) 真．$ax^2 + bx + c = a(x - \alpha)(x - \beta)$ と表すことができる，これより，
$$\left\{\frac{b}{a} + (\alpha + \beta)\right\}x + \left(\frac{c}{a} - \alpha\beta\right) = 0$$
がすべての $x$ で成り立つので，$\alpha + \beta = -\dfrac{b}{a}, \alpha\beta = \dfrac{c}{a}$．
(vii) 真．多項式 $p(x)$ が $(x-a)$ で割り切れる． $\Leftrightarrow$ 多項式 $f(x)$ があって $p(x) = f(x)(x-a)$ と表すことができる． $\Leftrightarrow p(a) = 0$

(ex.1.2.2) 次の命題の否定を作り，その真理値を述べよ．
(i) $\forall x\,(x+3=0)$ (ii) $\exists x\,(x+3=0)$ (iii) $\forall x\,(x+0=x)$
(iv) $\exists x \in \mathbf{N}\,(2x+3=0)$ (v) $\exists x \in \mathbf{R}\,(x^2+3=0)$

【解】(i) $\exists x\,(x+3 \neq 0)$，真 (ii) $\forall x\,(x+3 \neq 0)$，偽
(iii) $\exists x\,(x+0 \neq x)$，偽 (iv) $\forall x \in \mathbf{N}\,(2x+3 \neq 0)$，真
(v) $\forall x \in \mathbf{R}\,(x^2+3 \neq 0)$，真

(ex.1.2.3) 次の命題の逆，裏，対偶を述べ，その真理値を示せ．
(i) $x=3$ ならば，$x^2-x-6=0$ (ii) $|x|<1$ ならば，$x^2<1$
(iii) 2つの実数 $a, b$ の和が無理数であれば，どちらか一方は無理数である．

<ヒント>

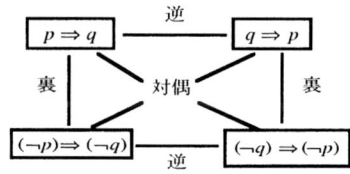

ここで，$\neg p$ は命題 $p$ の否定．
【解】(i) 逆：$x^2-x-6=0$ ならば，$x=3$．偽．
裏：$x \neq 3$ ならば，$x^2-x-6 \neq 0$．偽 対偶：$x^2-x-6 \neq 0$ ならば $x \neq 3$．真
(ii) 逆：$x^2<1$ ならば，$|x|<1$．真 裏：$|x| \geq 1$ ならば，$x^2 \geq 1$．真
対偶：$x^2 \geq 1$ ならば，$|x| \geq 1$．真
(iii) 逆：2つの実数 $a, b$ の少なくともどちらか一方が無理数ならば，$a+b$ は無理数である．偽
裏：$a+b$ が無理数でないならば，$a, b$ のいずれも無理数でない．偽
対偶：$a, b$ のいずれも無理数でないならば，$a+b$ は無理数でない．真

(ex.1.2.4) 数学的帰納法により次を証明せよ．$n \in \mathbf{N}$ とする．
(i) $2^n > n$ (ii) $(n+1)! \geq 2^n$ (iii) $1+3+5+\cdots+(2n-1)=n^2$
(iv) $0<x<1$ のとき，$0<x^n<1$

6　第1章　集合・関数・論理

(v) $\dfrac{1}{1\cdot 3}+\dfrac{1}{3\cdot 5}+\cdots +\dfrac{1}{(2n-1)(2n+1)}=\dfrac{n}{2n+1}$

(vi) $n\geq 2$ のとき, $n^2>n+1$

(vii) $n\geq 2$ のとき, $1/\sqrt{1}+1/\sqrt{2}+\cdots +1/\sqrt{n}>\sqrt{n}$

<ヒント>　《数学的帰納法》

$P(n)$ を自然数 $n$ についての命題とする.

(i) $P(1)$ が真である　(ii) $P(k)$ が真であるとすると $P(k+1)$ も真である

ことがいえれば $P(n)$ はすべての自然数 $n$ について真である.

(II) $S$ を自然数の集合とし, $n_0\in N$ とする.

(i) $n_0\in S$　(ii) $k\geq n_0$ で, $k\in S$ ならば, $k+1\in S$

が成り立つならば, $S\supset \{n\in N; n\geq n_0\}$.

【解】(i) $n=1$ のとき, $2>1$ であるから成り立つ. $n=k$ ($k\geq 1$) のとき, $2^k>k$ が成り立つとする. $2^{k+1}=2\cdot 2^k>2k$ であるが, $2k-(k+1)=k-1\geq 0$ より, $2k\geq k+1$. ゆえに, $2^{k+1}>k+1$. よって, $n=k+1$ でも成り立つ. ゆえに, 帰納法により, すべての自然数 $n$ で, $2^n>n$ は成り立つ.

(ii) $n=1$ のとき, $2!=2\geq 2$ であるから成り立つ. $n=k$ ($k\geq 1$) のとき, $(k+1)!\geq 2^k$ が成り立つとする. $(k+2)!=(k+2)(k+1)!\geq (k+2)2^k$ である. ここで, $(k+2)2^k-2^{k+1}=2^k\{(k+2)-2\}=2^k k>0$ であるから, $(k+2)2^k>2^{k+1}$. ゆえに, $(k+2)!\geq 2^{k+1}$. よって, $n=k+1$ でも成り立つ. ゆえに, 帰納法により, すべての自然数 $n$ で, $(n+1)!\geq 2^n$ は成り立つ.

(iii) $n=1$ のとき, $1=1^2$ であるから成り立つ. $n=k$ ($k\geq 1$) のとき, $1+3+\cdots +(2k-1)=k^2$ が成り立つとする.

$$1+3+\cdots +(2k-1)+(2k+1)=k^2+(2k+1)=(k+1)^2$$

ゆえに, $n=k+1$ でも成り立つ. よって, 帰納法により, すべての自然数 $n$ で, $1+3+5+\cdots +(2n-1)=n^2$ は成り立つ.

(iv) $n=1$ のとき, $0<x<1$ であるから成り立つ. $n=k$ ($k\geq 1$) のとき, $0<x^k<1$ が成り立つとする.

$$1-x^{k+1}=1-x+x-x^{k+1}=(1-x)+x(1-x^k)>0$$

また, $x^{k+1}=x\cdot x^k>0$ であるから $0<x^{k+1}<1$. ゆえに, $n=k+1$ でも成り立つ. よって, 帰納法により, すべての自然数 $n$ で, $0<x<1$ のとき, $0<x^n<1$ が成り立つ.

(v) $n=1$ のとき, $\dfrac{1}{1\cdot 3}=\dfrac{1}{2(1)+1}$ であるから成り立つ. $n=k\ (k\geq 1)$ のとき,

$\dfrac{1}{1\cdot 3}+\dfrac{1}{3\cdot 5}+\cdots+\dfrac{1}{(2k-1)(2k+1)}=\dfrac{k}{2k+1}$ が成り立つとする.

$$\dfrac{1}{1\cdot 3}+\dfrac{1}{3\cdot 5}+\cdots+\dfrac{1}{(2k-1)(2k+1)}+\dfrac{1}{\{2(k+1)-1\}\{2(k+1)+1\}}$$
$$=\dfrac{k}{2k+1}+\dfrac{1}{(2k+1)\{2(k+1)+1\}}=\dfrac{(2k+1)(k+1)}{(2k+1)\{2(k+1)+1\}}=\dfrac{(k+1)}{2(k+1)+1}$$

ゆえに, $n=k+1$ でも成り立つ. よって, 帰納法により, すべての自然数 $n$ について命題が成り立つ.

(vi) $n=2$ のとき, $2^2=4>2+1$ であるから成り立つ. $n=k\ (k\geq 2)$ のとき, $k^2>k+1$ が成り立つとする. このとき, $(k+1)^2=k^2+2k+1>(k+1)+1$. ゆえに, $n=k+1$ でも成り立つ. よって, 帰納法により, $n\geq 2$ をみたすすべての自然数 $n$ について命題が成り立つ.

(vii) $n=2$ のとき, $\dfrac{1}{\sqrt{1}}+\dfrac{1}{\sqrt{2}}-\sqrt{2}=\dfrac{1}{\sqrt{2}}(\sqrt{2}-1)>0$ より

$1/\sqrt{1}+1/\sqrt{2}>\sqrt{2}$ であるから成り立つ. $n=k\ (k\geq 2)$ のとき, $1/\sqrt{1}+1/\sqrt{2}+\cdots+1/\sqrt{k}>\sqrt{k}$ が成り立つとする. このとき,

$$\dfrac{1}{\sqrt{1}}+\dfrac{1}{\sqrt{2}}+\cdots+\dfrac{1}{\sqrt{k}}+\dfrac{1}{\sqrt{k+1}}-\sqrt{k+1}>\sqrt{k}+\dfrac{1}{\sqrt{k+1}}-\sqrt{k+1}$$
$$=\dfrac{1}{\sqrt{k+1}}(\sqrt{k(k+1)}-k)=\dfrac{k}{\sqrt{k+1}(\sqrt{k(k+1)}+k)}>0$$

ゆえに, $\dfrac{1}{\sqrt{1}}+\dfrac{1}{\sqrt{2}}+\cdots+\dfrac{1}{\sqrt{k}}+\dfrac{1}{\sqrt{k+1}}>\sqrt{k+1}$ となり, $n=k+1$ でも成り立つ. よって, 帰納法により, $n\geq 2$ をみたすすべての自然数 $n$ について命題が成り立つ.

---

(ex.1.2.5) $n\in\mathbf{N}$ とする. 次を示せ.
(i) $n^2+n$ は 2 で割り切れる. (ii) $n^5-n$ は 5 で割り切れる.
(iii) $n^3+5n$ は 6 で割り切れる.

---

【解】(i) $n=1$ のとき, $1^2+1=2$ は 2 で割り切れる. $n=k$ のとき, $k^2+k$ は 2 で割り切れるとする. $(k+1)^2+(k+1)=k^2+k+2(k+1)$ は 2 で割り切れる. ゆえに, $n=k+1$ でも成り立つ. よって, 帰納法により, すべての自然数 $n$ につい

て命題が成り立つ.
(ii) $n=1$ のとき, $1^5-1$ は5で割り切れる. $n=k$ のとき, $k^2-k$ は5で割り切れるとする. $(k+1)^5-(k+1)=(k^5-k)+5k(k^3+2k^2+2k+1)$ は5で割り切れる. ゆえに, $n=k+1$ でも成り立つ. よって, 帰納法により, すべての自然数 $n$ について命題が成り立つ.
(iii) $n=1$ のとき, $1^3+5$ は6で割り切れる. $n=k$ のとき, $k^3+5k$ は6で割り切れるとする. $(k+1)^3+5(k+1)=(k^3+5k)+3k(k+1)+6$ となるが, $k(k+1)$ は偶数なので, $(k+1)^3+5(k+1)$ は6で割り切れる. ゆえに, $n=k+1$ でも成り立つ. よって, 帰納法により, すべての自然数 $n$ について命題が成り立つ.

---

(ex.1.2.6) $a,b$ が実数で, $0 \leq a \leq b$ のとき, 次を証明せよ. $n \in \mathbf{N}$ とする.
(i) $a^n \leq b^n$  (ii) $ab^n+ba^n \leq a^{n+1}+b^{n+1}$  (iii) $\left(\dfrac{a+b}{n}\right)^n \leq \dfrac{a^n+b^n}{2}$ $(n \geq 2)$

---

【解】(i) $n=1$ のとき, 仮定より, $a \leq b$ は成り立つ. $n=k$ のとき, $a^k \leq b^k$ が成り立つとする. このとき,
$$b^{k+1}-a^{k+1} = b^{k+1}-ba^k+ba^k-a^{k+1} = b(b^k-a^k)+a^k(b-a) \geq 0$$
となり, $n=k+1$ のときも $b^{k+1} \geq a^{k+1}$ が成り立つ. よって, 帰納法により, すべての自然数 $n$ について命題が成り立つ.
(ii) $n=1$ のとき, $(a^2+b^2)-(ab+ba)=(a-b)^2 \geq 0$ より, $(a^2+b^2) \geq (ab+ba)$ は成り立つ. $n=k$ のとき, $(a^{k+1}+b^{k+1}) \geq (ab^k+ba^k)$ が成り立つとする. このとき, $a^{k+2}+b^{k+2}-(ab^{k+1}+ba^{k+1})$
$= a\{(a^{k+1}+b^{k+1})-(ab^k+ba^k)\}+b^k(a-b)^2 \geq 0$
となり, $n=k+1$ のときも $a^{k+2}+b^{k+2} \geq ab^{k+1}+ba^{k+1}$ が成り立つ. よって, 帰納法により, すべての自然数 $n$ について命題が成り立つ.
(iii) $n=2$ のとき, $\dfrac{a^2+b^2}{2}-\left(\dfrac{a+b}{2}\right)^2 = \dfrac{(a-b)^2}{4} \geq 0$ より成り立つ. $n=k$ $(k \geq 2)$ のとき, $\left(\dfrac{a+b}{k}\right)^k \leq \dfrac{a^k+b^k}{2}$ が成り立つとする. このとき,
$$\left(\dfrac{a+b}{k+1}\right)^{k+1} = \left(\dfrac{a+b}{k}\right)^k \dfrac{k^k(a+b)}{(k+1)^{k+1}} \leq \dfrac{a^k+b^k}{2} \dfrac{(a+b)}{(k+1)(1+(1/k))^k} \quad (*)$$
ここで, 前問(ii)より,
$$(a^k+b^k)(a+b) = (a^{k+1}+b^{k+1})+(ab^k+ba^k) \leq 2(a^{k+1}+b^{k+1})$$

さらに、$k+1>2$, $(1+(1/k))^k>1$ であるから (*) において、
$\left(\dfrac{a+b}{k+1}\right)^{k+1} \leq \dfrac{a^{k+1}+b^{k+1}}{2}$ となり、$n=k+1$ のときも成り立つ．よって，帰納法により，$n \geq 2$ をみたすすべての自然数 $n$ について命題が成り立つ．

(ex.1.2.7) $a_1=1, a_2=3, a_{n+1}=3a_n-2a_{n-1}$, $n \geq 2$ と定義されているとき，$a_n=2^n-1$ であることを示せ．

<ヒント> 《数学的帰納法》 $S$ を自然数の集合とする．
 (i) $1 \in S$  (ii) $\{1,2,3,...,k\} \subset S$ ならば，$k+1 \in S$
が成り立つならば，$S=N$．

【解】$n=1$ のとき，$a_1=2^1-1=1$ で成り立つ．$n=2$ のとき，$a_2=2^2-1=3$ で成り立つ．$n=1,2,3,...,k$ のとき，$a_k=2^k-1$ が成り立つとする．このとき，
 $a_{k+1}=3a_k-2a_{k-1}=3(2^k-1)-2(2^{k-1}-1)=2^{k-1}(6-2)-1=2^{k+1}-1$
となり，$n=k+1$ でも成り立つ．よって，すべての自然数 $n$ について命題が成り立つ．

## 章末問題

(ex.1.A.1) $f(x)=[x]$ $(x \in R)$ を $x$ を越えない最大の整数とする．（ガウス記号）つぎを示せ．ただし，$x,y \in R, n \in N$．
(i) $x-1<[x] \leq x <[x]+1$  (ii) $0 \leq x-[x]<1$  (iii) $[x]+[y] \leq [x+y] \leq [x]+[y]+1$

(ex.1.A.2) 関数 $f: I=\{x \in R : 0<x<1\} \to R$ が次のように定義されているとする．$f(x)=\tan\pi\left(x-\dfrac{1}{2}\right)$, $0<x<1$．$f$ は全単射であることを示せ．

(ex.1.A.3) $A=\{x \in R : -2<x<1\}$, $B=\{x \in R : -1<x \leq 2\}$, $C=\{x \in R : 0 \leq <x<2\}$, $f(x)=x^2$ ($x \in R$) とするとき次を求めよ．
(i) $f(A \cap B)$  (ii) $f(A) \cap f(B)$  (iii) $f^{-1}(f(A))$  (iv) $f(f^{-1}(C))$

(ex.1.B.1) $f: A \to B$ を関数とし，$S,T$ を $A$ の部分集合，$U,V$ を $B$ の部分集合とする．次を示せ．
(i)  $S \subset T \Rightarrow f(S) \subset f(T)$  (ii)  $U \subset V \Rightarrow f^{-1}(U) \subset f^{-1}(V)$
(iii)  $f(S \cup T)=f(S) \cup f(T)$  (iv)  $f(S \cap T) \subset f(S) \cap f(T)$

(v)　$f^{-1}(U \cup V) = f^{-1}(U) \cup f^{-1}(V)$　　(vi)　$f^{-1}(U \cap V) = f^{-1}(U) \cap f^{-1}(V)$
(vii)　$S \subset f^{-1}(f(S))$　　(viii)　$U \supset f(f^{-1}(U))$
(ix)　$f(A - T) \supset f(A) - f(T)$　　(x)　$f^{-1}(B - V) = A - f^{-1}(V)$

**(ex.1.B.2)**　$f: A \to B$ を関数とし，$S, T$ を $A$ の部分集合，$U, V$ を $B$ の部分集合とする．次を示せ．
(i)　$f(S \cap T) = f(S) \cap f(T) \Leftrightarrow f$ は単射である．
(ii)　$f(f^{-1}(U)) = U \Leftrightarrow f$ は全射である．


********** 章末問題解答 **********


**(ex.1.A.1)**　$[x]$ は $x$ を越えない最大の整数だから，
　　　$0 \leq x - [x]$, $x < [x] + 1$　　　　（イ）
(i)　（イ）より，$x - 1 < [x] \leq x < [x] + 1$
(ii)　（イ）より，$0 \leq x - [x] < 1$
(iii)　$x - [x] = r(x), x \in \mathbf{R}, y - [y] = r(y), y \in \mathbf{R}$ とおくと，$0 \leq r(x) < 1$，$0 \leq r(y) < 1$．ゆえに，$0 \leq r(x) + r(y) < 2$．
　$0 \leq r(x) + r(y) < 1$ の場合は，$0 \leq (x + y) - ([x] + [y]) = r(x) + r(y) < 1$ であるから，$[x] + [y] = [x + y]$．
　$1 \leq r(x) + r(y) < 2$ の場合は，$0 \leq (x + y) - ([x] + [y] + 1) = r(x) + r(y) - 1 < 1$ であるから，$[x + y] = [x] + [y] + 1$．
　ゆえに，いずれのときも，$[x + y] \leq [x] + [y] + 1$ をみたす．さらに，$[x] + [y] \leq x + y$ が成り立ち，$[x + y]$ は $x + y$ を越えない最大の整数だから，$[x] + [y] \leq [x + y] \leq [x] + [y] + 1$ が成り立つ．

**(ex.1.A.2)**　単射：$0 < x_1 < 1, 0 < x_2 < 1$ について，$f(x_1) = f(x_2)$ とすると
$$0 = f(x_1) - f(x_2) = \tan \pi \left(x_1 - \frac{1}{2}\right) - \tan \pi \left(x_2 - \frac{1}{2}\right)$$
$$= \frac{1}{\cos \pi (x_1 - (1/2)) \cos \pi (x_2 - (1/2))} \sin\{\pi(x_1 - (1/2)) - \pi(x_2 - (1/2))\}$$
ゆえに，$\sin \pi(x_1 - x_2) = 0$，$|\pi(x_1 - x_2)| < \pi$，よって，$x_1 = x_2$．ゆえに，$f$ は単射．
全射：$f(x) = \tan \pi \left(x - \frac{1}{2}\right), 0 < x < 1$ は，すべての実数を値とする単調増加関数

だから $f$ は全射である．

**(ex.1.A.3)** (i) $A \cap B = \{x \in \mathbf{R} : -1 < x < 1\}$ より $f(A \cap B) = \{x \in \mathbf{R} : 0 \le x < 1\}$.
(ii) $f(A) = \{x \in \mathbf{R} : 0 \le x < 4\}$, $f(B) = \{x \in \mathbf{R} : 0 \le x \le 4\}$ であるから，
$f(A) \cap f(B) = \{x \in \mathbf{R} : 0 \le x < 4\}$
(iii) $f^{-1}(f(A)) = \{x \in \mathbf{R} : -2 < x < 2\}$
(iv) $f^{-1}(C) = \{x \in \mathbf{R} : -\sqrt{2} < x < \sqrt{2}\}$ より，$f(f^{-1}(C)) = \{x \in \mathbf{R} : 0 \le x < 2\}$
**NOTE:** (i), (ii) より，一般に，$f(A \cap B) = f(A) \cap f(B)$ は成り立たないことがわかる．また，(iii) より，$f^{-1}(f(A)) = A$ も一般に成り立たないことがわかる．

**(ex.1.B.1)** (i) $\forall y \in f(S) \Rightarrow \exists x \in S, f(x) = y$. $S \subset T$ であるから，$x \in T$. よって，$y = f(x) \in f(T)$. ゆえに，$f(S) \subset f(T)$.
(ii) $\forall x \in f^{-1}(U) \Rightarrow f(x) \in U \subset V$. よってまた，$x \in f^{-1}(V)$. ゆえに，$f^{-1}(U) \subset f^{-1}(V)$.
(iii) $S \subset S \cup T$, $T \subset S \cup T$ より，$f(S) \subset f(S \cup T)$, $f(T) \subset f(S \cup T)$. ゆえに，$f(S) \cup f(T) \subset f(S \cup T)$.
逆向きは，$y \in f(S \cup T)$ とすれば，$\exists x \in S \cup T, f(x) = y$. $x \in S$ のときは，$y \in f(S)$. $x \in T$ のときは，$y \in f(T)$. ゆえに，$f(x) \in f(S) \cup f(T)$. よって，$f(S \cup T) \subset f(S) \cup f(T)$. これから，$f(S \cup T) = f(S) \cup f(T)$.
(iv) $S \cap T \subset S$, $S \cap T \subset T$ より，$f(S \cap T) \subset f(S)$, $f(S \cap T) \subset f(T)$. ゆえに，$f(S \cap T) \subset f(S) \cap f(T)$.
(v) $\forall x \in f^{-1}(U \cup V)$ とすれば，$f(x) \in U \cup V$. このとき，$f(x) \in U$ ならば $x \in f^{-1}(U)$，また，$f(x) \in V$ ならば $x \in f^{-1}(V)$. よって，$x \in f^{-1}(U) \cup f^{-1}(V)$. ゆえに，$f^{-1}(U \cup V) \subset f^{-1}(U) \cup f^{-1}(V)$.
逆向きは，$U \subset U \cup V$, $V \subset U \cup V$ より，それぞれ $f^{-1}(U) \subset f^{-1}(U \cup V)$, $f^{-1}(V) \subset f^{-1}(U \cup V)$. ゆえに，$f^{-1}(U) \cup f^{-1}(V) \subset f^{-1}(U \cup V)$.
よって，$f^{-1}(U) \cup f^{-1}(V) = f^{-1}(U \cup V)$.
(vi) $U \cap V \subset U$, $U \cap V \subset V$ より，それぞれ $f^{-1}(U \cap V) \subset f^{-1}(U)$, $f^{-1}(U \cap V) \subset f^{-1}(V)$. ゆえに，$f^{-1}(U \cap V) \subset f^{-1}(U) \cap f^{-1}(V)$.
逆向きは，$x \in f^{-1}(U) \cap f^{-1}(V)$ とすれば，$x \in f^{-1}(U)$ かつ $x \in f^{-1}(V)$. ゆえに，$f(x) \in U$ かつ $f(x) \in V$. これから，$f(x) \in U \cap V$. よって，$x \in f^{-1}(U \cap V)$. ゆえに，$f^{-1}(U) \cap f^{-1}(V) \subset f^{-1}(U \cap V)$.
これから，$f^{-1}(U) \cap f^{-1}(V) = f^{-1}(U \cap V)$.

(vii) $\forall x \in S$ とすれば $f(x) \in f(S)$. ゆえに, $x \in f^{-1}(f(S))$. よって, $S \subset f^{-1}(f(S))$.

(viii) $\forall y \in f(f^{-1}(U))$ とすれば $\exists x \in f^{-1}(U)$, $y = f(x) \in U$. よって, $f(f^{-1}(U)) \subset U$.

(ix) $y \in f(A) - f(T)$ とすれば $y \in f(A)$ かつ $y \notin f(T)$. ゆえに, $\exists x \in A$, $y = f(x)$ かつ $x \notin T$. よって, $x \in A - T$. ゆえに, $y = f(x) \in f(A - T)$. よって, $f(A) - f(T) \subset f(A - T)$.

(x) $\forall x \in f^{-1}(B - V) \Leftrightarrow f(x) \in B - V \Leftrightarrow f(x) \in B$ かつ $f(x) \notin V$ $\Leftrightarrow x \in f^{-1}(B) = A$ かつ $x \notin f^{-1}(V) \Leftrightarrow x \in A - f^{-1}(V)$. ゆえに, $f^{-1}(B - V) = A - f^{-1}(V)$.

**(ex.1.B.2)** (i) ($\Rightarrow$) $x_1 \in A$, $x_2 \in A$, $x_1 \neq x_2$ とすると, $\{x_1\} \cap \{x_2\} = \emptyset$ であるから, $\emptyset = f(\{x_1\} \cap \{x_2\}) = f(\{x_1\}) \cap f(\{x_2\})$. ゆえに, $f(\{x_1\}) \neq f(\{x_2\})$. つまり, $f$ は単射.

($\Leftarrow$) $f$ を単射とする. (ex.1.B.1)(iv) より, $f(S \cap T) \subset f(S) \cap f(T)$.

$y \in f(S) \cap f(T)$ とする. $\exists x_1 \in S$, $\exists x_2 \in T$, $y = f(x_1) = f(x_2)$, このとき, $f$ は単射であるから $x_1 = x_2 \in S \cap T$. ゆえに, $y = f(x_1) \in f(S \cap T)$. よって, $f(S) \cap f(T) \subset f(S \cap T)$. 結局, $f(S) \cap f(T) = f(S \cap T)$.

(ii) ($\Rightarrow$) $U$ として $B$ をとれば仮定より $f(f^{-1}(B)) = B$. ゆえに, $f$ は全射.

($\Leftarrow$) $f$ を全射とする. (ex.1.B.1)(viii) より, $f(f^{-1}(U)) \subset U$.

$\forall y \in U$ について, $f$ は全射であるから $\exists x \in A, f(x) = y$. ゆえに, $x \in f^{-1}(U)$. よって, $y = f(x) \in f(f^{-1}(U))$. ゆえに, $U \subset f(f^{-1}(U))$. 結局, $U = f(f^{-1}(U))$.

# 2 実　数

## 2.1　四則演算

(ex.2.1.1) $a, b, c, d$ を実数とする．次を証明せよ．
(i)　$(a+c)+(b+d) = (a+b)+(c+d)$　(ii)　$a \neq 0$ かつ $b \neq 0 \iff ab \neq 0$
(iii)　$a \neq 0, c \neq 0$ ならば，$\dfrac{b}{a} = \dfrac{bc}{ac}$

【解】(i)　和の交換，結合法則を用いて，$(a+c)+(b+d) = a + \{c+(b+d)\} = a + \{(b+d)+c\} = a + \{b+(d+c)\} = (a+b)+(c+d)$
(ii)　($\Rightarrow$)　$a \neq 0$ かつ $b \neq 0$ ならば，$a^{-1}$ および $b^{-1}$ が存在して，$aa^{-1} = 1$, $bb^{-1} = 1$. ゆえに，$1 = (aa^{-1})(bb^{-1}) = a(a^{-1}b)b^{-1} = (ab)(a^{-1}b^{-1})$．よって，$ab \neq 0$.
($\Leftarrow$)　$ab \neq 0$ とすると，$(ab)^{-1}$ が存在して，$(ab)(ab)^{-1} = 1$. このとき，$a\{b(ab)^{-1}\} = 1$. $b\{a(ab)^{-1}\} = 1$. ゆえに，$a \neq 0$ かつ $b \neq 0$.
(iii)　$a \neq 0$ かつ $c \neq 0$ ならば，$a^{-1}$ および $c^{-1}$ が存在する．$1 = a^{-1}a$, $1 = c^{-1}c$, $1 \cdot 1 = 1$ より，$1 = (a^{-1}a)(c^{-1}c) = (a^{-1}c^{-1})(ac)$．ゆえに，$a^{-1}c^{-1} = (ac)^{-1}$.
$\dfrac{b}{a} = a^{-1}b = a^{-1}(c^{-1}c)b = (a^{-1}c^{-1})(cb) = (ac)^{-1}(bc) = \dfrac{bc}{ac}$

(ex.2.1.2)　次を求めよ．
(i)　$\displaystyle\sum_{i=1}^{3}(i+2)$　(ii)　$\displaystyle\sum_{k=0}^{4}3^k$　(iii)　$\displaystyle\sum_{i=1}^{10}\left(\dfrac{1}{2}\right)$　(iv)　$\displaystyle\sum_{j=1}^{5}j^2$　(v)　$\displaystyle\prod_{i=1}^{5}3$
(vi)　$\displaystyle\prod_{k=1}^{5}k$　(vii)　$\displaystyle\prod_{k=1}^{5}2k$

14　第2章　実　数

<ヒント>　$a(1 + r + r^2 + r^3 + \cdots + r^n) = a\dfrac{r^{n+1} - 1}{r - 1}$

【解】(i) $\displaystyle\sum_{i=1}^{3}(i + 2) = \sum_{i=1}^{3}i + \sum_{i=1}^{3}2 = (1 + 2 + 3) + (2 + 2 + 2) = 12$

(ii) $\displaystyle\sum_{k=0}^{4}3^k = 1 + 3 + 3^2 + 3^3 + 3^4 = \dfrac{3^5 - 1}{3 - 1} = 121$　(iii) $\displaystyle\sum_{i=1}^{10}\left(\dfrac{1}{2}\right) = 10\left(\dfrac{1}{2}\right) = 5$

(iv) $\displaystyle\sum_{j=1}^{5}j^2 = 1^2 + 2^2 + 3^2 + 4^2 + 5^2 = 55$　(v) $\displaystyle\prod_{i=1}^{5}3 = 3 \times 3 \times 3 \times 3 \times 3 = 243$

(vi) $\displaystyle\prod_{k=1}^{5}k = 1 \times 2 \times 3 \times 4 \times 5 = 120$　(vii) $\displaystyle\prod_{k=1}^{5}2k = \left(\prod_{k=1}^{5}2\right)\left(\prod_{k=1}^{5}k\right) = (2^5)(120) = 3840$

---

(ex.2.1.3)　すべての $n \in N$ で, 次が成り立つことを示せ.

$$\sum_{k=0}^{n}\binom{n}{k} = 2^n, \quad \sum_{k=0}^{n}\binom{n}{k}2^k = 3^n$$

---

<ヒント>　《二項定理》　$(a + b)^n = \displaystyle\sum_{k=0}^{n}\binom{n}{k}a^{n-k}b^k \quad \cdots \ (\ast)$

【解】　$a = b = 1$ を $(\ast)$ に代入すると, $\displaystyle\sum_{k=0}^{n}\binom{n}{k}1^{n-k}1^k = (1 + 1)^n = 2^n$.

$a = 1, b = 2$ を $(\ast)$ に代入すると, $\displaystyle\sum_{k=0}^{n}\binom{n}{k}1^{n-k}2^k = (1 + 2)^n = 3^n$

## 2.2　順　序

---

(ex.2.2.1)　$a, b$ を実数とする.
(i)　$0 < a < b, 0 < c < d \Rightarrow 0 < ac < bd$　(ii)　$0 < a < b \Rightarrow a^{-1} > b^{-1}$
(iii)　$a^2 + b^2 = 0 \Leftrightarrow a = b = 0$

---

<ヒント>　次を満たす実数 $R$ の空でない部分集合 $P$ が存在する.
　(i)　$a, b \in P \Rightarrow a + b \in P$　(ii)　$a, b \in P \Rightarrow ab \in P$

(iii) 任意の実数 $a$ に対して，$a \in P, a = 0, -a \in P$ のいずれか一つだけ成り立つ．

このとき，(a) $P$ に属する要素を正の実数（正数）(positive real number)といい，$a > 0$ で表す．(b) $a \in P \cup \{0\}$ のとき，$a$ は非負数(nonnegative real number)であるといい，$a \geq 0$ で表す．

(c) $-a \in P$ であるとき，$a$ を負の実数（負数）(negative real number)といい，$a < 0$ で表す．

(d) $-a \in P \cup \{0\}$ のとき，$a$ は非正数(nonpositve real number)であるといい，$a \leq 0$ で表す．

(e) $a - b \in P$ のとき，$a > b$ または $b < a$ と表す．

(f) $a - b \in P \cup \{0\}$ のとき，$a \geq b$ または $b \leq a$ と表す．

(g) $a < b$ かつ $b < c$ であるとき，$a < b < c$, $a \leq b$ かつ $b \leq c$ であるとき，$a \leq b \leq c$, $a \leq b$ かつ $b < c$ のとき，$a \leq b < c$, $a < b$ かつ $b \leq c$ のとき，$a < b \leq c$

【解】(i) $0 < a < b, 0 < c < d$ なので，$a \in P, b \in P, b - a \in P, c \in P, d - c \in P$. ゆえに，$bd - bc = b(d - c) \in P$, $bc - ac = (b - a)c \in P$. よって，$P \ni (bd - bc) + (bc - ac) = bd - ac$. ゆえに，$bd > ac > 0$.

(ii) $0 < a < b$ より，$a \in P, b \in P, b - a \in P$. このとき，$a^{-1} \in P, b^{-1} \in P$. なぜならば，$-a^{-1} \in P$ とすると $P \ni (-a^{-1})(a) = -1$ となり，$1 \in P$（「解析学 I, 定理(2.2.3)」参照）に反し，$a^{-1} = 0$ とすると，$1 = (a^{-1})(a) = 0a = 0$ となり，いずれも不合理となり，$a^{-1} \in P$. 同様に，$b^{-1} \in P$. このとき，$a^{-1} - b^{-1} = a^{-1}(b^{-1}b) - b^{-1}(a^{-1}a) = (a^{-1}b^{-1})(b - a) \in P$ であるから $a^{-1} > b^{-1}$.

(iii) ($\Rightarrow$) $a^2 + b^2 = 0$ とする．$a \neq 0$ とすれば，$a^2 \in P, b^2 \in P \cup \{0\}$ であるから $a^2 + b^2 \in P$ となり不合理．また，$b \neq 0$ とすれば，$b^2 \in P, a^2 \in P \cup \{0\}$ となり $a^2 + b^2 \in P$ となり不合理．ゆえに，$a = 0$ かつ $b = 0$ でなければならない．

($\Leftarrow$) $a = 0$ かつ $b = 0$ のときは，$a^2 = a a = 0 \cdot 0 = 0$. 同様に，$b^2 = 0$. ゆえに，$a^2 + b^2 = 0$.

---

(ex.2.2.2) 次の不等式を満たす実数の集合を求めよ．

(i) $-2x + 5 > -1$ (ii) $x^2 > -x + 3 \geq 0$ (iii) $1/x < x$

---

【解】(i) $-2x + 5 > -1 \Leftrightarrow -2x > -6 \Leftrightarrow x < 3$. $\{x \in \mathbf{R} : x < 3\}$

(ii) $x^2 > -x + 3$ かつ $-x + 3 \geq 0$.

$$0 < x^2 + x - 3 = \left(x + \frac{1}{2}\right)^2 - \frac{13}{4} = \left\{\left(x + \frac{1}{2}\right) - \frac{\sqrt{13}}{2}\right\}\left\{\left(x + \frac{1}{2}\right) + \frac{\sqrt{13}}{2}\right\}$$

$$= \left(x + \frac{1 - \sqrt{13}}{2}\right)\left(x + \frac{1 + \sqrt{13}}{2}\right)$$

これから, $x < -\dfrac{1+\sqrt{13}}{2}$, または, $x > \dfrac{-1+\sqrt{13}}{2}$. $-x+3 \geq 0$ より, $x \leq 3$.
また, 逆に, これらの条件を満たす x は $x^2 > -x+3 \geq 0$ を満たす. ゆえに,
$$\left\{x \in \mathbf{R}: x < -\dfrac{1+\sqrt{13}}{2}\right\} \cup \left\{x \in \mathbf{R}: \dfrac{-1+\sqrt{13}}{2} < x \leq 3\right\}$$

(iii) $1/x < x$ より, $x > 0$ のときは, $1 < x^2$. ゆえに, $0 < x^2 - 1 = (x-1)(x+1)$. よって, $x > 1$. また, $x < 0$ のときは, $1 > x^2$. ゆえに, $0 < 1 - x^2 = (1-x)(1+x)$. よって, $-1 < x < 0$. 逆に, $x > 1$ または $-1 < x < 0$ をみたす $x$ は $1/x < x$ をみたす. よって, $\{x \in \mathbf{R}: 1 < x\} \cup \{x \in \mathbf{R}: -1 < x < 0\}$.

---

(ex.2.2.3) $0 < a, 0 < b$ を実数, $n$ を自然数とする. 次を証明せよ.
 (a) $a < b \Leftrightarrow a^n < b^n$  (b) $a = b \Leftrightarrow a^n = b^n$  (c) $a > b \Leftrightarrow a^n > b^n$

---

<ヒント> 数学的帰納法と転換法を用いる.
**転換法**:「同時に3つの命題 $p \Rightarrow p', q \Rightarrow q', r \Rightarrow r'$ が成り立ち, かつ, $p, q, r$ がすべての場合をとり, さらに, 結論の $p', q', r'$ のいずれの2つも同時に成り立たないならば, 各命題の逆, $p' \Rightarrow p, q' \Rightarrow q, r' \Rightarrow r$ はすべて成り立つ.」
このような証明を転換法という (命題の個数は3つとは限らない).

【解】$n = 1$ の時, 成り立つ.
$n = k$ のとき, (a) $a < b \Leftrightarrow a^k < b^k$  (b) $a = b \Leftrightarrow a^k = b^k$  (c) $a > b \Leftrightarrow a^k > b^k$   (*)
が成り立つとする.
 $n = k+1$ のとき, (a) $0 < a < b$ のときは, $a \in P, b^k - a^k \in P$ であるから, $ab^k - a^{k+1} = a(b^k - a^k) \in P$. また, $b \in P$ であるから $b^k \in P$. $b - a \in P$ より, $b^{k+1} - ab^k = (b - a)b^k \in P$. ゆえに, $b^{k+1} - a^{k+1} = (b^{k+1} - ab^k) + (ab^k - a^{k+1}) \in P$. よって, $a^{k+1} < b^{k+1}$.
(c) 同様に, $a > b$ のとき, $a^{k+1} > b^{k+1}$.
(b) $a = b$ のとき, $a^{k+1} = a \cdot a^k = b \cdot b^k = b^{k+1}$.
これより,
 (a) $a < b \Rightarrow a^{k+1} < b^{k+1}$  (b) $a = b \Rightarrow a^{k+1} = b^{k+1}$  (c) $a > b \Rightarrow a^{k+1} > b^{k+1}$   (**)
さらに, $0 < a, 0 < b$ について, (**) の各命題の仮定の $a < b, a = b, a > b$ はいずれか1つが成り立ち, (**) のそれぞれの結論はどの2つも同時には成り立たないので, 転換法により, $a^{k+1} < b^{k+1} \Rightarrow a < b, a^{k+1} = b^{k+1} \Rightarrow a = b, a^{k+1} > b^{k+1} \Rightarrow a > b$ も成り立つ. よって, すべての自然数 $n$ について, (*) は成り立つ.

(ex.2.2.4) 次を証明せよ．
(i) すべての正数 $\varepsilon > 0$ に対して，実数 $a, b$ が $a - \varepsilon \leq b$ であれば，$a \leq b$．
(ii) すべての非負数 $\varepsilon \geq 0$ に対して，実数 $a, b$ が $a - \varepsilon < b$ であれば，$a < b$．

【解】(i) $a > b$ ならば，$\frac{1}{2}(a-b) > 0$．$\varepsilon = \frac{1}{2}(a-b)$ とおくと，$(a - \varepsilon) - b = \frac{1}{2}(a-b) > 0$．ゆえに，ある $\varepsilon > 0$ に対して，$a - \varepsilon > b$ となり矛盾である．

(ii) $a \geq b$ ならば，$\frac{1}{2}(a-b) \geq 0$．$\varepsilon = \frac{1}{2}(a-b)$ とおくと，$(a - \varepsilon) - b = \frac{1}{2}(a-b) \geq 0$．ゆえに，ある $\varepsilon \geq 0$ に対して，$a - \varepsilon \geq b$ となり矛盾である．

(ex.2.2.5) $a, b, c \in \mathbf{R}$．次が成り立つことを示せ．
(i) $a^2 - ab + b^2 \geq 0$  (ii) $a^2 + b^2 + c^2 \geq ab + ac + bc$

【解】(i) $a^2 - ab + b^2 = \left(a - \frac{b}{2}\right)^2 + \frac{3}{4}b^2 \geq 0$
(ii) $a^2 + b^2 + c^2 - (ab + bc + ca) = \frac{1}{2}\left\{(a-b)^2 + (b-c)^2 + (c-a)^2\right\} \geq 0$

## 2.3 実 数

(ex.2.3.1) 次の集合の上界，下界の集合を述べよ．また，最大，最小，上限，下限が存在するならば，それらを述べよ．
(i) $\{x \in \mathbf{R} : -1 \leq x \leq 1\}$  (ii) $\{x \in \mathbf{R} : -1 \leq x < 0\}$  (iii) $\{x \in \mathbf{R} : -1 \leq x\}$
(iv) $\{x \in \mathbf{R} : x < 5\}$  (vi) $\{1, 3, 5, 11\}$  (vi) $\{(-1)^n / n : n \in \mathbf{N}\}$
(vii) $\{x \in \mathbf{Q} : -\sqrt{10} \leq x \leq \sqrt{10}\}$  (viii) $\{1/m + (-1)^n/n : m, n \in \mathbf{N}\}$

【解】上界の集合を $U$，下界の集合を $L$，最大を Max，最小を Min，上限を

Sup, 下限を Inf で表す.
(i) $U = \{x \in \mathbf{R} : 1 \leq x\}$, $L = \{x \in \mathbf{R} : x \leq -1\}$, Max = Sup = 1, Min = Inf = $-1$
(ii) $U = \{x \in \mathbf{R} : 0 \leq x\}$, $L = \{x \in \mathbf{R} : x \leq -1\}$, Max 存在せず, Sup = 0, Min = Inf = $-1$
(iii) $U = \emptyset$, $L = \{x \in \mathbf{R} : x \leq -1\}$, Max 存在せず, Sup = $\infty$, Min = Inf = $-1$
(iv) $U = \{x \in \mathbf{R} : 5 \leq x\}$, $L = \emptyset$, Max 存在せず, Sup = 5, Min 存在せず, Inf = $-\infty$
(v) $U = \{x \in \mathbf{R} : 11 \leq x\}$, $L = \{x \in \mathbf{R} : x \leq 1\}$, Max = Sup = 11, Min = Inf = 1
(iv) $U = \{x \in \mathbf{R} : 1/2 \leq x\}$, $L = \{x \in \mathbf{R} : x \leq -1\}$, Max = Sup = 1/2, Min = Inf = $-1$
(vii) $U = \{x \in \mathbf{R} : \sqrt{10} \leq x\}$, $L = \{x \in \mathbf{R} : x \leq -\sqrt{10}\}$, Max 存在せず, Sup = $\sqrt{10}$, Min 存在せず, Inf = $-\sqrt{10}$
(viii) $U = \{x \in \mathbf{R} : 3/2 \leq x\}$, $L = \{x \in \mathbf{R} : x \leq -1\}$, Max = Sup = 3/2, Min 存在せず, Inf = $-1$

---

(ex.2.3.2) 次を証明せよ.
$m$ が集合 $A$ の上限である. $\Leftrightarrow$ (i) すべての $a \in A$ に対して, $m \geq a$
(ii) $x < m$ ならば, $x < a$ となる $a \in A$ が存在する.

---

【解】(i) 実数 $m$ が集合 $A$ の上限であるとは, $m$ が集合 $A$ の上界全体の集合の最小元となることである. よって, $m$ は $A$ の上界の一つであるから, (i) 任意の $a \in A$ について, $a \leq m$ が成り立つ. また, $m$ は $A$ の上界の中で最小数であるから, (ii) $x < m$ なる $x$ は $A$ の上界ではないので $x < a$ となる $a \in A$ が存在する. 逆に, (i), (ii) を満たす数 $m$ は $A$ の上界の中の最小数であるから, 上限である.

---

(ex.2.3.3) 集合に最大元 $m$ が存在すれば, それは上限である. また, 集合に最小元が存在すれば, それは下限である. これを証明せよ.

---

【解】集合 $A$ に最大元 $m$ が存在するとする. このとき, (i) すべての $a \in A$ に対し, $a \leq m$ が成り立つ. (ii) $x < m$ のとき, 最大元 $m$ は集合 $A$ に属するから $m \in A$. よって, (ex.2.3.2) より, $m = \sup A$ である. 同様に, 集合 $A$ の最小元 $l$ についても $l = \inf A$ がわかる.

---

(ex.2.3.4) 空でない $\mathbf{R}$ の部分集合 $A$ と定数 $k$ について
$-A = \{-x : x \in A\}$, $k + A = \{k + x : x \in A\}$, $kA = \{kx : x \in A\}$
と定義するとき, 次を証明せよ.

(i) $\sup A$ が存在すれば, $\inf(-A) = -\sup A$
(ii) $\sup A$ が存在すれば, $\sup(k+A) = k + \sup A$
(iii) $\sup A$ が存在すれば, $k > 0$ ならば $\sup kA = k \sup A$, $k < 0$ ならば, $\inf kA = k \sup A$

【解】(i) $\sup A = m$ とすると
 (イ) すべての $a \in A$ に対して, $m \geq a$
 (ロ) $x < m$ ならば, $x < a$ となる $a \in A$ が存在する.
ここで, $a = -b$ とし, $x$ を $-x$ におきかえると上の(イ),(ロ)より,
 (イ)' すべての $b \in -A$ に対して, $-m \leq b$
 (ロ)' $x > -m$ ならば, $x > b$ となる $b \in -A$ が存在する.
これより, $\inf(-A) = -m = -\sup A$.
(ii) $\sup A = m$ とすると上の(i)の(イ),(ロ)において, $a = c - k$ とおき, $x$ を $x - k$ とすれば,
 (イ) すべての $c \in k + A$ に対して, $k + m \geq c$
 (ロ) $x < k + m$ ならば, $x < c$ となる $c \in k + A$ が存在する.
これより, $\sup(k + A) = k + m = k + \sup A$.
(iii) $\sup A = m$ とおく. $k > 0$ のとき, $a = e/k$ とし, $x$ を $x/k$ とおきかえると(i)の(イ),(ロ)において
 (イ) すべての $e \in kA$ に対して, $km \geq e$
 (ロ) $x < km$ ならば, $x < e$ となる $e \in kA$ が存在する.
が成り立つ. ゆえに, $\sup(kA) = km = k \sup A$.
$k < 0$ のとき, $a = f/k$ とし, $x$ を $x/k$ とおきかえると(i)の(イ),(ロ)において
 (イ) すべての $f \in kA$ に対して, $km \leq f$
 (ロ) $x > km$ ならば, $x > f$ となる $f \in kA$ が存在する.
が成り立つ. ゆえに, $\inf(kA) = km = k \sup A$.

(ex.2.3.5) $a, b \in \mathbf{R}, a < b$ のとき, $a$ と $b$ の間に無限個の無理数が存在することを示せ.

【解】$a < b$ に対して, $a < r < b$ となる有理数 $r$ がある(「解析学 I, p.56, (2.4.8)」参照). アルキメデスの公理により, $b - r$ と無理数 $\sqrt{2}$ に対して,

$b - r > \dfrac{1}{N}\sqrt{2}$ となる自然数 $N$ がある．ゆえに，任意の自然数 $n$ について $b - r > \dfrac{1}{N+n}\sqrt{2} > 0$．このとき，$b > \dfrac{\sqrt{2}}{N+n} + r > a$．$\dfrac{\sqrt{2}}{N+n} + r$，$n = 1, 2, \ldots$ はすべて無理数であるから結論を得る．

**NOTE:** 《アルキメデスの公理》 次は同値である．$x$ は実数，$y, z$ は正の実数．
(i) $ny > z$ となる自然数 $n$ が存在する．
(ii) $0 < 1/n < y$ となる自然数 $n$ が存在する．
(iii) $x$ を実数とすると，$n > x$ となる自然数 $n$ が存在する．
(iv) $n - 1 \leq y < n$ となる自然数 $n$ が存在する．
(v) 自然数全体の集合 $\mathbf{N}$ は上に有界でない．

---

(ex.2.3.6) すべての実数 $a$ について，$\sup\{r \in \mathbf{Q} : r < a\} = a$ であることを示せ．

---

【解】任意の自然数 $n$ に対して，$a - \dfrac{1}{n} < r_n < a$ となる有理数 $r_n$ がある．このとき，$a = \sup\{r_n \in \mathbf{Q} : n = 1, 2, 3, \ldots\}$ である．一方，$\alpha = \sup\{r \in \mathbf{Q} : r < a\}$ とおくと $\alpha \leq a$ で $r_n \in \{r \in \mathbf{Q} : r < a\}$ が成り立つ．ゆえに，$a = \sup\{r_n \in \mathbf{Q} : n = 1, 2, 3, \ldots\} \leq \alpha \leq a$．よって，$\alpha = a$．

---

(ex.2.3.7) 次の不等式を満たす実数 $x$ を求めよ．
(i) $|x| \leq 2$  (ii) $|x| \geq 5$  (iii) $|x - 1| \leq 2$  (iv) $|x - 1| > 5$  (v) $0 < |x| < 1$
(vi) $|x^2 - 1| < 1$  (vii) $|x^2 - 4| > 1$  (viii) $|x - 1| > |x + 1|$

---

【解】(i) $\{x \in \mathbf{R} : -2 \leq x \leq 2\}$  (ii) $\{x \in \mathbf{R} : x \leq -5 \text{ または } 5 \leq x\}$
(iii) $|x - 1| \leq 2 \Leftrightarrow -2 \leq x - 1 \leq 2 \Leftrightarrow -1 \leq x \leq 3$, $\{x \in \mathbf{R} : -1 \leq x \leq 3\}$
(iv) $|x - 1| > 5 \Leftrightarrow x - 1 < -5 \text{ または } x - 1 > 5$, $\{x \in \mathbf{R} : x < -4 \text{ または } 6 < x\}$
(v) $0 < |x| < 1 \Leftrightarrow 0 < |x|$ かつ $|x| < 1$．
　　$0 < |x| \Leftrightarrow 0 < x \text{ または } x < 0$．$|x| < 1 \Leftrightarrow -1 < x < 1$．
　　$\{x \in \mathbf{R} : -1 < x < 0 \text{ または } 0 < x < 1\}$
(vi) $|x^2 - 1| < 1 \Leftrightarrow -1 < x^2 - 1 < 1 \Leftrightarrow 0 < x^2 < 2$．
　　$0 < x^2 \Leftrightarrow x \neq 0$．$x^2 < 2 \Leftrightarrow (x - \sqrt{2})(x + \sqrt{2}) < 0 \Leftrightarrow -\sqrt{2} < x < \sqrt{2}$．

$\{x \in \mathbf{R} : -\sqrt{2} < x < 0 \text{ または } 0 < x < \sqrt{2}\}$

(vii) $|x^2 - 4| > 1 \Leftrightarrow x^2 - 4 < -1$ または $x^2 - 4 > 1$.
$x^2 - 4 > 1 \Leftrightarrow (x - \sqrt{5})(x + \sqrt{5}) > 0 \Leftrightarrow x < -\sqrt{5}$ または $x > \sqrt{5}$.
$x^2 - 4 < -1 \Leftrightarrow (x - \sqrt{3})(x + \sqrt{3}) < 0 \Leftrightarrow -\sqrt{3} < x < \sqrt{3}$.
$\{x \in \mathbf{R} : x < -\sqrt{5}$ または $-\sqrt{3} < x < \sqrt{3}$ または $\sqrt{5} < x\}$

(viii) $|x - 1| > |x + 1| \Leftrightarrow |x - 1| - |x + 1| > 0$. 一方, $x$ の値に関わらず
$|x - 1| + |x + 1| > 0$. であるから,
$|x - 1| - |x + 1| > 0 \Leftrightarrow$
$(|x - 1| - |x + 1|)(|x - 1| + |x + 1|) > 0 \Leftrightarrow$
$(x - 1)^2 - (x + 1)^2 = -4x > 0 \Leftrightarrow x < 0$
$\{x \in \mathbf{R} : x < 0\}$

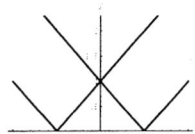

---

(ex.2.3.8) 次の不等式を満たす組$(x, y)$を座標平面に図示せよ.
(i) $|x| \leq |y|$  (ii) $|x| + |y| \leq 1$  (iii) $|x| - |y| > 2$

【解】

(i)　　　　　　(ii)　　　　　　(iii)

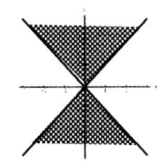 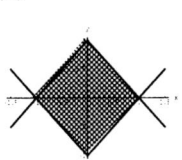 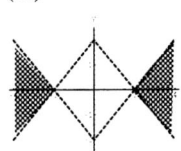

---

(ex.2.3.9) 次の不等式を満たす実数$x$の集合を求めよ.
(i) $|x| \leq |x + 1|$  (ii) $|2x - 3| \leq |x + 1|$  (iii) $|2x + 1| > 5$

【解】(i) $\{x \in \mathbf{R} : -1/2 \leq x\}$  (ii) $\{x \in \mathbf{R} : 2/3 \leq x \leq 4\}$
{iii} $\{x \in \mathbf{R} : 2 < x\} \cup \{x \in \mathbf{R} : x < -3\}$

---

(ex.2.3.10) 次の不等式を満たす実数を区間を用いて表せ.
(i) $|x - 2| \leq 3$  (ii) $x^2 - 8x > 20$  (iii) $x < (4 + x^2)$  (iv) $0 < |x - 2| < 1$
(v) $\dfrac{x}{x + 1} \geq 0$  (vi) $|x - 2| < |x + 1|$

【解】(i) $|x-2| \leq 3 \Leftrightarrow -3 \leq x-2 \leq 3 \Leftrightarrow -1 \leq x \leq 5$. $[-1, 5]$
(ii) $x^2 - 8x > 20 \Leftrightarrow x^2 - 8x - 20 = (x-10)(x+2) > 0 \Leftrightarrow x < -2$ または $10 < x$.
$(-\infty, -2) \cup (10, \infty)$
(iii) $x < (4+x^2) \Leftrightarrow x^2 - x + 4 = \left(x - \dfrac{1}{2}\right)^2 + \dfrac{15}{4} > 0$. $(-\infty, \infty)$
(iv) $0 < |x-2| < 1 \Leftrightarrow 0 < |x-2|$ かつ $|x-2| < 1$. さらに,
$0 < |x-2| \Leftrightarrow x \neq 2$, $|x-2| < 1 \Leftrightarrow 1 < x < 3$. $(1, 2) \cup (2, 3)$
(v) $\dfrac{x}{x+1} \geq 0 \Leftrightarrow x+1 \neq 0$ で, $x(x+1) \geq 0 \Leftrightarrow x < -1$ または $x \geq 0$.
$(-\infty, -1) \cup [0, \infty)$
(vi) $|x+1| + |x-2| > 0$ はつねに成り立つから, $|x-2| < |x+1| \Leftrightarrow$
$(|x+1| + |x-2|)(|x+1| - |x-2|) > 0 \Leftrightarrow (x^2 + 2x + 1) - (x^2 - 4x + 4) > 0$
$\Leftrightarrow 2x - 1 > 0 \Leftrightarrow x > 1/2$. $(1/2, \infty)$

## 章末問題

(**ex.2.A.1**) $a, b \in \mathbf{R}$, すべての $n \in \mathbf{N}$ で, $a \leq b + 1/n$ が成り立つとき, $a \leq b$ であることを証明せよ.

(**ex.2.A.2**) 次の集合の上限, 下限を求めよ.
(i) $\{1/n - 1/m : n, m \in \mathbf{N}\}$ (ii) $\{x \in \mathbf{R} : x^2 - 5x + 6 > 0\}$
(iii) $\{x \in \mathbf{R} : |x-6| \leq 3\}$ (iv) $\{n/(m+n) : n, m \in \mathbf{N}\}$

(**ex.2.B.1**) $a_1, ..., a_n$ が正数であるとき, 次が成り立つことを証明せよ.
$$\prod_{i=1}^{n}(1+a_i) \geq 1 + \sum_{i=1}^{n} a_i$$

(**ex.2.B.2**) $a_1, ..., a_n > 0$ のとき, 次を証明せよ.
(i) $a_1 a_2 \cdots a_n = 1$ ならば, $a_1 + a_2 + \cdots + a_n \geq n$
(ii) $\dfrac{n}{\dfrac{1}{a_1} + \dfrac{1}{a_2} + \cdots + \dfrac{1}{a_n}} \leq (a_1 a_2 \cdots a_n)^{1/n} \leq \dfrac{a_1 + a_2 + \cdots + a_n}{n}$

ただし, 等号は $a_1 = a_2 = \cdots = a_n$ のときに限り成り立つ.

ここで，$\dfrac{n}{\dfrac{1}{a_1}+\dfrac{1}{a_2}+\cdots+\dfrac{1}{a_n}}$ を調和平均(harmonic mean)という．

**(ex.2.B.3)** すべての $n \in N$ で，$I_n = (0, 1/n)$ とするとき，$\bigcap_{n=1}^{\infty} I_n = \emptyset$ であることを示せ．

********** 章末問題解答 **********

**(ex.2.A.1)** 背理法を用いる．
$a > b$ とすると $a - b = \delta > 0$．$n \in N$ を十分大きくとれば，$\delta > 1/n$ とできる．このとき，$a - b > 1/n, a > b + (1/n)$ となる．これは仮定に反する．よって，$a \leq b$．

**(ex.2.A.2)** (i) 上限 1，下限 $-1$ (ii) 上限 $\infty$，下限 $-\infty$ (iii) 上限 9，下限 3 (iv) 上限 1，下限 0

**(ex.2.B.1)** 数学的帰納法で証明する．
$k = 1$ のとき，$1 + a_1 \geq 1 + a_1$ で成り立つ．
$k = m < n$ のとき，$\prod_{i=1}^{m}(1+a_i) \geq 1 + \sum_{i=1}^{m} a_i$ が成り立つとする．
$$\prod_{i=1}^{m+1}(1+a_i) \geq \left[1 + \sum_{i=1}^{m} a_i\right](1 + a_{m+1}) \geq 1 + \sum_{i=1}^{m} a_i + a_{m+1} = 1 + \sum_{i=1}^{m+1} a_i$$
よって，$k = n$ で不等式は成り立つ．

**(ex.2.B.2)** (i) 数学的帰納法で証明する．
$n = 1$ のとき，$a_1 = 1 \geq 1$ で成り立つ．
$n = k$ のとき，成り立つとする．このとき，$a_1 a_2 \cdots a_k a_{k+1} = 1$ なる正の実数 $a_1, a_2, \cdots, a_k, a_{k+1}$ は一般性を失うことなく大きさの順 $a_1 \leq a_2 \leq \cdots < a_k \leq a_{k+1}$ となっているとすると，$a_1 \leq 1$ かつ $1 \leq a_{k+1}$．帰納法の仮定より，$(a_1 a_{k+1}) a_2 \cdots a_k = 1$ であるから，$(a_1 a_{k+1}) + a_2 + \cdots + a_k \geq k$．

$$a_1 + a_2 + \cdots + a_k + a_{k+1} = a_1 + a_{k+1} + a_2 + \cdots + a_k + (a_1 a_{k+1}) - (a_1 a_{k+1})$$
$$\geq a_1 + a_{k+1} + k - (a_1 a_{k+1}) = k + 1 + a_{k+1}(1 - a_1) + a_1 - 1$$
$$= (k+1) + (a_{k+1} - 1)(1 - a_1) \geq k + 1$$

すべての自然数 $n$ で命題は成り立つ.

(ii) 任意の正の実数 $a_1, ..., a_n$ について,$\dfrac{a_i}{\sqrt[n]{a_1 a_2 \cdots a_n}}$ $(n = 1, 2, ..., n)$ を改めて $a_i$ と考えれば (i) の条件を満たすので,不等式 $(a_1 a_2 \cdots a_n)^{1/n} \leq \dfrac{a_1 + a_2 + \cdots + a_n}{n}$ を得る.この不等式の,$a_i$ に $1/a_i$ $(n = 1, 2, ..., n)$ を代入して,

$$\dfrac{n}{\dfrac{1}{a_1} + \dfrac{1}{a_2} + \cdots + \dfrac{1}{a_n}} \leq (a_1 a_2 \cdots a_n)^{1/n}$$

次に等号の条件を示すために,まず,「正の実数 $a_1, ..., a_n$ について,$a_1 a_2 \cdots a_n = 1$ で $a_1 + a_2 + \cdots + a_n = n$ ならば,$a_1 = a_2 = \cdots = a_n = 1$ となる」ことを証明する. (i) の証明のように,$a_1, a_2, \cdots, a_n$ は一般性を失うことなく大きさの順 $a_1 \leq a_2 \leq \cdots \leq a_n$ となっているとすると,$a_1 \leq 1$ かつ $1 \leq a_n$.  $(a_1 a_n) a_2 \cdots a_{n-1} = 1$ と考えれば,(i) より,$(a_1 a_n) + a_2 + \cdots + a_{n-1} \geq n - 1$ が成り立つ.よって,

$$n = a_1 + a_2 + \cdots + a_n = (a_1 + a_n) + (a_2 + \cdots + a_{n-1}) + (a_1 a_n) - (a_1 a_n)$$
$$\geq (a_1 + a_n) + n - 1 - (a_1 a_n) = (a_1 - 1) + a_n(1 - a_1) + n = (a_n - 1)(1 - a_1) + n$$

よって,$(a_n - 1)(1 - a_1) = 0$. $a_1 = 1$ または $a_n = 1$.
$a_1 = 1$ のとき,$1 = a_1 \leq a_2 \leq \cdots \leq a_n \leq a_1 a_2 \cdots a_n = 1$. ゆえに,$a_1 = a_2 = \cdots = a_n = 1$. $a_n = 1$ のときは,
$$1 = \dfrac{1}{a_n} \leq \dfrac{1}{a_{n-1}} \leq \cdots \leq \dfrac{1}{a_1} \leq \dfrac{1}{a_1 a_2 \cdots a_n} = 1.$$ ゆえに,$a_1 = a_2 = \cdots = a_n = 1$.

一般に,$(a_1 a_2 \cdots a_n)^{1/n} = \dfrac{a_1 + a_2 + \cdots + a_n}{n}$ のときは,

$b_i = \dfrac{a_i}{\sqrt[n]{a_1 a_2 \cdots a_n}}$ $(i = 1, 2, ..., n)$ とおくと,$b_1 b_2 \cdots b_n = 1$ で $b_1 + b_2 + \cdots + b_n = n$ となるから上の結果より,$b_1 = b_2 = \cdots = b_n = 1$. よって,$a_1 = a_2 = \cdots = a_n$. ゆえに,等号が成り立つのは $a_1 = a_2 = \cdots = a_n$ のときに限る.

**(ex.2.B.3)** $A = \bigcap_{n=1}^{\infty} I_n$ とおくと，$A \subset I_1 = (0,1)$. よって，$I_1^c \subset A^c$. また，$I_1 = (0,1)$ の任意の要素 $x$ に対して自然数 $n$ があって，$1/n < x$ とできる．このときは，$x \notin I_n$ であるから $x \notin A$. すなわち，$x \in A^c$. ゆえに，$I_1 \subset A^c$. よって，$\mathbf{R} = I_1 \cup I_1^c \subset A^c$. ゆえに，$\emptyset = \mathbf{R}^c \supset A$. これより，$\bigcap_{n=1}^{\infty} I_n = \emptyset$.

# 3 数　　列

## 3.1 数　列

(ex.3.1.1) 次を極限の定義を用いて示せ．
(i) $\lim_{n\to\infty}\dfrac{1}{n+1}=0$　(ii) $\lim_{n\to\infty}\dfrac{n-1}{2n+2}=\dfrac{1}{2}$　(iii) $\lim_{n\to\infty}\dfrac{(-1)^n}{n}=0$　(iv) $\lim_{n\to\infty}\dfrac{1}{\sqrt{n}}=0$
(v) $\lim_{n\to\infty}\dfrac{n}{a^n}=0$　($a>1$ は定数)　(vi) $\lim_{n\to\infty}\log\left(1+\dfrac{1}{n}\right)=0$

<ヒント>　数列 $(a_n)$ が実数 $\alpha$ に収束するとは，どんな正数 $\varepsilon>0$ に対しても，ある自然数 $N(\varepsilon)$ が存在して，$n\geq N(\varepsilon)$ ならば，$|a_n-\alpha|\leq\varepsilon$ が成り立つことである．このとき，実数 $\alpha$ を数列 $(a_n)$ の**極限**であるという．数列が収束しないとき，その数列は**発散**するという．

【解】(i) 任意の正数 $\varepsilon>0$ に対して，$N>\dfrac{1}{\varepsilon}-1$ なる自然数 $N$ を選ぶと，$n\geq N$ ならば，$\left|\dfrac{1}{n+1}-0\right|=\left|\dfrac{1}{n+1}\right|\leq\dfrac{1}{N+1}<\varepsilon$．よって，$\lim_{n\to\infty}\dfrac{1}{n+1}=0$．

(ii) 任意の正数 $\varepsilon>0$ に対して，$N>\dfrac{1}{\varepsilon}-1$ なる自然数 $N$ を選ぶと，$n\geq N$ ならば，$\left|\dfrac{n-1}{2n+2}-\dfrac{1}{2}\right|=\left|\dfrac{-1}{n+1}\right|\leq\dfrac{1}{N+1}<\varepsilon$．よって，$\lim_{n\to\infty}\dfrac{n-1}{2n+2}=\dfrac{1}{2}$．

(iii) 任意の正数 $\varepsilon>0$ に対して，$N>\dfrac{1}{\varepsilon}$ なる自然数 $N$ を選ぶと，$n\geq N$ ならば，$\left|\dfrac{(-1)^n}{n}-0\right|=\left|\dfrac{1}{n}\right|\leq\dfrac{1}{N}<\varepsilon$．よって，$\lim_{n\to\infty}\dfrac{(-1)^n}{n}=0$．

(iv) 任意の正数 $\varepsilon > 0$ に対して，$N > \dfrac{1}{\varepsilon^2}$ なる自然数 $N$ を選ぶと，$n \geq N$ ならば，
$\left|\dfrac{1}{\sqrt{n}} - 0\right| = \left|\dfrac{1}{\sqrt{n}}\right| \leq \dfrac{1}{\sqrt{N}} < \varepsilon.$ よって，$\displaystyle\lim_{n\to\infty} \dfrac{1}{\sqrt{n}} = 0.$

(v) $a > 1$ なので $a = 1 + h\ (h > 0)$ とする．二項定理より，$n \in \mathbf{N}\,(n > 1)$ について，
$$a^n = (1+h)^n = 1 + nh + \dfrac{n(n-1)}{2}h^2 + \cdots + h^n > \dfrac{n(n-1)}{2}h^2$$
任意の正数 $\varepsilon > 0$ に対して，$N > \left(\dfrac{2}{h^2}\right)\dfrac{1}{\varepsilon} + 1$ なる自然数 $N$ を選ぶと，$n \geq N$ ならば，
$\left|\dfrac{n}{a^n} - 0\right| = \dfrac{n}{a^n} = \dfrac{n}{(1+h)^n} < \dfrac{n}{n(n-1)h^2/2} = \dfrac{2}{(n-1)h^2} \leq \dfrac{2}{(N-1)h^2} < \varepsilon$
よって，$\displaystyle\lim_{n\to\infty} \dfrac{n}{a^n} = 0.$

(vi) 任意の正数 $\varepsilon > 0$ に対して，$N > \dfrac{1}{e^\varepsilon - 1}$ なる自然数 $N$ を選ぶと，$n \geq N$ ならば，$\left|\log\left(1 + \dfrac{1}{n}\right) - 0\right| = \log\left(1 + \dfrac{1}{n}\right) < \log\left(1 + \dfrac{1}{N}\right) < \varepsilon.$ よって，$\displaystyle\lim_{n\to\infty} \log\left(1 + \dfrac{1}{n}\right) = 0.$

---

(ex.3.1.2) 数列 $(a_n)$ と実数 $\alpha$ について，つぎのそれぞれの $\varepsilon$ に対して，$n > N$ ならば，$|a_n - \alpha| < \varepsilon$ となる自然数 $N$ を求めよ．$\varepsilon = 0.5, 0.1, 0.01, 0.005.$
(i) $a_n = \dfrac{(-1)^n}{2n},\ \alpha = 0$　(ii) $a_n = \dfrac{2n-1}{n},\ \alpha = 2$　(iii) $a_n = \dfrac{2}{\sqrt{n}},\ \alpha = 0$

---

【解】(i) $\left|\dfrac{(-1)^n}{2n} - 0\right| = \dfrac{1}{2n} < 0.5 \Rightarrow n > 1,\quad \left|\dfrac{(-1)^n}{2n} - 0\right| = \dfrac{1}{2n} < 0.1 \Rightarrow n > 5$
$\left|\dfrac{(-1)^n}{2n} - 0\right| = \dfrac{1}{2n} < 0.01 \Rightarrow n > 50,\quad \left|\dfrac{(-1)^n}{2n} - 0\right| = \dfrac{1}{2n} < 0.005 \Rightarrow n > 100$

(ii) $\left|\dfrac{2n-1}{n} - 2\right| = \dfrac{1}{n} < 0.5 \Rightarrow n > 2,\quad \left|\dfrac{2n-1}{n} - 2\right| = \dfrac{1}{n} < 0.1 \Rightarrow n > 10$
$\left|\dfrac{2n-1}{n} - 2\right| = \dfrac{1}{n} < 0.01 \Rightarrow n > 100,\quad \left|\dfrac{2n-1}{n} - 2\right| = \dfrac{1}{n} < 0.005 \Rightarrow n > 200$

(iii) $\left|\dfrac{2}{\sqrt{n}} - 0\right| = \dfrac{2}{\sqrt{n}} < 0.5 \Rightarrow n > 16,\quad \left|\dfrac{2}{\sqrt{n}} - 0\right| = \dfrac{2}{\sqrt{n}} < 0.1 \Rightarrow n > 400$

$$\left|\frac{2}{\sqrt{n}} - 0\right| = \frac{2}{\sqrt{n}} < 0.01 \Rightarrow n > 40000, \quad \left|\frac{2}{\sqrt{n}} - 0\right| = \frac{2}{\sqrt{n}} < 0.005 \Rightarrow n > 160000$$

(ex.3.1.3) 数列 $(a_n), (b_n)$ において, $\lim_{n\to\infty} b_n = 0$ であるとする. $\alpha, C(>0)$ が定数で, $n \geq N$ ならば, $|a_n - \alpha| \leq C|b_n|$ となる自然数 $N$ が存在するならば, $\lim_{n\to\infty} a_n = \alpha$ であることを示せ.

【解】$\lim_{n\to\infty} b_n = 0$ であるから, 任意の正数 $\varepsilon > 0$ に対して, ある自然数 $N_1$ があって, $n \geq N_1$ ならば $|b_n| \leq \varepsilon/C$ とできる. このとき, $n \geq \max\{N_1, N\}$ ならば $|a_n - \alpha| \leq C|b_n| \leq \varepsilon$ となる. よって, $\lim_{n\to\infty} a_n = \alpha$.

(ex.3.1.4) $\lim_{n\to\infty} a_n = \alpha$ でかつ, $\lim_{n\to\infty} |a_n - b_n| = 0$ ならば, $\lim_{n\to\infty} b_n = \alpha$ であることを示せ.

【解】仮定より, 任意の正数 $\varepsilon > 0$ に対して, ある自然数 $N_1$ があって, $n \geq N_1$ ならば $|a_n - \alpha| < \varepsilon/2$ とできる. また, ある自然数 $N_2$ があって, $n \geq N_2$ ならば $|a_n - b_n| < \varepsilon/2$ とできる. このとき, $N = \max\{N_1, N_2\}$ とすれば $n \geq N$ に対して,
$$|b_n - \alpha| = |b_n - a_n + a_n - \alpha| \leq |b_n - a_n| + |a_n - \alpha| < \varepsilon/2 + \varepsilon/2 = \varepsilon$$
よって, $\lim_{n\to\infty} b_n = \alpha$.

(ex.3.1.5) 数列 $(a_n)$ が $0$ に収束し, 数列 $(b_n)$ が有界であるとき, $(a_n b_n)$ が $0$ に収束することを証明せよ.

【解】数列 $(b_n)$ が有界だから, 正数 $M > 0$ があって任意の $n$ について, $|b_n| \leq M$ が成り立つ. 数列 $(a_n)$ は $0$ に収束するから, 任意の正数 $\varepsilon > 0$ に対して, ある自然数 $N$ があって, $n \geq N$ ならば $|a_n| < \varepsilon/M$ とできる. ゆえに, $n \geq N$ ならば $|a_n b_n| = |a_n||b_n| < |a_n|M < \varepsilon$. よって, $\lim_{n\to\infty} a_n b_n = 0$.

(ex.3.1.6) $0 < a < 1$ のとき, $\lim_{n\to\infty} na^n = 0$ であることを示せ.

【解】$0 < a < 1$ だから, $1/a > 1$. ゆえに, $1/a = 1 + h \, (h > 0)$ とおける. 二項定理

より，$(1/a)^n = (1+h)^n > n(n-1)h^2/2$．よって，$n > 1$ のとき，$a^n < \dfrac{1}{n(n-1)}\left(\dfrac{2}{h^2}\right)$．

任意の正数 $\varepsilon > 0$ に対して，ある自然数 $N$ $(N \geq 2)$ があって，$n \geq N$ ならば $\dfrac{1}{(n-1)}\left(\dfrac{2}{h^2}\right) < \varepsilon$ とできる．ゆえに，$n \geq N$ ならば

$$0 < na^n < n\dfrac{1}{n(n-1)}\left(\dfrac{2}{h^2}\right) = \dfrac{1}{(n-1)}\left(\dfrac{2}{h^2}\right) < \varepsilon$$

よって，$\lim\limits_{n \to \infty} na^n = 0$．

---

(ex.3.1.7) $\lim\limits_{n\to\infty} a_{2n-1} = a$，かつ，$\lim\limits_{n\to\infty} a_{2n} = a$ ならば，$\lim\limits_{n\to\infty} a_n = a$ であることを示せ．

---

【解】 $\lim\limits_{n\to\infty} a_{2n-1} = a$ より，任意の正数 $\varepsilon > 0$ に対して，ある自然数 $N_1$ があって，$n \geq N_1$ ならば $|a_{2n-1} - a| \leq \varepsilon$ とできる．また，ある自然数 $N_2$ があって，$n \geq N_2$ ならば $|a_{2n} - a| \leq \varepsilon$ とできる．このとき，$N = \max\{N_1, N_2\}$ とすれば $n \geq N$ に対して，$|a_n - a| \leq \varepsilon$．よって，$\lim\limits_{n\to\infty} a_n = a$．

---

(ex.3.1.8) 次の数列の極限を求めよ．
(i) $\left(\dfrac{\sqrt{n}+1}{\sqrt{2n+8}}\right)$ (ii) $\left(\dfrac{(-2)^n}{3^n}\right)$ (iii) $\left(\left(\dfrac{n+2}{n-2}\right)^3\right)$ (iv) $(\sqrt{n} - \sqrt{n-1})$
(v) $\left(\dfrac{1}{\sqrt{n^2+1}-n}\right)$ (vi) $\left(\dfrac{1+2+\cdots+n}{n^2}\right)$
(vii) $\left(\dfrac{1^2+2^2+\cdots+n^2}{n^3}\right)$ (viii) $\left(\dfrac{1+2+2^2+2^3+\cdots+2^{n-1}}{2^n}\right)$

---

【解】 (i) $\dfrac{\sqrt{n}+1}{\sqrt{2n+8}} = \dfrac{1+\dfrac{1}{\sqrt{n}}}{\sqrt{2}+\dfrac{8}{\sqrt{n}}} \to \dfrac{1}{\sqrt{2}}$ (ii) $\dfrac{(-2)^n}{3^n} = \left(\dfrac{-2}{3}\right)^n \to 0$

(iii) $\left(\dfrac{n+2}{n-2}\right)^3 = \left(\dfrac{1+(2/n)}{1-(2/n)}\right)^3 \to 1$

(iv) $\sqrt{n} - \sqrt{n-1} = \dfrac{n-(n-1)}{\sqrt{n}+\sqrt{n-1}} = \dfrac{1}{\sqrt{n}+\sqrt{n-1}} \to 0$

(v) $\dfrac{1}{\sqrt{n^2+1}-n} = \dfrac{\sqrt{n^2+1}+n}{(n^2+1)-n^2} = \sqrt{n^2+1}+n \to \infty$

(vi) $\dfrac{1+2+\cdots+n}{n^2} = \dfrac{1}{n^2}\left\{\dfrac{n(n+1)}{2}\right\} = \dfrac{1}{2}\left(1+\dfrac{1}{n}\right) \to \dfrac{1}{2}$

(vii) $\dfrac{1^2+2^2+\cdots+n^2}{n^3} = \dfrac{1}{n^3}\left\{\dfrac{1}{6}n(n+1)(2n+1)\right\} \to \dfrac{1}{3}$

(viii) $\dfrac{1+2+\cdots+2^{n-1}}{2^n} = \dfrac{1}{2^n}\left(\dfrac{1-2^n}{1-2}\right) = 1-\dfrac{1}{2^n} \to 1$

---

(ex.3.1.9) $\lim\limits_{n\to\infty} a_n = \alpha$ ならば，$\lim\limits_{n\to\infty} \dfrac{na_1+(n-1)a_2+\cdots+a_n}{n^2} = \dfrac{\alpha}{2}$ であることを示せ．

---

【解】$A(n) = \dfrac{na_1+(n-1)a_2+\cdots+a_n}{n^2} - \dfrac{\alpha}{2}$ とおくと

$A(n) = \dfrac{1}{2n^2}\{2n(a_1-\alpha)+2(n-1)(a_2-\alpha)+\cdots+2(a_n-\alpha)+n\alpha\}$, $\lim\limits_{n\to\infty} a_n = \alpha$ だから，任意の $\varepsilon > 0$ に対し，ある自然数 $N$ ($N > 2$) があって，$N \leq n$ ならば $|\alpha - a_n| < \varepsilon$．このとき，$\max\{|a_1-\alpha|,\cdots,|a_{N-1}-\alpha|\} = M$ とおく．$N < n$ に対して，

$|A(n)| \leq \dfrac{1}{2n^2}[2\{n+(n-1)+\cdots+(n-N+2)\}M + 2\{(n-N+1)+\cdots+1\}\varepsilon + |n\alpha|]$

$\leq \dfrac{2\cdot n(N-1)}{2n^2}M + \dfrac{(n-N+1)(n-N+2)}{2n^2}\varepsilon + \dfrac{|\alpha|}{2n}$

$= \dfrac{(N-1)M}{n} + \dfrac{1}{2}\left(1-\dfrac{N-1}{n}\right)\left(1-\dfrac{N-2}{n}\right)\varepsilon + \dfrac{|\alpha|}{2n}$   $\cdots$ （イ）

よって，さらに $n$ を十分大きくとると

$N < n,\ \dfrac{(N-1)M}{n} < \dfrac{\varepsilon}{6},\ 0 < \left(1-\dfrac{N-1}{n}\right)\left(1-\dfrac{N-2}{n}\right) < \dfrac{4}{3},\ \dfrac{|\alpha|}{2n} < \dfrac{\varepsilon}{6}$

とすれば（イ）より，$|A(n)| \leq \dfrac{\varepsilon}{6} + \dfrac{4}{6}\varepsilon + \dfrac{\varepsilon}{6} = \varepsilon$ とできる．

よって，$\lim_{n\to\infty} A(n) = 0$．ゆえに，$\lim_{n\to\infty} \dfrac{na_1 + (n-1)a_2 + \cdots + a_n}{n^2} = \dfrac{\alpha}{2}$．

**NOTE:** 任意の $\varepsilon > 0$ に対し，不等式(イ)をみたすように自然数 $N$ をとり，さらにこの(イ)式でもう一度 $n$ を十分大きくとり，$|A(n)| \leq \varepsilon$ とした．つまり，「2段構えの極限」である．

---

(ex.3.1.10) すべての $n \in \mathbb{N}$ で，$a_n > 0$，$\lim_{n\to\infty} \dfrac{a_{n+1}}{a_n} = L$ のとき，$\lim_{n\to\infty} (a_n)^{1/n} = L$ であることを示せ．

---

【解】 $\lim_{n\to\infty} \dfrac{a_{n+1}}{a_n} = L$．$L > 0$ のとき任意の $\varepsilon, (L > \varepsilon > 0)$ に対しある自然数 $N$ があって $N \leq n$ ならば，$L - \varepsilon < \dfrac{a_{n+1}}{a_n} < L + \varepsilon \quad (N \leq n)$ … (イ)

ゆえに，$(L - \varepsilon)^n < \dfrac{a_{N+1}}{a_N} \cdot \dfrac{a_{N+2}}{a_{N+1}} \cdots \dfrac{a_{N+n}}{a_{N+n-1}} < (L + \varepsilon)^n$．

よって，$a_N (L - \varepsilon)^n < a_{N+n} < a_N (L + \varepsilon)^n$．

$N + n = m$ とおくと，$a_N (L - \varepsilon)^{m-N} < a_m < a_N (L + \varepsilon)^{m-N}$．

よって，$a_N^{1/m} (L - \varepsilon)^{1-(N/m)} < (a_m)^{1/m} < a_N^{1/m} (L + \varepsilon)^{1-(N/m)}$． … (ロ)

$m \to \infty$ とすれば
$$L - \varepsilon \leq \liminf_{m\to\infty} (a_m)^{1/m} \leq \limsup_{m\to\infty} (a_m)^{1/m} \leq (L + \varepsilon).$$

$\varepsilon$ は任意だから，$\liminf_{m\to\infty} (a_m)^{1/m} = \limsup_{m\to\infty} (a_m)^{1/m} = L$．

よって，$\lim_{m\to\infty} (a_m)^{1/m} = L$．

$L = 0$ のときは（イ）を $0 < \dfrac{a_{n+1}}{a_n} < \varepsilon \quad (N \leq n)$ として同様に $\lim_{n\to\infty} (a_n)^{1/n} = 0$ が証明される．

**NOTE:** (ロ)式において，極限をとるとき，極限値の存在がわからない段階では，上極限，下極限をとる（有界数列については必ず上極限，下極限は存在するから）．そして，結果的に上極限，下極限が一致することが証明されれば，その一致した値が極限値となる．

(ex.3.1.11) 次の定理を用いて，$\left(\dfrac{n}{b^n}\right)$ $(b \neq 0)$ の極限を求めよ．

<ヒント> 定理 $(a_n)$ をすべての $n \in N$ で，$a_n > 0$ である数列とし，$\displaystyle\lim_{n \to \infty} \dfrac{a_{n+1}}{a_n} = L$ であるとする．このとき，
(i) $L < 1$ ならば，$(a_n)$ は収束し，$\displaystyle\lim_{n \to \infty} a_n = 0$． (ii) $L > 1$ ならば，$\displaystyle\lim_{n \to \infty} a_n = \infty$．

【解】 $a_n = \dfrac{n}{b^n}$ とおくと，$\dfrac{a_{n+1}}{a_n} = \dfrac{[(n+1)/b^{n+1}]}{(n/b^n)} = \dfrac{1}{b}\left(1 + \dfrac{1}{n}\right)$．

(イ) $1/|b| < 1$ のとき，$\displaystyle\lim_{n \to \infty}|a_n| = 0$．ゆえに，$\displaystyle\lim_{n \to \infty}\dfrac{n}{b^n} = 0$．

(ロ) $0 < b \leq 1$ のとき，$\displaystyle\lim_{n \to \infty}\dfrac{n}{b^n} = \infty$．

(ハ) $-1 \leq b < 0$ のとき，$\dfrac{n}{b^n}$ は発散．

(ex.3.1.12) 次を示せ．
(i) $\displaystyle\lim_{n \to \infty} a_n = \alpha$ ならば，$\displaystyle\lim_{n \to \infty}\dfrac{a_1 + 2a_2 + \cdots + na_n}{1 + 2 + \cdots + n} = \alpha$．
(ii) $a_n > 0$ で，$\displaystyle\lim_{n \to \infty} a_n = \alpha$ ならば，$\displaystyle\lim_{n \to \infty}\sqrt[n]{a_1 a_2 \cdots a_n} = \alpha$．

<ヒント> 《はさみうちの原理》 $(a_n), (b_n), (c_n)$ がすべての $n \in N$ で，$a_n \leq b_n \leq c_n$ であるような数列とする．このとき，$\displaystyle\lim_{n \to \infty} a_n = \lim_{n \to \infty} c_n$ ならば，$(b_n)$ も収束し，

$$\lim_{n \to \infty} a_n = \lim_{n \to \infty} b_n = \lim_{n \to \infty} c_n.$$

【解】 (i) $A(n) = \dfrac{a_1 + 2a_2 + \cdots + na_n}{1 + 2 + \cdots + n} - \alpha$ とおくと

$A(n) = \dfrac{(a_1 - \alpha) + 2(a_2 - \alpha) + \cdots + n(a_n - \alpha)}{1 + 2 + \cdots + n}$，$\displaystyle\lim_{n \to \infty} a_n = \alpha$ であるから，任意の正数 $\varepsilon > 0$ に対してある自然数 $N$ があって $N \leq n$ ならば $|a_n - \alpha| < \varepsilon$ とできる．$\max\{|a_1 - \alpha|, \cdots, |a_{N-1} - \alpha|\} = M$ とおく．

$N < n$ に対して，$0 \leq |A(n)| \leq \dfrac{M(1 + 2 + \cdots + N - 1) + \varepsilon(N + \cdots + n)}{1 + 2 + \cdots + n}$

$$\leq \frac{M(1+2+\cdots+N-1)}{1+2+\cdots+n}+\varepsilon = \frac{M(N-1)N}{n(n+1)}+\varepsilon$$

$n\to\infty$ とすれば，$0 \leq \displaystyle\limsup_{n\to\infty}|A(n)| \leq \varepsilon$．

$\varepsilon$ は任意だから，$\displaystyle\limsup_{n\to\infty}|A(n)| = 0$．

ゆえに，$0 \leq \displaystyle\liminf_{n\to\infty}|A(n)| \leq \limsup_{n\to\infty}|A(n)| = 0$．

よって，$\displaystyle\lim_{n\to\infty}|A(n)| = 0$，ゆえに，$\displaystyle\lim_{n\to\infty}A(n) = 0$．

(ii) (ex.2.B.2) (ii) より

$$\frac{n}{\dfrac{1}{a_1}+\dfrac{1}{a_2}+\cdots+\dfrac{1}{a_n}} \leq \sqrt[n]{a_1 a_2 \cdots a_n} \leq \frac{a_1+a_2+\cdots+a_n}{n} \quad (*)$$

（イ）$\alpha \neq 0$ のとき $\displaystyle\lim_{n\to\infty}a_n = \alpha$ であるから $\displaystyle\lim_{n\to\infty}\frac{1}{a_n} = \frac{1}{\alpha}$．

一般に，$\displaystyle\lim_{n\to\infty}b_n = \beta$ のとき $\displaystyle\lim_{n\to\infty}\frac{b_1+b_2+\cdots+b_n}{n} = \beta$ であるから

$\displaystyle\lim_{n\to\infty}\frac{\dfrac{1}{a_1}+\dfrac{1}{a_2}+\cdots+\dfrac{1}{a_n}}{n} = \frac{1}{\alpha}$，$\displaystyle\lim_{n\to\infty}\frac{a_1+a_2+\cdots+a_n}{n} = \alpha$

より（$*$）から，$\displaystyle\lim_{n\to\infty}\sqrt[n]{a_1 a_2 \cdots a_n} = \alpha$．

（ロ）$\alpha = 0$ のとき $0 \leq \sqrt[n]{a_1 a_2 \cdots a_n} \leq \dfrac{a_1+\cdots+a_n}{n}$ より $\displaystyle\lim_{n\to\infty}\frac{a_1+\cdots+a_n}{n} = 0$ であるから，$\displaystyle\lim_{n\to\infty}\sqrt[n]{a_1 a_2 \cdots a_n} = 0$．

## 3.2 単調数列・部分数列

(ex.3.2.1) つぎの漸化式で定義された数列について，それぞれの極限値を示せ．
(i) $a_1=1$, $a_{n+1}=\sqrt{2+a_n}$, $n=1,2,\ldots$, $\displaystyle\lim_{n\to\infty}a_n = 2$．
(ii) $a_1=1$, $a_{n+1}=\dfrac{1}{1+a_n}$, $n=1,2,\ldots$, $\displaystyle\lim_{n\to\infty}a_n = \dfrac{\sqrt{5}-1}{2}$．
(iii) $a_1=1$, $a_{n+1}=1+\dfrac{1}{1+a_n}$, $n=1,2,\ldots$, $\displaystyle\lim_{n\to\infty}a_n = \sqrt{2}$．

**＜ヒント＞** 数列 $(a_n)$ が次を満たすとき，**コーシー列**または**基本列**という．

与えられた $\varepsilon > 0$ に対して，自然数 $N(\varepsilon)$ が存在して，$n, m > N(\varepsilon)$ ならば，$|a_n - a_m| < \varepsilon$．

(i) コーシー列は有界である．
(ii) 数列 $(a_n)$ が収束するための必要十分条件はその数列がコーシー列であるということである．

**【解】** (i) $a_{n+1} - 2 = \sqrt{2 + a_n} - 2 = \dfrac{a_n - 2}{\sqrt{2 + a_n} + 2}$

よって，$|a_{n+1} - 2| = \dfrac{1}{\sqrt{2 + a_n} + 2}|a_n - 2| \leq \dfrac{1}{2}|a_n - 2|$．

ゆえに，$|a_{n+1} - 2| \leq \left(\dfrac{1}{2}\right)^n |a_1 - 2|$．これから，$\displaystyle\lim_{n \to \infty} a_n = 2$．

(ii) $a_{n+1} = \dfrac{1}{1 + a_n} < 1 \quad (n \geq 1)$

よって，$a_{n+1} = \dfrac{1}{1 + a_n} \geq \dfrac{1}{1 + 1} = \dfrac{1}{2}$，$a_1 = 1$ であるからすべての $n$ で，$a_n > \dfrac{1}{2}$．

$n \geq 2$ に対して，

$$|a_{n+1} - a_n| = \left|\dfrac{1}{1 + a_n} - \dfrac{1}{1 + a_{n-1}}\right| = \left|\dfrac{a_{n-1} - a_n}{(1 + a_n)(1 + a_{n-1})}\right|$$

$$\leq \dfrac{1}{\left(1 + \dfrac{1}{2}\right)\left(1 + \dfrac{1}{2}\right)}|a_{n-1} - a_n| = \left(\dfrac{2}{3}\right)^2 |a_{n-1} - a_n|$$

ゆえに，$|a_{n+1} - a_n| \leq \left(\dfrac{2}{3}\right)^2 |a_n - a_{n-1}| \leq \left(\dfrac{4}{9}\right)^{n-1} |a_2 - a_1|$．

$n < m$ に対して

$$|a_m - a_n| \leq |a_m - a_{m-1}| + |a_{m-1} - a_{m-2}| + \cdots + |a_{n+1} - a_n|$$

$$\leq \left\{\left(\dfrac{4}{9}\right)^{m-2} + \cdots + \left(\dfrac{4}{9}\right)^{n-1}\right\}|a_2 - a_1| \leq \dfrac{9}{5}\left(\dfrac{4}{9}\right)^{n-1}|a_2 - a_1|$$

よって $(a_n)$ はコーシー列であるから収束する．$\displaystyle\lim_{n \to \infty} a_n = \alpha$ とおくと $\alpha = \dfrac{1}{1 + \alpha}$ をみたす．ゆえに，$\alpha^2 + \alpha - 1 = 0$．$\alpha \geq 0$ であるから $\alpha = \dfrac{\sqrt{5} - 1}{2}$ を得る．

(iii) $a_{n+1} - a_n = \dfrac{1}{1+a_n} - \dfrac{1}{1+a_{n-1}} = \dfrac{a_{n-1} - a_n}{(1+a_n)(1+a_{n-1})}$

また，$a_n \geq 1$ であるから前問と同様に，$|a_{n+1} - a_n| \leq \dfrac{1}{4}|a_n - a_{n-1}|$ が成り立つ．

よって，$(a_n)$ はコーシー列となる．$\displaystyle\lim_{n\to\infty} a_n = \alpha$ とすると $\alpha = 1 + \dfrac{1}{1+\alpha}$ をみたし，$\alpha \geq 0$ であるから $\alpha = \sqrt{2}$ を得る．

---

**(ex.3.2.2)** 次の数列が収束するかどうかを調べ，収束するときはその極限値を求めよ．

(i) $a_1 > 0$, $a_{n+1} = \dfrac{4}{a_n + 4}$, $n = 1, 2, \ldots$  (ii) $a_1 > 0$, $a_{n+1} = \sqrt{a_n}$, $n = 1, 2, \ldots$

(iii) $a_1 = 1$, $a_{n+1} = 2\sqrt{a_n}$, $n = 1, 2, \ldots$

---

<ヒント>　数列 $(a_n)$ において，すべての $n \in \mathbb{N}$ で，$|a_{n+2} - a_{n+1}| \leq C|a_{n+1} - a_n|$ となる定数 $C\,(0<C<1)$ が存在するとき，縮小列であるという．縮小列は (ex.3.2.1)(ii) の証明のようにコーシー列である．よって，収束する．

【解】(i) $|a_{n+1} - a_n| = \left|\dfrac{4}{a_n + 4} - \dfrac{4}{a_{n-1} + 4}\right| = \dfrac{4|a_{n-1} - a_n|}{|(a_n + 4)(a_{n-1} + 4)|} \leq \dfrac{1}{4}|a_{n-1} - a_n|$

$(n \geq 2)$

これから，$(a_n)$ は縮小列．よって $(a_n)$ はコーシー列となり収束する．

$\displaystyle\lim_{n\to\infty} a_n = \alpha$ とすれば $\alpha = \dfrac{4}{\alpha + 4}$ $(\alpha \geq 0)$ をみたすので $\alpha^2 + 4\alpha - 4 = 0$ より $\alpha = 2(\sqrt{2} - 1)$．

(ii) $a_{n+1} = a_n^{1/2} = (a_{n-1})^{(1/2)^2} = \cdots = a_1^{(1/2)^n}$ $(a_1 > 0)$

$(1/2)^n \to 0$ であるから $\displaystyle\lim_{n\to\infty} a_1^{(1/2)^n} = 1$．ゆえに，$\displaystyle\lim_{n\to\infty} a_n = 1$．

[別解] $a_{n+1} = \sqrt{a_n}$ より $\log a_{n+1} = \dfrac{1}{2} \log a_n$．

ゆえに，$|\log a_{n+1} - \log a_n| = \dfrac{1}{2}|\log a_n - \log a_{n-1}|$ $(n \geq 2)$．

これから数列 $(\log a_n)$ はコーシー列で収束する．よって，$\displaystyle\lim_{n\to\infty} (\log a_n) = \alpha$ とお

くと $\lim_{n\to\infty} a_n = e^\alpha$. ゆえに $e^\alpha = \sqrt{e^\alpha}$ が成り立つ. $e^{2\alpha} = e^\alpha$ より $e^\alpha = 1$, よって $\lim_{n\to\infty} a_n = 1$.

(iii) $a_{n+1} = 2\sqrt{a_n}$ より $a_{n+1}/4 = \sqrt{a_n/4}$ が成り立つ. よって前問より $\lim_{n\to\infty} a_n/4 = 1$. ゆえに, $\lim_{n\to\infty} a_n = 4$.

---

(ex.3.2.3) 次を示せ.
(i) $\lim_{n\to\infty}\left(1+\dfrac{1}{n}\right)^{n+1} = e$  (ii) $\lim_{n\to\infty}\left(1+\dfrac{1}{n+1}\right)^{n} = e$  (iii) $\lim_{n\to\infty}\left(1+\dfrac{1}{n^2}\right)^{n} = 1$

---

<ヒント> 《自然対数の底》 $e = 2.718281828459...$,  $e = \lim_{n\to\infty}\left(1+\dfrac{1}{n}\right)^{n}$

【解】(i) $\lim_{n\to\infty}\left(1+\dfrac{1}{n}\right)^{n+1} = \lim_{n\to\infty}\left(1+\dfrac{1}{n}\right)^{n} \lim_{n\to\infty}\left(1+\dfrac{1}{n}\right) = e$

(ii) $\lim_{n\to\infty}\left(1+\dfrac{1}{n+1}\right)^{n} = \lim_{n\to\infty}\left(1+\dfrac{1}{n+1}\right)^{n+1} \Big/ \left(1+\dfrac{1}{n+1}\right) = e$

(iii) $\lim_{n\to\infty}\left(1+\dfrac{1}{n^2}\right)^{n^2} = e$ であるから, $\varepsilon = e > 0$ に対して自然数 $N$ があって, $1 < \left(1+\dfrac{1}{n^2}\right)^{n^2} < e+\varepsilon = 2e$ とできる. ゆえに, $1 < \left[\left(1+\dfrac{1}{n^2}\right)^{n^2}\right]^{1/n} < (2e)^{1/n}$.

ここで, さらに $n \to \infty$ とすれば $\lim_{n\to\infty}(2e)^{1/n} = 1$ であるから

$$\lim_{n\to\infty}\left(1+\dfrac{1}{n^2}\right)^{n} = \lim_{n\to\infty}\left[\left(1+\dfrac{1}{n^2}\right)^{n^2}\right]^{1/n} = 1$$

---

(ex.3.2.4) $0 < r < 1$, すべての $n \in \mathbf{N}$ で, $|a_{n+1} - a_n| < r^n$ なる数列 $(a_n)$ はコーシー列であることを示せ.

【解】自然数 $n, m\ (m > n)$ について,
$$|a_m - a_n| \le |a_m - a_{m-1}| + |a_{m-1} - a_{m-2}| + \cdots + |a_{n+1} - a_n|$$

$$< r^{m-1} + r^{m-2} + \cdots + r^n < r^n(1 + r + \cdots + r^{m-n-1} + \cdots) = \frac{r^n}{1-r}$$

任意の正数 $\varepsilon > 0$ に対して，自然数 $N$ を $\dfrac{r^N}{1-r} < \varepsilon$ ととれば，$m, n \geq N$ のとき，$|a_m - a_n| < \dfrac{r^n}{1-r} \leq \dfrac{r^N}{1-r} < \varepsilon$．よって，$(a_n)$ はコーシー列である．

## 3.3 数列の集積値・上極限・下極限

(ex.3.3.1) 次の数列の上極限と下極限を求めよ．
(i) $\left((-1)^n \dfrac{n}{n+1}\right)$ (ii) $2 + (-1)^n$ (iii) $\left(\cos\dfrac{n\pi}{4}\right)$ (iv) $\left(\dfrac{(-1)^n}{n^2}\right)$
(v) $\left(\sin\dfrac{n\pi}{2} + \dfrac{(-1)^n}{n}\right)$ (vi) $\left(n + \dfrac{1}{n}\right)$ (vii) $(n(1 + (-1)^n))$

<ヒント> 数列 $(a_n)$ の部分列の極限となる点をこの**数列の集積値**という．$(a_n)$ を有界な数列とし，$S$ をこの数列の集積値の集合とする．$\sup S$ を数列 $(a_n)$ の**上極限**といい，$\limsup\limits_{n\to\infty} a_n$, $\varlimsup\limits_{n\to\infty} a_n$ などと表し，$\inf S$ を $(a_n)$ の**下極限**といい，$\liminf\limits_{n\to\infty} a_n$, $\varliminf\limits_{n\to\infty} a_n$ などと表す．数列 $(a_n)$ が上に有界でないとき，$\limsup\limits_{n\to\infty} a_n = \infty$，下に有界でないとき，$\liminf\limits_{n\to\infty} a_n = -\infty$ などと表す．

【解】(i) 上極限 1, 下極限 $-1$ (ii) 上極限 3, 下極限 1
(iii) 上極限 1, 下極限 $-1$ (iv) 上極限 0, 下極限 0 (v) 上極限 1, 下極限 $-1$
(vi) 上極限 $\infty$ (vii) 上極限 $\infty$, 下極限 0

(ex.3.3.2) $(a_n), (b_n)$ を有界な数列とするとき，次を示せ．
(i) $\liminf\limits_{n\to\infty}(-a_n) = -\limsup\limits_{n\to\infty} a_n$, $\limsup\limits_{n\to\infty}(-a_n) = -\liminf\limits_{n\to\infty} a_n$
(ii) $\limsup\limits_{n\to\infty}(a_n + b_n) \leq \limsup\limits_{n\to\infty} a_n + \limsup\limits_{n\to\infty} b_n$
(iii) $\liminf\limits_{n\to\infty}(a_n + b_n) \geq \liminf\limits_{n\to\infty} a_n + \liminf\limits_{n\to\infty} b_n$
(iv) すべての $n \in \mathbb{N}$ で，$a_n > 0, b_n > 0$ ならば，

$$\limsup_{n\to\infty}(a_n b_n) \leq \left(\limsup_{n\to\infty} a_n\right)\left(\limsup_{n\to\infty} b_n\right)$$

(v) すべての $n \in \mathbf{N}$ で, $a_n > 0, b_n > 0$ ならば,

$$\liminf_{n\to\infty}(a_n b_n) \geq \left(\liminf_{n\to\infty} a_n\right)\left(\liminf_{n\to\infty} b_n\right)$$

【解】(i) $\sup\{a_k : k \geq n\} = b_n$, $\inf\{-a_k : k \geq n\} = c_n$ とおくと, $-b_n = c_n$. 一方, $\limsup_{n\to\infty} a_n = \lim_{n\to\infty} b_n$, $\liminf_{n\to\infty}(-a_n) = \lim_{n\to\infty} c_n$ であるから

$$\liminf_{n\to\infty}(-a_n) = -\limsup_{n\to\infty} a_n$$

他も, $\sup\{-a_k : k \geq n\} = -\inf\{a_k : k \geq n\}$ より証明できる.

(ii) $\sup\{a_k + b_k : k \geq n\} \leq \sup\{a_k : k \geq n\} + \sup\{b_k : k \geq n\}$ が成り立つ. $A_n = \sup\{a_k + b_k : k \geq n\}$, $B_n = \sup\{a_k : k \geq n\}$, $C_n = \sup\{b_k : k \geq n\}$ とおくと数列 $(A_n), (B_n), (C_n)$ はそれぞれ有界な単調減少数列だから収束し

$$\lim_{n\to\infty} A_n = \limsup_{n\to\infty}(a_n + b_n), \quad \lim_{n\to\infty} B_n = \limsup_{n\to\infty} a_n, \quad \lim_{n\to\infty} C_n = \limsup_{n\to\infty} b_n$$

であるから結果の式を得る.

(iii) $\inf\{a_k + b_k : k \geq n\} \geq \inf\{a_k : k \geq n\} + \inf\{b_k : k \geq n\}$ が成り立つので前問 (ii) と同様にして結論を得る.

(iv) $a_n > 0, b_n > 0$ であるから $\sup\{a_k b_k : k \geq n\} \leq \sup\{a_k : k \geq n\} \sup\{b_k : k \geq n\}$ が成り立つ. $A_n = \sup\{a_k b_k : k \geq n\}$, $B_n = \sup\{a_k : k \geq n\}$, $C_n = \sup\{b_k : k \geq n\}$ とおくと数列 $(A_n), (B_n), (C_n)$ はそれぞれ有界単調減少数列だから収束して,

$$\lim_{n\to\infty} A_n = \limsup_{n\to\infty}(a_n b_n), \quad \lim_{n\to\infty} B_n = \limsup_{n\to\infty} a_n, \quad \lim_{n\to\infty} C_n = \limsup_{n\to\infty} b_n$$

であるから結論を得る.

(v) $a_n > 0, b_n > 0$ のとき $\inf\{a_k b_k : k \geq n\} \geq \inf\{a_k : k \geq n\} \inf\{b_k : k \geq n\}$ であるから, 前問 (iv) と同様に結論を得る.

(ex.3.3.3) $\lim_{n\to\infty} a_n = \alpha$ で, $(b_n)$ を有界な数列とするとき, 次を示せ.

(i) $\limsup_{n\to\infty}(a_n + b_n) = \alpha + \limsup_{n\to\infty} b_n$

(ii) $\liminf_{n\to\infty}(a_n + b_n) = \alpha + \liminf_{n\to\infty} b_n$

(iii) すべての $n \in \mathbf{N}$ で, $a_n > 0, b_n > 0$ ならば, $\limsup_{n\to\infty}(a_n b_n) = \alpha \left(\limsup_{n\to\infty} b_n\right)$

(iv) すべての $n \in \mathbf{N}$ で, $a_n > 0, b_n > 0$ ならば, $\liminf_{n\to\infty}(a_n b_n) = \alpha \left(\liminf_{n\to\infty} b_n\right)$

【解】(i) $\limsup_{n\to\infty} a_n = \lim_{n\to\infty} a_n = \alpha$ であるから (ex.3.3.2)(ii) より
$$\limsup_{n\to\infty}(a_n + b_n) \le \limsup_{n\to\infty} a_n + \limsup_{n\to\infty} b_n = \alpha + \limsup_{n\to\infty} b_n \quad \cdots (\text{イ})$$
また, $A_n = a_n + b_n$ とおくと $b_n = A_n + (-a_n)$.
$$\limsup_{n\to\infty} b_n = \limsup_{n\to\infty}\{A_n + (-a_n)\} \le \limsup_{n\to\infty} A_n + \lim_{n\to\infty}(-a_n) = \limsup_{n\to\infty}(a_n+b_n) - \alpha$$
ゆえに, $\limsup_{n\to\infty}(a_n + b_n) \ge \alpha + \limsup_{n\to\infty} b_n \quad \cdots (\text{ロ})$
(イ), (ロ) より $\limsup_{n\to\infty}(a_n + b_n) = \alpha + \limsup_{n\to\infty} b_n$ を得る.

(ii) 前問 (i) のように (ex.3.3.2)(iii) を用いて証明できる.

(iii) $a_n > 0$, $b_n > 0$ のとき (ex.3.3.2)(iv) より
$$\limsup_{n\to\infty}(a_n b_n) \le (\lim_{n\to\infty} a_n)(\limsup_{n\to\infty} b_n) = \alpha(\limsup_{n\to\infty} b_n) \quad \cdots (\text{イ})$$
$B_n = a_n b_n$ とおくと $b_n = B_n \cdot a_n^{-1}$ であるから
$$\limsup_{n\to\infty} b_n = \limsup_{n\to\infty}(B_n \cdot a_n^{-1}) \le \left(\limsup_{n\to\infty} B_n\right) \cdot \alpha^{-1} = \left\{\limsup_{n\to\infty}(a_n b_n)\right\} \cdot \alpha^{-1}$$
ゆえに, $\limsup_{n\to\infty}(a_n b_n) \ge \alpha \limsup_{n\to\infty}(b_n) \quad \cdots (\text{ロ})$
(イ), (ロ) より, $\limsup_{n\to\infty}(a_n b_n) = \alpha \cdot \left(\limsup_{n\to\infty} b_n\right)$. ($\alpha = 0$ のときも (ex.3.1.5) より成り立つ)

(iv) (ex.3.3.2)(v) を用いて前問 (iii) のようにして証明できる.

## 章末問題

**(ex.3.A.1)** 次を示せ.

(i) $\lim_{n\to\infty} \dfrac{(n!)^{1/n}}{n} = \dfrac{1}{e}$  (ii) $\lim_{n\to\infty} \dfrac{n}{\sqrt[n]{n!}} = e$  (iii) $\lim_{n\to\infty} n(\sqrt[n]{a} - 1) = \log a \quad (a > 0)$

(iv) $\lim_{n\to\infty} \sqrt[n]{n!} = \infty$  (v) $\lim_{n\to\infty} \dfrac{1 + 3 + 5 + \cdots + (2n-1)}{n^2} = 1$

**(ex.3.A.2)** 次を示せ.

(i) $a_1 > 0$, $a_{n+1} = \dfrac{1}{k}\left(a_n + \dfrac{k}{a_n}\right)$, $k > 1$. $\lim_{n\to\infty} a_n = \sqrt{\dfrac{k}{k-1}}$

(ii) $a_1 = 1$, $a_{n+1} = \alpha/(1+a_n)$ （$\alpha$ は正の定数）． $\displaystyle\lim_{n\to\infty} a_n = \dfrac{\sqrt{1+4\alpha}-1}{2}$

**(ex.3.A.3)**　《フィボナッチ数列》

$a_1 = 1, a_2 = 1, a_{n+1} = a_{n-1} + a_n, n = 2, 3, \ldots$ において，$\displaystyle\lim_{n\to\infty} \dfrac{a_{n+1}}{a_n} = \dfrac{1+\sqrt{5}}{2}$ となることを示せ．

**(ex.3.A.4)**　$p > q > r > s > 0$ のとき，$\displaystyle\lim_{n\to\infty}(p^n + q^n + r^n + s^n)^{1/n} = p$ を示せ．

**(ex.3.A.5)**　$\displaystyle\lim_{n\to\infty} a_n = \infty$ ならば，$\displaystyle\lim_{n\to\infty} \dfrac{a_1 + a_2 + \cdots + a_n}{n} = \infty$ であることを示せ．

**(ex.3.A.6)**　$2a_{n+1} = b_n + c_n$, $2b_{n+1} = c_n + a_n$, $2c_{n+1} = a_n + b_n$ である数列 $(a_n), (b_n), (c_n)$ はすべて $\dfrac{a_1 + b_1 + c_1}{3}$ に収束することを示せ．

**(ex.3.B.1)**　すべての $n \in \mathbf{N}$ で，$a_n \neq 0$ である数列 $(a_n)$ が $0$ でない実数に収束するならば，$\inf\{|a_n| : n \in \mathbf{N}\} > 0$．

**(ex.3.B.2)**　数列 $(a_n)$ が $\infty$ $(-\infty)$ に発散するとき，任意の実数 $x$ に対して，

$$\lim_{n\to\infty}\left(1 + \frac{x}{a_n}\right)^{a_n} = e^x$$

となることを示せ．

**(ex.3.B.3)**　$(r_n)$ を正の実数 $a$ に収束する単調な有理数列とする．$(a^{r_n})$ は収束することが示せ．また，その極限値は有理数列の取り方に依存しないことを示せ．


********** 章末問題解答 **********


**(ex.3.A.1)**　(i)　変形すると

$$A_n = \left(\frac{n!}{n^n}\right)^{1/n} = \left[\left(\frac{n}{n}\right)^n \left(\frac{n-1}{n}\right)^{n-1}\left(\frac{n-2}{n-1}\right)^{n-2} \cdots \left(\frac{2}{3}\right)^2 \left(\frac{1}{2}\right)^1\right]^{1/n}$$

ここで，$a_0 = 1$, $a_2 = \left(\dfrac{1}{2}\right)^1$, $\cdots$, $a_n = \left(\dfrac{n-1}{n}\right)^{n-1}$ とおくと

$$\lim_{n\to\infty} a_n = \lim_{n\to\infty}\left(\frac{n-1}{n}\right)^{n-1} = \lim_{n\to\infty}\frac{1}{\left(1+\dfrac{1}{n-1}\right)^{n-1}} = \frac{1}{e}$$ であるから

$$\lim_{n\to\infty} A_n = \lim_{n\to\infty} \sqrt[n]{a_1 a_2 \cdots a_{n-1} a_n} = \frac{1}{e}$$ を得る((ex.3.1.12) 参照).

(ii) (i)の逆数の極限.

(iii) （イ）$a > 1$ のとき，$n(\sqrt[n]{a} - 1) = y_n$ とおくと $\sqrt[n]{a} - 1 = \frac{y_n}{n} > 0$. ゆえに，

$$\lim_{n\to\infty} \frac{y_n}{n} = +0, \quad よって，\quad \lim_{n\to\infty} \frac{n}{y_n} = +\infty.$$

また，$\sqrt[n]{a} = 1 + \frac{y_n}{n}$，$a = \left(1 + \frac{y_n}{n}\right)^n = \left[\left(1 + \frac{y_n}{n}\right)^{n/y_n}\right]^{y_n}$.

よって $\log a = y_n \log\left(1 + \frac{y_n}{n}\right)^{n/y_n}$. ゆえに，$y_n = \dfrac{\log a}{\log\left(1 + \dfrac{y_n}{n}\right)^{n/y_n}}$.

よって，$\lim_{n\to\infty} y_n = \log a$.

（ロ）$1 > a > 0$ のとき $a = \dfrac{1}{b}$ とおくと $b > 1$，（イ）より

$$n(\sqrt[n]{a} - 1) = n\left(\frac{1}{\sqrt[n]{b}} - 1\right) = \frac{n(1 - \sqrt[n]{b})}{\sqrt[n]{b}} \to (-\log b) = \log a$$

(iv) $\dfrac{1}{\sqrt[n]{n!}} = \left(\dfrac{1}{1} \cdot \dfrac{1}{2} \cdots \dfrac{1}{n}\right)^{1/n}$ において $a_n = \dfrac{1}{n}$ とおくと $a_n > 0$ で $\lim_{n\to\infty} a_n = 0$

であるとき (ex.3.1.12) より $\lim_{n\to\infty}(a_1 a_2 \cdots a_n)^{1/n} = 0$ であるから $\lim_{n\to\infty} \dfrac{1}{\sqrt[n]{n!}} = +0$.

ゆえに，$\lim_{n\to\infty} \sqrt[n]{n!} = \infty$.

(v) $S_n = 1 + 3 + 5 + \cdots + \{1 + 2(n-1)\} = \dfrac{n}{2}\{2 + 2(n-1)\} = n^2$

よって，$\lim_{n\to\infty} \dfrac{S_n}{n^2} = 1$.

**(ex.3.A.2)** (i) $a_{n+1} = \dfrac{1}{k}\left(a_n + \dfrac{k}{a_n}\right) \geq \dfrac{2}{\sqrt{k}}$ $n = 1, 2, \cdots$ （相加平均の不等式）

よって，$a_{n+1} = \dfrac{1}{k}\left(a_n + \dfrac{k}{a_n}\right) \leq \dfrac{1}{k} a_n + \dfrac{\sqrt{k}}{2} = \dfrac{1}{k}\left\{\dfrac{1}{k}\left(a_{n-1} + \dfrac{k}{a_{n-1}}\right)\right\} + \dfrac{\sqrt{k}}{2}$

$$\leq \frac{1}{k^2}a_{n-1} + \frac{\sqrt{k}}{2}\left(1+\frac{1}{k}\right) \leq \cdots \leq \frac{1}{k^n}a_1 + \frac{\sqrt{k}}{2}\left(1+\frac{1}{k}+\cdots+\frac{1}{k^{n-1}}\right)$$

$$\leq \frac{1}{k^n}a_1 + \frac{\sqrt{k}}{2}\frac{k}{k-1}$$

ゆえに，$\dfrac{2}{\sqrt{k}} \leq a_{n+1} \leq \dfrac{1}{k^n}a_1 + \dfrac{\sqrt{k}}{2}\dfrac{k}{k-1}$ $\cdots$（1）

一方，$\alpha = \dfrac{1}{k}\left(\alpha + \dfrac{k}{\alpha}\right)$ $(\alpha > 0)$ をみたす $\alpha$ は存在して，$\alpha = \sqrt{\dfrac{k}{k-1}}$．
このとき，

$$a_{n+1} - \alpha = \frac{1}{k}\left(a_n + \frac{k}{a_n}\right) - \frac{1}{k}\left(\alpha + \frac{k}{\alpha}\right)$$
$$= \frac{1}{k}\left[(a_n - \alpha) + k\left(\frac{1}{a_n} - \frac{1}{\alpha}\right)\right] = \frac{1}{k}\left(1 - \frac{k}{a_n\alpha}\right)(a_n - \alpha) \quad \cdots (2)$$

（イ）$1 < k < 2$ のとき

$a_n \geq \dfrac{2}{\sqrt{k}}$, $\alpha \geq \dfrac{2}{\sqrt{k}}$ であるから，$0 < \dfrac{k}{a_n\alpha} \leq \dfrac{k^2}{4} < 1$．

よって，（2）より $n \geq 2$ のとき，$|a_{n+1} - \alpha| = \dfrac{1}{k}\left(1 - \dfrac{k}{a_n\alpha}\right)|a_n - \alpha| < \dfrac{1}{k}|a_n - \alpha|$．

ゆえに，$\displaystyle\lim_{n\to\infty} a_n = \alpha = \sqrt{\dfrac{k}{k-1}}$．

（ロ）$k = 2$ のとき，（1）より，$\sqrt{2} \leq a_{n+1} \leq \dfrac{1}{2^n}a_1 + \sqrt{2}$．

ゆえに，$\displaystyle\lim_{n\to\infty} a_n = \sqrt{2} = \sqrt{\dfrac{k}{k-1}}$．

（ハ）$2 < k$ のとき，$k - 2 = \delta > 0$ とおくと

$$\frac{2(k-1)}{k} = \frac{k+(k-2)}{k} = 1 + \frac{\delta}{k} \quad \cdots (3)$$

すべての $\varepsilon > 0$, $\left(\dfrac{\delta}{k} > \varepsilon\right)$ に対して，ある自然数 $N$ があり $N \leq n$ ならば，

$\dfrac{a_1}{k^n} < \sqrt{k}\,\dfrac{k\varepsilon}{2(k-1)}$ とできるので，このとき（1）より

$\dfrac{2}{\sqrt{k}} \le a_{n+1} \le \sqrt{k}\,\dfrac{k}{2(k-1)}(1+\varepsilon)$ とできる.

$a_{N+n} = b_n$ とおくと $\dfrac{2}{\sqrt{k}} \le b_n \le \sqrt{k}\,\dfrac{k}{2(k-1)}(1+\varepsilon)$ $(n=1,2,\cdots)$

ゆえに, $\dfrac{k}{b_n b_m} \ge \left\{\dfrac{2(k-1)}{k}\right\}^2 \dfrac{1}{(1+\varepsilon)^2} = \dfrac{\left(1+\dfrac{\delta}{k}\right)^2}{(1+\varepsilon)^2} > 1$.

このとき,

$$b_{2(n+1)} - b_{2n} = \dfrac{1}{k}\left(1 - \dfrac{k}{b_{2n+1}\cdot b_{2n-1}}\right)(b_{2n+1} - b_{2n-1})$$

$$= \dfrac{1}{k^2}\left(1 - \dfrac{k}{b_{2n+1}\cdot b_{2n-1}}\right)\left(1 - \dfrac{k}{b_{2n}\cdot b_{2n-2}}\right)(b_{2n} - b_{2(n-1)})$$

よって, $(b_{2(n+1)} - b_{2n})$ と $(b_{2n} - b_{2(n-1)})$ は同符号.

また, $b_{2n+1} - b_{2n-1} = \dfrac{1}{k^2}\left(1 - \dfrac{k}{b_{2n}b_{2n-2}}\right)\left(1 - \dfrac{k}{b_{2n-1}b_{2n-3}}\right)(b_{2n-1} - b_{2n-3})$

ゆえに, $(b_{2n+1} - b_{2n-1})$ と $(b_{2n-1} - b_{2n-3})$ は同符号.

よって, $(b_{2n})$ および $(b_{2n+1})$ はそれぞれ有界な単調数列である.

ゆえに, $\lim\limits_{n\to\infty} b_{2n} = \beta_0$, $\lim\limits_{n\to\infty} b_{2n+1} = \beta_1$ は存在する.

$b_{2n+1} = \dfrac{1}{k}\left(b_{2n} + \dfrac{k}{b_{2n}}\right)$ より $\beta_1 = \dfrac{1}{k}\left(\beta_0 + \dfrac{k}{\beta_0}\right)$ $\cdots$ (4)

$b_{2n} = \dfrac{1}{k}\left(b_{2n-1} + \dfrac{k}{b_{2n-1}}\right)$ より $\beta_0 = \dfrac{1}{k}\left(\beta_1 + \dfrac{k}{\beta_1}\right)$ $\cdots$ (5)

(4), (5) より $\beta_1 + \beta_0 = \left(\dfrac{1}{k} + \dfrac{1}{\beta_1\beta_0}\right)(\beta_1 + \beta_0)$

ゆえに, $\dfrac{1}{\beta_1\beta_0} = 1 - \dfrac{1}{k}$ $\cdots$ (6)

また, $\beta_1 - \beta_0 = \dfrac{1}{k}(\beta_0 - \beta_1) + \dfrac{1}{\beta_1\beta_0}(\beta_1 - \beta_0)$. $(\beta_1 - \beta_0)\left(1 + \dfrac{1}{k} - \dfrac{1}{\beta_1\beta_0}\right) = 0$

(6) より $\dfrac{2}{k}(\beta_1 - \beta_0) = 0$. ゆえに, $\beta_1 = \beta_0$.

（4）に代入して，$\beta_1 = \beta_0 = \sqrt{\dfrac{k}{k-1}}$.

ゆえに，$\displaystyle\lim_{n\to\infty} b_n = \sqrt{\dfrac{k}{k-1}}$．よって，$\displaystyle\lim_{n\to\infty} a_n = \sqrt{\dfrac{k}{k-1}}$.

(ii) $0 < a_n \leq \alpha \quad (n \geq 2)$

$$a_{2(n+1)} - a_{2n} = \dfrac{\alpha}{1+a_{2n+1}} - \dfrac{\alpha}{1+a_{2n-1}} = \dfrac{\alpha(a_{2n-1} - a_{2n+1})}{(1+a_{2n+1})(1+a_{2n-1})}$$

$$= \dfrac{\alpha^2}{(1+a_{2n+1})(1+a_{2n-1})(1+a_{2n})(1+a_{2n-2})}(a_{2n} - a_{2(n-1)})$$

ゆえに，$(a_{2(n+1)} - a_{2n})$ と $(a_{2n} - a_{2(n-1)})$ は同符号.

また，$a_{2n+1} - a_{2n-1} = \dfrac{\alpha}{1+a_{2n}} - \dfrac{\alpha}{1+a_{2n-2}} = \dfrac{\alpha(a_{2n-2} - a_{2n})}{(1+a_{2n})(1+a_{2n-2})}$

$$= \dfrac{\alpha^2}{(1+a_{2n})(1+a_{2n-2})(1+a_{2n-3})(1+a_{2n-1})}(a_{2n-1} - a_{2n-3})$$

ゆえに $(a_{2n+1} - a_{2n-1})$ と $(a_{2n-1} - a_{2n-3})$ は同符号.

よって，$(a_{2n})$ および $(a_{2n+1})$ はそれぞれ有界な単調数列だから収束する.

$\displaystyle\lim_{n\to\infty} a_{2n} = A_0,\ \lim_{n\to\infty} a_{2n+1} = A_1$ とすると

$a_{2n+1} = \dfrac{\alpha}{1+a_{2n}}$ より $A_1 = \dfrac{\alpha}{1+A_0}$．$a_{2n} = \dfrac{\alpha}{1+a_{2n-1}}$ より $A_0 = \dfrac{\alpha}{1+A_1}$.

ゆえに，$A_1(1+A_0) = \alpha = A_0(1+A_1)$．よって，$A_1 = A_0$.

$A_1 = \dfrac{\alpha}{1+A_1}$ を解くと，$A_1 \geq 0$ であるから $A_1 = \dfrac{\sqrt{1+4\alpha}-1}{2}$.

ゆえに，$\displaystyle\lim_{n\to\infty} a_n = \dfrac{\sqrt{1+4\alpha}-1}{2}$.

(ex.3.A.3) $a_{n+1} = a_{n-1} + a_n,\ n = 2, 3, \cdots,\ \dfrac{a_{n+1}}{a_n} = \dfrac{1}{(a_n / a_{n-1})} + 1$，ここで

$b_{n+1} = \dfrac{a_{n+1}}{a_n}$ とおくと，$b_{n+1} = \dfrac{1}{b_n} + 1$ $\cdots$ (イ)

ゆえに，$b_{n+1} > 1 \quad (n = 2, 3, \cdots)$.

$$b_{n+1} - b_n = \frac{1}{b_n} - \frac{1}{b_{n-1}} = \frac{1}{b_n b_{n-1}}(b_{n-1} - b_n) \quad \cdots \text{(ロ)}$$

ここで,$b_n b_{n+1} = 1 + b_n > 2$ $(n = 3, 4, \cdots)$

よって,(ロ)より $|b_{n+1} - b_n| < \frac{1}{2}|b_n - b_{n-1}|$.

ゆえに,$(b_n)$ は縮小列で収束する.$\lim_{n\to\infty} b_n = \beta$ とすると(イ)より

$\beta = \frac{1}{\beta} + 1$,$\beta > 0$ であるから $\beta = \frac{1+\sqrt{5}}{2}$. ゆえに,$\lim_{n\to\infty} \frac{a_{n+1}}{a_n} = \frac{1+\sqrt{5}}{2}$.

**(ex.3.A.4)** $p > q > r > s > 0$ より,$0 < \frac{q}{p} < 1$,$0 < \frac{r}{p} < 1$,$0 < \frac{s}{p} < 1$.

ゆえに,

$$p \leq \left(p^n + q^n + r^n + s^n\right)^{1/n} = p\left\{1 + \left(\frac{q}{p}\right)^n + \left(\frac{r}{p}\right)^n + \left(\frac{s}{p}\right)^n\right\}^{1/n} \leq p 4^{1/n}$$

$\lim_{n\to\infty} 4^{1/n} = 1$ であるから $\lim_{n\to\infty} \left(p^n + q^n + r^n + s^n\right)^{1/p} = p$.

**(ex.3.A.5)** $\lim_{n\to\infty} a_n = \infty$ であるから,任意の $M > 0$ に対してある自然数 $N$ があって $N < n$ ならば $2M < a_n$ とできる.よって,$2N < n$ とすれば

$$\frac{a_1 + a_2 + \cdots + a_N + \cdots + a_n}{n} > \frac{a_1 + \cdots + a_N + (n-N) \cdot 2M}{n}$$

$$= \frac{a_1 + \cdots + a_N}{n} + \left(1 - \frac{N}{n}\right) \cdot 2M > \left(1 - \frac{N}{n}\right) \cdot 2M > M$$

ゆえに,$\lim_{n\to\infty} \frac{a_1 + \cdots + a_n}{n} = \infty$.

**(ex.3.A.6)** $2a_{n+1} = b_n + c_n$,$2b_{n+1} = c_n + a_n$,$2c_{n+1} = a_n + b_n$ より
$2(a_{n+1} + b_{n+1} + c_{n+1}) = 2(a_n + b_n + c_n) = \cdots = 2(a_1 + b_1 + c_1)$
よって $a_1 + b_1 + c_1 = A$ とおくと任意の $n$ で $a_n + b_n + c_n = A$.
一方,$2a_{n+1} + a_n = a_n + b_n + c_n = A$ であるから,$2\left(a_{n+1} - \frac{A}{3}\right) = \frac{A}{3} - a_n$.

ゆえに,$\left|a_{n+1} - \frac{A}{3}\right| = \frac{1}{2}\left|a_n - \frac{A}{3}\right| = \left(\frac{1}{2}\right)^n \left|a_1 - \frac{A}{3}\right|$.

これから，$\displaystyle\lim_{n\to\infty} a_n = \dfrac{A}{3} = \dfrac{a_1 + b_1 + c_1}{3}$．

同様に，$2b_{n+1} + b_n = A$, $2c_{n+1} + c_n = A$ より $\displaystyle\lim_{n\to\infty} b_n = \lim_{n\to\infty} c_n = \dfrac{a_1 + b_1 + c_1}{3}$．

**(ex.3.B.1)** $\displaystyle\lim_{n\to\infty} a_n = \alpha$ $(\alpha \ne 0)$ とすると $\big||a_n| - |\alpha|\big| \le |a_n - \alpha|$ が成り立つ．

$\varepsilon$ を $\dfrac{|\alpha|}{2} > \varepsilon > 0$ とする．ある自然数 $N$ があって，$N \le n$ ならば

$\big||a_n| - |\alpha|\big| \le |a_n - \alpha| < \varepsilon$ とできる．よって，$\big||a_n| - |\alpha|\big| < \dfrac{|\alpha|}{2}$, $N \le n$．

ゆえに，$-\dfrac{|\alpha|}{2} < |a_n| - |\alpha|$, $N \le n$．よって，$\dfrac{|\alpha|}{2} < |a_n|$, $N \le n$．

ゆえに，$0 < \dfrac{|\alpha|}{2} \le \inf\{|a_n| : n \ge N\}$．

$\min\{|a_1|, |a_2|, \cdots, |a_{N-1}|\} > 0$ であるから $\inf\{|a_n| : n \in N\} > 0$．

**(ex.3.B.2)** 数列 $(a_k)$ は $\infty$ に発散するとする．ゆえに，ある自然数 $N$ があって，$N \le k$ のとき，$1 \le a_k$ となる任意の $k$ に対して，ある自然数 $n_k$ があって $n_k \le a_k < n_k + 1$ とできる．$x > 0$ のとき $\left(1 + \dfrac{x}{n_k}\right) \ge \left(1 + \dfrac{x}{a_k}\right) > \left(1 + \dfrac{x}{n_k + 1}\right)$．

ゆえに，$\left(1 + \dfrac{x}{n_k}\right)^{(n_k+1)/x} \ge \left(1 + \dfrac{x}{a_k}\right)^{a_k/x} > \left(1 + \dfrac{x}{n_k + 1}\right)^{n_k/x}$  …（イ）

ここで $(n_k)$ は自然数を項として，$\displaystyle\lim_{k\to\infty} n_k = \infty$ となる数列であるから

$$\lim_{k\to\infty}\left(1 + \dfrac{x}{n_k}\right)^{(n_k+1)/x} = \left\{\lim_{k\to\infty}\left(1 + \dfrac{x}{n_k}\right)^{n_k/x}\right\}\left\{\lim_{k\to\infty}\left(1 + \dfrac{x}{n_k}\right)^{1/x}\right\} = e,$$

$$\lim_{k\to\infty}\left(1 + \dfrac{x}{n_k + 1}\right)^{n_k/x} = \lim_{k\to\infty}\left\{\left(1 + \dfrac{x}{n_k + 1}\right)^{(n_k+1)/x} \bigg/ \left(1 + \dfrac{x}{n_k + 1}\right)^{1/x}\right\} = e$$

が成り立つ．よって，（イ）より，$\displaystyle\lim_{k\to\infty}\left(1 + \dfrac{x}{a_k}\right)^{a_k/x} = e$．

ゆえに，$\displaystyle\lim_{k\to\infty}\left(1+\frac{x}{a_k}\right)^{a_k}=\lim_{k\to\infty}\left\{\left(1+\frac{x}{a_k}\right)^{a_k/x}\right\}^x=e^x$.

$x<0$ のとき，十分大なる $a_k$ と自然数 $n_k$ について，$|x|<n_k\leq a_k<n_k+1$ としておくと，$1>\dfrac{|x|}{n_k}\geq\dfrac{|x|}{a_k}>\dfrac{|x|}{n_k+1}$，$-1<\dfrac{x}{n_k}\leq\dfrac{x}{a_k}<\dfrac{x}{n_k+1}<0$ であるから

$$0<\left(1+\frac{x}{n_k}\right)\leq\left(1+\frac{x}{a_k}\right)<\left(1+\frac{x}{n_k+1}\right)<1.\ \text{ゆえに，}$$

$$0<\left(1+\frac{x}{n_k}\right)^{(n_k+1)/|x|}<\left(1+\frac{x}{a_k}\right)^{a_k/|x|}<\left(1+\frac{x}{n_k+1}\right)^{n_k/|x|}<1$$

よって，$\left(1+\dfrac{x}{n_k}\right)^{(n_k+1)/x}>\left(1+\dfrac{x}{a_k}\right)^{a_k/x}>\left(1+\dfrac{x}{n_k+1}\right)^{n_k/x}>1$. ここで，

$$\lim_{k\to\infty}\left(1+\frac{x}{n_k}\right)^{(n_k+1)/x}=\left\{\lim_{k\to\infty}\left(1+\frac{x}{n_k}\right)^{n_k/x}\right\}\left\{\lim_{k\to\infty}\left(1+\frac{x}{n_k}\right)^{1/x}\right\}=e$$

$$\lim_{k\to\infty}\left(1+\frac{x}{n_k+1}\right)^{n_k/x}=\lim_{k\to\infty}\left[\left(1+\frac{x}{n_k+1}\right)^{(n_k+1)/x}\bigg/\left(1+\frac{x}{n_k+1}\right)^{1/x}\right]=e$$

であるから，$\displaystyle\lim_{k\to\infty}\left(1+\frac{x}{a_k}\right)^{a_k}=e^x$ を得る．次に，$(a_k)\to-\infty$ のとき，$b_k=-a_k$，$y=-x$ とすれば，$\displaystyle\lim_{k\to\infty}\left(1+\frac{x}{a_k}\right)^{a_k}=\lim_{k\to\infty}\left(1+\frac{y}{b_k}\right)^{-b_k}=e^{-y}=e^x$.

**(ex.3.B.3)** $a>1$ とする．$(r_n)$ を題意の正の単調増加数列とすると，$r_n\leq r_{n+1}\leq a$．$A=\{a^q;q\in\mathbb{Q},0<q<a\}$ とおくと，$\sup A=a^a$ であり，$a^{q_n}\in A$，$\displaystyle\lim_{n\to\infty}a^{q_n}=a^a$ となる数列 $(a^{q_n})$ がとれる．このとき，$(r_n)$ は単調増加だから，任意の $n$ に対し，ある $n'$ があって $q_n\leq r_{n'}$，ゆえに，$a^{q_n}\leq a^{r_{n'}}\leq a^a$．（このとき，$r_{n'}<r_{(n+1)'}$ としておく．）ゆえに，$|a^a-a^{r_{n'}}|\leq|a^a-a^{q_n}|$．これと，$\displaystyle\lim_{n\to\infty}a^{q_n}=a^a$ および $(a^{r_n})$ が単調増加列であることから $\displaystyle\lim_{n\to\infty}a^{r_n}=a^a$ となる．さらに，$a$ に単調増加するような別の

有理数列 $\left(\gamma_n^*\right)$ に対しても，上の数列 $\left(a^{q_n}\right)$ と比較することにより上と同様にして $\lim_{n\to\infty} a^{\gamma_n^*} = a^a$ を得る．

$(r_n)$ が単調減少のときは $B = \{a^q ; q \in \mathbf{Q}, a < q\}$ とすると，$\inf B = a^a$ も成り立つので，上の議論のようにして，$\lim_{n\to\infty} a^{r_n} = a^a$ を示すことができる．

$0 < a < 1$ のときは，$0 < r_1 < r_2$ に対して，$a^{r_1} > a^{r_2}$ となることを用いて証明ができる．$a = 1$ のときは明らかである．

**NOTE:** 数列 $(a_n)$ において，$a_1 \leq a_2 \leq a_3 \leq \cdots \leq a_n \leq a_{n+1} \leq \cdots$ となるとき，単調増加であるといい，$a_1 \geq a_2 \geq a_3 \geq \cdots \geq a_n \geq a_{n+1} \geq \cdots$ となるとき，単調減少であるという．単調増加または単調減少な数列を，単に単調であるという．$a_1 < a_2 < a_3 < \cdots < a_n < a_{n+1} < \cdots$ となるときは特に狭義単調増加といい，$a_1 > a_2 > a_3 > \cdots > a_n > a_{n+1} > \cdots$ となるときは狭義単調減少という．

狭義単調増加または狭義単調減少な数列を，単に狭義単調であるという．

# 4 関数の極限

## 4.1 関数の極限 (I)

(ex.4.1.1) それぞれの関数 $f(x)$ について，$\varepsilon = 0.5, 0.1, 0.01$ のとき，次の不等式をみたすような正数 $\delta$ を求めよ．
(i)   $f(x) = 2x - 3$, $x \in \mathbf{R}$. $0 < |x - 2| < \delta \Rightarrow |f(x) - 1| < \varepsilon$
(ii)  $f(x) = x^2$, $x \in \mathbf{R}$. $0 < |x - 2| < \delta \Rightarrow |f(x) - 4| < \varepsilon$
(iii) $f(x) = \dfrac{6}{x - 2}$, $x \neq 2$, $x \in \mathbf{R}$. $0 < |x - 5| < \delta \Rightarrow |f(x) - 2| < \varepsilon$

【解】(i) $\delta < 0.25$ のとき，$0 < |x - 2| < \delta \Rightarrow |(2x - 3) - 1| = 2|x - 2| < 2\delta < 0.5$
$\delta < 0.05$ のとき，$0 < |x - 2| < \delta \Rightarrow |(2x - 3) - 1| = 2|x - 2| < 2\delta < 0.1$
$\delta < 0.005$ のとき，$0 < |x - 2| < \delta \Rightarrow |(2x - 3) - 1| = 2|x - 2| < 2\delta < 0.01$
(ii) $|x - 2| < \delta$ のとき，$|f(x) - 4| = |x^2 - 4| \leq (|x - 2| + 4)|x - 2| < (\delta + 4)\delta$.
$\delta^2 + 4\delta = 0.5$ を解いて，$\delta < 0.12$ のとき，$|x^2 - 4| < 0.5$.
$\delta^2 + 4\delta = 0.1$ を解いて，$\delta < 0.024$ のとき，$|x^2 - 4| < 0.1$.
$\delta^2 + 4\delta = 0.01$ を解いて，$\delta < 0.0024$ のとき，$|x^2 - 4| < 0.01$.
(iii) $|x - 5| < \delta < 3$ のとき，
$$|f(x) - 2| = \left|\frac{6}{x - 2} - 2\right| = \left|\frac{2(x - 5)}{x - 2}\right| \leq \frac{2|x - 5|}{-|x - 5| + 3} < \frac{2\delta}{3 - \delta}.$$
ゆえに，$\delta < 0.6$ のとき，$|f(x) - 2| < 0.5$. $\delta < 0.14$ のとき，$|f(x) - 2| < 0.1$.
$\delta < 0.014$ のとき，$|f(x) - 2| < 0.01$.

(ex.4.1.2) 次を定義を用いて示せ.
(i) $\lim_{x \to 1}(4x - 2) = 2$　(ii) $\lim_{x \to -3} \dfrac{x^2 - 9}{x + 3} = -6$　(iii) $\lim_{x \to 1} \dfrac{x^3 - 1}{x - 1} = 3$

<ヒント>　任意の正数 $\varepsilon > 0$ に対して, $x \in I$, $0 < |x - a| < \delta$ ならば, $|f(x) - L| < \varepsilon$ となる正数 $\delta > 0$ が存在する. このとき, $\lim_{x \to a} f(x) = L$, または, $f(x) \to L \, (x \to a)$ のように書く.

【解】(i) $|(4x - 2) - 2| = 4|x - 1|$ であるから, 任意の正数 $\varepsilon > 0$ に対して, $0 < \delta < \varepsilon / 4$ とすれば $0 < |x - 1| < \delta$ ならば, $|(4x - 2) - 2| < \varepsilon$. $\lim_{x \to 1}(4x - 2) = 2$

(ii) $\left| \dfrac{x^2 - 9}{x + 3} - (-6) \right| = |x + 3|$ であるから, 任意の正数 $\varepsilon > 0$ に対して, $0 < \delta = \varepsilon$ とすれば $0 < |x - (-3)| < \delta$ ならば, $\left| \dfrac{x^2 - 9}{x + 3} - (-6) \right| < \varepsilon$.

(iii) $\left| \dfrac{x^3 - 1}{x - 1} - 3 \right| = \left| \dfrac{(x-1)[(x^2 + x + 1) - 3]}{x - 1} \right| = |(x - 1)(x + 2)| = |(x - 1)[(x - 1) + 3]|$
であるから, 任意の正数 $\varepsilon > 0$ に対して, $0 < \delta < \min\{1, \varepsilon / 4\}$ とすれば
$0 < |x - 1| < \delta$ ならば, $\left| \dfrac{x^3 - 1}{x - 1} - 3 \right| \le |(x - 1)|\,[|x - 1| + 3] < \delta(\delta + 3) < 4\delta < \varepsilon$.

(ex.4.1.3) $\lim_{x \to 1} \dfrac{1}{(x - 1)^2} = \infty$ を定義を用いて示せ.

<ヒント>　$f : I \to \mathbf{R}$ を関数とする. 任意の実数 $M$ に対して, $x \in I$, $0 < |x - a| < \delta \Rightarrow f(x) > M$ となる実数 $\delta$ が存在するとき, $x$ が $a$ に近づくとき, 関数 $f$ は限りなく大きくなる, または, 無限大へ発散するといい, $\lim_{x \to a} f(x) = \infty$ と書く.

【解】任意の実数 $M \, (M > 0)$ に対して正数 $\delta$ を $\delta^2 < (1/M)$ とする. $0 < |x - 1| < \delta$ ならば $\dfrac{1}{(x-1)^2} = \dfrac{1}{|x-1|^2} > \dfrac{1}{\delta^2} > M$. ゆえに, $\lim_{x \to 1} \dfrac{1}{(x-1)^2} = \infty$.

(ex.4.1.4) 次を示せ.
(i) $\lim_{x \to a} x^3 = a^3$　(ii) $a > 0$ とする. $\lim_{x \to a} \sqrt{x} = \sqrt{a}$

【解】(i) $a \neq 0$ のとき, $x$ を $|x-a| < \dfrac{|a|}{2}$ となるようにとれば, $|x|-|a| \leq |x-a|$ より, $|x| < \dfrac{3|a|}{2}$ であるから, $|x^3-a^3| = |x-a| \cdot |x^2+xa+a^2| \leq \dfrac{19a^2}{4}|x-a|$.

よって, 任意の正数 $\varepsilon > 0$ に対して, $\delta > 0$ を $\delta < \dfrac{|a|}{2}$, $\dfrac{19a^2}{4}\delta < \varepsilon$ となるようにとれば, $0 < |x-a| < \delta$ のとき $|x^3-a^3| < \varepsilon$ となる. ゆえに, $\lim_{x \to a} x^3 = a^3$.

$a=0$ のときは, 任意の正数 $\varepsilon > 0$ に対して, $0 < \delta^3 < \varepsilon$ とすれば $0 < |x| < \delta$ ならば $|x^3| < \delta^3 < \varepsilon$.

(ii) $x$ を $|x-a| < \dfrac{|a|}{2}$ となるようにとれば, $-\dfrac{a}{2} < x-a < \dfrac{a}{2}$.

ゆえに, $\dfrac{a}{2} < x < \dfrac{3a}{2}$ であるから, $\dfrac{\sqrt{a}}{\sqrt{2}} < \sqrt{x}$.

よって, $\left|\sqrt{x}-\sqrt{a}\right| = \left|\dfrac{x-a}{\sqrt{x}+\sqrt{a}}\right| \leq \dfrac{|x-a|}{\dfrac{\sqrt{a}}{\sqrt{2}}+\sqrt{a}} = \left(\dfrac{2}{3\sqrt{a}}\right)|x-a|$.

ゆえに, 任意の正数 $\varepsilon > 0$ に対して, $\delta > 0$ を $\delta < \dfrac{a}{2}$, $\dfrac{2}{3\sqrt{a}}\delta < \varepsilon$ となるようにとれば, $0 < |x-a| < \delta$ のとき $\left|\sqrt{x}-\sqrt{a}\right| < \varepsilon$ となる. よって $\lim_{x \to a}\sqrt{x} = \sqrt{a}$.

---

(ex.4.1.5) 次の集合の集積点と孤立点を求めよ.
(i) $(-1,4] \cup \{100\}$  (ii) $(-1,2) \cup (2,5)$  (iii) $\{1+(1/n) : n=1,2,\ldots\}$
(iv) $\{n+(1/n) : n \in \mathbf{N}\}$  (v) $\mathbf{Z} = \{$整数全体の集合$\}$  (vi) $\{x \in \mathbf{R} : x^2-2x > 3\}$

---

<ヒント> $A$ を $\mathbf{R}$ の部分集合とする. 任意の正数 $\delta > 0$ に対して, $0 < |x-a| < \delta$ となる点 $x \in A$ が少なくとも一つは存在するとき, 実数 $a$ を集合 $A$ の**集積点**という. $A$ に属する点で $A$ の集積点でないものを**孤立点**という.

「$a$ は集合 $A$ の集積点である」と次は同値である.

(i) すべての $a$ の $\delta$ 近傍 $(a-\delta, a+\delta)$ の $a$ とは異なる点が少なくとも一つは $A$ に属する.
(ii) すべての $a$ の $\delta$ 近傍 $(a-\delta, a+\delta)$ が無限に多くの $A$ の要素を含む.

**【解】** (i) 集積点 [-1, 4], 孤立点 100  (ii) 集積点 [-1, 5], 孤立点 なし
(iii) 集積点 1, 孤立点 $\{1 + 1/n : n = 1, 2, ...\}$
(iv) 集積点なし, 孤立点 $\{n + (1/n) : n \in N\}$  (v) 集積点 なし, 孤立点 $Z$
(vi) 集積点 $(-\infty, -1] \cup [3, \infty)$, 孤立点 なし

## 4.2 極限定理

(ex.4.2.1) 次を示せ.
(i) $\lim_{x \to 0} \dfrac{x}{\sqrt{2+x} - \sqrt{2-x}} = \sqrt{2}$  (ii) $\lim_{x \to \pi} \dfrac{\sin x}{\pi - x} = 1$  (iii) $\lim_{x \to 0} \dfrac{\sin^2 x}{1 - \cos x} = 2$
(iv) $\lim_{x \to \pi/2} \dfrac{\cos 3x}{\cos x} = -3$  (v) $\lim_{x \to 0} \dfrac{1 - \cos x}{x^2} = \dfrac{1}{2}$  (vi) $\lim_{x \to 0} \dfrac{\tan 3x}{\tan x} = 3$
(vii) $\lim_{x \to 0} \dfrac{\sqrt{a+x} - \sqrt{a-x}}{x} = \dfrac{1}{\sqrt{a}}, (a > 0)$  (viii) $\lim_{x \to 1} \dfrac{x^n - 1}{x - 1} = n$ ($n$ は自然数)
(ix) $\lim_{x \to 0} \dfrac{x}{\sin 3x} = \dfrac{1}{3}$  (x) $\lim_{x \to 0} \dfrac{\sin ax}{\sin bx} = \dfrac{a}{b}, (ab \neq 0)$  (xi) $\lim_{x \to 0} x^a \sin \dfrac{1}{x} = 0$ ($a > 0$)

**【解】** (i) $\dfrac{x}{\sqrt{2+x} - \sqrt{2-x}} = \dfrac{x(\sqrt{2+x} + \sqrt{2-x})}{(2+x) - (2-x)} = \dfrac{\sqrt{2+x} + \sqrt{2-x}}{2}$
(ii) $\dfrac{\sin x}{\pi - x} = \dfrac{\sin(\pi - x)}{\pi - x}$  (iii) $\dfrac{\sin^2 x}{1 - \cos x} = \dfrac{(\sin^2 x)(1 + \cos x)}{1 - \cos^2 x} = 1 + \cos x$
(iv) $x = (\pi/2) + t$ とおく. $\lim_{t \to 0} \dfrac{\cos[(3\pi/2) + 3t]}{\cos[(\pi/2) + t]} = \lim_{t \to 0} \dfrac{\sin 3t}{-\sin t} = -3$
(v) $\dfrac{1 - \cos x}{x^2} = \dfrac{1 - \cos^2 x}{x^2(1 + \cos x)} = \left(\dfrac{\sin x}{x}\right)^2 \dfrac{1}{1 + \cos x}$
(vi) $\dfrac{\tan 3x}{\tan x} = \left(\dfrac{\sin 3x}{\sin x}\right)\left(\dfrac{\cos x}{\cos 3x}\right)$
(vii) $\dfrac{\sqrt{a+x} - \sqrt{a-x}}{x} = \dfrac{(a+x) - (a-x)}{x(\sqrt{a+x} + \sqrt{a-x})} = \dfrac{2}{\sqrt{a+x} + \sqrt{a-x}}$
(viii) $\dfrac{x^n - 1}{x - 1} = \dfrac{(x-1)(x^{n-1} + x^{n-2} + \cdots + x + 1)}{x - 1}$

(ix) $\dfrac{x}{\sin 3x} = \dfrac{1}{3}\left(\dfrac{3x}{\sin 3x}\right)$  (x) $\dfrac{\sin ax}{\sin bx} = \dfrac{a}{b}\left(\dfrac{\sin ax}{ax} \middle/ \dfrac{\sin bx}{bx}\right)$  (xi) $\left|x^a \sin\dfrac{1}{x}\right| \le |x^a|$

---

(ex.4.2.2) $\lim\limits_{x\to 0} \cos\dfrac{1}{x}$ は存在しないことを示せ.

＜ヒント＞ $f: I \to \mathbf{R}$ とする. $\lim\limits_{x\to a} f(x) = L$ と次は同値である.
実数 $a$ に収束する任意の数列 $(x_n)$ (ただし, $x_n \in I$, $x_n \ne a$) について, $\lim\limits_{n\to\infty} f(x_n) = L$.

【解】 $a_n = \dfrac{1}{2n\pi}$, $(n = 1, 2, \cdots)$ とおくと $a_n \to 0$ であるが $\cos\dfrac{1}{a_n} = \cos 2n\pi = 1$,

また, $b_n = \dfrac{1}{(2n+1)\pi}$ $(n = 1, 2, \cdots)$ とおくと $b_n \to 0$ であるが

$\cos\dfrac{1}{b_n} = \cos(2n+1)\pi = -1$ であるから $\lim\limits_{x\to 0} \cos\dfrac{1}{x}$ は存在しない.

---

(ex.4.2.3) 次の極限を求めよ.
(i) $\lim\limits_{x\to \pi/2} (\sec x - \tan x)$  (ii) $\lim\limits_{x\to \pi/4} \dfrac{\sin x - \cos x}{x - \pi/4}$

【解】(i) $\sec x - \tan x = \dfrac{1 - \sin x}{\cos x} = \dfrac{1 - \sin^2 x}{\cos x (1 + \sin x)} = \dfrac{\cos x}{1 + \sin x}$

$\lim\limits_{x\to \pi/2} (\sec x - \tan x) = 0$

(ii) $\dfrac{\sin x - \cos x}{x - (\pi/4)} = \dfrac{\sqrt{2}\sin(x - (\pi/4))}{[x - (\pi/4)]}$, $\lim\limits_{x\to \pi/4} \dfrac{\sin x - \cos x}{x - (\pi/4)} = \sqrt{2}$

---

(ex.4.2.4) $f(x)$ が $a$ の近傍で有界で, $\lim\limits_{x\to a} g(x) = 0$ のとき, $\lim\limits_{x\to a} f(x)g(x) = 0$ であることを示せ.

【解】 $a$ の $\delta$ 近傍 $U_\delta(a)$ で $f(x)$ が有界とすると, ある正数 $M > 0$ があって, すべての $x \in U_\delta(a)$ に対し $|f(x)| \le M$.
$\lim\limits_{x\to a} g(x) = 0$ だから任意の正数 $\varepsilon > 0$ に対し, ある $\delta_0 > 0$ があって

$0 < |x - a| < \delta_0$ ならば $|g(x)| < \dfrac{\varepsilon}{M}$ が成り立つ.

よって, $0 < |x - a| < \min\{\delta, \delta_0\}$ ならば $|f(x)g(x)| < \varepsilon$ となる.

## 4.3 関数の極限 (II)

(ex.4.3.1) それぞれの関数 $f(x)$ について, $\varepsilon = 0.5, 0.1, 0.01$ のとき, 次の不等式をみたすような実数 $M$ を求めよ.

(i) $f(x) = \dfrac{x}{x+1}$, $x > -1$. $x > M \Rightarrow |f(x) - 1| < \varepsilon$

(ii) $f(x) = \dfrac{2x}{x-3}$, $x > 3$. $x > M \Rightarrow |f(x) - 2| < \varepsilon$

【解】(i) $\left|\dfrac{x}{x+1} - 1\right| = \dfrac{1}{|x+1|} < \varepsilon$ が成り立てばよい. $0 < (1/\varepsilon) - 1 = M$ とするとき, $M < x$ ならば $\dfrac{1}{x+1} < \dfrac{1}{M+1} = \varepsilon$. ゆえに, $\varepsilon = 0.5$ のとき, $M = 1$. $\varepsilon = 0.1$ のとき, $M = 9$. $\varepsilon = 0.01$ のとき, $M = 99$.

(ii) $\left|\dfrac{2x}{x-3} - 2\right| = \dfrac{6}{|x-3|} < \varepsilon$ が成り立てばよい. $0 < (6/\varepsilon) + 3 = M$ とするとき, $M < x$ ならば $\dfrac{6}{x-3} < \dfrac{6}{M-3} = \varepsilon$. ゆえに, $\varepsilon = 0.5$ のとき, $M = 15$. $\varepsilon = 0.1$ のとき, $M = 63$. $\varepsilon = 0.01$ のとき, $M = 603$.

(ex.4.3.2) 次を定義を用いて示せ.

(i) $\displaystyle\lim_{x \to \infty} \dfrac{x}{x+1} = 1$ (ii) $\displaystyle\lim_{x \to -\infty} \dfrac{2x}{x^2+1} = 0$

<ヒント> 関数 $f: A \to \mathbf{R}$ で,

(i) $(a, \infty) \subset A$ であるとする. 任意の正数 $\varepsilon > 0$ に対して, $x > d_1$, $x \in A \Rightarrow |f(x) - L| < \varepsilon$ となる実数 $d_1 (> a)$ が存在するとき, $x$ が限りなく大きくなるとき, 関数 $f$ の極限値は $L$ であるといい, $\displaystyle\lim_{x \to \infty} f(x) = L$ と書く.

(ii) $(-\infty, b) \subset A$ であるとする. 任意の正数 $\varepsilon > 0$ に対して, $x < d_2, x \in A \Rightarrow |f(x) - L| < \varepsilon$ となる実数 $d_2 (<b)$ が存在するとき, $x$ が限りなく小さくなるとき, 関数 $f$ の極限値は $L$ であるといい, $\lim_{x \to -\infty} f(x) = L$ と書く.

【解】(i) 任意の正数 $\varepsilon > 0$ ($\varepsilon < 1$) に対して, $0 < (1/\varepsilon) - 1 = d_1$ とし, $d_1 < x$ ならば, $\left|\dfrac{x}{x+1} - 1\right| = \dfrac{1}{|x+1|} < \dfrac{1}{1+d_1} = \varepsilon$. ゆえに, $\lim_{x \to \infty} \dfrac{x}{x+1} = 1$.

(ii) 任意の正数 $\varepsilon > 0$ に対して, $-2/\varepsilon = d_2$ とし, $d_2 > x$ ならば, $\left|\dfrac{2x}{x^2+1}\right| = \dfrac{2}{|x+(1/x)|} = \dfrac{2}{|x| + |1/x|} < \dfrac{2}{|x|} < \dfrac{2}{|d_2|} = \varepsilon$. ゆえに, $\lim_{x \to -\infty} \dfrac{2x}{x^2+1} = 0$.

---

(ex.4.3.3) 次を示せ.
(i) $\lim_{x \to +0} \dfrac{|x^3|}{x^3} = 1$ (ii) $\lim_{x \to -0} \dfrac{|x^3|}{x^3} = -1$ (iii) $\lim_{x \to 2-0} \dfrac{x-2}{\sqrt{x^2-4x+4}} = -1$
(iv) $\lim_{x \to a+0} \dfrac{|x-a|}{x-a} = 1$ (v) $\lim_{x \to 3-0} (x - [x]) = 1$ (vi) $\lim_{x \to \infty} \dfrac{3x^3 + x + 1}{3x^4 - x^3 + 2x + 3} = 0$
(vii) $\lim_{x \to -1+0} \dfrac{x^3}{x+1} = -\infty$ (viii) $\lim_{x \to -1-0} \dfrac{x^3}{x+1} = \infty$

---

【解】(i) $x \to +0$ であるから $x > 0$, $|x| = x$.
(ii) $x \to -0$ であるから $x < 0$, $|x| = -x$.
(iii) $x \to 2-0$ であるから $x - 2 < 0$, $\sqrt{x^2 - 4x + 4} = \sqrt{(x-2)^2} = 2 - x$.
(iv) $x \to a+0$ であるから $x - a > 0$, $|x-a| = x - a$.
(v) $x \to 3-0$ であるから $x - 3 < 0$. よって $2 < x < 3$ のとき $[x] = 2$.

(vi) $\dfrac{3x^3 + x + 1}{3x^4 - x^3 + 2x + 3} = \dfrac{3 + \dfrac{1}{x^2} + \dfrac{1}{x^3}}{3x - 1 + \dfrac{2}{x^2} + \dfrac{3}{x^3}}$

(vii) $x \to -1 + 0$ だから $x - (-1) > 0$, $x + 1 = y$ とおくと $y > 0$ で $y \to 0$.

$\dfrac{x^3}{x+1} = \dfrac{(y-1)^3}{y} = y^2 - 3y + 3 - \dfrac{1}{y}$

(viii) $x \to -1 - 0$ だから $x - (-1) < 0$, $x + 1 = y < 0$.

(ex.4.3.4) 次を示せ.
(i) $\lim\limits_{x\to\infty} \dfrac{2^x}{5^x - 2} = 0$  (ii) $\lim\limits_{x\to\infty} (1 + 2^x)^{1/x} = 2$  (iii) $\lim\limits_{x\to -\infty} (\sqrt{x^2 + x} + x - 1) = -\dfrac{3}{2}$

(iv) $\lim\limits_{x\to\infty} \{\sqrt{x^2 + x - 2} - x\} = \dfrac{1}{2}$  (v) $\lim\limits_{x\to\infty} (\sqrt{x^2 + x + 1} - \sqrt{x^2 + 1}) = \dfrac{1}{2}$

(vi) $\lim\limits_{x\to\infty} (\sqrt{x} - x) = -\infty$  (vii) $\lim\limits_{x\to -\infty} \dfrac{\sqrt{1 + x^2} - 1}{x} = -1$

(viii) $\lim\limits_{x\to\infty} \{\sqrt{(x+a)(x+b)} - \sqrt{(x-a)(x-b)}\} = a + b$

(ix) $\lim\limits_{x\to\infty} x^a \sin\dfrac{1}{x} = \begin{cases} \infty & a > 1 \\ 1 & a = 1 \\ 0 & 0 < a < 1 \end{cases}$

【解】(i) $\dfrac{2^x}{5^x - 2} = \dfrac{1}{(5/2)^x - (1/2)^{x-1}}$, $\left(\dfrac{5}{2}\right)^x \to \infty$, $\left(\dfrac{1}{2}\right)^{x-1} \to 0$

(ii) $(1 + 2^x)^{1/x} = z$ とおくと $1 + 2^x = z^x$, $\left(\dfrac{z}{2}\right)^x = \dfrac{1}{2^x} + 1$

ゆえに, $\log\left(\dfrac{z}{2}\right) = \dfrac{1}{x} \log\left(\dfrac{1}{2^x} + 1\right)$. これから $\lim\limits_{x\to\infty} \log\left(\dfrac{z}{2}\right) = 0$.

よって, $\lim\limits_{x\to\infty} \left(\dfrac{z}{2}\right) = 1$, ゆえに, $\lim\limits_{x\to\infty} z = 2$.

(iii) $x \to -\infty$ であるから $x < 0$

$\sqrt{x^2 + x} + (x - 1) = \dfrac{(x^2 + x) - (x - 1)^2}{\sqrt{x^2 + x} - (x - 1)} = \dfrac{3x - 1}{\sqrt{x^2 + x} - (x - 1)}$

$= \dfrac{x\left(3 - \dfrac{1}{x}\right)}{(-x)\left\{\sqrt{1 + \dfrac{1}{x}} + \left(1 - \dfrac{1}{x}\right)\right\}} = \dfrac{\dfrac{1}{x} - 3}{\sqrt{1 + \dfrac{1}{x}} + \left(1 - \dfrac{1}{x}\right)} \to \left(\dfrac{-3}{2}\right)$ $(x \to -\infty)$

(iv) $x \to \infty$ であるから $x > 0$

$\sqrt{x^2 + x - 2} - x = \dfrac{(x^2 + x - 2) - x^2}{\sqrt{x^2 + x - 2} + x}$

$$= \frac{x\left(1 - \dfrac{2}{x}\right)}{x\left\{\sqrt{1 + \dfrac{1}{x} - \dfrac{2}{x^2}} + 1\right\}} = \frac{1 - \dfrac{2}{x}}{\sqrt{1 + \dfrac{1}{x} - \dfrac{2}{x^2}} + 1} \to \frac{1}{2}, (x \to \infty)$$

(v) $x \to \infty$ であるから $x > 0$

$$\sqrt{x^2 + x + 1} - \sqrt{x^2 + 1} = \frac{(x^2 + x + 1) - (x^2 + 1)}{\sqrt{x^2 + x + 1} + \sqrt{x^2 + 1}}$$

$$= \frac{x}{x\left\{\sqrt{1 + \dfrac{1}{x} + \dfrac{1}{x^2}} + \sqrt{1 + \dfrac{1}{x^2}}\right\}} = \frac{1}{\sqrt{1 + \dfrac{1}{x} + \dfrac{1}{x^2}} + \sqrt{1 + \dfrac{1}{x^2}}} \to \frac{1}{2}, (x \to +\infty)$$

(vi) $x \to \infty$ であるから $x > 0$

$$\sqrt{x} - x = \frac{x - x^2}{\sqrt{x} + x} = \frac{x(1-x)}{x\left(\sqrt{\dfrac{1}{x}} + 1\right)} = \frac{1-x}{\sqrt{\dfrac{1}{x}} + 1} \to -\infty, (x \to \infty)$$

(vii) $x \to -\infty$ であるから $x < 0$

$$\frac{\sqrt{1+x^2} - 1}{x} = \frac{(1+x^2) - 1}{x\left(\sqrt{1+x^2} + 1\right)} = \frac{x}{\sqrt{1+x^2} + 1}$$

$$= \frac{x}{-x\left(\sqrt{\dfrac{1}{x^2} + 1} - \dfrac{1}{x}\right)} = \frac{-1}{\sqrt{\dfrac{1}{x^2} + 1} - \dfrac{1}{x}} \to (-1), (x \to -\infty)$$

(viii) $x \to \infty$ であるから $x > 0$

$$\sqrt{(x+a)(x+b)} - \sqrt{(x-a)(x-b)} = \frac{(x+a)(x+b) - (x-a)(x-b)}{\sqrt{(x+a)(x+b)} + \sqrt{(x-a)(x-b)}}$$

$$= \frac{2(a+b)x}{x\left\{\sqrt{\left(1+\dfrac{a}{x}\right)\left(1+\dfrac{b}{x}\right)} + \sqrt{\left(1-\dfrac{a}{x}\right)\left(1-\dfrac{b}{x}\right)}\right\}} \to (a+b), (x \to \infty)$$

(ix) （イ） $a = 1$ のとき $x \sin \dfrac{1}{x} = \dfrac{\sin(1/x)}{(1/x)} \to 1, (x \to \infty)$

（ロ） $a > 1$ のとき $\lim_{x \to \infty} \dfrac{\sin(1/x)}{(1/x)} = 1$ であるから $\dfrac{1}{2}$ に対し，ある正数 $M$ があって，$M < x$ ならば $\left|\dfrac{\sin(1/x)}{(1/x)} - 1\right| < \dfrac{1}{2}$ とできる．ゆえに，

$$\frac{1}{2} < \frac{\sin(1/x)}{(1/x)} < \frac{3}{2}, \ (M < x) \quad \cdots (*)$$

よって $\frac{1}{2}x^{a-1} < x^{a-1}\frac{\sin(1/x)}{(1/x)} = x^a \sin\frac{1}{x}$ であるから $\lim_{x\to\infty} x^a \sin\frac{1}{x} = \infty$.

(ハ) $0 < a < 1$ のとき (*) より $M < x$ のとき,

$$0 \le x^a \sin\frac{1}{x} = \left(\frac{1}{x^{1-a}}\right)\frac{\sin(1/x)}{(1/x)} < \frac{3}{2}\frac{1}{x^{1-a}}$$

であるから, $\lim_{x\to\infty} x^a \sin\frac{1}{x} = 0$.

---

(ex.4.3.5) 次の極限値を求めよ.

(i) $\lim_{x\to 1+0} \frac{[2x]}{1+x}$  (ii) $\lim_{x\to 1-0} \frac{[2x]}{1+x}$

---

【解】(i) $x \to 1+0$ であるから $1 < x < \frac{3}{2}$ としてよい. このときは, $2 < 2x < 3$ であるから, $[2x] = 2$. ゆえに, $\lim_{x\to 1+0}\frac{[2x]}{1+x} = \lim_{x\to 1+0}\frac{2}{1+x} = 1$.

(ii) $x \to 1-0$ であるから, $\frac{1}{2} < x < 1$ としてよい. このときは $1 < 2x < 2$ であるから $[2x] = 1$. ゆえに, $\lim_{x\to 1-0}\frac{[2x]}{1+x} = \lim_{x\to 1-0}\frac{1}{1+x} = \frac{1}{2}$.

---

(ex.4.3.6) 次を示せ.

(i) $\lim_{x\to 1}\frac{\log x}{1-x} = -1$  (ii) $\lim_{x\to\infty}\left(1-\frac{a}{x}\right)^{bx} = e^{-ab}$ ($a, b$ は定数)

(iii) $\lim_{x\to 0}\frac{\log(1+ax)}{x} = a$  ($a$ は定数)  (iv) $\lim_{x\to\infty}\frac{\log x}{e^x} = 0$

(v) $\lim_{x\to 0}\frac{\log(1+x+x^2)}{x} = 1$  (vi) $\lim_{x\to +0} x^x = 1$

(vii) $\lim_{x\to 0}\frac{a^x - b^x}{x} = \log\frac{a}{b}$  ($a > 0$, $b > 0$)  (viii) $\lim_{x\to 1} x^{1/(1-x)} = e^{-1}$

---

【解】(i) $(1-x) = -y$ とおくと $x = 1+y$.

$$\lim_{x \to 1} \frac{\log x}{1-x} = \lim_{y \to 0} \frac{\log(1+y)}{-y} = -\log e = -1$$

(ii) （イ）$a \neq 0$ のとき $\lim_{x \to \infty}\left(1 - \frac{a}{x}\right)^{-x/a} = e$ であるから

$$\lim_{x \to \infty}\left(1 - \frac{a}{x}\right)^{bx} = \lim_{x \to \infty}\left\{\left(1 - \frac{a}{x}\right)^{-x/a}\right\}^{-ab} = e^{-ab}$$

（ロ）$a = 0$ のときは, $[1-(a/x)]^{bx} = 1$, $e^{-ab} = 1$ で成り立つ.

(iii) $\displaystyle\lim_{x \to 0} \frac{\log(1+ax)}{x} = \lim_{x \to 0} a \left\{\frac{\log(1+ax)}{ax}\right\} = a$ $(a \neq 0)$.

(iv) 一般に, $z > 0$ について $\displaystyle\lim_{n \to \infty}\left(1 + \frac{z}{n}\right)^n = \lim_{n \to \infty}\left\{\left(1 + \frac{z}{n}\right)^{n/z}\right\}^z = e^z$ で,

$\left(1 + \dfrac{z}{n}\right)^n$ は $n$ について単調増加数列. よって, $(1+z) < \left(1 + \dfrac{z}{2}\right)^2 < \left(1 + \dfrac{z}{n}\right)^n < e^z$

が成り立つ. $\log x = y$ とおくと $x = e^y$, $x \to \infty$ のとき, $y \to \infty$ であるから,

$x > 1$ のとき, $0 < \dfrac{\log x}{e^x} < \dfrac{\log x}{1+x} = \dfrac{y}{1+e^y}$

$< \dfrac{y}{1 + \left(1 + \dfrac{y}{2}\right)^2} = \dfrac{y}{1 + \left(1 + y + \dfrac{y^2}{4}\right)} = \dfrac{1}{\dfrac{y}{4} + 1 + \dfrac{2}{y}} \to 0 \quad (x \to \infty)$

ゆえに, $\displaystyle\lim_{x \to \infty} \frac{\log x}{e^x} = 0$.

(v) $\dfrac{\log(1+x+x^2)}{x} = \left(\dfrac{\log(1+x+x^2)}{(x+x^2)}\right)\left(\dfrac{x+x^2}{x}\right) \to 1 \quad (x \to 0)$

(vi) $x \to +0$ であるから $\dfrac{1}{n+1} < x \leq \dfrac{1}{n}$ とおける. ゆえに,

$\left(\dfrac{1}{n+1}\right)^{1/n} < x^x \leq \left(\dfrac{1}{n}\right)^{1/(n+1)} \quad \cdots (*)$

一般に, $a_n > 0$ で, $\displaystyle\lim_{n \to \infty} a_n = \alpha$ ならば $\displaystyle\lim_{n \to \infty} \sqrt[n]{a_1 a_2 \cdots a_n} = \alpha$ であるから,

$a_n = \dfrac{n-1}{n}$ とおくと, $\displaystyle\lim_{n \to \infty} a_n = 1$ であるから $\sqrt[n]{\dfrac{1}{n}} = \sqrt[n]{\left(\dfrac{n-1}{n}\right)\left(\dfrac{n-2}{n-1}\right)\cdots\left(\dfrac{1}{2}\right)\left(\dfrac{1}{1}\right)}$

により $\lim_{n\to\infty} \sqrt[n]{\dfrac{1}{n}} = 1$.

ゆえに，(＊) より，$\lim_{n\to\infty}\left(\dfrac{1}{n+1}\right)^{1/n} = \lim_{n\to\infty}\left\{\left(\dfrac{1}{n+1}\right)^{1/(n+1)}\right\}^{(n+1)/n} = 1$,

$\lim_{n\to\infty}(1/n)^{1/(n+1)} = \lim_{n\to\infty}\left\{(1/n)^{1/n}\right\}^{n/(n+1)} = 1$ を用いて，$\lim_{x\to+0} x^x = 1$.

(vii) $\dfrac{a^x - b^x}{x} = a^x\left\{\dfrac{1-(b/a)^x}{x}\right\} = a^x\left\{\dfrac{1-e^{\log(b/a)^x}}{x}\right\}$

ここで，$\log(b/a)^x = z$ とおくと $x = \dfrac{z}{\log(b/a)}$ で，$x\to 0$ ならば，$z\to 0$.

ゆえに，上式 $= a^x\left\{\dfrac{1-e^{\log(b/a)^x}}{x}\right\} = a^x\log\left(\dfrac{b}{a}\right)\left(\dfrac{1-e^z}{z}\right) \to \log\dfrac{a}{b}$ $(x\to 0)$.

ここで，$\lim_{z\to 0}\dfrac{1-e^z}{z} = -1$ を用いた．

(viii) $1-x = -y$ とおくと，$1+y = x$ で $x\to 1$ のとき，$y\to 0$.

ゆえに，$x^{1/(1-x)} = (1+y)^{-1/y} = \dfrac{1}{(1+y)^{1/y}} \to \dfrac{1}{e}$ $(x\to 1)$

---

(ex.4.3.7) $f, g : A \to \mathbf{R}$ で，$(a, \infty) \subset A$ であるとする．また，すべての $x > a$ で，$g(x) > 0$ であり，$\lim_{x\to\infty}\dfrac{f(x)}{g(x)} = L$, $(L \neq 0)$ とする．このとき，次が成り立つことを示せ．(i) $L > 0$ のとき，$\lim_{x\to\infty} f(x) = \infty \Leftrightarrow \lim_{x\to\infty} g(x) = \infty$

(ii) $L < 0$ のとき，$\lim_{x\to\infty} f(x) = -\infty \Leftrightarrow \lim_{x\to\infty} g(x) = \infty$

---

【解】題意より，任意の正数 $\varepsilon > 0$，$(|L| > \varepsilon)$ に対し，ある正数 $d_1$, $(d_1 > a)$ があって，$d_1 \leq x$ ならば $\left|\dfrac{f(x)}{g(x)} - L\right| < \varepsilon$. ゆえに，$-\varepsilon < \dfrac{f(x)}{g(x)} - L < \varepsilon$ $\cdots$ (イ)

(i) $L > 0$ のとき，(イ) から $L - \varepsilon < \dfrac{f(x)}{g(x)} < L + \varepsilon$. ゆえに，

$\quad (L-\varepsilon)g(x) < f(x) < (L+\varepsilon)g(x)$ $\cdots$ (ロ)

ここで，$\lim_{x\to\infty} f(x) = \infty$ とすれば，任意の正数 $M > 0$ に対し，ある $d_2$, $(d_2 > d_1)$

があって $d_2 \leq x$ ならば $(L+\varepsilon)M < f(x)$ とできる．よって，(ロ)より $(L+\varepsilon)M < f(x) < (L+\varepsilon)g(x)$, ゆえに $M < g(x)$. よって $\lim_{x\to\infty} g(x) = \infty$.

逆に，$\lim_{x\to\infty} g(x) = \infty$ とすれば，任意の正数 $M > 0$ に対し，ある $d_3, (d_3 > d_1)$ があって $d_3 \leq x$ ならば $\dfrac{M}{L-\varepsilon} < g(x)$ とできる．よって(ロ)より

$$M = (L-\varepsilon)\dfrac{M}{(L-\varepsilon)} < (L-\varepsilon)g(x) < f(x).$$ ゆえに，$\lim_{x\to\infty} f(x) = \infty$.

(ii) $L < 0$ のときは，(イ)より $-\varepsilon + L < \dfrac{f(x)}{g(x)} < L+\varepsilon$. ここで，

$-L = L_1$, $-f(x) = f_1(x)$ とおくと $L_1 + \varepsilon > \dfrac{f_1(x)}{g(x)} > L_1 - \varepsilon$ となり，

$(L_1 - \varepsilon)g(x) < f_1(x) < (L_1 + \varepsilon)g(x)$ $\cdots$ (ハ)

よって (i) と同様にして，$\lim_{x\to\infty} f_1(x) = \infty \Leftrightarrow \lim_{x\to\infty} g(x) = \infty$ を得る．

これから $\lim_{x\to\infty} f(x) = -\infty \Leftrightarrow \lim_{x\to\infty} g(x) = \infty$ を得る．

---

(ex.4.3.8) 次を示せ．

(i) $\log x = o(x)$ $(x \to \infty)$ (ii) $x^2 = o(e^x)$ $(x \to \infty)$ (iii) $\dfrac{1}{n} - \dfrac{1}{n+1} = O\left(\dfrac{1}{n^2}\right)$ $(x \to \infty)$

(iv) $\sqrt{1+x} - \sqrt{1-x} = O(x)$ $(x \to 0)$ (v) $\dfrac{1}{\sqrt{x^2+x^4}} \sim \dfrac{1}{|x|}$ $(x \to 0)$

---

<ヒント> 《$O, o$ 記号（Landauの記号）》

$\lim_{x\to a} f(x) = 0$ のとき，$f(x)$ は $a$ において（$(x \to a)$のとき），無限小であるという．関数 $f$, $g$ が $a$ において無限小，つまり，$\lim_{x\to a} f(x) = 0$, $\lim_{x\to a} g(x) = 0$ で，$\lim_{x\to a} \dfrac{f(x)}{g(x)} = 0$ のとき，$f$ は $g$ より，高位の無限小であるといい，$f(x) = o(g(x))$ $(x \to a)$ と書く．

また，$\lim_{x\to a} \dfrac{f(x)}{g(x)} = k$ $(\neq 0)$ のとき，$f$ と $g$ とは $a$ において（$(x \to a)$のとき）同位の無限小であるという．特に，$f(x)$ と $[g(x)]^s$ とが同位の無限小であるとき，$f$ は $g$ に対して，（$a$ において）第 $s$ 位の無限小であるという．

また，$x \to a$ のとき，$\left|\dfrac{f(x)}{g(x)}\right|$ が有界であるとき，$f(x) = O(g(x))\ (x \to a)$

と書く．$\lim\limits_{x \to a} \dfrac{f(x)}{g(x)} = 1$ のとき，$a$ において（$(x \to a)$ のとき）$f$ と $g$ は同値であるといい，$f \sim g\ (x \to a)$ と表す．

$\lim\limits_{x \to a} f(x) = \infty\ \left(\lim\limits_{x \to a} f(x) = -\infty\right)$ のとき，$f(x)$ は $a$ において，正の（負の）**無限大**であるという．関数 $f, g$ がともに無限大のときも同様に定義される．

$x \to \infty\ (-\infty)$ のときも同様に定義される．

【解】(i) $\log x = y$ とおくと，$e^y = x$，$\lim\limits_{n \to \infty}\left(1 + \dfrac{y}{n}\right)^n = e^y$ で，$y > 0$ のとき $\left(1 + \dfrac{y}{n}\right)^n$ は $n$ について単調増加だから $\left(1 + \dfrac{y}{2}\right)^2 < e^y$．ゆえに，

$$0 \leq \lim_{x \to \infty} \frac{\log x}{x} = \lim_{y \to \infty} \frac{y}{e^y} \leq \lim_{y \to \infty} \frac{y}{\left(1 + \dfrac{y}{2}\right)^2} = \lim_{y \to \infty} \frac{y}{1 + y + \dfrac{y^2}{4}} = \lim_{y \to \infty} \frac{1}{\dfrac{1}{y} + 1 + \dfrac{y}{4}} = 0$$

すなわち $\lim\limits_{x \to \infty} \dfrac{\log x}{x} = 0$．このことを $\log x = o(x),\ (x \to \infty)$ で表す．

(ii) (i) のように $x > 0$ のとき，$(1 + (x/3))^3 < e^x$ が成り立つので

$$x > 0,\ \frac{x^2}{e^x} < \frac{x^2}{\left(1 + \dfrac{x}{3}\right)^3} = \frac{1}{x\left(\dfrac{1}{x} + \dfrac{1}{3}\right)^3}$$

これから，$\lim\limits_{x \to \infty} \dfrac{x^2}{e^x} = 0$．このことを $x^2 = o(e^x),\ (x \to \infty)$ で表す．

**NOTE** (i), (ii) のように，$f(x) = o(g(x)), (x \to a)$ は $f(x), g(x)$ が無限小でないときも用いられる．

(iii) $\dfrac{1}{n} - \dfrac{1}{n+1} = \dfrac{1}{n(n+1)}$ であるから

$$\left|\frac{(1/n) - (1/(n+1))}{(1/n^2)}\right| = \frac{n^2}{n(n+1)} = \frac{1}{1 + (1/n)} < 1$$

よって，$\dfrac{1}{n} - \dfrac{1}{n+1} = O\left(\dfrac{1}{n^2}\right),\ (n \to \infty)$．

(iv) $\sqrt{1+x}-\sqrt{1-x} = \dfrac{(1+x)-(1-x)}{\sqrt{1+x}+\sqrt{1-x}} = \dfrac{2x}{\sqrt{1+x}+\sqrt{1-x}}$  ($|x|<1$)

$x$ を十分小にして $|x|<\dfrac{1}{2}$ とすれば,

$\left|\dfrac{\sqrt{1+x}-\sqrt{1-x}}{x}\right| = \dfrac{2}{\sqrt{1+x}+\sqrt{1-x}} < \dfrac{2}{\sqrt{1/2}+\sqrt{1/2}} = \sqrt{2}$ となるから

$\sqrt{1+x}-\sqrt{1-x} = O(x),\ (x\to 0)$

(v) $\displaystyle\lim_{x\to 0}\dfrac{\left(\dfrac{1}{\sqrt{x^2+x^4}}\right)}{1/|x|} = \lim_{x\to 0}\dfrac{|x|}{\sqrt{x^2+x^4}} = \lim_{x\to 0}\dfrac{1}{\sqrt{1+x^2}} = 1$

ゆえに, $\dfrac{1}{\sqrt{x^2+x^4}} \sim \dfrac{1}{|x|}$.

---

**(ex.4.3.9)** 次は $x$ に対して, $x\to 0$ のとき第何位の無限小であるかを述べよ.

(i) $\log(1+x)$   (ii) $\dfrac{1}{1+x}-1$   (iii) $\dfrac{-x}{1+x}+x$   (iv) $\tan x$

---

【解】 (i) $\displaystyle\lim_{x\to 0}\dfrac{\log(1+x)}{x}=1$ であるから第 1 位の無限小.

(ii) $\displaystyle\lim_{x\to 0}\dfrac{(1/(1+x)-1)}{x} = \lim_{x\to 0}\dfrac{-x}{x(1+x)} = -1$. ゆえに, 第 1 位の無限小.

(iii) $\displaystyle\lim_{x\to 0}\dfrac{(-x/(1+x)+x)}{x^2} = \lim_{x\to 0}\dfrac{x^2}{x^2(1+x)} = 1$. ゆえに, 第 2 位の無限小.

(iv) $\displaystyle\lim_{x\to 0}\dfrac{\tan x}{x} = \lim_{x\to 0}\left(\dfrac{\sin x}{x}\right)\left(\dfrac{1}{\cos x}\right) = 1$. よって, 第 1 位の無限小.

---

## 章末問題

**(ex.4.A.1)** 次の極限値を求めよ.

(i) $\displaystyle\lim_{x\to 0}\dfrac{e^x-1}{\log(1+x)}$   (ii) $\displaystyle\lim_{x\to\infty}\left\{\sqrt{2x^2+x-2}-x-1\right\}$   (iii) $\displaystyle\lim_{x\to +0} x^a \log x$

## 第4章 関数の極限

(iv) $\displaystyle\lim_{x\to 0}\frac{\sqrt{1+x^m}+\sqrt{1-x^n}}{x^n}$ （$m,n$ は自然数） (v) $\displaystyle\lim_{x\to 0}\frac{\log(1-x+x^2)}{x}$

(vi) $\displaystyle\lim_{x\to\infty}(a^x+b^x+c^x)^{1/x}$, $(a,b,c>0)$ (vii) $\displaystyle\lim_{x\to\infty}(2^x+5^x)^{1/x}$

**(ex.4.A.2)** 次を示せ．ただし，$a$ は定数．

(i) $\displaystyle\lim_{x\to 0}\frac{\mathrm{Sin}^{-1}ax}{x}=a$ $(a\neq 0)$ (ii) $\displaystyle\lim_{x\to 0}\frac{\mathrm{Tan}^{-1}ax}{x}=a$ $(a\neq 0)$

(iii) $\displaystyle\lim_{x\to\infty}\frac{1}{x}\mathrm{Tan}^{-1}x=0$ (iv) $\displaystyle\lim_{x\to +0}\frac{e^{1/x}-1}{e^{1/x}+1}=1$

(v) $\displaystyle\lim_{x\to -0}\frac{|x|}{\sqrt{a+x}-\sqrt{a-x}}=-\sqrt{a}$ $(a>0)$

(vi) $\displaystyle\lim_{x\to +0}\frac{|x|}{\sqrt{a+x}-\sqrt{a-x}}=\sqrt{a}$ $(a>0)$ (vii) $\displaystyle\lim_{x\to 0}\frac{a-\sqrt{a^2-x^2}}{x^2}=\frac{1}{2a}$ $(a>0)$

(viii) $\displaystyle\lim_{x\to\infty}\frac{a^x-a^{-x}}{a^x+a^{-x}}=\begin{cases}1 & a>1\\-1 & 0<a<1\end{cases}$ (ix) $\displaystyle\lim_{x\to\infty}\left(\cos\frac{a}{x}\right)^{x^2}=e^{-a^2/2}$

**(ex.4.A.3)** 次の関数の 0 における極限は存在するが，$x\neq 0$ における極限は存在しないことを示せ．

$$f(x)=\begin{cases}x & x\in\mathbf{Q}\\0 & x\in\mathbf{R}-\mathbf{Q}\end{cases}$$

**(ex.4.B.1)** つぎが $x\to a$ で成り立つことを示せ．

(i) $f(x)=o(g(x)) \Rightarrow f(x)=O(g(x))$ (ii) $O(g(x))\pm O(g(x))=O(g(x))$

(iii) $o(g(x))\pm o(g(x))=o(g(x))$

\*\*\*\*\*\*\*\*\*\* 章末問題解答 \*\*\*\*\*\*\*\*\*\*

**(ex.4.A.1)** (i) $\displaystyle\lim_{x\to 0}\frac{e^x-1}{\log(1+x)}=\lim_{x\to 0}\left(\frac{e^x-1}{x}\right)\left(\frac{x}{\log(1+x)}\right)=1$

(ii) $\displaystyle\lim_{x\to\infty}\left\{\sqrt{2x^2+x-2}-(x+1)\right\}=\lim_{x\to\infty}\frac{(2x^2+x-2)-(x+1)^2}{\sqrt{2x^2+x-2}+(x+1)}$

$$= \lim_{x \to \infty} \frac{x^2 - x - 3}{\sqrt{2x^2 + x - 2} + (x+1)} = \lim_{x \to \infty} \frac{x - 1 - \dfrac{3}{x}}{\sqrt{2 + \dfrac{1}{x} - \dfrac{2}{x^2}} + \left(1 + \dfrac{1}{x}\right)} = \infty$$

(iii) $a > 0$ のとき，$x = \dfrac{1}{y}$ とおくと，$x \to +0$ ならば，$y \to +\infty$．

$$\lim_{x \to +0} x^a \log x = \lim_{y \to +\infty} \frac{-\log y}{y^\alpha} = 0 \quad \left(\lim_{y \to \infty} \frac{\log y}{y} = 0 (\text{「解析学 I, (4.3.20)」参照})\right)$$

$a \leq 0$ のとき，$a = -b$，$b \geq 0$ とおくと $\lim\limits_{x \to +0} x^a \log x = \lim\limits_{x \to +0} \dfrac{\log x}{x^b} = -\infty$．

(iv) $\lim\limits_{x \to 0} \dfrac{\sqrt{1 + x^m} + \sqrt{1 - x^n}}{x^n} = \infty$ （$n$ は偶数）

(v) $\lim\limits_{x \to 0} \dfrac{\log(1 - x + x^2)}{x} = \lim\limits_{x \to 0} \left(\dfrac{\log(1 - x + x^2)}{-x + x^2}\right)(-1 + x) = -1$

(vi) $\max\{a, b, c\} = a$ とすると

$$a \leq (a^x + b^x + c^x)^{1/x} = \left[a^x \left\{1 + \left(\frac{b}{a}\right)^x + \left(\frac{c}{a}\right)^x\right\}\right]^{1/x} = a \left\{1 + \left(\frac{b}{a}\right)^x + \left(\frac{c}{a}\right)^x\right\}^{1/x}$$

$$\leq a \cdot (3)^{1/x}$$

$\lim\limits_{x \to \infty} 3^{1/x} = 1$ より $\lim\limits_{x \to \infty} (a^x + b^x + c^x)^{1/x} = a$．

(vii) $5 \leq (2^x + 5^x)^{1/x} = 5\{(2/5)^x + 1\}^{1/x} \leq 5 \cdot 2^{1/x}$

ゆえに，$\lim\limits_{x \to \infty} (2^x + 5^x)^{1/x} = 5$．

**(ex.4.A.2)** (i) $\mathrm{Sin}^{-1} ax = y$ とおくと，$ax = \sin y$．$x \to 0$ ならば $y \to 0$．

$$\lim_{x \to 0} \frac{\mathrm{Sin}^{-1} ax}{x} = \lim_{y \to 0} \frac{ay}{\sin y} = a$$

(ii) $\mathrm{Tan}^{-1} ax = y$ とおくと，$ax = \tan y$．$x \to 0$ ならば $y \to 0$．

$$\lim_{x \to 0} \frac{\mathrm{Tan}^{-1} ax}{x} = \lim_{y \to 0} \frac{ay}{\tan y} = \lim_{y \to 0} \frac{ay}{\sin y} \cdot \cos y = a$$

(iii) $\mathrm{Tan}^{-1} x = y$ とおくと $x = \tan y$．$x \to \infty$ ならば $y \to \dfrac{\pi}{2} - 0$．

$$\lim_{x\to\infty}\frac{1}{x}\mathrm{Tan}^{-1}x = \lim_{y\to(\pi/2)-0}\frac{y}{\tan y} = 0$$

(iv) $\displaystyle\lim_{x\to+0}\frac{e^{1/x}-1}{e^{1/x}+1} = \lim_{x\to+0}\frac{1-e^{-1/x}}{1+e^{-1/x}} = 1$

(v) $\displaystyle\lim_{x\to-0}\frac{|x|}{\sqrt{a+x}-\sqrt{a-x}} = \lim_{x\to-0}\frac{|x|(\sqrt{a+x}+\sqrt{a-x})}{2x}$
$= \displaystyle\lim_{x\to-0}\frac{\sqrt{a+x}+\sqrt{a-x}}{-2} = -\sqrt{a}$

(vi) $\displaystyle\lim_{x\to+0}\frac{|x|}{\sqrt{a+x}-\sqrt{a-x}} = \lim_{x\to+0}\frac{|x|(\sqrt{a+x}+\sqrt{a-x})}{2x}$
$= \displaystyle\lim_{x\to+0}\frac{\sqrt{a+x}+\sqrt{a-x}}{2} = \sqrt{a}$

(vii) $\displaystyle\lim_{x\to 0}\frac{a-\sqrt{a^2-x^2}}{x^2} = \lim_{x\to 0}\frac{a^2-(a^2-x^2)}{x^2(a+\sqrt{a^2-x^2})} = \lim_{x\to 0}\frac{1}{a+\sqrt{a^2-x^2}} = \frac{1}{2a}$

(viii) $a>1$ のとき $\displaystyle\lim_{x\to\infty}\frac{a^x-a^{-x}}{a^x+a^{-x}} = \lim_{x\to\infty}\frac{1-a^{-2x}}{1+a^{-2x}} = 1$.
$0<a<1$ のときは $a=\dfrac{1}{b}$, $b>1$ とおけばよい.

(ix) $\cos\dfrac{a}{x} = 1-2\sin^2\dfrac{a}{2x}$, ここで $-2\sin^2\dfrac{a}{2x}=t$ とおくと $x\to\infty$ ならば $t\to 0$ で, $\cos\dfrac{a}{x}=(1+t)$. また, $t = -2\left(\dfrac{\sin[a/(2x)]}{a/(2x)}\right)^2\cdot\left(\dfrac{a}{2x}\right)^2$ であるから
$$x^2 = \frac{1}{t}\left\{-\frac{a^2}{2}\left(\frac{\sin[a/(2x)]}{a/(2x)}\right)^2\right\}.$$
ゆえに, $\left(\cos\dfrac{a}{x}\right)^{x^2} = \left\{(1+t)^{1/t}\right\}^{-\frac{a^2}{2}\left(\frac{\sin[a/(2x)]}{a/(2x)}\right)^2}$.
よって, $\displaystyle\lim_{x\to\infty}\left(\cos\dfrac{a}{x}\right)^{x^2} = e^{-a^2/2}$.

**(ex.4.A.3)** $x=0$ のとき, 任意の正数 $\varepsilon>0$ に対して, $\delta=\varepsilon$ とすれば $0<|y|<\delta$ ならば, $y$ が有理数のときは $|f(y)|=|y|<\delta=\varepsilon$ であり, $y$ が無理数の

ときは $|f(y)| = 0 < \varepsilon$ であるから $\lim_{y \to 0} f(y) = 0$.
$x \neq 0$ のとき, $x_n \to x$ となる有理数列 $(x_n)$ に対しては
$\lim_{n \to \infty} f(x_n) = \lim_{n \to \infty} x_n = x \neq 0$, また, $y_n \to x$ となる無理数列 $(y_n)$ に対しては
$\lim_{n \to \infty} f(y_n) = 0$ である. よって, $\lim_{y \to x} f(y)$ は存在しない.

**(ex.4.B.1)** (i) $f(x) = o(g(x))$, $(x \to a)$ であるから $\lim_{x \to a} \dfrac{f(x)}{g(x)} = 0$. ゆえに正数 $\varepsilon > 0$ に対し, ある $\delta > 0$ があって, $0 < |x - a| < \delta$ ならば, $\left|\dfrac{f(x)}{g(x)}\right| < \varepsilon$. ゆえに, $f(x) = O(g(x))$, $(x \to a)$.

(ii) $f_1(x) = O(g(x))$, $f_2(x) = O(g(x))$, $(x \to a)$ とする.
ある正数 $M_1$, $M_2$ と, ある $\delta_1 > 0$, $\delta_2 > 0$ があって,

$$0 < |x - a| < \delta_1 \text{ ならば } \left|\dfrac{f_1(x)}{g(x)}\right| < M_1, \quad 0 < |x - a| < \delta_2 \text{ ならば } \left|\dfrac{f_2(x)}{g(x)}\right| < M_2$$

が成り立つ. よって, $0 < |x - a| < \min\{\delta_1, \delta_2\}$ ならば

$$\left|\dfrac{f_1(x) \pm f_2(x)}{g(x)}\right| < \left|\dfrac{f_1(x)}{g(x)}\right| + \left|\dfrac{f_2(x)}{g(x)}\right| < M_1 + M_2$$

ゆえに, $f_1(x) \pm f_2(x) = O(g(x))$, $(x \to a)$.
よって, $O(g(x)) \pm O(g(x)) = O(g(x))$, $(x \to a)$.

(iii) $f_1(x) = o(g(x))$, $f_2(x) = o(g(x))$, $(x \to a)$ とすると
$\lim_{x \to a} \dfrac{f_1(x)}{g(x)} = 0$, $\lim_{x \to a} \dfrac{f_2(x)}{g(x)} = 0$. よって, $\lim_{x \to a} \left\{\dfrac{f_1(x) \pm f_2(x)}{g(x)}\right\} = 0$.
ゆえに, $f_1(x) \pm f_2(x) = o(g(x))$, $(x \to a)$.
よって, $o(g(x)) \pm o(g(x)) = o(g(x))$, $(x \to a)$.

# 5 連続関数

## 5.1 連続関数

(ex.5.1.1) 次の関数はそれぞれ示された点 ($x = a$) で連続であることを示せ.
(i) $f(x) = 3x^4 - 2x^2 + x - 8$  ($x = 0$)  (ii) $f(x) = \begin{cases} \dfrac{e^x - 1}{x} & x \neq 0 \\ 1 & x = 0 \end{cases}$ ($x = 0$)

(iii) $g(x) = \begin{cases} \dfrac{x^2 - 9}{x - 3} & x \neq 3 \\ 6 & x = 3 \end{cases}$ ($x = 3$)

<ヒント> $A \subset \boldsymbol{R}$ を定義域とする関数 $f : A \to \boldsymbol{R}$ が $a \in A$ で**連続**であるとは,任意の正数 $\varepsilon > 0$ に対して,$x \in A$ で $|x - a| < \delta$ ならば,$|f(x) - f(a)| < \varepsilon$ となる正数 $\delta$ が存在するということである.

【解】(i) $|f(x) - f(0)| = |3x^4 - 2x^2 + x| \leq |x|\,[|3x^3| + |2x| + 1]$. よって,任意の正数 $\varepsilon > 0$ に対して,$\delta$ を $0 < \delta < \min\{1, \varepsilon/6\}$ とする. $|x| < \delta$ ならば,$|x|\,[|3x^3| + |2x| + 1] < 6\delta < \varepsilon$ であるから $|f(x) - f(0)| < \varepsilon$. ゆえに,$x = 0$ で連続.

(ii) $\lim\limits_{x \to 0} f(x) = \lim\limits_{x \to 0} \dfrac{e^x - 1}{x} = 1$ であるから,任意の正数 $\varepsilon > 0$ に対して,ある $\delta$ があって $0 < |x| < \delta$ ならば $|f(x) - 1| < \varepsilon$ が成り立つ. ここでは,$f(0) = 1$ であるから上の $\varepsilon$ に対して,$|x| < \delta$ ならば,$|f(x) - f(0)| < \varepsilon$ が成り立つ. ゆえに,$x = 0$ で連続.

(iii) $x \neq 3$ のとき,$|f(x) - f(3)| = \left|\dfrac{x^2 - 9}{x - 3} - 6\right| = |x - 3|$. よって,任意の正数 $\varepsilon > 0$ に対して,$\delta = \varepsilon$ とすれば $|x - 3| < \delta$ ならば,$|f(x) - f(3)| < \varepsilon$ が成り立つ. ゆえ

に，$x=3$ で連続．

(ex.5.1.2) 次の関数は $\boldsymbol{R}$ で連続であることを示せ．
(i) $f(x) = |x-1|$   (ii) $f(x) = \dfrac{x}{x^2+x+9}$   (iii) $f(x) = \cos x$

<ヒント> $f$ はある区間 $I$ で定義された関数で，$a \in I$ とする．次は同値である．
(i) $f$ は $a$ で連続である．
(ii) すべての $x_n \in I$ である任意の数列 $(x_n)$ で，$\lim_{n \to \infty} x_n = a$ ならば，$\lim_{n \to \infty} f(x_n) = f(a)$．

【解】(i) 任意に $x_n \to x$ とするとき $|f(x) - f(x_n)| = ||x-1| - |x_n - 1|| \le |x - x_n|$．これから，$f(x_n) \to f(x)$ がわかる．
(ii) 任意に $x_n \to x$ のとき $(x_n^2 + x_n + 9) \to (x^2 + x + 9)$．さらに
$x^2 + x + 9 = \left(x + \dfrac{1}{2}\right)^2 + \dfrac{35}{4} > 0$ であるから，$f(x_n) \to f(x)$．
(iii) 任意に $x_n \to x$ とする．
$|f(x) - f(x_n)| = |\cos x - \cos x_n| = \left|2\left(\sin \dfrac{x + x_n}{2}\right)\left(\sin \dfrac{x - x_n}{2}\right)\right| \le |x - x_n|$ より
$f(x_n) \to f(x)$．

(ex.5.1.3) 次の関数はそれぞれ示された点 $(x=a)$ で右連続であるか，左連続であるかを調べよ．
(i) $f(x) = \begin{cases} 1 & x > 0 \\ -1 & x \le 0 \end{cases}$ $(x = 0)$   (ii) $f(x) = \begin{cases} 2-x & x \ge 1 \\ x^2 & x < 1 \end{cases}$ $(x = 1)$
(iii) $f(x) = \begin{cases} 1/x & x \ge 2 \\ x^2 & x < 2 \end{cases}$ $(x = 2)$   (iv) $g(x) = e^x \quad x \ge 0$ $(x = 0)$
(v) $g(x) = \begin{cases} 2^{1/x} & x \ne 0 \\ 0 & x = 0 \end{cases}$ $(x = 0)$   (vi) $g(x) = \begin{cases} \dfrac{\sin x}{|x|} & x \ne 0 \\ 1 & x = 0 \end{cases}$ $(x = 0)$

<ヒント> $A \subset \boldsymbol{R}$ を定義域とする関数 $f : A \to \boldsymbol{R}$ で，任意の正数 $\varepsilon > 0$ に対して，$a \le x < a + \delta(\varepsilon, a)$，$x \in A \Rightarrow |f(x) - f(a)| < \varepsilon$ となる正数 $\delta > 0$ が存在するとき，$f$ は $a$ で**右連続**であるという．また，$a - \delta(\varepsilon, a) < x \le a$，$x \in A \Rightarrow |f(x) - f(a)| < \varepsilon$ となる正数 $\delta > 0$ が存在するとき，$f$ は $a$ で**左連続**であるという．

【解】(i) 左連続　(ii) 連続　(iii) 右連続　(iv) 右連続　(v) 左連続　(vi)右連続

---

(ex.5.1.4) 次の関数はそれぞれ示された点($x = a$)で不連続であることを示せ．また，不連続点が除去可能なときはその関数を連続関数に拡張せよ．

(i) $f(x) = \begin{cases} 2 & x \geq 1 \\ 0 & x < 1 \end{cases}$ ($x = 1$)　(ii) $f(x) = \begin{cases} \cos\dfrac{1}{x} & x \neq 0 \\ 0 & x = 0 \end{cases}$ ($x = 0$)

(iii) $f(x) = \begin{cases} \dfrac{x}{|x|} & x \neq 0 \\ 0 & x = 0 \end{cases}$ ($x = 0$)　(iv) $f(x) = \begin{cases} \dfrac{\sin(x-c)}{x-c} & x \neq c \\ 0 & x = c \end{cases}$ ($x = c$)

(v) $f(x) = x^2 \sin\dfrac{1}{x}$, $x \neq 0$ ($x = 0$)　(vi) $g(x) = \begin{cases} \dfrac{x - |x|}{x} & x \neq 0 \\ 2 & x = 0 \end{cases}$ ($x = 0$)

(vii) $f(x) = \begin{cases} \dfrac{1}{x}\sin\left(\dfrac{1}{x^2}\right) & x \neq 0 \\ 0 & x = 0 \end{cases}$ ($x = 0$)

---

<ヒント>　$f$ をある区間 $I$ で定義された関数とする．$a \in I$ に対して，$\lim\limits_{x \to a} f(x) = f(a)$ となるとき，関数 $f$ は $a$ で連続である．

【解】(i) $\lim\limits_{x \to 1+0} f(x) = 2$, $\lim\limits_{x \to 1-0} f(x) = 0$．ゆえに，$f(1+0) \neq f(1-0)$，不連続．

(ii) $x_n = \dfrac{1}{2n\pi + (\pi/4)}$, $y_n = \dfrac{1}{2n\pi + (\pi/3)}$, $n = 1, 2, \cdots$ とすると $x_n \to 0$, $y_n \to 0$ であるが $\lim\limits_{n \to \infty} f(x_n) = \dfrac{1}{\sqrt{2}}$, $\lim\limits_{n \to \infty} f(y_n) = \dfrac{1}{2}$ であるので，$\lim\limits_{x \to 0} f(x)$ は存在しない．よって $x = 0$ で不連続．

(iii) $\lim\limits_{x \to +0} f(x) = 1$, $\lim\limits_{x \to -0} f(x) = -1$．ゆえに，$x = 0$ で不連続．

(iv) $\lim\limits_{x \to c} f(x) = 1$, $f(c) = 0$ であるから $x = c$ で不連続．$f(c) = 1$ と定義すれば $x = c$ で連続となる．

(v) $f(x)$ は $x = 0$ で定義されていないので「連続である」とかいうことはできないが $f(0) = 0$ と定義すれば，$x = 0$ で連続となる．

(vi) $x > 0$ のとき $g(x) = 0$, $x \leq 0$ のとき $g(x) = 2$．よって，$x = 0$ で不連続．

(vii) $x_n = \dfrac{1}{\sqrt{2n\pi + \dfrac{\pi}{4}}}$, $y_n = \dfrac{1}{\sqrt{2n\pi - \dfrac{\pi}{4}}}$, $n = 1, 2, \cdots$ とおくと, $x_n \to 0$, $y_n \to 0$
である.

$$f(x_n) = \sqrt{2n\pi + \dfrac{\pi}{4}} \sin\left(2n\pi + \dfrac{\pi}{4}\right) = \dfrac{\sqrt{2n\pi + \dfrac{\pi}{4}}}{\sqrt{2}} \to +\infty \quad (n \to \infty)$$

$$f(y_n) = \sqrt{2n\pi - \dfrac{\pi}{4}} \sin\left(2n\pi - \dfrac{\pi}{4}\right) = \dfrac{\sqrt{2n\pi - \dfrac{\pi}{4}}}{-\sqrt{2}} \to -\infty \quad (n \to \infty)$$

ゆえに, $\lim_{x \to 0} f(x)$ は存在しない. ゆえに $x = 0$ で不連続.

---

(ex.5.1.5) 次の関数 $f: \mathbf{R} \to \mathbf{R}$ の連続性を調べよ.
(i) $f(x) = x[x]$, ここで, $[x]$ はガウス記号.
(ii) $f(x) = x - [x]$, ここで, $[x]$ はガウス記号.
(iii) $f(x) = \begin{cases} \dfrac{1}{1 + e^{1/x}} & x \neq 0 \\ 0 & x = 0 \end{cases}$  (iv) $f(x) = \begin{cases} x & x \quad 有理数 \\ 1-x & x \quad 無理数 \end{cases}$

---

<ヒント> $A \subset \mathbf{R}$ を定義域とする関数 $f: A \to \mathbf{R}$ で, ある正数 $h$ について $[a, a+h] \subset A$ であるとする. $((a-h, a] \subset A$ であるとする)

$\quad f$ は $a$ で右連続である. $\Leftrightarrow \lim_{x \to a+0} f(x) = f(a)$

$\quad (f$ は $a$ で左連続である. $\Leftrightarrow \lim_{x \to a-0} f(x) = f(a))$

【解】(i) $x \in \mathbf{R}$ に対して, 整数 $n$ があって, $n \leq x < n+1$ となる. このとき $[x] = n$. よって $n \leq x < n+1$ のとき $f(x) = x[x] = nx$. ゆえに
$$\lim_{x \to n+0} f(x) = n^2, \quad f(n) = n^2, \quad \lim_{x \to n-0} f(x) = \lim_{x \to n-0} (n-1)x = n(n-1)$$
よって $f(x)$ は $x = n$ $(n \neq 0)$ で右連続. $x = 0$ および $x \neq n$ では連続.

(ii) $x \in \mathbf{R}$ で, $n \leq x < n+1$ のとき $f(x) = x - n$.
ゆえに, $n \leq x < n+1$ で $f(n) = 0$, $\lim_{x \to n+0} f(x) = 0$, $\lim_{x \to (n+1)-0} f(x) = 1$.
よって, $x = n$ で右連続. $x \neq n$ では連続.

(iii) $f(x) = \dfrac{1}{1 + e^{1/x}}$ $(x \neq 0)$ は $x \neq 0$ では明らかに連続, また

$$\lim_{x \to +0} f(x) = \lim_{x \to +0} \frac{1}{1+e^{1/x}} = 0 = f(0), \quad \lim_{x \to -0} f(x) = \lim_{x \to -0} \frac{1}{1+e^{1/(-|x|)}} = 1$$

よって, $x = 0$ で右連続, $x \neq 0$ で連続.

(iv) (イ) $x = \dfrac{1}{2}$ とする. 任意に $x_n \to \dfrac{1}{2}$ となる数列 $(x_n)$ をとる.

$x_n$ が有理数のとき, $\left|f(x_n) - f\left(\dfrac{1}{2}\right)\right| = \left|x_n - \dfrac{1}{2}\right|$,

$x_n$ が無理数のとき, $\left|f(x_n) - f\left(\dfrac{1}{2}\right)\right| = \left|(1-x_n) - \dfrac{1}{2}\right| = \left|\dfrac{1}{2} - x_n\right|$.

ゆえに, $\left|f(x_n) - f\left(\dfrac{1}{2}\right)\right| = \left|x_n - \dfrac{1}{2}\right| \to 0, \ (n \to \infty)$

よって, $x = \dfrac{1}{2}$ で $f(x)$ は連続である.

(ロ) $x \neq \dfrac{1}{2}$ のとき, $x_n \to x$ となる有理数列 $(x_n)$ をとると

$$\lim_{n \to \infty} f(x_n) = \lim_{n \to \infty} x_n = x$$

また, $y_n \to x$ となる無理数列 $(y_n)$ をとると $\lim_{n \to \infty} f(y_n) = \lim_{n \to \infty}(1-y_n) = 1-x$.

このとき $x \neq \dfrac{1}{2}$ であるから $x \neq (1-x)$. すなわち, $\lim_{n \to \infty} f(x_n) \neq \lim_{n \to \infty} f(y_n)$.

よって, $x \neq \dfrac{1}{2}$ では $f(x)$ は不連続である.

## 5.2 連続関数の性質

(ex.5.2.1) 次の関数は $\boldsymbol{R}$ で連続であることを示せ.
(i) $f(x) = \dfrac{x^4 - 4x^3 + x^2 - 10}{x^2 + 2}$ (ii) $x + \sin x$ (iii) $f(x) = \dfrac{\sin x^2}{x^2 + 2}$
(iv) $g(x) = |x - x^3|$ (v) $g(x) = \begin{cases} \dfrac{\sin x}{x}, & x \neq 0 \\ 1, & x = 0 \end{cases}$ (vi) $f(x) = \begin{cases} \dfrac{x^2}{|x|}, & x \neq 0 \\ 0, & x = 0 \end{cases}$

<ヒント> $A \subset \boldsymbol{R}$. $f$ と $g$ を $A$ から $\boldsymbol{R}$ への連続関数とし, $k$ を定数とする.

(i) $f+g, f-g, kf, fg, |f|$ は $A$ で連続である。(ii) $g(x) \neq 0$ とすると、$f/g$ も $A$ で連続である。

【解】(i) $g(x) = x^4 - 4x^3 + x^2 - 10$, $h(x) = x^2 + 2$ はともに $\mathbf{R}$ で連続で、しかも、$h(x) \neq 0 \ (x \in \mathbf{R})$ であるから、$f(x) = \dfrac{g(x)}{h(x)}$ は $\mathbf{R}$ で連続。

(ii) $g(x) = x$, $h(x) = \sin x$ はともに $\mathbf{R}$ で連続。ゆえに、$g + h$ も $\mathbf{R}$ で連続。

(iii) (i) と同様。

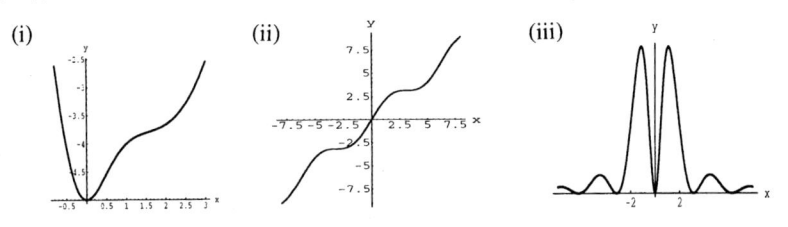

(i)　(ii)　(iii)

(iv) $f(x) = x - x^3$ は $\mathbf{R}$ で連続。よって、$g(x) = |f(x)|$ も $\mathbf{R}$ で連続。

(v) $g(x) = \dfrac{\sin x}{x}$ $(x \neq 0)$ は $x = 0$ 以外の $\mathbf{R}$ で連続。また、$x = 0$ では、
$\displaystyle\lim_{x \to 0} \dfrac{\sin x}{x} = 1 = f(0)$ であるので連続。よって、$g(x)$ は $\mathbf{R}$ で連続。

(vi) $f(x) = \dfrac{x^2}{|x|}$ $(x \neq 0)$ は $x = 0$ 以外の $\mathbf{R}$ で連続。また、$x = 0$ では、
$\displaystyle\lim_{x \to +0} x = 0 = f(0)$, $\displaystyle\lim_{x \to -0} \left(\dfrac{x^2}{-x}\right) = \lim_{x \to -0} (-x) = 0 = f(0)$。ゆえに、$x = 0$ でも連続。よって、$f(x)$ は $\mathbf{R}$ で連続。

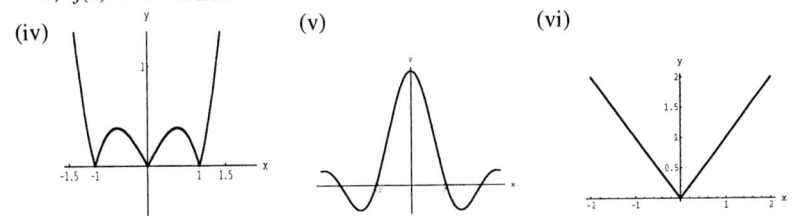

(iv)　(v)　(vi)

---

(ex.5.2.2) 次の関数の連続性を調べよ。

(i)　$f(x) = 2^{x^2}$　(ii)　$f(x) = \begin{cases} \dfrac{\sin^2 x}{\cos x} & x \neq n\pi + \dfrac{\pi}{2}, n = 1, 2, \ldots \\ 0 & x = n\pi + \dfrac{\pi}{2}, n = 1, 2, \ldots \end{cases}$

(iii) $f(x) = \begin{cases} \dfrac{e^{1/x} - 1}{e^{1/x} + 1} & x \neq 0 \\ -1 & x = 0 \end{cases}$ (iv) $g(x) = \begin{cases} e^{-|x|/2} & -1 < x < 0 \\ x^3 + x & 0 \leq x < 2 \end{cases}$

【解】(i) 任意の $x \in \mathbf{R}$ について,$x_n \to x$ となる数列 $(x_n)$ を任意にとる.このとき,$x_n^2 \to x^2$ も成り立つ.$\lim\limits_{n \to \infty} 2^{1/n} = 1$ だから,任意の正数 $\varepsilon > 0$ に対して,ある $n_0$ があって,$n_0 \leq m$ ならば $|2^{1/m} - 1| < \dfrac{\varepsilon}{2^{x^2}}$ とできる.よって,十分大なる $N_0$ に対して,$N_0 \leq n$ のとき $|x_n^2 - x^2| < \dfrac{1}{m}$ とするとき,$x^2 > x_n^2$ ならば

$$|f(x) - f(x_n)| = 2^{x^2} - 2^{x_n^2} = 2^{x_n^2}\left(2^{x^2 - x_n^2} - 1\right) < 2^{x^2}\left(2^{1/m} - 1\right) < \varepsilon$$

また,$x^2 \leq x_n^2$ ならば

$$|f(x) - f(x_n)| = 2^{x_n^2} - 2^{x^2} = 2^{x^2}\left(2^{x_n^2 - x^2} - 1\right) < 2^{x^2}\left(2^{1/m} - 1\right) < \varepsilon$$

ゆえに,$f(x) = 2^{x^2}$ は $\mathbf{R}$ 全体で連続.

(ii) $n\pi + \dfrac{\pi}{2} < x < (n+1)\pi + \dfrac{\pi}{2}$ のとき,$x = y + n\pi$,$\left(\dfrac{\pi}{2} < y < \dfrac{3\pi}{2}\right)$.

$$\lim_{x \to (n\pi + (\pi/2))+0} \frac{\sin^2 x}{\cos x} = \lim_{x \to (n\pi + (\pi/2))+0} (\tan x \sin x)$$
$$= \lim_{y \to (\pi/2)+0} (\tan y)\{(-1)^n \sin y\} = (-1)^{n+1} \infty$$

よって $\lim\limits_{x \to (n\pi + (\pi/2))+0} f(x) \neq f\left(n\pi + \dfrac{\pi}{2}\right)$.ゆえに,$x = n\pi + \dfrac{\pi}{2}$ で不連続.

$x \neq n\pi + \dfrac{\pi}{2}$ では連続.

(iii) $\lim\limits_{x \to +0} f(x) = \lim\limits_{x \to +0} \dfrac{e^{1/x} - 1}{e^{1/x} + 1} = \lim\limits_{x \to +0} \dfrac{\left(1 - e^{-1/x}\right)}{\left(1 + e^{-1/x}\right)} = 1$

よって $\lim\limits_{x \to +0} f(x) \neq f(0)$.ゆえに $x = 0$ で不連続,$x \neq 0$ では連続.

(iv) $\lim\limits_{x \to +0} g(x) = g(0) = 0$,$\lim\limits_{x \to -0} g(x) = 1$.ゆえに $x = 0$ で不連続.
$-1 < x < 0$ および $0 < x < 2$ では連続.

(ex.5.2.3) $A \subset \mathbf{R}$. $f$ と $g$ を $A$ から $\mathbf{R}$ への連続関数であるとすると，$\max(f, g)(x)$ $= \max\{f(x), g(x)\}$, $\min(f, g)(x) = \min\{f(x), g(x)\}$ もまた連続関数であることを示せ．

【解】 $\max\{f(x), g(x)\} = \dfrac{1}{2}\{f(x) + g(x) + |f(x) - g(x)|\}$

$\min\{f(x), g(x)\} = \dfrac{1}{2}\{f(x) + g(x) - |f(x) - g(x)|\}$ であり，$f$, $g$ が連続ならば，$f(x) + g(x)$ および $|f(x) - g(x)|$ もそれぞれ連続であることから結論を得る．

(ex.5.2.4) 関数 $f: A \to \mathbf{R}$ が点 $a$ で連続であるとき，ある正数 $\delta$ が存在して，すべての $x \in (a - \delta, a + \delta) \cap A$ で，$f$ は有界であることを示せ．

【解】 $f: A \to \mathbf{R}$, $a \in A$ で $f$ は連続であるから，任意の正数 $\varepsilon > 0$ に対し，ある $\delta > 0$ があって $|x - a| < \delta$, $x \in A$ ならば $|f(x) - f(a)| < \varepsilon$ が成り立つ．ゆえに，$-\varepsilon < f(x) - f(a) < \varepsilon$. よって，$f(a) - \varepsilon < f(x) < f(a) + \varepsilon$.
ゆえに，$(a - \delta, a + \delta) \cap A$ で $f$ は有界である．

(ex.5.2.5) 次を示せ．
(i) 連続関数 $f: \mathbf{R} \to \mathbf{R}$ が，すべての実数 $x, y$ で $f(x + y) = f(x)f(y)$ であるとき，$f(x) = e^{cx}$, $c$ はある定数，であるか，すべての $x$ で $f(x) = 0$ であるかのどちらかである．
(ii) 連続関数 $f: (0, \infty) \to \mathbf{R}$ が，すべての正数 $x, y$ で $f(xy) = f(x) + f(y)$ であるとき，$f(x) = c \log x$, $c$ はある定数．
(iii) 連続関数 $f: (0, \infty) \to \mathbf{R}$ が，すべての正数 $x, y$ で $f(xy) = f(x)f(y)$ であるとき，$f(x) = x^c$, $c$ はある定数，であるか，すべての $x$ で $f(x) = 0$ であるかのどちらかである．

【解】(i) ある $a \in \mathbf{R}$ で，$f(a) \neq 0$ とする．$f(a) = f\left(\overbrace{\dfrac{a}{n} + \cdots + \dfrac{a}{n}}^{n}\right) = \left\{f\left(\dfrac{a}{n}\right)\right\}^n$.

とくに，$n = 2$ のときは $f(a) = \left\{f\left(\dfrac{a}{2}\right)\right\}^2 \geq 0$．

ゆえに, $\{f(a)\}^{1/n} = f\left(\dfrac{a}{n}\right)$, ここで, $f$ は連続であり, $n \to \infty$ のとき, $\dfrac{a}{n} \to 0$, $\{f(a)\}^{1/n} \to 1$であるから, $f(0) = 1$ を得る.

また, $f(1) = 0$ とすると, $f(1) = f\left(\overbrace{\dfrac{1}{n} + \cdots + \dfrac{1}{n}}^{n}\right) = f\left(\dfrac{1}{n}\right)^n$ より $f\left(\dfrac{1}{n}\right) = 0$, $\displaystyle\lim_{n\to\infty} f\left(\dfrac{1}{n}\right) = f(0) = 0$ となり, $f(0) = 1$ に矛盾.

さらに $f(1) = f\left(\dfrac{1}{2} + \dfrac{1}{2}\right) = \left\{f\left(\dfrac{1}{2}\right)\right\}^2 \geq 0$ であるから $f(1) = c_0 > 0$ とおく.

$$f(n) = f(\overbrace{1 + 1 + \cdots + 1}^{n}) = \{f(1)\}^n = c_0^n.$$

$$c_0^n = f(n) = f\left(\overbrace{\dfrac{n}{m} + \cdots + \dfrac{n}{m}}^{m}\right) = \left\{f\left(\dfrac{n}{m}\right)\right\}^m$$

ゆえに, $f\left(\dfrac{n}{m}\right) = c_0^{n/m}$. よって正の有理数 $r = \dfrac{n}{m}$ に対して, $f(r) = c_0^r$.

さらに $1 = f(0) = f(r + (-r)) = f(r)f(-r)$ であるから $f(-r) = \dfrac{1}{f(r)} = c_0^{-r}$.

ゆえに, すべての有理数 $r$ に対して, $f(r) = c_0^r$ が成り立つ.

次に, 無理数 $s$ に対して有理数列 $(r_n)$ を $r_n \to s$ とすれば, $f$ の連続性により $\displaystyle\lim_{n\to\infty} f(r_n) = f(s)$. また $\displaystyle\lim_{n\to\infty} c_0^{r_n} = c_0^s$ であるから $f(s) = c_0^s$. $c_0 = e^c$ とおくと, すべての実数 $x \in \mathbf{R}$ に対して $f(x) = e^{cx}$ となる.

(ii) $f(1) = f(1 \times 1) = 2f(1)$. ゆえに $f(1) = 0$.

(イ) ある $x_0, (x_0 \neq 1, x_0 > 0)$ で $f(x_0) \neq 0$ のとき

$f(x_0) = f\left(x_0^{m/m}\right) = mf\left(x_0^{1/m}\right)$. ゆえに $f\left(x_0^{1/m}\right) = \dfrac{1}{m} f(x_0)$.

よって, $f\left(x_0^{n/m}\right) = nf\left(x_0^{1/m}\right) = \dfrac{n}{m} f(x_0)$.

ゆえに, 正の有理数 $r = \dfrac{n}{m}$ に対して $f\left(x_0^r\right) = rf(x_0)$.

また $0 = f(1) = f\left(x_0^r \cdot x_0^{-r}\right) = f\left(x_0^r\right) + f\left(x_0^{-r}\right)$ より $f\left(x_0^{-r}\right) = -f\left(x_0^r\right) = -rf(x_0)$.

よって，すべての有理数 $r$ に対して $f(x_0^r) = rf(x_0)$ が成り立つ．

次に，任意の無理数 $s$ に対して，有理数列 $(r_n)$ を $r_n \to s$ とすれば，$x_0^{r_n} \to x_0^s$ であるから，$f$ の連続性によって $f(x_0^s) = \lim_{n \to \infty} f(x_0^{r_n}) = \lim_{n \to \infty} r_n f(x_0) = sf(x_0)$．

よって，すべての実数 $y \in \mathbf{R}$ に対して $f(x_0^y) = yf(x_0)$ が成り立つ．

ここで，$x_0^y = x$ とおくと $y = \log_{x_0} x$．

ゆえに，$f(x) = f(x_0) \log_{x_0} x = \left\{\dfrac{f(x_0)}{\log_e x_0}\right\} \log_e x$．

$\dfrac{f(x_0)}{\log_e x_0} = c$ とおくと $f(x) = c \log_e x$．　…（∗）

（ロ）すべての $x, (x \neq 1, \ x > 0)$ に対して $f(x) = 0$ のときは $c = 0$ とすると（∗）式で表される．

(iii) ある $x_0, (0 < x_0 < \infty)$ において，$f(x_0) \neq 0, f(x_0) \neq 1$ とする．
$f(x_0) = f(x_0 \times 1) = f(x_0) f(1)$．ゆえに $f(x_0)\{f(1) - 1\} = 0$．
よって $f(1) = 1$．

$f(x_0) = f(x_0^{m/m}) = \left\{f(x_0^{1/m})\right\}^m$．ゆえに，$\{f(x_0)\}^{1/m} = f(x_0^{1/m})$

よって，$f(x_0^{n/m}) = \left\{f(x_0^{1/m})\right\}^n = \{f(x_0)\}^{n/m}$

ゆえに，正の有理数 $r = \dfrac{n}{m}$ に対して $f(x_0^r) = \{f(x_0)\}^r$ が成り立つ．

また，$1 = f(1) = f(x_0^r \cdot x_0^{-r}) = f(x_0^r) \ f(x_0^{-r})$ より

$f(x_0^{-r}) = \{f(x_0^r)\}^{-1} = \{f(x_0)\}^{-r}$．

ゆえに，すべての有理数 $r$ に対して $f(x_0^r) = \{f(x_0)\}^r$ が成り立つ．

次に，任意の無理数 $s$ に対し，有理数列 $(r_n)$ を $r_n \to s$ とすると $x_0^{r_n} \to x_0^s$ であるから，$f$ の連続性から

$f(x_0^s) = \lim_{n \to \infty} f(x_0^{r_n}) = \lim_{n \to \infty} \{f(x_0)\}^{r_n} = \{f(x_0)\}^s$

よって，すべての実数 $y$ に対して $f(x_0^y) = \{f(x_0)\}^y$ が成り立つ．$x_0^y = x$ とおくと $y = \log_{x_0} x$．ゆえに，$f(x) = \{f(x_0)\}^{\log_{x_0} x}$．ここで $\log_{x_0} x = \dfrac{\log_{f(x_0)} x}{\log_{f(x_0)} x_0}$，

$f(x_0)^{\log_{f(x_0)} x} = x$ であるから $\dfrac{1}{\log_{f(x_0)} x_0} = c$ とおくと $f(x) = x^c$.

## 5.3 閉区間上の連続関数

(ex.5.3.1) 次の連続関数がそれぞれ与えられた区間で最大値または最小値が存在するかを調べ，存在するときはそれを求めよ．
(i) $f(x) = 1/(1+x^2)$, $[-1, 2]$, $(-1, 2)$
(ii) $g(x) = \dfrac{1}{1+|x|}$, $[0, 1]$, $(0, 1)$, $(-\infty, \infty)$

<ヒント> 関数 $f(x)$ が閉区間 $[a, b]$ 上で連続であれば，その区間 $[a, b]$ で最大値，最小値が存在する．

【解】(i) $[-1, 2]$ では，$x = 0$ で最大値 1，$x = 2$ で最小値 1/5.
$(-1, 2)$ では，$x = 0$ で最大値 1，最小値はない．
(ii) $[0, 1]$ では，$x = 0$ で最大値 1，$x = 1$ で最小値 1/2.
$(0, 1)$ では，最大値，最小値はない．
$(-\infty, \infty)$ では，$x = 0$ で最大値 1，最小値はない．

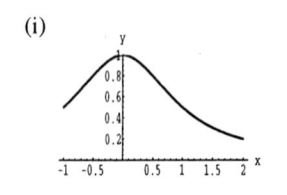

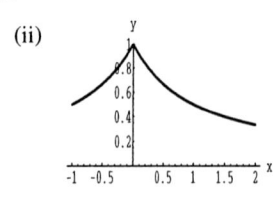

(i)
(ii)

(ex.5.3.2) 次の閉区間 $[a, b]$ に定義された連続関数について，与えられた $t$ は $f(a)$ と $f(b)$ の間であることを示し，$f(c) = t$ となる実数 $c$ を求めよ．
(i) $f(x) = x^2 - 3x + 1$, $x \in [-1, 3]$, $t = 0$
(ii) $f(x) = \sin x$, $x \in [-\pi/2, \pi/2]$, $t = 0$

<ヒント> 《中間値の定理》
(i) $I$ をある区間とし，$f: I \to \mathbf{R}$ が $I$ で連続であるとする．$t \in \mathbf{R}$, $a, b \in I$ が $a < b$ で $f(a) < t < f(b)$ （または，$f(a) > t > f(b)$）ならば，$f(c) = t$ となる点 $c$, $a < c < b$ が存在する．

(ii) 関数 $f(x)$ が閉区間 $[a,b]$ から $[a,b]$ への連続関数であるとき, $f(c) = c$ となる点 $c \in [a, b]$ が存在する.

【解】(i) $f(x) = \left(x - \dfrac{3}{2}\right)^2 - \dfrac{5}{4}$. ゆえに, $f(3/2) = -5/4 < 0 < f(3) = 1$. よって, $3/2 < c < 3$, $f(c) = 0$ となる $c$ がある. $c = \dfrac{3 + \sqrt{5}}{2}$

(ii) $f(-\pi/2) = -1$, $f(\pi/2) = 1$. ゆえに, $c = 0$ のとき $f(c) = 0$.

(ex.5.3.3) $x^3 - 4x^2 + x + 1 = 0$ は 3 つの実解をもつことを示せ.

【解】$f(x) = x^3 - 4x^2 + x + 1$ とおくと, $f(x)$ は連続関数. $f(-1) = -5$, $f(0) = 1$, $f(1) = -1$, $f(4) = 5$. よって, 中間値の定理によって $(-1, 0)$, $(0, 1)$, $(1, 4)$ の各区間に $f(x) = 0$ となる点がある. $f(x) = 0$ は 3 次方程式だから, 解は 3 個以下だから $f(x) = 0$ は 3 つの実解をもつ.

(ex.5.3.4) $\cos x = x$ を満たす実数が $0$ と $\pi/2$ の間に存在することを示せ.

【解】$f(x) = \cos x - x$ とおくと, $f(x)$ は連続関数である. $f(0) = 1$, $f\left(\dfrac{\pi}{2}\right) = -\dfrac{\pi}{2}$. よって中間値の定理によって, 区間 $\left(0, \dfrac{\pi}{2}\right)$ に $f(x) = 0$ となる点がある.

(ex.5.3.5) 関数 $f(x)$ が閉区間 $I = [a, b]$ 上で連続ならば, $f(x_0) = c$, $\min\{f(I)\} \leq c \leq \max\{f(I)\}$ となる点 $x_0$ が $[a, b]$ 上に存在することを示せ.

【解】$f$ は $I = [a, b]$ で連続だから, $\alpha, \beta \in [a, b]$ が存在して $\max\{f(I)\} = f(\alpha)$, $\min\{f(I)\} = f(\beta)$ で $f(\beta) \leq f(\alpha)$. $f(\beta) \leq c \leq f(\alpha)$ となる $c$ に対して, 中間値の定理から, $\beta$ と $\alpha$ との間に $x_0$ があって $f(x_0) = c$ となる.

(ex.5.3.6) 次がそれぞれの集合で一様連続であることを示せ.
(i) $f(x) = ax + b$, $a, b$ は定数 (**R**) (ii) $f(x) = \cos x$, (**R**) (iii) $f(x) = |x|$, (**R**)
(iv) $f(x) = x^4$, $x \in [0, 5]$ (v) $g(x) = x/(x+1)$, $0 \leq x \leq 1$ (vi) $g(x) = 1/(1 + x^2)$, (**R**)
(vii) $g(x) = e^{-|x|}$, (**R**)

<ヒント> (i) $A \subset \mathbf{R}$ を定義域とする関数 $f: A \to \mathbf{R}$ が $A$ で**一様連続**であるとは,任意の正数 $\varepsilon > 0$ に対して,ある正数 $\delta(\varepsilon)$ が存在して,$x, y \in A$ で $|x - y| < \delta(\varepsilon)$ ならば,$|f(x) - f(y)| < \varepsilon$ となるということである.

とくに,$I$ を閉区間とする.関数 $f: I \to \mathbf{R}$ が $I$ で連続であるならば,$f$ は $I$ で一様連続である.

(ii) ある正数 $\varepsilon_0 > 0$ に対して,$x_n, y_n \in A$, $|x_n - y_n| \to 0$, $|f(x_n) - f(y_n)| > \varepsilon_0$ となる数列 $(x_n), (y_n)$ が存在するならば $f$ は $A$ で一様連続ではない.

【解】(i) $x_1, x_2 \in \mathbf{R}$ に対し,$|f(x_1) - f(x_2)| = |a||x_1 - x_2|$.よって,一様連続.
(ii) $f(x) = \cos x$ は周期 $2\pi$ の連続周期関数であるから,一様連続である.
**NOTE:**「連続周期関数 $f$ は $\mathbf{R}$ で一様連続である.」

[証明] $f$ の周期を $l > 0$ とすると,閉区間 $[-l, 2l]$ で $f$ は一様連続であるから,任意の正数 $\varepsilon > 0$ に対しある正数 $\delta > 0$ ($l/2 > \delta$) があって,$x, x' \in [-l, 2l]$, $|x - x'| < \delta$ ならば $|f(x) - f(x')| < \varepsilon$ とできる.ここで,任意に $x, x' \in \mathbf{R}$, $|x - x'| < \delta$ とする.$x = nl + x_1$, $l \geq x_1 \geq 0$ となる整数 $n$ をとり,この $n$ を用いて,$x' = nl + x_1'$ とすると,$x - x' = x_1 - x_1'$.

$$x_1' = x_1 - (x - x') \leq x_1 + |x - x'| < \frac{3}{2}l, \quad x_1' = x_1 - (x - x') \geq x_1 - |x - x'| > -\frac{1}{2}l.$$

ゆえに,$-\frac{1}{2}l < x_1' < \frac{3}{2}l$.よって,$x_1, x_1' \in [-l, 2l]$, $|x_1 - x_1'| < \delta$ より,$|f(x_1) - f(x_1')| < \varepsilon$.周期性より,$f(x) = f(x_1), f(x') = f(x_1')$ であるから $|f(x) - f(x')| < \varepsilon$.ゆえに,$f$ は $\mathbf{R}$ で一様連続となる.

(iii) $x_1, x_2 \in \mathbf{R}$ に対し,$|f(x_1) - f(x_2)| = ||x_1| - |x_2|| \leq |x_1 - x_2|$.
ゆえに,一様連続.
(iv) $f(x) = x^4$ は閉区間 $[0, 5]$ で連続であるから,一様連続.
(v) $g(x) = \dfrac{x}{1 + x}$ は閉区間 $[0, 1]$ で連続だから,一様連続.
(vi) $|x_1| > 1$, $|x_2| > 1$, $(x_1, x_2 \in \mathbf{R})$ とすると

$$|g(x_1) - g(x_2)| = \left|\frac{1}{1 + x_1^2} - \frac{1}{1 + x_2^2}\right| = \frac{|x_2^2 - x_1^2|}{(1 + x_1^2)(1 + x_2^2)}$$

$$\leq \frac{|x_2 - x_1|(|x_1| + |x_2|)}{(1 + x_1^2)(1 + x_2^2)} \leq 2|x_1 - x_2|$$

よって $(-\infty, -1)$ および $(1, \infty)$ では,それぞれ一様連続.また,$g(x)$ は閉区間

$[-2, 2]$ で一様連続であるから，$R$ 全体で一様連続である．

(vii) 任意の正数 $\varepsilon > 0$ に対し，十分大なる $M > 1$ をとれば，$M < |x|$ に対して，$0 < g(x) = e^{-|x|} < \dfrac{\varepsilon}{2}$ とできる．よって，$(-\infty, -M), (M, \infty)$ の任意の点 $x$ で $0 < g(x) < \dfrac{\varepsilon}{2}$．

また $[-2M, 2M]$ では $g(x) = e^{-|x|}$ は連続関数であるから，一様連続．よってある $\delta > 0, (1 > \delta)$ があって $x_1, x_2 \in [-2M, 2M]$，$|x_1 - x_2| < \delta$ ならば $|g(x_1) - g(x_2)| < \varepsilon$ とできる．

$(-\infty, -2M), (2M, \infty)$ に属する $x_1, x_2$ で $|x_1 - x_2| < \delta$ のときも $|g(x_1) - g(x_2)| \leq |g(x_1)| + |g(x_2)| < \dfrac{\varepsilon}{2} + \dfrac{\varepsilon}{2} = \varepsilon$ となる．

よって $g(x)$ は $R$ 全体で一様連続である．

---

(ex.5.3.7) $f(x) = x^3$ が次のそれぞれの区間で一様連続であるかを調べよ．
(i) $[0,1]$  (ii) $[0, k]$, $k$ は正の定数  (iii) $[0, \infty)$

---

【解】(i) 一様連続  (ii) 一様連続

(iii) 一様連続でない．$x_n = n, y_n = n + \dfrac{1}{n}$ とすると，$y_n - x_n \to 0$ であるが，
$$f(y_n) - f(x_n) = \left(n + \dfrac{1}{n}\right)^3 - n^3 = 3n + \dfrac{3}{n} + \dfrac{1}{n^3} > 3n$$

---

(ex.5.3.8) $f(x) = \dfrac{1}{\sqrt{x}}$ が次のそれぞれの区間で一様連続であるかを調べよ．
(i) $[1, \infty)$  (ii) $[1, k]$, $k$ は正の定数  (iii) $(0, 1]$

---

【解】(i) 一様連続．$x_1, x_2 \in [1, \infty)$ のとき，$|f(x_1) - f(x_2)| = \left|\dfrac{1}{\sqrt{x_1}} - \dfrac{1}{\sqrt{x_2}}\right|$
$= \dfrac{1}{\sqrt{x_1 x_2}}|\sqrt{x_2} - \sqrt{x_1}| = \dfrac{|x_2 - x_1|}{(\sqrt{x_1 x_2})(\sqrt{x_1} + \sqrt{x_2})} \leq \dfrac{1}{2}|x_1 - x_2|$

(ii) 一様連続．  (iii) 一様連続でない．$x_n = \dfrac{1}{n^2}$ とおくと $x_n - x_{n+1} \to 0$ である

が，$|f(x_n) - f(x_{n+1})| \geq 1$.

(ex.5.3.9) $f$ が $\boldsymbol{R}$ で連続な関数で，$\displaystyle\lim_{x \to -\infty} f(x)$, $\displaystyle\lim_{x \to \infty} f(x)$ が共に存在すれば，$f$ は $\boldsymbol{R}$ で一様連続であることを示せ．

【解】 $\displaystyle\lim_{x \to -\infty} f(x) = A$, $\displaystyle\lim_{x \to \infty} f(x) = B$ とおく．

任意の $\varepsilon > 0$ に対し，$M > 0$ を十分大にすると，$(M > 1)$．
$M \leq x$ ならば $|f(x) - B| < \dfrac{\varepsilon}{2}$．$-M \geq x$ ならば $|f(x) - A| < \dfrac{\varepsilon}{2}$ とできる．
ゆえに，$M \leq x_1, x_2$, $-M \geq y_1, y_2$ について，
$|f(x_1) - f(x_2)| \leq |f(x_1) - B| + |f(x_2) - B| < \varepsilon$,
$|f(y_1) - f(y_2)| \leq |f(y_1) - A| + |f(y_2) - A| < \varepsilon$ が成り立つ．
さらに閉区間 $[-2M, 2M]$ では $f$ は一様連続であるから上の $\varepsilon > 0$ に対し，$\delta > 0, (1 > \delta)$ をとり $x, y \in [-2M, 2M]$, $|x - y| < \delta$ ならば $|f(x) - f(y)| < \varepsilon$ とできる．よって，$x, y \in \boldsymbol{R}$ で，$|x - y| < \delta$ ならば $|f(x) - f(y)| < \varepsilon$ となり，$f$ は $\boldsymbol{R}$ で一様連続である．

## 章末問題

(ex.5.A.1) 次の関数の連続性を調べよ．

(i) $f(x) = \displaystyle\lim_{n \to \infty} \dfrac{x^{n+1}}{1 + x^n}$ (ii) $f(x) = \displaystyle\lim_{n \to \infty} \dfrac{1}{x^n + x^{-n}}$

(ex.5.A.2) $2^x = 1/x$ を満たす実数 $x$ が $0$ と $1$ の間に存在することを示せ．

(ex.5.A.3) $a > 0$ のとき，方程式 $x - 2\sin x = a$ は少なくとも 1 つの正の実解を持つことを示せ．

(ex.5.A.4) $f : \boldsymbol{R} \to \boldsymbol{R}$ が連続で，$f(x+y) + f(x-y) = 2(f(x) + f(y))$ を満たすものは，$f(x) = cx^2$ の形であることを示せ．

(ex.5.A.5) 次の関数は一様連続であるかを調べよ．

(i) $f(x) = \dfrac{2x - 1}{x - 1}$, $x \in [2, \infty)$ (ii) $f(x) = \sin x^2$, $x \in [0, \infty)$

(iii) $g(x) = \begin{cases} x \sin\left(\dfrac{1}{x}\right) & x \in (-2, 0) \cup (0, 3) \\ 0 & x = 0 \end{cases}$

**(ex.5.B.1)** $a_1 < a_2 < \cdots < a_n$ なる定数について，次の方程式
$$\frac{1}{x - a_1} + \frac{1}{x - a_2} + \cdots + \frac{1}{x - a_n} = 1$$
は $n$ 個の実解をもつことを示せ．

**(ex.5.B.2)** $f(x) : [a, b] \to \mathbf{R}$ が $[a, b]$ で連続で，すべての $x, y \in [a, b]$ で，
$$f\left(\frac{x + y}{2}\right) = \frac{1}{2}\{f(x) + f(y)\}$$
が成り立つならば，$f(x) = Ax + B$, $A$, $B$ は定数であることを示せ．

**(ex.5.B.3)** $I$ をある区間とし，$f : I \to \mathbf{R}$ を $I$ で単調増加関数とする．$f$ の不連続点からなる集合は高々可算であることを示せ．


********** 章末問題解答 **********


**(ex.5.A.1)** (i) $x \neq -1$ で $\displaystyle\lim_{n \to \infty} \frac{x^{n+1}}{1 + x^n}$ は存在するから，$f(x)$ の定義域は $\mathbf{R} - \{-1\}$．$|x| < 1$ のとき $f(x) = \displaystyle\lim_{n \to \infty} \frac{x^{n+1}}{x^n + 1} = 0$．

$|x| > 1$ のとき $f(x) = \displaystyle\lim_{n \to \infty} \frac{x^{n+1}}{1 + x^n} = \lim_{n \to \infty} \frac{x}{(1/x^n) + 1} = x$．$f(1) = 1/2$ であるから，$x = 1$ で不連続．$x = 1$ 以外の定義域では連続．

(ii) $x \neq 0$ かつ $x \neq -1$ で $\displaystyle\lim_{n \to \infty} \frac{1}{x^n + x^{-n}}$ は存在するから，$f(x)$ の定義域は $\mathbf{R} - \{-1, 0\}$．$x = 1$ で不連続．$x = 1$ 以外の定義域では連続．

$0 < |x| < 1$ のとき $f(x) = \displaystyle\lim_{n \to \infty} \frac{x^n}{x^{2n} + 1} = 0$．

$|x| > 1$ のとき $f(x) = \displaystyle\lim_{n \to \infty} \frac{1}{x^n(1 + x^{-2n})} = 0$．

$x = 1$ のとき $f(x) = \dfrac{1}{2}$．

**(ex.5.A.2)** $f(x) = 2^x - \dfrac{1}{x}$ とおくと，$f(1) = 2 - 1 = 1 > 0$，
$f\left(\dfrac{1}{2}\right) = 2^{1/2} - 2 = \sqrt{2} - 2 < 0$．$f(x)$ は $\left[\dfrac{1}{2}, 1\right]$ で連続だから中間値の定理から $f(x) = 0$ をみたす $x$ が $\left[\dfrac{1}{2}, 1\right]$ にある．

**(ex.5.A.3)** $f(x) = x - 2\sin x - a$ とおくと，$f(0) = -a < 0$．
$x = 2 + a$ ならば $f(2+a) = 2 + a - 2\sin(2+a) - a = 2 - 2\sin(2+a) \geq 0$．よって，$[0, 2+a]$ に $f(x) = 0$ をみたす $x$ がある．

**(ex.5.A.4)** $f(x+y) + f(x-y) = 2\{f(x) + f(y)\}$ において，$x = y = 0$ のとき，$f(0) + f(0) = 4f(0)$．ゆえに，$f(0) = 0$．任意に $a \in \boldsymbol{R}$ をとる．$x = y = a$ とすると $f(2a) + f(0) = 2\{f(a) + f(a)\} = 4f(a)$．ゆえに，$f(2a) = 2^2 f(a)$．

帰納法の仮定として，$n$ まで，$f(na) = n^2 f(a)$ が成り立つとする．

$$f((n+1)a) + f((n-1)a) = 2\{f(na) + f(a)\}$$

ゆえに，$f((n+1)a) = 2n^2 f(a) + 2f(a) - (n-1)^2 f(a) = (n+1)^2 f(a)$．
よってすべての自然数 $n$ について $f(na) = n^2 f(a)$ が成り立つ．
次に，$f(a) = f\left(n \cdot \dfrac{a}{n}\right) = n^2 f\left(\dfrac{a}{n}\right)$．ゆえに $f\left(\dfrac{a}{n}\right) = \dfrac{1}{n^2} f(a)$．
よって，$f\left(\dfrac{m}{n} a\right) = m^2 f\left(\dfrac{a}{n}\right) = \dfrac{m^2}{n^2} f(a) = \left(\dfrac{m}{n}\right)^2 f(a)$．
ゆえに，任意の正の有理数 $r \in \boldsymbol{Q}$ に対して $f(ra) = r^2 f(a)$ が成り立つ．
また，与式において $x = 0$ とおくと $f(y) + f(-y) = 2f(0) + 2f(y)$ であるから，$f(-y) = f(y)$．よって，任意の有理数 $r$ について $f(ra) = r^2 f(a)$ が成り立つ．
次に，任意の実数 $s$ について，$s$ に収束する有理数列 $(r_n)$ をとると，$f$ の連続性によって，$f(sa) = \lim_{n \to \infty} f(r_n a) = \left(\lim_{n \to \infty} r_n^2\right) f(a) = s^2 f(a)$．
よって，$a = 1$ とし，$f(1) = c$ とおくとすべての実数 $x \in \boldsymbol{R}$ について，$f(x) = cx^2$ となる．

**(ex.5.A.5)** (i) $f(x) = \dfrac{2x-1}{x-1}$ は $[2, \infty)$ で連続で $\displaystyle\lim_{x \to \infty} \dfrac{2x-1}{x-1} = 2$ であるから $[2, \infty)$ で一様連続.

(ii) $f(x) = \sin x^2$, $x \in [0, \infty)$ は一様連続でない.
$a_n = \sqrt{n\pi} + \dfrac{1}{4}\sqrt{\dfrac{\pi}{n}}$, $b_n = \sqrt{n\pi} - \dfrac{1}{4}\sqrt{\dfrac{\pi}{n}}$, $(n = 1, 2, \cdots)$ とすると,
$|a_n - b_n| = \dfrac{1}{2}\sqrt{\dfrac{\pi}{n}} \to 0$, $(n \to \infty)$ であるが
$\left|\sin a_n^2 - \sin b_n^2\right| = 2\left|\cos\dfrac{a_n^2 + b_n^2}{2} \sin\dfrac{a_n^2 - b_n^2}{2}\right|$. ここで
$a_n^2 + b_n^2 = \left(\sqrt{n\pi} + \dfrac{1}{4}\sqrt{\dfrac{\pi}{n}}\right)^2 + \left(\sqrt{n\pi} - \dfrac{1}{4}\sqrt{\dfrac{\pi}{n}}\right)^2 = 2n\pi + \dfrac{1}{8}\dfrac{\pi}{n}$ より
$\left|\cos\dfrac{a_n^2 + b_n^2}{2}\right| = \left|\cos\left(n\pi + \dfrac{1}{16}\dfrac{\pi}{n}\right)\right| = \left|\cos\dfrac{\pi}{16n}\right| > \dfrac{1}{2}$.
また, $a_n^2 - b_n^2 = (a_n - b_n)(a_n + b_n) = \dfrac{1}{2}\sqrt{\dfrac{\pi}{n}} \cdot 2\sqrt{n\pi} = \pi$ より
$\sin\dfrac{a_n^2 - b_n^2}{2} = \sin\dfrac{\pi}{2} = 1$. よって, $\left|\sin a_n^2 - \sin b_n^2\right| > 1$.

(iii) 一様連続. $\displaystyle\lim_{x \to 0} x\sin\dfrac{1}{x} = 0$ であるから, 任意の正数 $\varepsilon > 0$ に対し, ある正数 $\delta > 0$ があって, $0 < |x| < \delta$ ならば $|g(x) - g(0)| < \dfrac{\varepsilon}{2}$ とできる. また, $\left[-2, -\dfrac{\delta}{2}\right]$, $\left[\dfrac{\delta}{2}, 3\right]$ のそれぞれで $x\sin\dfrac{1}{x}$ は一様連続であるので, ある $\delta_1 > 0$, $\left(\dfrac{\delta}{2} > \delta_1\right)$ があって $|x - x'| < \delta_1$. $x, x' \in [-2, -\delta] \cup [\delta, 3]$ ならば $|x\sin(1/x) - x'\sin(1/x')| < \varepsilon$ とできる.
ゆえに, $|x - x'| < \delta_1$, $x, x' \in (-2, 3)$ ならば $|g(x) - g(x')| < \varepsilon$ が成り立つ.

**(ex.5.B.1)** $f(x) = \dfrac{1}{x - a_1} + \cdots + \dfrac{1}{x - a_n} - 1$ とおくと $\displaystyle\lim_{x \to a_1 + 0} f(x) = +\infty$.
$\displaystyle\lim_{x \to a_2 - 0} f(x) = -\infty$ より中間値の定理によって区間 $(a_1, a_2)$ に1個の実解がある.

同様に，$(a_i, a_{i+1})$, $(i = 2, \cdots, n-1)$ のそれぞれに 1 個の実解があり，さらに $\lim_{x \to +\infty} f(x) = -1$, $\lim_{x \to a_n + 0} f(x) = +\infty$ より区間 $(a_n, +\infty)$ に 1 個の実解がある．その他には実解がないので，合計 $n$ 個の実解がある．

**(ex.5.B.2)** $g(t) = a + t(b-a)$, $0 \leq t \leq 1$ とし，$G(t) = f(g(t))$ とおくと，$G(t)$ は $[0, 1]$ で連続関数となる．$t_1, t_2$ $(0 \leq t_1, t_2 \leq 1)$ に対し，

$$G\left(\frac{t_1 + t_2}{2}\right) = f\left(g\left(\frac{t_1 + t_2}{2}\right)\right) = f\left(\frac{1}{2}[(a + t_1(b-a)) + (a + t_2(b-a))]\right)$$

$$= \frac{1}{2}[f(a + t_1(b-a)) + f(a + t_2(b-a))] = \frac{1}{2}G(t_1) + \frac{1}{2}G(t_2)$$

が成り立つ．このとき，任意の自然数 $n$ について，$t/2^n$, $(t = 1, 2, \ldots, 2^{n-1})$ に対して，$G\left(\dfrac{t}{2^n}\right) = G(0) + \dfrac{t}{2^n}(G(1) - G(0))$ が成り立つことを帰納法で示す．

$k = 1$ のときは $G\left(\dfrac{t}{2}\right) = G\left(\dfrac{t + 0}{2}\right) = \dfrac{1}{2}G(0) + \dfrac{1}{2}G(t) = G(0) + \dfrac{1}{2}[G(t) - G(0)]$ で成り立つ．

$k = n$ のとき成り立つとすれば，

$$G\left(\frac{t}{2^{n+1}}\right) = G\left(\frac{0 + t}{2^{n+1}}\right) = \frac{1}{2}G(0) + \frac{1}{2}G\left(\frac{t}{2^n}\right) = \frac{1}{2}G(0) + \frac{1}{2}\left[G(0) + \frac{t}{2^n}(G(1) - G(0))\right]$$

$$= G(0) + \frac{t}{2^{n+1}}(G(1) - G(0))$$

となり，すべての $n$ について成り立つ．

$0 < s < 1$ をみたす任意の $s$ に対して，$n$ を十分大きくとれば，$\dfrac{t_n}{2^n} \leq s < \dfrac{t_{n+1}}{2^n}$ となるように $t_n, t_{n+1} \in \{1, 2, \ldots, 2^{n-1}\}$ がとれる．このとき，$\lim_{n \to \infty} \dfrac{t_n}{2^n} = s$ であるから

$$G(s) = \lim_{n \to \infty} G\left(\frac{t_n}{2^n}\right) = \lim_{n \to \infty}\left[G(0) + \frac{t_n}{2^n}(G(1) - G(0))\right] = G(0) + s(G(1) - G(0)).$$

任意の $a < x < b$ に対して，$x = a + s(b-a)$ とおくと，$x = g(s)$, $s = \dfrac{x-a}{b-a}$

$$f(x) = f(a) + \frac{x-a}{b-a}(f(b) - f(a)) = \frac{f(b) - f(a)}{b-a}x + \frac{bf(a) - af(b)}{b-a}, \quad \frac{f(b) - f(a)}{b-a} = A,$$

$\dfrac{bf(a)-af(b)}{b-a}=B$ とおくと，$f(x)=Ax+B$ を得る．$x=a,b$ のときも成り立つ．

**(ex.5.B.3)** 区間 $I$ が半開区間，開区間のときは閉区間の列 $I_n$ で，$I=I_1\cup I_2\cup\cdots$ と表すことができる．各閉区間で不連続点の集合が高々可算集合ならば，全体として高々可算集合となる．よって，$I$ が閉区間として証明する．$I=[a,b]$ で定義された単調増加関数 $f$ について，$f(b)-f(a)=M>0$（一定）とおく．$x\in I$ が不連続点である必要十分条件は $x$ でジャンプがあることである．$x$ のジャンプを簡単に $J(x)$ で表し，$A_n=\left\{x\in I:J(x)\geq\dfrac{M}{n}\right\}$ とおく．$J(x)=\lim\limits_{t\to x+0}f(t)-\lim\limits_{t\to x-0}f(t)\leq M$ であるから，$A_1$ の要素は高々 $1$ 個，$A_2$ の要素は高々 $2$ 個，以下同様に $A_n$ の要素の個数は有限個．従って不連続点の集合 $\bigcup\limits_{n=1}^{\infty}A_n$ は高々可算集合である．

# 6 微分

## 6.1 導関数

(ex.6.1.1) 次の関数がそれぞれの点で微分可能であれば，その微分係数を求めよ．
(i) $f(x) = \begin{cases} x & x \text{ 有理数} \\ 0 & x \text{ 無理数} \end{cases}$ $(x = 0)$ (ii) $f(x) = \begin{cases} x^2 & x \text{ 有理数} \\ 0 & x \text{ 無理数} \end{cases}$ $(x = 0)$

＜ヒント＞ 点 $c$ を含む開区間 $I$ で定義された関数 $f: I \to \mathbf{R}$ について，
$$\lim_{h \to 0} \frac{f(c+h) - f(c)}{h} = \lim_{x \to c} \frac{f(x) - f(c)}{x - c}, \quad c + h, x \in I$$
が存在するとき，関数 $f$ は $c$ で**微分可能**であるといい，その極限値を $f$ の $c$ における**微分係数**，または**微係数**という．

【解】(i) $x\ (x \neq 0)$ が有理数のとき，$\dfrac{f(x) - f(0)}{x} = 1$．$x\ (x \neq 0)$ が無理数のとき，$\dfrac{f(x) - f(0)}{x} = 0$ であるから $\displaystyle\lim_{x \to 0} \dfrac{f(x) - f(0)}{x}$ は存在しない．

(ii) $x\ (x \neq 0)$ が有理数のとき，$\dfrac{f(x) - f(0)}{x} = x \to 0\ (x \to 0)$．
$x\ (x \neq 0)$ が無理数のとき，$\dfrac{f(x) - f(0)}{x} = 0$．ゆえに，$f'(0) = 0$．

(ex.6.1.2) 次の関数がそれぞれの点での右微分係数，左微分係数が存在するとき，それらを求めよ．
(i) $f(x) = \begin{cases} x - 1 & x \leq 0 \\ 2x + 1 & x > 0 \end{cases}$ $(x = 0)$ (ii) $f(x) = (1 + x)|x|$ $(x = 0)$

(iii) $f(x) = \dfrac{|x|}{x^2+1}$  $(x=0)$  (iv) $f(x) = \begin{cases} \dfrac{x}{1+e^{1/x}} & x \neq 0 \\ 0 & x=0 \end{cases}$ $(x=0)$

<ヒント> 点 $c$ を含む区間 $I$ で定義された関数 $f: I \to \mathbf{R}$ について,
$$\lim_{h \to +0} \frac{f(c+h)-f(c)}{h} = \lim_{x \to c+0} \frac{f(x)-f(c)}{x-c}, \quad c+h, x \in I$$
が存在するとき, 関数 $f$ は $c$ で**右微分可能**であるといい, この右極限値を $f$ の $c$ における**右微分係数**,
$$\lim_{h \to -0} \frac{f(c+h)-f(c)}{h} = \lim_{x \to c-0} \frac{f(x)-f(c)}{x-c}, \quad c+h, x \in I$$
が存在するとき, 関数 $f$ は $c$ で**左微分可能**であるといい, この左極限値を $f$ の $c$ における**左微分係数**という. 右微分係数, 左微分係数をそれぞれ $f'_+, f'_-$ と書く.

【解】(i) $f'_-(0)=1$, $f'_+(0)$ は存在しない. (ii) $f'_-(0)=-1$, $f'_+(0)=1$
(iii) $f'_-(0)=-1$, $f'_+(0)=1$ (iv) $f'_-(0)=1$, $f'_+(0)=0$

(ex.6.1.3) 次の関数の連続性と微分可能性を調べよ.
(i) $f(x)=|x-1|$, $x \in \mathbf{R}$ (ii) $f(x)=\sqrt{1-x^2}$, $-1 \leq x \leq 1$
(iii) $f(x)=|x(1-x)|$, $x \in \mathbf{R}$ (iv) $f(x)=x-[x]$, $x \in \mathbf{R}$ ($[x]$ はガウス記号)

<ヒント> 区間 $I$ で定義された関数 $f: I \to \mathbf{R}$ が $c$ で微分可能ならば, $f$ は $c$ で連続である.
【解】(i) $|f(x)-f(y)| = ||x-1|-|y-1|| \leq |x-y|$. これより, $f(x)$ は連続であることがわかる. $x=1$ で, $h>0$, $\dfrac{f(1+h)-f(1)}{h} = \dfrac{|h|}{h} = 1$ より $f'_+(1)=1$.
$h<0$, $\dfrac{f(1+h)-f(1)}{h} = \dfrac{|h|}{h} = \dfrac{-h}{h} = -1$ より $f'_-(1)=-1$. よって $x=1$ では微分可能でない. $x>1$ で, 絶対値が十分小なる $h$ に対して
$$\frac{f(x+h)-f(x)}{h} = \frac{1}{h}\{|x+h-1|-|x-1|\} = \frac{1}{h}\{(x+h-1)-(x-1)\} = 1$$
より $f'(x)=1$. $x<1$ で, 絶対値が十分小なる $h$ に対して
$$\frac{f(x+h)-f(x)}{h} = \frac{1}{h}\{|x+h-1|-|x-1|\} = \frac{1}{h}\{(1-x-h)-(1-x)\} = -1$$
より $f'(x)=-1$.

(ii) $h(y) = \sqrt{y}$ $(y \geq 0)$ は $y$ について連続．$g(x) = 1 - x^2$ $(-1 \leq x \leq 1)$ は $x$ についての非負連続関数．よって合成関数 $f(x) = (h \circ g)(x) = \sqrt{1 - x^2}$ $(-1 \leq x \leq 1)$ は $x$ について連続．
$-1 < x < 1$ のとき，$(x+h)^2 < 1$ をみたす $h \neq 0$ について，

$$\frac{f(x+h) - f(x)}{h} = \frac{1}{h}\left(\sqrt{1-(x+h)^2} - \sqrt{1-x^2}\right) = \frac{1}{h}\cdot\frac{\{1-(x+h)^2\} - (1-x^2)}{\sqrt{1-(x+h)^2} + \sqrt{1-x^2}}$$

$$= \frac{-(2x+h)}{\sqrt{1-(x+h)^2} + \sqrt{1-x^2}} \to \frac{-x}{\sqrt{1-x^2}} \quad (h \to 0)$$

ゆえに，$-1 < x < 1$ では微分可能．
$x = 1$ のとき，十分小なる $h < 0$ について

$$\frac{f(1+h) - f(1)}{h} = \frac{1}{h}\left(\sqrt{1-(1+h)^2}\right) = \frac{|h|^{1/2}}{h}\sqrt{2+h} = \frac{-\sqrt{2+h}}{|h|^{1/2}} \to -\infty \quad (h \to -0)$$

ゆえに，左側微分可能でない．
　同様に $x = -1$ のとき右側微分可能でない．

(iii) $h(y) = |y|$ は $y$ について連続．$g(x) = x(1-x)$ は $x$ について連続．よって，合成関数 $f(x) = (h \circ g)(x) = |x(1-x)|$ は $x$ について連続．
$x = 0$ で，十分小なる $h > 0$ について，

$$\frac{f(h) - f(0)}{h} = \frac{|h(1-h)|}{h} = (1-h) \to 1 \quad (h \to 0)$$

$h < 0$ について，$\dfrac{f(h) - f(0)}{h} = \dfrac{|h(1-h)|}{h} = -(1-h) \to (-1) \quad (h \to 0)$．

ゆえに，$f_+'(0) = 1$，$f_-'(0) = -1$．よって，$x = 0$ で微分可能でない．

$x = 1$ で，$h > 0$ について，$\dfrac{f(1+h) - f(1)}{h} = \dfrac{|(1+h)h|}{h} = 1 + h \to 1 \quad (h \to 0)$．

十分小なる $h < 0$ について，

$$\frac{f(1+h) - f(1)}{h} = \frac{|(1+h)h|}{h} = -(1+h) \to -1 \quad (h \to 0)$$

ゆえに，$f_+'(1) = 1$，$f_-'(1) = -1$．よって，$x = 1$ で微分可能でない．
$x = 0, 1$ 以外の点では，$f$ は微分可能である．

(iv) $x \in \mathbf{R}$ に対し，整数 $n$ について $n \leq x < n+1$ となるとき $[x] = n$．
よって，このとき $f(x) = x - [x] = x - n$．
ゆえに，$\displaystyle\lim_{x \to n+0} f(x) = 0$，$\displaystyle\lim_{x \to (n+1)-0} f(x) = 1$，$f(n) = 0$．

よって，$x = n\ (n = 0, \pm 1, \pm 2, \cdots)$ で不連続，その他の $x \in \mathbf{R}$ では連続．
$x = n$ で，$1 > h > 0$ について $\dfrac{f(n+h) - f(n)}{h} = \dfrac{1}{h}(n + h - [n+h]) = \dfrac{h}{h} = 1$.
ゆえに，$f_+'(n) = 1$.
$-1 < h < 0$ について
$$\dfrac{f(n+h) - f(n)}{h} = \dfrac{1}{h}(n + h - [n+h]) = \dfrac{1}{h}(n + h - (n-1)) = \dfrac{h+1}{h}$$
よって $h \to 0$ のとき極限値はない．ゆえに，$x = n\ (n = 0, \pm 1, \pm 2, ...)$ で微分可能でない．その他の $x \in \mathbf{R}$ では $f'(x) = 1$.

---

(ex.6.1.4) $I$ を開区間とし，$c \in I$ とする．$f : I \to \mathbf{R}$ について，次は同値であることを示せ．
(i) $f$ は $c$ で微分可能である．
(ii) 次のような $c$ で連続な関数 $L : I \to \mathbf{R}$ が存在する．
 すべての $x \in I$ で，$f(x) - f(c) = L(x)(x - c)$
さらに，$L$ は一意に決まり，$f'(c) = L(c)$.

---

【解】(i) $\Rightarrow$ (ii) $L(x) = \begin{cases} \dfrac{f(x) - f(c)}{x - c}, & x \neq c,\ x \in I \\ f'(c), & x = c \end{cases}$

とおくと，$L : I \to \mathbf{R}$ で，$x = c$ で $\lim\limits_{\substack{x \to c \\ x \in I}} L(x) = L(c)$ が成り立つので，$L$ は $x = c$ で連続である．ゆえに，$L$ はすべての $x \in I$ で，$f(x) - f(c) = L(x)(x - c)$ が成り立つ．さらに，$L(c) = \lim\limits_{x \to c} L(x) = \lim\limits_{x \to c} \dfrac{f(x) - f(c)}{x - c} = f'(c)$.

(ii) $\Rightarrow$ (i) $L$ は $x = c$ で連続であるから $\lim\limits_{\substack{x \to c \\ x \in I}} L(x) = L(c)$.

よって，$\lim\limits_{x \to c} \dfrac{f(x) - f(c)}{x - c} = \lim\limits_{x \to c} L(x) = f'(c)$.
ゆえに，$f$ は $x = c$ で微分可能．

## 6.2 微分法の公式

(ex.6.2.1) 次の導関数を求めよ．
(i) $f(x) = x \sin x$ (ii) $f(x) = \dfrac{x}{2x^2 + 1}$ (iii) $f(x) = \tan(3x+1)$ (iv) $g(x) = x \log x$
(v) $f(x) = \exp(2x^2 + x - 2)$ (vi) $g(x) = \log(x + \sqrt{x^2 + a})$ ($a$ は定数)
(vii) $f(x) = \dfrac{ax + b}{cx + d}$ ($a, b, c, d$ 定数) (viii) $g(x) = a^x + b^x$ ($a > 0, b > 0$)
(ix) $f(x) = \dfrac{x}{x - \sqrt{x^2 + a^2}}$ ($a \neq 0$ は定数)

【解】(i) $f'(x) = \sin x + x \cos x$ (ii) $f'(x) = \dfrac{1 - 2x^2}{(2x^2 + 1)^2}$
(iii) $f'(x) = 3 \sec^2(3x + 1)$ (iv) $g'(x) = \log x + 1$
(v) $f'(x) = (4x + 1) \exp(2x^2 + x - 2)$ (vi) $g'(x) = \dfrac{1}{\sqrt{x^2 + a}}$
(vii) $f'(x) = \dfrac{ad - bc}{(cx + d)^2}$ (viii) $g'(x) = a^x \log x + b^x \log b$
(ix) $f'(x) = \dfrac{x + \sqrt{x^2 + a^2}}{\sqrt{x^2 + a^2}(x - \sqrt{x^2 + a^2})}$

(ex.6.2.2) 次の導関数を求めよ．
(i) $f(x) = x^{\log x}$, $x > 0$ (ii) $g(x) = x^{\sin x}$ (iii) $g(x) = x^{x^x}$ (iv) $f(x) = x^{1/x}$
(v) $f(x) = \operatorname{Sin}^{-1}(\cos x)$ (vi) $f(x) = \log \sqrt{\dfrac{1 + \cos x}{1 - \cos x}}$ (vii) $f(x) = e^{\cos x} \sin x$
(viii) $f(x) = (\tan x)^{\sin x}$ (ix) $f(x) = (1 + e^x)^{\log x}$

【解】(i) $y = x^{\log x}$, $\log y = (\log x)^2$. 両辺を $x$ で微分すると $\dfrac{y'}{y} = 2(\log x) \dfrac{1}{x}$.
ゆえに, $y' = 2y(\log x) \dfrac{1}{x} = 2(\log x) x^{(\log x) - 1}$.

(ii) $y = x^{\sin x}$, $\log y = (\sin x) \log x$. ゆえに, $\dfrac{y'}{y} = (\cos x) \log x + \dfrac{1}{x} \sin x$.

よって，$y' = \left\{(\cos x)\log x + \dfrac{\sin x}{x}\right\} x^{\sin x}$．

(iii) $y = x^{x^x}$，$\log y = x^x \log x$．ゆえに，$\dfrac{y'}{y} = (x^x)' \log x + x^{x-1}$．よって，

$y' = \left\{(x^x)' \log x + x^{x-1}\right\} x^{x^x}$ … (∗)

$z = x^x$ とおくと $\log z = x \log x$．ゆえに，$\dfrac{z'}{z} = \log x + 1$．

よって，$z' = (x^x)' = x^x(\log x + 1)$．これを (∗) に代入すれば

$y' = \left\{x^x(\log x + 1)\log x + x^{x-1}\right\} x^{x^x} = x^{(x^x+x)}\left\{(\log x)^2 + \log x + \dfrac{1}{x}\right\}$

(iv) $y = x^{1/x}$，$\log y = \dfrac{1}{x}\log x$．ゆえに，$\dfrac{y'}{y} = \dfrac{-1}{x^2}\log x + \dfrac{1}{x^2}$．

よって，$y' = x^{(1/x)-2}(1 - \log x)$．

(v) $y = \mathrm{Sin}^{-1}(\cos x)$，$0 < x < \pi$ とおくと，$\dfrac{dy}{dx} = \dfrac{-\sin x}{\sqrt{1 - \cos^2 x}} = \dfrac{-\sin x}{\sin x} = -1$．

また，$-\pi < x < 0$ のときは $\dfrac{dy}{dx} = 1$．

(vi) $y = \log\sqrt{\dfrac{1 + \cos x}{1 - \cos x}} = \dfrac{1}{2}\{\log(1 + \cos x) - \log(1 - \cos x)\}$

$y' = \dfrac{1}{2}\left(\dfrac{-\sin x}{1 + \cos x} - \dfrac{\sin x}{1 - \cos x}\right) = \dfrac{-\sin x}{1 - \cos^2 x} = \dfrac{-1}{\sin x}$　（ただし，$\sin x \neq 0$）

(vii) $y = e^{\cos x}\sin x$，$y' = e^{\cos x}(-\sin^2 x) + e^{\cos x}\cos x = e^{\cos x}(\cos x - \sin^2 x)$

(viii) $y = (\tan x)^{\sin x}$ とすると，$\log y = \sin x \log \tan x$．

ゆえに，$\dfrac{y'}{y} = \cos x \log \tan x + \sin x \cdot \dfrac{1}{\tan x} \cdot \sec^2 x = \cos x \log \tan x + \dfrac{1}{\cos x}$．

$y' = \left(\cos x \log \tan x + \dfrac{1}{\cos x}\right)(\tan x)^{\sin x}$

(ix) $y = (1 + e^x)^{\log x}$，$\log y = (\log x)\{\log(1 + e^x)\}$

ゆえに，$\dfrac{y'}{y} = \dfrac{1}{x}\{\log(1 + e^x)\} + (\log x)\dfrac{e^x}{1 + e^x}$．

よって，$y' = \left\{\dfrac{1}{x}\log(1 + e^x) + \dfrac{e^x}{1 + e^x}\log x\right\}(1 + e^x)^{\log x}$

(ex.6.2.3) ある区間 $I$ で定義された関数 $f, g$ が 2 回微分可能であるとき次を示せ．
(i) $(fg)''(x) = f''(x)g(x) + 2f'(x)g'(x) + f(x)g''(x)$
(ii) $\left(\dfrac{1}{f}\right)''(x) = -\dfrac{f''(x)f(x) - 2(f'(x))^2}{(f(x))^3}$ （ただし，$f(x) \neq 0$）

【解】(i) $(fg)'(x) = f'(x)g(x) + f(x)g'(x)$
$(fg)''(x) = [f'(x)g(x) + f(x)g'(x)]' = f''(x)g(x) + 2f'(x)g'(x) + f(x)g''(x)$
(ii) $\left(\dfrac{1}{f}\right)'(x) = \dfrac{-f'(x)}{[f(x)]^2} \cdot \left(\dfrac{1}{f}\right)''(x) = \left[\dfrac{-f'(x)}{[f(x)]^2}\right]'$
$= \dfrac{-f''(x)[f(x)]^2 + f'(x)[2f(x)f'(x)]}{[f(x)]^4} = -\dfrac{f''(x)f(x) - 2(f'(x))^2}{(f(x))^3}$

(ex.6.2.4) 次の関数の第 $n$ 次導関数を求めよ．
(i) $f(x) = a^x$ $(a > 0, a \neq 1)$  (ii) $f(x) = e^{kx}$ （$k$ は定数）
(iii) $g(x) = (ax + b)^r$ （$a, b$ は定数，$r \in \mathbf{Q}$）  (iv) $f(x) = x^3 e^x$
(v) $g(x) = x \log x$  (vi) $g(x) = \dfrac{1-x}{1+x}$  (vii) $f(x) = \dfrac{x}{(1-x)^2}$

【解】(i) $y = a^x$, $y' = a^x \log a$, $y'' = a^x (\log a)^2$, $\cdots$, $y^{(n)} = a^x (\log a)^n$
(ii) $y = e^{kx}$, $y' = ke^{kx}$, $y'' = k^2 e^{kx}$, $\cdots$, $y^{(n)} = k^n e^{kx}$
(iii) $y = (ax+b)^r$, $y' = ra(ax+b)^{r-1}$, $y'' = r(r-1)a^2(ax+b)^{r-2}$, $\cdots$
帰納的に，$y^{(n)} = r(r-1)\cdots(r-n+1)a^n(ax+b)^{r-n}$
(iv) $y = x^3 e^x$．ライプニッツの定理より
$$y^{(n)} = (e^x)^{(n)} x^3 + n(e^x)^{(n-1)}(x^3)' + \dfrac{n(n-1)}{2!}(e^x)^{(n-2)}(x^3)''$$
$$+ \dfrac{n(n-1)(n-2)}{3!}(e^x)^{(n-3)}(x^3)'''$$
$$= e^x \{x^3 + 3nx^2 + 3n(n-1)x + n(n-1)(n-2)\}$$
(v) $y = x \log x$, $y^{(n)} = \displaystyle\sum_{r=0}^{n} {}_nC_r (\log x)^{(n-r)} x^{(r)} = x(\log x)^{(n)} + n(\log x)^{(n-1)}$

ここで $(\log x)^{(n)} = \left(x^{-1}\right)^{(n-1)} = (-1)^{n-1}(n-1)!x^{-n}$ であるから

$$y^{(n)} = (-1)^{n-1}\{(n-1)!\}x^{-(n-1)} + (-1)^{n-2}n\{(n-2)!\}x^{-(n-1)}$$
$$= (-1)^{n-2}\{(n-2)!\}x^{-(n-1)}$$

(vi) $y = \dfrac{1-x}{1+x} = \dfrac{2}{1+x} - 1$

$n \geq 1$ のとき $y^{(n)} = 2\left\{(1+x)^{-1}\right\}^{(n)} = (-1)^n 2(n!)(1+x)^{-(n+1)}$.

(vii) $y = \dfrac{x}{(1-x)^2} = x(1-x)^{-2}$

$$y^{(n)} = \sum_{r=0}^{n} {}_nC_r \left\{(1-x)^{-2}\right\}^{(n-r)} x^{(r)} = \left\{(1-x)^{-2}\right\}^{(n)} x + n\left\{(1-x)^{-2}\right\}^{(n-1)}$$
$$= (-2)(-3)\cdots(-2-n+1)(-1)^n(1-x)^{-2-n}x + n(-2)(-3)$$
$$\cdots\{-2-(n-1)+1\}(-1)^{n-1}(1-x)^{-2-(n-1)}$$
$$= \dfrac{(n+1)!\,x}{(1-x)^{n+2}} + \dfrac{n(n!)}{(1-x)^{n+1}} = \dfrac{n!(x+n)}{(1-x)^{n+2}}$$

**NOTE:** 《ライプニッツの定理》

$f, g$ が区間 $I$ で $n$ 回微分可能であるとすると，$(fg)$ もまた $n$ 回微分可能で，

$$[f(x)g(x)]^{(n)} = \sum_{k=0}^{n} \binom{n}{k} f^{(k)}(x) g^{(n-k)}(x)$$

ここで，$\binom{n}{k} = \dfrac{n!}{k!(n-k)!}$ は 2 項係数．$f^{(0)}(x) = f(x)$.

---

(ex.6.2.5) 次の関係があるとき，$\dfrac{dy}{dx}, \dfrac{d^2y}{dx^2}$ を求めよ．

(i) $\begin{cases} x = a\cos t \\ y = b\sin t \end{cases}$ $(0 < t < \pi/2,\ a \neq 0,\ b \neq 0)$ (ii) $\begin{cases} x = \sin t \\ y = \cos 2t \end{cases}$

(iii) $\begin{cases} x = t \\ y = t^4 \end{cases}$ (iv) $\begin{cases} x = \dfrac{1-t^2}{1+t^2},\ y = \dfrac{2t}{1+t^2} \end{cases}$

---

【解】(i) $\dfrac{dy}{dt} = b\cos t,\ \dfrac{dx}{dt} = -a\sin t$ より $\dfrac{dy}{dx} = \dfrac{(dy/dt)}{(dx/dt)} = \dfrac{b\cos t}{-a\sin t} = \dfrac{-b}{a}\cot t$.

$$\frac{d^2y}{dx^2} = \frac{d}{dx}\left(\frac{dy}{dx}\right) = \frac{d}{dt}\left(\frac{b\cos t}{-a\sin t}\right) \cdot \frac{dt}{dx} = \left(-\frac{b}{a}\right)\frac{-\sin^2 t - \cos^2 t}{\sin^2 t} \cdot \frac{1}{-a\sin t} = \frac{-b}{a^2 \sin^3 t}$$

(ii) $\dfrac{dy}{dt} = -2\sin 2t,\ \dfrac{dx}{dt} = \cos t$ より $\dfrac{dy}{dx} = -4\sin t$.

$$\frac{d^2y}{dx^2} = \frac{d}{dx}\left(\frac{dy}{dx}\right) = \frac{d}{dt}(-4\sin t) \cdot \frac{dt}{dx} = \frac{(-4\cos t)}{\cos t} = -4$$

(iii) $\dfrac{dy}{dt} = 4t^3,\ \dfrac{dx}{dt} = 1$ より $\dfrac{dy}{dx} = 4t^3$. $\dfrac{d^2y}{dx^2} = \dfrac{d}{dx}\left(\dfrac{dy}{dx}\right) = \dfrac{d}{dt}(4t^3) \cdot \dfrac{dt}{dx} = 12t^2$

(iv) $\dfrac{dy}{dt} = \dfrac{2}{1+t^2} + \dfrac{-4t^2}{(1+t^2)^2} = \dfrac{2-2t^2}{(1+t^2)^2}$,

$\dfrac{dx}{dt} = \dfrac{-2t}{1+t^2} + \dfrac{(1-t^2)(-2t)}{(1+t^2)^2} = \dfrac{-4t}{(1+t^2)^2}$. ゆえに, $\dfrac{dy}{dx} = \dfrac{t^2-1}{2t}$.

$$\frac{d^2y}{dx^2} = \frac{d}{dt}\left(\frac{t^2-1}{2t}\right)\frac{dt}{dx} = \left\{\frac{2t}{2t} + \frac{(t^2-1)(-1)}{2t^2}\right\}\frac{(1+t^2)^2}{-4t} = \frac{-(1+t^2)^3}{8t^3}$$

---

(ex.6.2.6) 関数 $y = f(x)$ が次の関係を満たすとき, $dy/dx$ を求めよ.
(i) $x^3 + y^3 = 3xy$ (ii) $x^2 + y^2 = a$ ($a > 0$ 定数) (iii) $y = e^{xy}$ (iv) $y^2 = 4px$ ($p$ は定数)
(v) $x^y = y^x$ (vi) $ax^2 + 2bxy + cy^2 = 1$ ($a, b, c$ は定数)

---

【解】(i) $x^3 + y^3 = 3xy$ の両辺を $x$ で微分すれば

$3x^2 + 3y^2 \dfrac{dy}{dx} = 3y + 3x\dfrac{dy}{dx}$, $(y^2 - x)\dfrac{dy}{dx} = y - x^2$.

ゆえに, $y^2 \neq x$ のとき $\dfrac{dy}{dx} = \dfrac{y - x^2}{y^2 - x}$.

(ii) $x^2 + y^2 = a$ より $2x + 2y\dfrac{dy}{dx} = 0$. ゆえに, $y \neq 0$ のとき $\dfrac{dy}{dx} = \dfrac{-x}{y}$.

(iii) $y = e^{xy}$ より $\dfrac{dy}{dx} = e^{xy}\left(y + x\dfrac{dy}{dx}\right)$, $\dfrac{dy}{dx}(1 - xe^{xy}) = ye^{xy}$.

ゆえに, $1 - xe^{xy} \neq 0$ のとき $\dfrac{dy}{dx} = \dfrac{e^{2xy}}{1 - xe^{xy}}$.

(iv) $y^2 = 4px$ より $2y\dfrac{dy}{dx} = 4p$. ゆえに $y \neq 0$ のとき $\dfrac{dy}{dx} = \dfrac{2p}{y}$.

(v) $x^y = y^x$ より $y \log x = x \log y$. 両辺を $x$ で微分すると

$$\dfrac{dy}{dx}\log x + \dfrac{y}{x} = \log y + x \cdot \dfrac{1}{y}\dfrac{dy}{dx}, \quad \dfrac{dy}{dx}\left(\log x - \dfrac{x}{y}\right) = \log y - \dfrac{y}{x}$$

ゆえに, $\log x - \dfrac{x}{y} \neq 0$ のとき, $\dfrac{dy}{dx} = \dfrac{\log y - (y/x)}{\log x - (x/y)}$.

(vi) $ax^2 + 2bxy + cy^2 = 1$ より $2ax + 2by + 2bx\dfrac{dy}{dx} + 2cy\dfrac{dy}{dx} = 0$.

$\dfrac{dy}{dx}(bx + cy) = -(ax + by)$. ゆえに, $bx + cy \neq 0$ のとき $\dfrac{dy}{dx} = \dfrac{-(ax + by)}{bx + cy}$.

**NOTE:** $f(x, y) = 0$ から $\dfrac{dy}{dx}$ を求めるには, 陰関数 $y = g(x)$ が存在して, それが $x$ について微分可能でなければならない. 例えば (i) のときは, $y^2 \neq x$ が陰関数の存在を保証する.

## 6.3 平均値の定理

(ex.6.3.1) それぞれ与えられた閉区間 $[a, b]$ に定義された次の関数が平均値の定理の条件をみたすことを示し, 定理の $f(b) - f(a) = f'(c)(b - a)$ となる点 $c \in (a, b)$ の値を求めよ.
(i) $f(x) = x^2 + 3x$ $[0, 4]$ (ii) $f(x) = x - x^3$ $[0, 1]$

&lt;ヒント&gt; 《平均値の定理》
関数 $f$ は閉区間 $[a, b]$ で連続であり, 開区間 $(a, b)$ で微分可能であるとする.
$f(b) - f(a) = f'(c)(b - a)$ となる点 $c \in (a, b)$ が存在する.
【解】(i) $f(4) - f(0) = f'(c) \cdot 4$. $f'(x) = 2x + 3$. $f(4) = 28, f(0) = 0$.
ゆえに, $2c + 3 = 7$. $c = 2$
(ii) $f(1) - f(0) = f'(c)$. $f'(x) = 1 - 3x^2$, $f(1) = 0, f(0) = 0$.
ゆえに, $3c^2 - 1 = 0$. $c = \dfrac{1}{\sqrt{3}}$

(ex.6.3.2) 次の関数の極値と増加している区間，減少している区間を求めよ．
(i) $f(x) = x^3 - 3x + 2$, $x \in \mathbf{R}$   (ii) $f(x) = x + 1/x$, $x \neq 0$
(iii) $f(x) = x/(x^2+1)$, $x \in \mathbf{R}$   (iv) $f(x) = x - \sin x$, $-\pi/2 \leq x \leq \pi/2$

＜ヒント＞ $I$を区間とする．$f : I \to \mathbf{R}$ は $I$で微分可能であるとする．
(I) (i) $f$が$I$で単調増加である．$\Leftrightarrow$ すべての $x \in I$ で，$f'(x) \geq 0$．
　　(ii) $f$が$I$で単調減少である．$\Leftrightarrow$ すべての $x \in I$ で，$f'(x) \leq 0$．
(II) (i) すべての $x \in I$ で，$f'(x) > 0$ $\Rightarrow f$が$I$で狭義の単調増加である．
　　(ii) すべての $x \in I$ で，$f'(x) < 0$ $\Rightarrow f$が$I$で狭義の単調減少である．

【解】(i) $(-\infty, -1]$で増加，$[-1, 1]$で減少，$[1, \infty)$で増加．極大値$f(-1) = 4$，極小値$f(1) = 0$
(ii) $(-\infty, -1]$で増加，$[-1, 0)$で減少，$(0, 1]$で減少，$[1, \infty)$で増加．極大値$f(-1) = -2$，極小値$f(1) = 2$

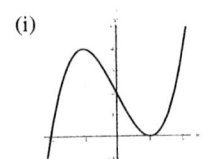

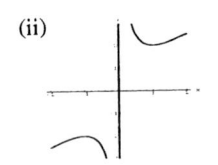

(i)　　　　　(ii)

(iii) $(-\infty, -1]$で減少，$[-1, 1]$で増加，$[1, \infty)$で減少．極大値$f(1) = 1/2$，極小値$f(-1) = -1/2$
(iv) $[-\pi/2, \pi/2]$で増加，極値なし．

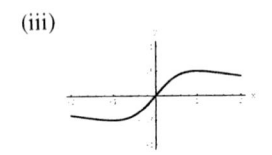

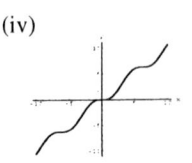

(iii)　　　　(iv)

(ex.6.3.3) 次の不等式を証明せよ．
(i) $x > \sin x > x - \dfrac{x^3}{6}$ $(x > 0)$   (ii) $x > \mathrm{Tan}^{-1} x > \dfrac{x}{1+x^2}$ $(x > 0)$
(iii) $\sin x + \tan x > 2x$ $(0 < x < \pi/2)$   (iv) $1 - \dfrac{x^2}{2} + \dfrac{x^4}{24} > \cos x > 1 - \dfrac{x^2}{2}$ $(x \neq 0)$

【解】(i) $F(x) = x - \sin x \ (x \geq 0)$ とおく．$F'(x) = 1 - \cos x \geq 0$ より，$F(x)$ は単調増加．$0 < x \leq \pi/2$ に対して平均値の定理より $0 < c < x$ なる $c$ があって，$F(x) - F(0) = xF'(c) > 0$．ゆえに，$F(x) > F(0) = 0$．さらに，$F(x)$ は単調増加だから $x > \pi/2$ のとき $F(x) \geq F(\pi/2)$．ゆえに，$F(x) > F(0) = 0$．よって，$x > 0$ のとき $x > \sin x$．次に $G(x) = \sin x - \left(x - \dfrac{x^3}{6}\right) \ (x \geq 0)$ とおく．$G'(x) = \cos x - \left(1 - \dfrac{x^2}{2}\right)$，$G''(x) = -\sin x + x$．上の証明より $0 < x$ のとき，$G''(x) > 0$．ゆえに，$G'(x)$ は $x > 0$ で狭義単調増加．$G'(0) = 0$ より，$x > 0$ のとき，$G'(x) > 0$．ゆえに，$G(x)$ は $x > 0$ で狭義単調増加．$G(0) = 0$ であるから $x > 0$ で $G(x) = \sin x - \left(x - \dfrac{x^3}{6}\right) > 0$．よって，$x > 0$ で $x > \sin x > x - \dfrac{x^3}{6}$．

(ii) $F(x) = x - \mathrm{Tan}^{-1} x \ (x \geq 0)$ とおく．$x > 0$ で $F'(x) = 1 - \dfrac{1}{1 + x^2} > 0$ より，$F(x)$ は狭義単調増加．$F(0) = 0$ であるから $x > 0$ で，$F(x) > F(0) = 0$．よって，$x > 0$ のとき $x > \mathrm{Tan}^{-1} x$．

次に $G(x) = \mathrm{Tan}^{-1} x - \dfrac{x}{1 + x^2} \ (x \geq 0)$ とおく．
$G'(x) = \dfrac{1}{1 + x^2} - \left(\dfrac{1}{1 + x^2} - \dfrac{2x^2}{(1 + x^2)^2}\right) = \dfrac{2x^2}{(1 + x^2)^2}$，
$G'(x) > 0 \ (x > 0)$ であるから．$G(x)$ は $x > 0$ で狭義単調増加．$G(0) = 0$ より，$x > 0$ のとき，$G(x) > G(0) = 0$．よって，$x > 0$ で $\mathrm{Tan}^{-1} x > \dfrac{x}{1 + x^2}$．

(iii) $F(x) = \sin x + \tan x - 2x \ (0 \leq x < \pi/2)$ とおく．$F'(x) = \cos x + \dfrac{1}{\cos^2 x} - 2$．ここで，$\cos x + \dfrac{1}{\cos^2 x} \geq 2\sqrt{\cos x \cdot \dfrac{1}{\cos^2 x}} = 2\sqrt{\dfrac{1}{\cos x}} > 2 \ \left(0 < x < \dfrac{\pi}{2}\right)$ であるから $F'(x) > 0$．ゆえに，$F(x)$ は狭義単調増加．$F(0) = 0$ であるから $x > 0$ で，$F(x) > F(0) = 0$．よって，$\sin x + \tan x > 2x \ (0 < x < \pi/2)$．

(iv) $F(x) = \left(1 - \dfrac{x^2}{2} + \dfrac{x^4}{24}\right) - \cos x$ とおく．$F'(x) = -x + \dfrac{x^3}{6} + \sin x$．(i) より，$x > 0$ で $F'(x) > 0$．ゆえに，$x > 0$ で $F(x)$ は狭義単調増加．$F(0) = 0$ であるから $x >$

$0$ で, $F(x) > F(0) = 0$. $F(x)$ は偶関数であるから, $x < 0$ で, $F(x) = F(-x) > 0$. よって, $x \neq 0$ で $F(x) > 0$. すなわち, $1 - \dfrac{x^2}{2} + \dfrac{x^4}{24} > \cos x$ $(x \neq 0)$.

$G(x) = \cos x - \left(1 - \dfrac{x^2}{2}\right)$ とおく. $G'(x) = -\sin x + x$. (i) より, $x > 0$ で $G'(x) > 0$. ゆえに, $x > 0$ で $G(x)$ は狭義単調増加. $G(0) = 0$ であるから $x > 0$ で, $G(x) > G(0) = 0$. $G(x)$ は偶関数であるから, $x < 0$ で, $G(x) = G(-x) > 0$. よって, $x \neq 0$ で $G(x) > 0$. すなわち, $\cos x > 1 - \dfrac{x^2}{2}$ $(x \neq 0)$.

---

(ex.6.3.4) 次の関数の増減と極値を求め, グラフを描け.
(i)   $f(x) = \sin x(1 + \cos x)$ $(0 \leq x \leq 2\pi)$   (ii)   $f(x) = x^x$ $(x > 0)$
(iii)  $f(x) = e^x \sin x$ $(x \geq 0)$   (iv)   $f(x) = e^{-x^2/2}$ $(x \in \mathbf{R})$
(v)   $f(x) = x^{1/x}$ $(x > 0)$   (vi)  $f(x) = x^2 \log x$ $(x > 0)$

---

<ヒント>  《1次導関数による判定》

関数 $f$ は閉区間 $[a, b]$ で連続であるとする. $c \in (a, b)$ で, $f$ は $c$ を除く開区間 $(a, b)$ の各点で微分可能であるとする.

(i) $a < x < c$ ならば, $f'(x) \geq 0$ であり, $c < x < b$ ならば, $f'(x) \leq 0$ であるとき, $f$ は $c$ で広義の極大である.

(ii) $a < x < c$ ならば, $f'(x) \leq 0$ であり, $c < x < b$ ならば, $f'(x) \geq 0$ であるとき, $f$ は $c$ で広義の極小である.

《2次導関数による判定》

関数 $f$ は開区間 $(a, b)$ で2回微分可能であり, $f'$ は $[a, b]$ で連続で, $f'(c) = 0$ であるとする. (i) $f''(c) > 0$ ならば, $c$ で (狭義の) 極小,

(ii) $f''(c) < 0$ ならば, $c$ で (狭義の) 極大.

【解】(i) $f(x) = \sin x(1 + \cos x)$ $(0 \leq x \leq 2\pi)$. $f'(x) = \cos x(1 + \cos x) - \sin^2 x$
$= 2\cos^2 x + \cos x - 1 = 2\left(\cos x - \dfrac{1}{2}\right)(\cos x + 1)$. ゆえに, $[0, \pi/3]$, $[5\pi/3, 2\pi]$ で $f'(x) \geq 0$. ゆえに, ここで $f(x)$ は増加. $[\pi/3, 5\pi/3]$ で $f'(x) \leq 0$. ゆえに, ここで, $f(x)$ は減少. 極大値 $f(\pi/3) = 3\sqrt{3}/4$, 極小値 $f(5\pi/3) = -3\sqrt{3}/4$.

(i)   (ii)

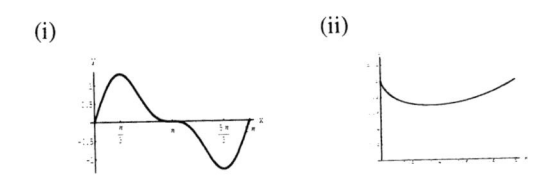

(ii) $y = x^x$ $(x > 0)$, $\log y = x \log x$. ゆえに, $\dfrac{y'}{y} = \log x + 1$, $y' = x^x(1 + \log x)$.
$0 < x < 1/e$ のとき単調減少. $1/e < x$ のとき単調増加. よって, $x = 1/e$ のとき $f(1/e) = e^{-1/e}$. (極小値)

次に, $0 < x < 1$ のとき自然数 $n$ があって $\dfrac{1}{n+1} \leq x < \dfrac{1}{n}$ とできる.

このとき $\left(\dfrac{1}{n+1}\right)^{1/n} \leq x^x < \left(\dfrac{1}{n}\right)^{1/(n+1)}$.

ゆえに, $\left[\left(\dfrac{1}{n+1}\right)^{1/(n+1)}\right]^{\left(1+\frac{1}{n}\right)} \leq x^x < \left[\left(\dfrac{1}{n}\right)^{1/n}\right]^{\left(1-\frac{1}{n+1}\right)}$

ここで $\sqrt[n]{n} \to 1$, $\sqrt[(n+1)]{n+1} \to 1$ $(n \to \infty)$, であり
$x \to +0$ のとき, $n \to \infty$ であるから, $\lim_{x \to +0} x^x = 1$.

また, $\lim_{x \to +\infty} x^x = \infty$ であるから $f(x) = x^x$ のグラフは上のようになる.

(iii) $y = e^x \sin x$ $(x \geq 0)$. $y' = e^x(\sin x + \cos x) = \sqrt{2} e^x \sin\left(x + \dfrac{\pi}{4}\right)$

ゆえに, $x + \dfrac{\pi}{4} = n\pi$ のとき $y' = 0$ となる. $x \geq 0$ であるから
$x = n\pi + \dfrac{3}{4}\pi$, $n = 0, 1, 2, \cdots$ で極値をとる.

$n$ が奇数のときは極小値. $n$ が偶数のときは極大値.

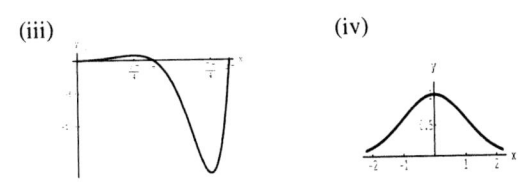

(iii)   (iv)

(iv) $f(x) = e^{-x^2/2}$ $(x \in \mathbf{R})$. $f'(x) = -xe^{-x^2/2}$. ゆえに, $(-\infty, 0]$ で $f'(x) \geq 0$.

ゆえに，ここで $f(x)$ は増加．$[0, \infty)$ で $f'(x) \leq 0$．ゆえに，ここで，$f(x)$ は減少．極大値 $f(0) = 1$．

(v) $y = x^{1/x}$ $(x > 0)$．$\log y = \dfrac{1}{x} \log x$，$\dfrac{y'}{y} = \dfrac{-1}{x^2} \log x + \dfrac{1}{x^2}$．

ゆえに，$y' = x^{(1/x)-2}(1 - \log x)$．$0 < x < e$ のとき単調増加，$e < x$ のとき単調減少．よって $x = e$ のとき極大値をとる．

次に，$1 < x$ のとき自然数 $n$ があって $n \leq x < n+1$ とできる．

このとき，$n^{1/(n+1)} \leq x^{1/x} < (n+1)^{1/n}$．

$$\left(n^{1/n}\right)^{1-1/(n+1)} \leq x^{1/x} < \left[(n+1)^{1/(n+1)}\right]^{(1+(1/n))}$$

ここで，$x \to \infty$ のとき $n \to \infty$ で，$n^{1/n} \to 1$，$(n+1)^{1/(n+1)} \to 1$ であるから

$\lim_{x \to \infty} x^{1/x} = 1$．また，$\dfrac{1}{x} = z$ とおくと $\lim_{x \to +0} x^{1/x} = \lim_{z \to \infty} \dfrac{1}{z^z} = 0$．

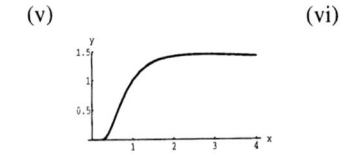

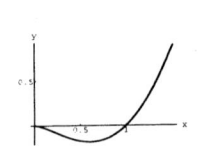

(v)　　　　　　　(vi)

(vi) $y = x^2 \log x$ $(x > 0)$．$y' = 2x \log x + x = x(2 \log x + 1)$．ゆえに，$0 < x < e^{-1/2}$ のとき単調減少，$e^{-1/2} < x$ のとき単調増加．$x = e^{-1/2}$ のとき極小値をとる．$0 < x < 1$ のとき $\log x = t$ とおくと $t < 0$．ゆえに，

$y = x^2 \log x = \dfrac{-|t|}{e^{2|t|}}$．$x \to 0$ のとき $|t| \to \infty$ であるから $\lim_{x \to +0} y = \lim_{|t| \to \infty} \dfrac{-|t|}{e^{2|t|}} = 0$．

---

(ex.6.3.5) 次の関数それぞれの区間での最大値，最小値を求めよ．
(i) $f(x) = x \cos x - \sin x$ $(0 \leq x \leq \pi)$ (ii) $f(x) = x^2(1 - \sqrt{x})$ $(x \geq 0)$
(iii) $f(x) = \dfrac{x}{x^2 + 1}$ $(x \geq 0)$ (iv) $f(x) = \sin x - \dfrac{1}{2} \sin 2x$ $(0 \leq x \leq \pi)$

---

<ヒント>閉区間 $[a, b]$ に定義された連続関数は次のいずれかの点で最大または最小値を取る．

　　(a) 端点 $a$ または $b$　(b) 微分可能ではない点　(c) 停留点

【解】(i) $f'(x) = -x \sin x$．ゆえに，区間 $(0, \pi)$ で $f'(x) < 0$．よって，$f(x)$ は

狭義単調減少．最大値 $f(0) = 0$，最小値 $f(\pi) = -\pi$．

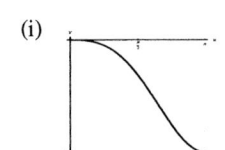

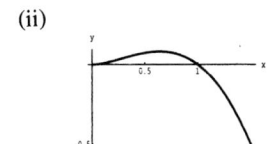

(i)　　　　　　　(ii)

(ii)　$f'(x) = x\left(2 - \dfrac{5\sqrt{x}}{2}\right)$．ゆえに，区間 $(0, 16/25)$ で $f'(x) > 0$．よって，ここで $f(x)$ は狭義単調増加．区間 $(16/25, \infty)$ で $f'(x) < 0$．よって，ここで $f(x)$ は狭義単調減少．最大値 $f(16/25) = (16/25)^2(1 - (4/5)) = 16^2/125$，最小値なし．

(iii)　$f'(x) = \dfrac{(1-x)(1+x)}{(x^2+1)^2}$．ゆえに，区間 $(0, 1)$ で $f'(x) > 0$．よって，ここで $f(x)$ は狭義単調増加．区間 $(1, \infty)$ で $f'(x) < 0$．よって，ここで $f(x)$ は狭義単調減少．$\lim\limits_{x \to \infty} f(x) = 0$, $f(0) = 0$ であるから最小値 $f(0) = 0$，最大値 $f(1) = 1/2$.

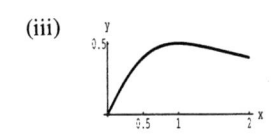

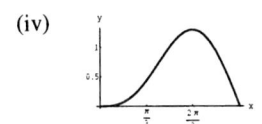

(iii)　　　　　　　(iv)

(iv)　$f'(x) = \cos x - \cos 2x = 2\left(\cos x + \dfrac{1}{2}\right)(1 - \cos x)$．ゆえに，区間 $(0, 2\pi/3)$ で $f'(x) > 0$．よって，ここで $f(x)$ は狭義単調増加．区間 $(2\pi/3, \pi)$ で $f'(x) < 0$．よって，ここで $f(x)$ は狭義単調減少．
最大値 $f\left(\dfrac{2\pi}{3}\right) = \sin\left(\dfrac{2\pi}{3}\right) - \dfrac{1}{2}\sin\left(\dfrac{4\pi}{3}\right) = \sin\left(\dfrac{\pi}{3}\right) + \dfrac{1}{2}\sin\left(\dfrac{\pi}{3}\right) = \dfrac{3}{2}\sin\left(\dfrac{\pi}{3}\right) = \dfrac{3\sqrt{3}}{4}$
最小値 $f(0) = f(\pi) = 0$．

---

(ex.6.3.6)　次の極限値を求めよ．　($a$ は定数)

(i) $\lim\limits_{x \to 0} \dfrac{e^x - \cos x}{\sin x}$　(ii) $\lim\limits_{x \to 0} x^n e^{-x}$　(iii) $\lim\limits_{x \to 0} (1 + ax)^{1/x}$　(iv) $\lim\limits_{x \to 0} \dfrac{\sin x - x\cos x}{\sin x - x}$

(v) $\lim\limits_{x \to 0} \dfrac{\operatorname{Tan}^{-1} x}{x}$　(vi) $\lim\limits_{x \to \infty} \dfrac{x^n}{a^x}$　$(a > 1)$　(vii) $\lim\limits_{x \to \infty} (1 + x^2)^{1/x}$

**【解】** (i) $\lim_{x\to 0} \dfrac{e^x - \cos x}{\sin x} = \lim_{x\to 0} \dfrac{e^x + \sin x}{\cos x} = 1$  (ii) $\lim_{x\to 0} \dfrac{x^n}{e^x} = 0$

(iii) $\lim_{x\to 0} (1+ax)^{1/x} = \lim_{x\to 0} \left[(1+ax)^{1/(ax)}\right]^a = e^a$

(iv) $\lim_{x\to 0} \dfrac{\sin x - x\cos x}{\sin x - x} = \lim_{x\to 0} \dfrac{x\sin x}{\cos x - 1}$

$= \lim_{x\to 0} \dfrac{\sin x + x\cos x}{-\sin x} = (-1) + \lim_{x\to 0} \dfrac{x\cos x}{-\sin x} = -2$

(v) $\lim_{x\to 0} \dfrac{\mathrm{Tan}^{-1} x}{x} = \lim_{x\to 0} \dfrac{1}{1+x^2} = 1$

(vi) $\lim_{x\to\infty} \dfrac{x^n}{a^x} = \lim_{x\to\infty} \dfrac{nx^{n-1}}{a^x \log a} = \lim_{x\to\infty} \dfrac{n!}{a^x (\log a)^n} = 0$

(vii) $\lim_{x\to\infty} (1+x^2)^{1/x}$, $\dfrac{1}{x} = z$ とおく. $x\to\infty$ のとき $z\to +0$.

$(1+x^2)^{1/x} = \left(1+\dfrac{1}{z^2}\right)^z = \dfrac{(z^2+1)^z}{(z^2)^z}$. ここで, $\lim_{z\to +0} z^z = 1$, また, 十分小なる $z$

$> 0$ に対して, $1 \le (z^2+1)^z \le 2^z$ であるから $\lim_{z\to +0} (z^2+1)^z = 1$. ゆえに,

$\lim_{x\to\infty} (1+x^2)^{1/x} = \lim_{z\to +0} \dfrac{(z^2+1)^z}{(z^z)^2} = 1.$

---

(ex.6.3.7) 次を示せ. ただし, $a > 0, b > 0$ は定数.

(i) $\lim_{x\to 0} \dfrac{a^x - b^x}{x} = \log \dfrac{a}{b}$  (ii) $\lim_{x\to\infty} \left(\dfrac{a^x + b^x}{2}\right)^{1/x} = a$  $(a \ge b > 0)$

(iii) $\lim_{x\to 0} \left(\dfrac{a^x + b^x}{2}\right)^{1/x} = \sqrt{ab}$  $(a, b > 0)$  (iv) $\lim_{x\to +0} \left(\dfrac{1}{x} - \dfrac{1}{\log(1+x)}\right) = -\dfrac{1}{2}$

(v) $\lim_{x\to +0} (\tan x)^{\sin x} = 1$  (vi) $\lim_{x\to\infty} \left(\dfrac{\log(1+x)}{x}\right)^{1/x} = 1$

(vii) $\lim_{x\to\infty} x \log \dfrac{x-a}{x+a} = -2a$

【解】(i) $\lim_{x \to 0}\left(\dfrac{a^x - b^x}{x}\right) = \lim_{x \to 0}\left(\dfrac{a^x \log a - b^x \log b}{1}\right) = \log a - \log b = \log \dfrac{a}{b}$

(ii) $\lim_{x \to \infty}\left(\dfrac{a^x + b^x}{2}\right)^{1/x} = \lim_{x \to \infty} \dfrac{a\{1 + (b/a)^x\}^{1/x}}{2^{1/x}}.$

ここで,$a > b > 0$ のとき $(b/a)^x \to 0$. $a = b > 0$ のときは $(b/a)^x = 1$ であるから, $\lim_{x \to \infty}\left(\dfrac{a^x + b^x}{2}\right)^{1/x} = a.$

(iii) $y = \left(\dfrac{a^x + b^x}{2}\right)^{1/x}$, $x > 0$ とおくと $\log y = \dfrac{1}{x} \log\left(\dfrac{a^x + b^x}{2}\right)$. ゆえに,

$\lim_{x \to +0} \log y = \lim_{x \to +0} \dfrac{1}{x}\log\left(\dfrac{a^x + b^x}{2}\right) = \lim_{x \to +0} \dfrac{2}{a^x + b^x}\left(\dfrac{a^x \log a + b^x \log b}{2}\right)$

$= \dfrac{1}{2}(\log a + \log b) = \log \sqrt{ab}$

ゆえに, $\lim_{x \to +0} y = \lim_{x \to +0} e^{\log y} = e^{\log \sqrt{ab}} = \sqrt{ab}.$

$z = \left(\dfrac{a^x + b^x}{2}\right)^{1/x}$, $0 > x$ とおく. $a_1 = \dfrac{1}{a}$, $b_1 = \dfrac{1}{b}$, $-x = t$ とおくと,

$z = \left(\dfrac{a_1^t + b_1^t}{2}\right)^{-1/t}$, $t > 0$. $x \to -0$ のとき $t \to +0$ であるから

$\lim_{x \to -0}\left(\dfrac{a^x + b^x}{2}\right)^{1/x} = \dfrac{1}{\lim_{t \to +0}\left(\dfrac{a_1^t + b_1^t}{2}\right)^{1/t}} = \dfrac{1}{\sqrt{a_1 b_1}} = \sqrt{ab}$

よって, $\lim_{x \to 0}\left(\dfrac{a^x + b^x}{2}\right)^{1/x} = \sqrt{ab}.$

(iv) $\lim_{x \to +0}\left(\dfrac{1}{x} - \dfrac{1}{\log(1+x)}\right) = \lim_{x \to +0} \dfrac{\log(1+x) - x}{x \log(1+x)} = \lim_{x \to +0} \dfrac{\left(\dfrac{1}{1+x}\right) - 1}{\log(1+x) + \dfrac{x}{1+x}}$

$= \lim_{x \to +0} \dfrac{-x}{(1+x)\log(1+x) + x} = \lim_{x \to +0} \dfrac{-1}{\log(1+x) + 1 + 1} = \dfrac{-1}{2}$

(v) $(\tan x)^{\sin x} = \left[(\tan x)^{\tan x}\right]^{\cos x}$

ここで，$\tan x = y$, $0 < x < \dfrac{\pi}{2}$ とおくと $\cos x = \dfrac{1}{\sec x} = \dfrac{1}{\sqrt{1+\tan^2 x}} = \dfrac{1}{\sqrt{1+y^2}}$.

$x \to +0$ のとき $y \to +0$．$\lim_{y \to +0} y^y = 1$ であるから（「解析学 I, (6.3.25) (v)」参照）

$$\lim_{x \to +0} (\tan x)^{\sin x} = \lim_{y \to +0} \left(y^y\right)^{1/\sqrt{1+y^2}} = 1$$

(vi) $z = \dfrac{\log(1+x)}{x}$ とおくと $\lim_{x \to \infty} z = \lim_{x \to \infty} \dfrac{\log(1+x)}{x} = \lim_{x \to \infty} \dfrac{1}{1+x} = 0$．また，

$\lim_{z \to +0} z^z = 1$ であるから，任意の $1 > \varepsilon > 0$ に対し，ある $\delta > 0$ があって

$0 < z < \delta$ ならば $1 - \varepsilon < z^z < 1 + \varepsilon$．

このとき，$x$ を十分大として，$0 < [\log(1+x)]^{-1} < 1$ かつ $0 < z < \delta$ とすれば，

$1 - \varepsilon < \left(z^z\right)^{[\log(1+x)]^{-1}} < 1 + \varepsilon$ が成り立つ．$\left(z^z\right)^{[\log(1+x)]^{-1}} = \left\{\dfrac{\log(1+x)}{x}\right\}^{1/x}$ で，

$\varepsilon$ は任意だから，$\lim_{x \to \infty} \left\{\dfrac{\log(1+x)}{x}\right\}^{1/x} = 1$．

(vii) $\lim_{x \to \infty} x \log \dfrac{x-a}{x+a} = \lim_{x \to \infty} \dfrac{\log \dfrac{x-a}{x+a}}{(1/x)} = \lim_{x \to \infty} \dfrac{\left(\dfrac{x+a}{x-a}\right)\dfrac{(x+a)-(x-a)}{(x+a)^2}}{(-1/x^2)}$

$= \lim_{x \to \infty} \dfrac{-2a}{\left(1-\dfrac{a}{x}\right)\left(1+\dfrac{a}{x}\right)} = -2a$

---

(ex.6.3.8) $\dfrac{1}{x-a} + \dfrac{1}{x-b} + \dfrac{1}{x-c} = k$ $(a < b < c, k \neq 0)$ は 3 つの実解をもつことを示せ．

---

【解】 $y = f(x) = \dfrac{1}{x-a} + \dfrac{1}{x-b} + \dfrac{1}{x-c} - k$ とおくと

$y' = \dfrac{-1}{(x-a)^2} + \dfrac{-1}{(x-b)^2} + \dfrac{-1}{(x-c)^2} < 0$ より $f(x)$ は，つねに減少関数．

$\lim_{x \to -\infty} f(x) = -k, \quad \lim_{x \to a-0} f(x) = -\infty, \quad \lim_{x \to a+0} f(x) = +\infty, \quad \lim_{x \to b-0} f(x) = -\infty,$

$$\lim_{x \to b+0} f(x) = +\infty, \quad \lim_{x \to c-0} f(x) = -\infty, \quad \lim_{x \to c+0} f(x) = +\infty, \quad \lim_{x \to \infty} f(x) = -k$$

よって，$k > 0$ のときは $(a,b)$, $(b,c)$, $(c,\infty)$ に，また，$k < 0$ のときは $(-\infty, a)$, $(a,b)$, $(b,c)$ のそれぞれに1つの実解がある．

(ex.6.3.9) $f$ が $[0,a]$ で2回微分可能で，$f(0) = 0$, $f''(x) > 0$ であるならば，$\dfrac{f(x)}{x}$ は $(0,a)$ で，狭義単調増加であることを示せ．

【解】 $x_1, x_2 \in (0,a)$, $0 < x_1 < x_2 < a$ とする．

平均値の定理より $0 < \xi_1 < x_1$, および，$x_1 < \xi_2 < x_2$ となる $\xi_1, \xi_2$ があって
$$\frac{f(x_1) - f(0)}{x_1} = f'(\xi_1), \quad \frac{f(x_2) - f(x_1)}{x_2 - x_1} = f'(\xi_2)$$
が成り立つ．$\xi_1 < \xi_2$ であるから $f'(\xi_1) < f'(\xi_2)$．

よって，$\dfrac{f(x_1) - f(0)}{x_1} < \dfrac{f(x_2) - f(x_1)}{x_2 - x_1}$．

$f(0) = 0$ であるから $f(x_1)(x_2 - x_1) < f(x_2)x_1 - f(x_1)x_1$．

ゆえに，$f(x_1)x_2 < f(x_2)x_1$

よって，$\dfrac{f(x_1)}{x_1} < \dfrac{f(x_2)}{x_2}$．ゆえに，$\dfrac{f(x)}{x}$ は $(0,a)$ で狭義単調増加である．

(ex.6.3.10) 関数 $f$ が $[a,b]$ で連続，$(a,b)$ で微分可能で，$\lim_{x \to a} f'(x) = L$ ならば，$f'_+(a)$ も存在して，$f'_+(a) = L$ であることを示せ．

【解】 $\lim_{x \to a+0} f'(x) = L$ であるから，任意の $\varepsilon > 0$ に対し，ある $\delta > 0$ があって，$0 < x - a < \delta$ ならば $|f'(x) - L| < \varepsilon$ が成り立つ．  …（イ）

一方，平均値の定理によって $a < x$ について $a < \xi < x$ をみたす $x$ が存在して，$f(x) - f(a) = f'(\xi)(x - a)$．ゆえに，$\dfrac{f(x) - f(a)}{x - a} = f'(\xi)$．

よって，$0 < x - a < \delta$ のときは $0 < \xi - a < x - a < \delta$ であるから（イ）より
$$\left| \frac{f(x) - f(a)}{x - a} - L \right| = |f'(\xi) - L| < \varepsilon$$

ゆえに，$\lim_{x \to a+0} \dfrac{f(x) - f(a)}{x - a} = L$．よって，$f'_+(a) = L$．

(ex.6.3.11) 関数 $f, g$ が $(a, b)$ で微分可能であるとする．次を示せ．
$\lim_{x \to a+0} f(x) = \infty$, $\lim_{x \to a+0} g(x) = \infty$ で, $g(x) \neq 0$, $g'(x) \neq 0$ $(a < x < b)$ のとき,
$\lim_{x \to a+0} \dfrac{f'(x)}{g'(x)} = \pm\infty$ ならば, $\lim_{x \to a+0} \dfrac{f(x)}{g(x)} = \pm\infty$.

<ヒント>《コーシーの平均値の定理》
 2つの関数 $f$ と $g$ は閉区間 $[a,b]$ で連続, 開区間 $(a,b)$ で微分可能とする．このとき, $f'(c)[g(b) - g(a)] = g'(c)[f(b) - f(a)]$ となる点 $c \in (a,b)$ が存在する．

【解】 $\lim_{x \to a+0} \dfrac{f'(x)}{g'(x)} = +\infty$ のとき：任意の正数 $M > 0$ に対し, 正数 $\delta_1$ があって, $a < x < a + \delta_1$ ならば, $\dfrac{f'(x)}{g'(x)} > 2M$ とできる．ここで, $f(x) > 0$, $g(x) > 0$ としておく．$a < x < c < a + \delta_1$ とすると, コーシーの平均値の定理より $\dfrac{f(x) - f(c)}{g(x) - g(c)} = \dfrac{f'(\xi)}{g'(\xi)}$ となる $\xi$ $(x < \xi < c)$ がある．このとき, 

$$\left|\frac{f(x)}{g(x)} - \frac{f'(\xi)}{g'(\xi)}\right| = \left|\frac{f'(\xi)}{g'(\xi)}\right|\left|\frac{f(x)}{g(x)}\left(\frac{g(x) - g(c)}{f(x) - f(c)}\right) - 1\right| = \left|\frac{f'(\xi)}{g'(\xi)}\right|\left|\frac{1 - \frac{g(c)}{g(x)}}{1 - \frac{f(c)}{f(x)}} - 1\right|$$

$a + \delta < c$ をみたす $\delta$ を十分小にとれば $a < x < a + \delta$ に対し $\left|\dfrac{1 - \frac{g(c)}{g(x)}}{1 - \frac{f(c)}{f(x)}} - 1\right| < \dfrac{1}{2}$ とできるので $(0 < \delta < \delta_1)$

$$\frac{f(x)}{g(x)} = \frac{f(x)}{g(x)} - \frac{f'(\xi)}{g'(\xi)} + \frac{f'(\xi)}{g'(\xi)} \geq \frac{f'(\xi)}{g'(\xi)} - \left|\frac{f(x)}{g(x)} - \frac{f'(\xi)}{g'(\xi)}\right| > \frac{f'(\xi)}{g'(\xi)}\left(1 - \frac{1}{2}\right) > M$$

ゆえに $\lim_{x \to a+0} \dfrac{f(x)}{g(x)} = +\infty$.
他の場合も同様にして証明できる．

## 6.4 テーラーの定理

(ex.6.4.1) 次の関数の $n$ 次のマクローリン展開を求めよ．
(i) $f(x) = (1-x)^{-3}$ (ii) $f(x) = \dfrac{1}{\sqrt{1-x}}$ (iii) $f(x) = a^x$ ($a>0, a\neq 1$)
(iv) $f(x) = \sin^2 x$ (v) $f(x) = \log\dfrac{1+x}{1-x}$

＜ヒント＞ 《マクローリンの定理》
$n$ を自然数とする．$f: I = [a, b] \to \mathbf{R}$ ($a \leq 0 \leq b$), ($a < b$) について，$f, f', f'', \cdots, f^{(n-1)}$ は $I$ で連続で，$(a, b)$ で $n$ 回微分可能とする．このとき，すべての $x \in I$ で，
$$f(x) = f(0) + f'(0)x + \frac{f''(0)}{2!}x^2 + \cdots + \frac{f^{(n-1)}(0)}{(n-1)!}x^{n-1} + R_n(x)$$
$$R_n(x) = \frac{f^{(n)}(\theta x)}{n!} x^n \quad (0 < \theta < 1) \quad \text{(Lagrange の剰余)}$$
または，$R_n(x) = \dfrac{f^{(n)}(\theta x)}{(n-1)!}(1-\theta)^{n-1} x^n$ ($0 < \theta < 1$) (Cauchy の剰余)
をみたす $\theta$ が存在する．このとき，上式を $(n-1)$ 次のマクローリン展開という．

【解】(i) $f(x) = (1-x)^{-3}$
$$f^{(k)}(x) = (-3)(-4)\cdots(-3-k+1)(1-x)^{-3-k}(-1)^k = \frac{(k+2)!}{2}(1-x)^{-(3+k)}$$
$$f(x) = \sum_{k=0}^{n} \frac{1}{k!} f^{(k)}(0) x^k + \frac{1}{(n+1)!} f^{(n+1)}(\theta x) x^{n+1} \text{ であるから}$$
$$(1-x)^{-3} = \sum_{k=0}^{n} \frac{1}{k!} \frac{(k+2)!}{2} x^k + \frac{1}{(n+1)!} \frac{(n+3)!}{2} (1-\theta x)^{-(4+n)} x^{n+1}$$
$$= 1 + 3x + 6x^2 + \cdots + \frac{(n+1)(n+2)}{2} x^n + \frac{(n+2)(n+3)}{2} (1-\theta x)^{-(4+n)} x^{n+1},$$
$0 < \theta < 1$

(ii) $f(x) = (1-x)^{-1/2}$．
$$f^{(k)}(x) = \left(-\frac{1}{2}\right)\left(-\frac{1}{2}-1\right)\cdots\left(-\frac{1}{2}-k+1\right)(1-x)^{-(1/2)-k}(-1)^k$$
$$= \left(\frac{1}{2}\right)\left(\frac{3}{2}\right)\cdots\left(\frac{2k-1}{2}\right)(1-x)^{-(1/2)-k}$$

$$= \frac{(2k-1)!}{2^k \cdot 2 \cdot 4 \cdots (2k-2)}(1-x)^{-(1/2)-k} = \frac{(2k-1)!}{2^{2k-1} \cdot (k-1)!}(1-x)^{-(1/2)-k}$$

$$(1-x)^{-1/2} = 1 + \frac{x}{2} + \frac{3}{2^3}x^2$$

$$+ \cdots + \frac{(2n-1)!}{n!2^{2n-1}(n-1)!}x^n + \frac{(2n+1)!}{(n+1)!2^{2n+1}(n!)}(1-\theta x)^{-(3/2)-n}x^{n+1} \quad (0 < \theta < 1)$$

(iii) $f(x) = a^x$. $f^{(k)}(x) = a^x (\log a)^k$

$$f(x) = 1 + (\log a)x + \frac{1}{2!}(\log a)^2 x^2 + \cdots + \frac{1}{(n-1)!}(\log a)^{n-1}x^{n-1} + \frac{1}{n!}(\log a)^n x^n$$

$$+ \frac{1}{(n+1)!}(\log a)^{n+1} a^{\theta x} x^{n+1} \quad (0 < \theta < 1)$$

(iv) $f(x) = \sin^2 x$. $f'(x) = 2\sin x \cos x = \sin 2x$.

$$f^{(k)}(x) = \{f'(x)\}^{(k-1)} = 2^{k-1}\sin\left(2x + \frac{k-1}{2}\pi\right)$$

ゆえに, $f^{(k)}(0) = 2^{k-1}\sin\left(\frac{k-1}{2}\pi\right)$

$k = \begin{cases} 2h+1 \\ 2h+2 \end{cases}$  $h = 0, 1, 2, \cdots$, とすると

$f^{(2h+1)}(0) = 0$, $f^{(2h+2)}(0) = 2^{2h+1}\sin\left(h\pi + \frac{\pi}{2}\right) = (-1)^h 2^{2h+1}$, $h = 0, 1, 2, \cdots$,

$$f^{(n)}(x) = 2^{n-1}\sin\left(2x + \frac{n-1}{2}\pi\right)$$

ゆえに, $f(x) = \sum_{h=0}^{n-1}\frac{1}{(2h+2)!}f^{(2h+2)}(0)x^{2h+2} + \frac{1}{(2n+1)!}f^{(2n+1)}(\theta x)x^{2n+1}$

$$= \sum_{h=0}^{n-1}\frac{1}{(2h+2)!}(-1)^h 2^{2h+1} x^{2h+2} + \frac{1}{(2n+1)!}f^{(2n+1)}(\theta x)x^{2n+1}$$

$$= \frac{2}{2!}x^2 - \frac{2^3}{4!}x^4 + \frac{2^5}{6!}x^6 + \cdots + \frac{(-1)^n}{(2n+1)!}2^{2n}(\sin 2\theta x)x^{2n+1} \quad (0 < \theta < 1)$$

(v) $f(x) = \log\dfrac{1+x}{1-x} = \log(1+x) - \log(1-x)$. $f'(x) = (1+x)^{-1} + (1-x)^{-1}$

$f^{(k)}(x) = \{f'(x)\}^{(k-1)} = (-1)(-2)\cdots\{-1-(k-1)+1\}(1+x)^{-1-(k-1)}$

$+ (-1)(-2)\cdots\{-1-(k-1)+1\}(-1)^{k-1}(1-x)^{-1-(k-1)}$

$$= (-1)^{k-1}(k-1)!(1+x)^{-k} + (k-1)!(1-x)^{-k}$$
$$= (k-1)!\left\{(-1)^{k-1}(1+x)^{-k} + (1-x)^{-k}\right\}$$
$$f^{(k)}(0) = (k-1)!\left\{(-1)^{k-1} + 1\right\}. \quad \text{ここで,} \quad k = 2h+1, \quad h = 0, 1, \cdots, \text{のときのみ}$$
$$f^{(2h+1)}(0) = 2(2h)!, \quad f^{(n)}(x) = (n-1)!\left\{(-1)^{n-1}(1+x)^{-n} + (1-x)^{-n}\right\}$$

ゆえに, $\displaystyle f(x) = \sum_{h=0}^{n-1} \frac{1}{(2h+1)!} f^{(2h+1)}(0) x^{2h+1} + \frac{1}{(2n)!} f^{(2n)}(\theta x) x^{2n}$

$$= \sum_{h=0}^{n-1} \frac{2 \cdot (2h)!}{(2h+1)!} x^{2h+1} + \frac{(2n-1)!}{(2n)!}\left\{-(1+\theta x)^{-2n} + (1-\theta x)^{-2n}\right\} x^{2n}$$

$$= 2x + \frac{2}{3}x^3 + \frac{2}{5}x^5 + \cdots + \frac{1}{2n}\left\{(1-\theta x)^{-2n} - (1+\theta x)^{-2n}\right\} x^{2n} \quad (0 < \theta < 1)$$

---

(ex.6.4.2) 次を示せ.

(i) $\displaystyle e^x = 1 + \frac{x}{1!} + \frac{x^2}{2!} + \cdots + \frac{x^{n-1}}{(n-1)!} + R_n, \quad R_n = \frac{e^{\theta x} x^n}{n!} \quad (0 < \theta < 1)$

(ii) $\displaystyle \sin x = x - \frac{x^3}{3!} + \frac{x^5}{5!} - \cdots + (-1)^{n-1} \frac{x^{2n-1}}{(2n-1)!} + R_{2n+1},$

$\displaystyle R_{2n+1} = (-1)^n \frac{\cos \theta x}{(2n+1)!} x^{2n+1} \quad (0 < \theta < 1)$

(iii) $\displaystyle \cos x = 1 - \frac{x^2}{2!} + \frac{x^4}{4!} - \cdots + (-1)^n \frac{x^{2n}}{(2n)!} + R_{2n+2}$

$\displaystyle R_{2n+2} = (-1)^{n+1} \frac{\cos \theta x}{(2n+2)!} x^{2n+2} \quad (0 < \theta < 1)$

(iv) $\displaystyle \log(1+x) = x - \frac{x^2}{2} + \frac{x^3}{3} - \cdots + (-1)^{n-2} \frac{x^{n-1}}{n-1} + R_n$

$\displaystyle R_n = (-1)^{n-1} \frac{x^n}{n(1+\theta x)^n} \quad (0 < \theta < 1)$

---

【解】 $\displaystyle f(x) = f(0) + f'(0)x + \frac{f''(0)}{2!}x^2 + \cdots + \frac{f^{(n-1)}(0)}{(n-1)!}x^{n-1} + R_n(x)$

$\displaystyle R_n(x) = \frac{f^{(n)}(\theta x)}{n!} x^n \quad (0 < \theta < 1)$

(i) $f(x) = e^x$, $f^{(k)}(x) = e^x$, $f^{(k)}(0) = 1$ であるから

$$e^x = 1 + x + \frac{x^2}{2!} + \cdots + \frac{x^{n-1}}{(n-1)!} + R_n(x), \quad R_n(x) = \frac{e^{\theta x}}{n!} x^n \quad (0 < \theta < 1)$$

(ii) $f(x) = \sin x$, $f^{(k)}(x) = \sin\left(x + \frac{k}{2}\pi\right)$, $f^{(k)}(0) = \sin(k\pi/2)$.

$k = 2h, 2h+1, h = 0, 1, 2, \ldots$ とすると

$$f^{(2h)}(0) = 0, \quad f^{(2h+1)}(0) = \sin\left(h\pi + \frac{\pi}{2}\right) = (-1)^h \quad (h = 0, 1, 2, \ldots)$$

ゆえに,

$$\sin x = \sum_{h=0}^{n-1} \frac{f^{(2h+1)}(0) x^{2h+1}}{(2h+1)!} + R_{2n+1} = x - \frac{x^3}{3!} + \frac{x^5}{5!} - \cdots + (-1)^{n-1} \frac{x^{2n-1}}{(2n-1)!} + R_{2n+1}$$

$$R_{2n+1} = \frac{f^{(2n+1)}(\theta x) x^{2n+1}}{(2n+1)!} = \frac{\sin[\theta x + (2n+1)\pi/2] x^{2n+1}}{(2n+1)!}$$

$$= \frac{(-1)^n [\cos \theta x] x^{2n+1}}{(2n+1)!} \quad (0 < \theta < 1)$$

(iii) $f(x) = \cos x$, $f^{(k)}(x) = \cos\left(x + \frac{k}{2}\pi\right)$, $f^{(k)}(0) = \cos(k\pi/2)$.

$k = 2h, 2h+1, h = 0, 1, 2, \ldots$ とすると

$$f^{(2h+1)}(0) = 0, \quad f^{(2h)}(0) = \cos(h\pi) = (-1)^h \quad (h = 0, 1, 2, \ldots)$$

ゆえに, $\cos x = \sum_{h=0}^{n} \frac{(-1)^h x^{2h}}{(2h)!} + R_{2n+2} = 1 - \frac{x^2}{2!} + \frac{x^4}{4!} - \cdots + (-1)^n \frac{x^{2n}}{(2n)!} + R_{2n+2}$

$$R_{2n+2} = \frac{\cos[\theta x + (2n+2)\pi/2] x^{2n+2}}{(2n+2)!} = \frac{(-1)^{n+1} [\cos \theta x] x^{2n+2}}{(2n+2)!} \quad (0 < \theta < 1)$$

(iv) $f(x) = \log(1+x)$, $f'(x) = (1+x)^{-1}$,

$f^{(k)}(x) = [f'(x)]^{(k-1)} = (-1)(-2)\cdots(-1-(k-1)+1)(1+x)^{-1-(k-1)}$

$= (-1)^{k-1}(k-1)!(1+x)^{-k}$, $f^{(k)}(0) = (-1)^{k-1}(k-1)!$.

ゆえに,

$$\log(1+x) = \sum_{k=1}^{n-1} \frac{(-1)^{k-1}(k-1)!}{k!} x^k + R_n = x - \frac{x^2}{2} + \frac{x^3}{3} - \cdots + (-1)^{n-2} \frac{x^{n-1}}{(n-1)} + R_n$$

$$R_n = \frac{(-1)^{n-1}(1+\theta x)^{-n} x^n}{n} \quad (0 < \theta < 1)$$

(ex.6.4.3) 次の関数の極値，凹凸，変曲点を調べよ．
(i) $f(x) = x^2 e^x$  (ii) $f(x) = \dfrac{\sin x}{x}$

<ヒント> $I$ を開区間とし，$f : I \to R$ を $I$ で $2$ 回微分可能であるとする．
(i) $f$ が凸関数である $\Leftrightarrow$ すべての $x \in I$ で，$f''(x) \geq 0$
(ii) 点 $(x_0, y_0)$，$x_0 \in I$ が変曲点であるとき，$f''(x_0) = 0$．
(iii) すべての $x \in I$ で，$f''(x) > 0$ $\Rightarrow$ $f$ が狭義の凸関数である．

【解】(i) $f(x) = x^2 e^x$, $f'(x) = 2xe^x + x^2 e^x = e^x x(2+x)$,
$f''(x) = e^x(2 + 4x + x^2) = e^x[(x+2)^2 - 2] = e^x[x - (-2 + \sqrt{2})][x - (-2 - \sqrt{2})]$
$f'(0) = 0$, $f'(-2) = 0$, $f''(-2 + \sqrt{2}) = 0$, $f''(-2 - \sqrt{2}) = 0$

| $x$ |  | $-2 - \sqrt{2}$ |  | $-2$ |  | $-2 + \sqrt{2}$ |  | $0$ |  |
|---|---|---|---|---|---|---|---|---|---|
| $f''(x)$ | $+$ | $0$ | $-$ |  | $-$ | $0$ | $+$ |  | $+$ |
| $f'(x)$ | $+$ |  | $+$ | $0$ | $-$ |  | $-$ | $0$ | $+$ |
| $f(x)$ | 下に凸 | 変曲点 | 上に凸 | 極大 | 上に凸 | 変曲点 | 下に凸 | 極小 | 下に凸 |

極小 $f(0) = 0$，極大 $f(-2) = 4e^{-2}$，変曲点 $(-2 - \sqrt{2}, (2 + \sqrt{2})^2 e^{-2-\sqrt{2}})$，
$(-2 + \sqrt{2}, (2 - \sqrt{2})^2 e^{-2+\sqrt{2}})$

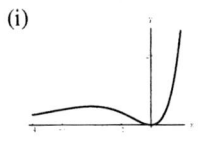

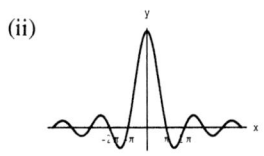

(i)

(ii)

(ii) $f(x) = \dfrac{\sin x}{x}$, $f'(x) = \dfrac{1}{x^2}(x \cos x - \sin x)$,

$f''(x) = \dfrac{1}{x^3}[-2x \cos x + (2 - x^2) \sin x]$. $f''$ の符号を調べるために

$g(x) = -2x \cos x + (2 - x^2) \sin x$ $(x \geq 0)$ とおくと $g'(x) = -x^2 \cos x$．

$x = \begin{cases} 2h\pi + t & h = 1, 2, \ldots, \quad 0 < t < \pi \\ (2h+1)\pi + t & h = 0, 1, 2, \ldots, \quad 0 < t < \pi \end{cases}$ とおく．

(I) $x = 2h\pi + t$ $(h = 1, 2, \ldots)$ のとき，$0 < t < \pi/2$ ならば
$g'(x) = -(2h\pi + t)^2 \cos(2h\pi + t) = -(2h\pi + t)^2 \cos t < 0$
$0 < t < \pi$ ならば $g'(x) = -(2h\pi + t)^2 \cos t > 0$．ゆえに，$f''(x) = g(x)/x^3$ は区間

$(2h\pi, 2h\pi + (\pi/2))$ で減少,区間 $(2h\pi + (\pi/2), 2h\pi + \pi)$ で増加.
$g(2h\pi) = -4h\pi < 0$, $g(2h\pi + (\pi/2)) = 2 - (2h\pi + (\pi/2))^2 < 0$,
$g(2h\pi + \pi) = 4h\pi + 2\pi > 0$ であるから $2h\pi + (\pi/2) < t_{2h} < 2h\pi + \pi$ をみたす $t_{2h}$
において $g(t_{2h}) = 0$ となる.ゆえに, $f''(t_{2h}) = 0$.よって,点 $(t_{2h}, f(t_{2h}))$ は $f$
の変曲点.区間 $(2h\pi, t_{2h})$ で $f''(x) < 0$,区間 $(t_{2h}, 2h\pi + \pi)$ で $f''(x) > 0$.さら
に, $f'(2h\pi) > 0$, $f'(2h\pi + (\pi/2)) < 0$, $f'(2h\pi + \pi) < 0$ であるから
$2h\pi < s_{2h} < 2h\pi + (\pi/2)$ をみたす $s_{2h}$ で $f'(s_{2h}) = 0$.$s_{2h}$ で極大となる.

| $x$ | $2h\pi$ | $s_{2h}$ | $2h\pi + (\pi/2)$ | $t_{2h}$ | $2h\pi + \pi$ |
|---|---|---|---|---|---|
| $g'(x)$ | | − | | + | |
| $f''(x)$ | 負 | 減少 | 負 | 0 | 正 |
| $f'(x)$ | 正 | 0 | 負 | | 負 |
| $f(x)$ | 上に凸 | 極大 | 上に凸 | 変曲点 | 下に凸 |

(II) $x = (2h+1)\pi + t$ $(h = 0, 1, 2, \ldots)$ のとき, $0 < t < \pi/2$ ならば
$g'(x) = -(2h\pi + \pi + t)^2 \cos(2h\pi + \pi + t) > 0$
$\pi/2 < t < \pi$ ならば $g'(x) = -(2h\pi + \pi + t)^2 \cos(2h\pi + \pi + t) < 0$.ゆえに,
$f''(x) = g(x)/x^3$ は区間 $(2h\pi + \pi, 2h\pi + (3\pi/2))$ で増加,区間
$(2h\pi + (3\pi/2), 2h\pi + 2\pi)$ で減少.
$g(2h\pi + \pi) = 4h\pi + 2\pi > 0$, $g(2h\pi + (3\pi/2)) = (2h\pi + (3\pi/2))^2 - 2 > 0$,
$g(2h\pi + 2\pi) = -(4h\pi + 4\pi) < 0$ であるから $2h\pi + (3\pi/2) < t_{2h+1} < 2h\pi + 2\pi$ をみ
たす $t_{2h+1}$ において $g(t_{2h+1}) = 0$ となる.ゆえに, $f''(t_{2h+1}) = 0$.よって,点
$(t_{2h+1}, f(t_{2h+1}))$ は $f$ の変曲点.区間 $(2h\pi + \pi, t_{2h+1})$ で $f''(x) > 0$,区間
$(t_{2h+1}, 2h\pi + 2\pi)$ で $f''(x) < 0$.さらに, $f'(2h\pi + \pi) < 0$, $f'(2h\pi + (3\pi/2)) > 0$,
$f'(2h\pi + 2\pi) > 0$ であるから $2h\pi + \pi < s_{2h+1} < 2h\pi + (3\pi/2)$ をみたす $s_{2h+1}$ で
$f'(s_{2h+1}) = 0$.$s_{2h+1}$ で極小となる.

| $x$ | $2h\pi + \pi$ | $s_{2h+1}$ | $2h\pi + (3\pi/2)$ | $t_{2h+1}$ | $2h\pi + 2\pi$ |
|---|---|---|---|---|---|
| $g'(x)$ | | + | | − | |
| $f''(x)$ | 正 | 増加 | 正 | 0 | 負 |
| $f'(x)$ | 負 | 0 | 正 | | 正 |
| $f(x)$ | 下に凸 | 極小 | 下に凸 | 変曲点 | 上に凸 |

(III) $-\pi < x < \pi$ のとき, $\displaystyle\lim_{x \to 0} \frac{\sin x}{x} = 1$ であるから $f(x) = \begin{cases} \dfrac{\sin x}{x} & x \neq 0 \\ 1 & x = 0 \end{cases}$ とする.

$$\lim_{h \to 0} \frac{f(h) - f(0)}{h} = \lim_{h \to 0} \frac{[(\sin h)/h] - 1}{h} = \lim_{h \to 0} \frac{\sin h - h}{h^2}$$
$$= \lim_{h \to 0} \frac{\cos h - 1}{2h} = \lim_{h \to 0} \frac{-\sin h}{2} = 0$$

ゆえに, $f'(0) = 0$. $x \neq 0$ では,
$$f'(x) = \frac{1}{x^2}(x \cos x - \sin x), \quad f''(x) = \frac{1}{x^3}[-2x \cos x + (2 - x^2) \sin x]$$
$g(x) = -2x \cos x + (2 - x^2) \sin x \ (x > 0)$ とおくと $g'(x) = -x^2 \cos x$. $0 < x < \pi$ で (I) での考察と同様にして $\pi/2 < t_0 < \pi$ をみたす $t_0$ において $g(t_0) = 0$ となる. ゆえに, $f''(t_0) = 0$. よって, 点 $(t_0, f(t_0))$ は $f$ の変曲点. 区間 $(0, t_0)$ で $f''(x) < 0$, 区間 $(t_0, \pi)$ で $f''(x) > 0$.

| $x$ | $-\pi$ | $-t_0$ | | 0 | | $\pi/2$ | $t_0$ | $\pi$ |
|---|---|---|---|---|---|---|---|---|
| $g'(x)$ | | | $-$ | | | $+$ | $+$ | |
| $f''(x)$ | | | | | 負 | | 0 | 正 |
| $f'(x)$ | | | | 0 | 負 | | | 負 |
| $f(x)$ | 下に凸 | 変曲点 | 上に凸 | 極大 | 上に凸 | | 変曲点 | 下に凸 |

$f(x)$ は偶関数であるからまとめて,
極大値 $x = 0, \pm s_{2k} \ (k = 1, 2, ...)$ に対応する $f$ の値
極小値 $\pm s_{2k+1} \ (k = 0, 1, 2, ...)$ に対応する $f$ の値
$(t_{2k}, f(t_{2k}))$, $(-t_{2k+1}, f(-t_{2k+1})) \ (k = 0, 1, 2, ...)$ は上に凸より, 下に凸に変わる変曲点, $(-t_{2k}, f(-t_{2k}))$, $(t_{2k+1}, f(t_{2k+1})) \ (k = 0, 1, 2, ...)$ は下に凸より, 上に凸に変わる変曲点,

---

(ex.6.4.4) $f: [a, b] \to \mathbf{R}$ が $[a, b]$ で 3 回微分可能であるとき,
$$f(b) = f(a) + (b - a)f'\left(\frac{a + b}{2}\right) + \frac{1}{24}(b - a)^3 f^{(3)}(c)$$
をみたす $c \in (a, b)$ が存在することを示せ.

---

【解】 $f(b) - \left\{ f(a) + (b - a)f'\left(\frac{a + b}{2}\right) + \frac{1}{24}(b - a)^3 A \right\} = 0$ が成り立つように定数 $A$ を定めておく. $F(x) = f(x) - \left\{ f(a) + (x - a)f'\left(\frac{a + x}{2}\right) + \frac{1}{24}(x - a)^3 A \right\}$ とおくと $F(a) = F(b) = 0$ であるから, ある $c' \ (a < c' < b)$ が存在して $F'(c') = 0$

となる．このとき

$$F'(x) = f'(x) - f'\left(\frac{a+x}{2}\right) - \frac{(x-a)}{2}f''\left(\frac{a+x}{2}\right) - \frac{1}{8}(x-a)^2 A \quad \cdots \text{(イ)}$$

ここで，$f'(x)$ を $\dfrac{a+x}{2}$ においてテーラー展開すると $x = \dfrac{a+x}{2} + \dfrac{x-a}{2}$ であるから

$$f'(x) = f'\left(\frac{a+x}{2}\right) + \left(\frac{x-a}{2}\right)f''\left(\frac{a+x}{2}\right) + \frac{1}{2!}\left(\frac{x-a}{2}\right)^2 f'''\left(\frac{a+x}{2} + \frac{(x-a)}{2}\theta\right)$$

$$(0 < \theta < 1) \quad \cdots \text{(ロ)}$$

一方，$F'(c') = 0$ であるから（イ）式より

$$f'(c') = f'\left(\frac{a+c'}{2}\right) + \frac{(c'-a)}{2}f''\left(\frac{a+c'}{2}\right) + \frac{1}{8}(c'-a)^2 A \quad \cdots \text{(ハ)}$$

また，（ロ）式において $x = c'$ とすると

$$f'(c') = f'\left(\frac{a+c'}{2}\right) + \frac{(c'-a)}{2}f''\left(\frac{a+c'}{2}\right) + \frac{1}{2!}\left(\frac{c'-a}{2}\right)^2 f'''\left(\frac{a+c'}{2} + \frac{(c'-a)}{2}\theta\right)$$

$$\cdots \text{(ニ)}$$

（ハ），（ニ）より $\dfrac{1}{8}(c'-a)^2 A = \dfrac{1}{2!}\left(\dfrac{c'-a}{2}\right)^2 f'''\left(\dfrac{a+c'}{2} + \dfrac{(c'-a)}{2}\theta\right)$

よって，$\dfrac{a+c'}{2} + \dfrac{(c'-a)}{2}\theta = c$ とおくと $A = f'''(c)$．

さらに，$c = \dfrac{a+c'}{2} + \dfrac{(c'-a)}{2}\theta = \dfrac{a}{2}(1-\theta) + \dfrac{c'}{2}(1+\theta)$ であるから

$$a = \frac{a}{2}(1-\theta) + \frac{a}{2}(1+\theta) < \frac{a}{2}(1-\theta) + \frac{c'}{2}(1+\theta) < \frac{b}{2}(1-\theta) + \frac{b}{2}(1+\theta) = b$$

より $a < c < b$．

---

(ex.6.4.5) ニュートン法により，次の方程式の実解の近似を求めよ．
(i) $x^2 = 3$ (ii) $\log x = x - 3$

---

<ヒント> 《ニュートン法》

$I = [a, b]$ とし，$f : I \to \mathbf{R}$ は $I$ で2回微分可能であるとする．$f(a)f(b) < 0$ で，すべての $x \in I$ で，$f''(x) > 0$（または，つねに $f''(x) < 0$）とする．このとき，任意の $x_1 \in I$ $(f(x_1)f''(x_1) > 0)$ に対して，$x_{n+1} = x_n - \dfrac{f(x_n)}{f'(x_n)}$，$n \in \mathbf{N}$ と定義した数列 $(x_n)$ は $f(z) = 0$ $(z \in I)$ の唯一の解 $z$ に収束する．さらに，$|f'(x)| \geq m > 0$，$|f''(x)| \leq M$ となる定数 $m, M$ が

存在するとき，$|x_{n+1} - z| \leq \dfrac{M}{2m}|x_n - z|^2$, $n \in N$.

**【解】** (i) $f(x) = x^2 - 3$ とおく．$f'(x) = 2x$, $f''(x) = 2 > 0$
$x_1 = 2$ として，$f(x) = 0$ の近似解を計算する．

$$x_2 = x_1 - \frac{f(x_1)}{f'(x_1)} = 2 - \frac{1}{4} = \frac{7}{4} = 1.75$$

$$x_3 = x_2 - \frac{f(x_2)}{f'(x_2)} = \frac{7}{4} - \frac{(7/4)^2 - 3}{(7/4) \times 2} = \frac{7}{4} - \frac{1}{56} = \frac{97}{56} = 1.732$$

$x_3 = 1.732$ は近似解．

(ii) $f(x) = \log x - (x - 3)$, $(x > 0)$ とおく．$f'(x) = \dfrac{1}{x} - 1$, $f''(x) = \dfrac{-1}{x^2} < 0$.
$f(x)$ は $x = 1$ で極大となり，$\lim_{x \to +0} f(x) = -\infty$, $\lim_{x \to +\infty} f(x) = -\infty$ であるから，
$(0,1)$, $(1,\infty)$ の各区間に $f(x) = 0$ の解が一つずつある．

(1) $(1,\infty)$ について，$x_1 = 6$ とすれば，

$$f(6) = \log_e 6 - 6 + 3 = \frac{\log_{10} 6}{\log_{10} e} - 3 = \frac{0.77}{0.43} - 3 = -1.20$$

$$x_2 = x_1 - \frac{f(x_1)}{f'(x_1)} = 6 - \frac{f(6)}{f'(6)} = 6 - \frac{(-1.20)}{(-0.83)} = 6 - 1.44 = 4.56$$

$$f(x_2) = f(4.56) = \frac{\log_{10} 4.56}{\log_{10} e} - 4.56 + 3 = -0.04$$

$$x_3 = x_2 - \frac{f(x_2)}{f'(x_2)} = 4.56 - \frac{(-0.04)}{(-0.78)} = 4.56 - 0.05 = 4.51$$

$x_3 = 4.51$ は $f(x) = 0$, $1 < x$ の近似解．

(2) $(0,1)$ について，$x_1 = \dfrac{1}{100}$ とすれば，

$$f(x_1) = \log_e \frac{1}{100} - \frac{1}{100} + 3 = \frac{\log_{10}(1/100)}{\log_{10} e} - \frac{1}{100} + 3 = \frac{-2}{0.43} - 0.01 + 3 = -1.661$$

$$x_2 = x_1 - \frac{f(x_1)}{f'(x_1)} = \frac{1}{100} - \frac{(-1.661)}{100 - 1} = 0.01 + 0.016 = 0.026$$

$$f(x_2) = \frac{\log_{10} 0.026}{\log_{10} e} - 0.026 + 3 = -0.712$$

$$x_3 = x_2 - \frac{f(x_2)}{f'(x_2)} = 0.026 - \frac{(-0.712)}{\left(\dfrac{1}{0.026} - 1\right)} = 0.026 + \frac{0.712}{37.461} = 0.026 + 0.019 = 0.045$$

$$f(x_3) = \frac{\log_{10} 0.045}{\log_{10} e} - 0.045 + 3 = -0.177$$

$$x_4 = x_3 - \frac{f(x_3)}{f'(x_3)} = 0.045 - \frac{(-0.177)}{\left(\dfrac{1}{0.045} - 1\right)} = 0.045 + \frac{0.177}{21.222} = 0.045 + 0.008 = 0.053$$

$x_4 = 0.053$ は $f(x) = 0$, $0 < x < 1$ の近似解.

**NOTE:** $f(x) = 0$ の近似解をニュートン法で求めるとき,$f''(x) < 0$ のときは第 1 近似 $x_1$ を $f(x_1) < 0$ をみたすようにとる.

---

(ex.6.4.6) $f(x)$ が開区間 $I$ で微分可能とする.$I$ の任意の点 $c$ に対して,点 $(c, f(c))$ における接線を $L$ とすると,その区間内の点に対応する曲線 $y = f(x)$ が接線 $L$ の上側(下側)にあれば,その曲線は下に(上に)凸であることを示せ.

---

【解】$x = c$ に対する接線は $Y - f(c) = f'(c)(X - c)$ で,曲線 $y = f(x)$ の下側にあるとき,$f(x) \geq f(c) + f'(c)(x - c)$, $f(x) - f(c) \geq f'(c)(x - c)$.

$x > c$ のとき $\dfrac{f(x) - f(c)}{x - c} \geq f'(c)$. $x < c$ のとき $\dfrac{f(x) - f(c)}{x - c} \leq f'(c)$.

よって,一般に $x < z < y$ のとき,$z$ を上の推論の $c$ と考えれば

$$\frac{f(z) - f(x)}{z - x} \leq \frac{f(y) - f(z)}{y - z} \quad \cdots (イ)$$

が成り立つ.

ここで,$x, y \in I$ $(x < y)$, $t \in (0, 1)$ について,$tx + (1-t)y = z$ とおくと $x < z < y$ であり,$y - z = t(y - x)$, $z - x = (1-t)(y - x)$ であるから(イ)より

$$[f(z) - f(x)]t(y - x) \leq [f(y) - f(z)](1 - t)(y - x)$$
$$f(z) \leq tf(x) + (1 - t)f(y)$$

ゆえに,$f(tx + (1-t)y) \leq tf(x) + (1-t)f(y)$.よって凸関数である.

---

(ex.6.4.7) $I$ を開区間とし,$f: I \to \mathbf{R}$ を $I$ で 2 回微分可能であるとする.次を示せ.
(i) 点 $(x_0, f(x_0))$, $x_0 \in I$ が変曲点であるとき,$f''(x_0) = 0$.
(ii) すべての $x \in I$ で,$f''(x) > 0$ $\Rightarrow$ $f$ が狭義の凸関数である.

【解】(i) $(x_0, f(x_0))$, $x_0 \in I$ が $f$ の変曲点とする. $\delta > 0$ について $(x_0 - \delta, x_0)$ では $f$ が凸関数で $f''(x) \geq 0$ であり, $(x_0, x_0 + \delta)$ では $-f$ が凸関数で $f''(x) \leq 0$ であるとする. 平均値の定理から

$$\delta > 0, \quad f'(x_0 + \delta) - f'(x_0) = f''(\xi)\delta, \quad x_0 < \xi < x_0 + \delta$$

ゆえに, $\dfrac{f'(x_0 + \delta) - f'(x_0)}{\delta} = f''(\xi) \leq 0$.

よって, $\displaystyle\lim_{\delta \to +0} \dfrac{f'(x_0 + \delta) - f'(x_0)}{\delta} = f_+''(x_0) \leq 0$ …(イ)

また, $\delta > 0$, $f'(x_0 - \delta) - f'(x_0) = -f''(\eta)\delta$, $x_0 - \delta < \eta < x_0$

ゆえに, $\dfrac{f'(x_0 - \delta) - f'(x_0)}{-\delta} = f''(\eta) \geq 0$.

よって, $\displaystyle\lim_{\delta \to +0} \dfrac{f'(x_0 - \delta) - f'(x_0)}{-\delta} = f_-''(x_0) \geq 0$ …(ロ)

(イ), (ロ) より $f''(x_0) = f_+''(x_0) = f_-''(x_0) = 0$.

(ii) 任意の $x, y \in I$ $(x < y)$, 任意の $t$ $(0 < t < 1)$ に対して, $f(tx + (1-t)y) < tf(x) + (1-t)f(y)$ が成り立つことを示す.

さて, $I$ 上で $x < z < y$ のとき, 平均値の定理によって, $x < \xi_1 < z$ および, $z < \xi_2 < y$ をみたす $\xi_1, \xi_2$ があって,

$\dfrac{f(z) - f(x)}{z - x} = f'(\xi_1)$, $\dfrac{f(y) - f(z)}{y - z} = f'(\xi_2)$ が成り立つ.

$f''(x) > 0$ $(x \in I)$ で, $\xi_1 < \xi_2$ であることから, $f'(\xi_1) < f'(\xi_2)$ が成り立つので, $\dfrac{f(z) - f(x)}{z - x} < \dfrac{f(y) - f(z)}{y - z}$.

これを整理すると, $f(z) \leq f(x)\left(\dfrac{y-z}{y-x}\right) + f(y)\left(\dfrac{z-x}{y-x}\right)$ …(イ)

一般に, $0 < t < 1$ に対して, $x < tx + (1-t)y < y$ が成り立つので, $z = tx + (1-t)y$ とおくと $\dfrac{y-z}{y-x} = t$, $(1-t) = \dfrac{z-x}{y-x}$ であるから (イ) 式に代入して $f(tx + (1-t)y) < tf(x) + (1-t)f(y)$ を得る.

---

(ex.6.4.8) $a_1, \ldots, a_n > 0$ で, $a_1 + \ldots + a_n = 1$ のとき, $-\log n \leq \displaystyle\sum_{i=1}^{n} a_i \log a_i$ であることを示せ.

【解】区間 $I$ で定義された凸関数 $f$ について $x_1, x_2, ..., x_n \in I$ で、$a_i > 0$ $(i = 1, 2, ..., n)$, $a_1 + \cdots + a_n = 1$ のとき $f(a_1 x_1 + \cdots + a_n x_n) \leq a_1 f(x_1) + \cdots + a_n f(x_n)$ が成り立つ（「解析学 I, p.212, (6.4.12)」参照）. $f(x) = -\log x$ $(x > 0)$ とおくと，$f'(x) = -1/x$, $f''(x) = 1/x^2 > 0$ より $f$ は凸関数である．$x_i = 1/a_i$ $(i = 1, ..., n)$ とおくと

$$f(n) = f\left(a_1 \frac{1}{a_1} + \cdots + a_n \frac{1}{a_n}\right) \leq a_1 f\left(\frac{1}{a_1}\right) + \cdots + a_n f\left(\frac{1}{a_n}\right) = \sum_{i=1}^{n} a_i \left(-\log \frac{1}{a_i}\right)$$

ゆえに，$-\log n \leq \sum_{i=1}^{n} a_i \log a_i$.

## 章末問題

**(ex.6.A.1)** 次の導関数を求めよ．($a, b$ は定数)

(i) $f(x) = \dfrac{\sin x}{\sqrt{a^2 \cos^2 x + b^2 \sin^2 x}}$ (ii) $f(x) = \sqrt{\dfrac{1 - \sqrt{x}}{1 + \sqrt{x}}}$

**(ex.6.A.2)** 次の関数の微分可能性を調べよ．

(i) $f(x) = \dfrac{1}{1 + |x|}$ (ii) $f(x) = \sqrt{x + x^2}$, $x \geq 0$

(iii) $f(x) = \tan|x| - |x|$ $(-\pi/2 < x < \pi/2)$

**(ex.6.A.3)** 次の関数の第 $n$ 次の導関数を求めよ．($a, b$ は定数)

(i) $f(x) = (\cos ax)(\cos bx)$ (ii) $f(x) = \dfrac{1}{(x+a)(x+b)}$

**(ex.6.A.4)** 次の極限値を求めよ．($a, b$ は正の定数)

(i) $\lim_{x \to \infty} x(a^{1/x} - 1)$ (ii) $\lim_{x \to 0} \dfrac{\log \cos(ax)}{\log \cos(bx)}$ (iii) $\lim_{x \to 0} (\cos x)^{1/x^2}$

**(ex.6.A.5)** 次を示せ．($a, b\ c$ は正の定数)

(i) $\lim_{x \to 0} \left(\dfrac{a^x + b^x + c^x}{3}\right)^{1/x} = (abc)^{1/3}$

(ii) $\lim_{x \to +0} \left(\dfrac{a^{1/x} + b^{1/x} + c^{1/x}}{3}\right)^{x} = \max\{a, b, c\}$

**(ex.6.A.6)** $f(x) = x^{n-1} e^{1/x}$ のとき，$f^{(n)}(x) = (-1)^n x^{-(n+1)} e^{1/x}$ を示せ．

**(ex.6.A.7)** $f(x) = \mathrm{Sin}^{-1} x$ とするとき，次を示せ．
(i) $f^{(n+2)}(0) = n^2 f^{(n)}(0)$ (ii) $f^{(n)}(0) = \begin{cases} 1 \cdot 3^2 \cdot 5^2 \cdots (n-4)^2 (n-2)^2 & n\ \text{奇数} \\ 0 & n\ \text{偶数} \end{cases}$

**(ex.6.A.8)** 次の関数の極値を求めよ．
(i) $f(x) = x + \sqrt{1 + \cos 2x}$ $(0 < x < \pi)$ (ii) $f(x) = (x-a)^2 (x-b)^2$ $(x \in \mathbf{R})$

**(ex.6.A.9)** 次の不等式を証明せよ．
(i) $1 - x + \dfrac{x^2}{2} > e^{-x} > 1 - x$ $(x > 0)$ (ii) $\log(1+x) < x - \dfrac{x^2}{2} + \dfrac{x^3}{3}$ $(x > 0)$

(iii) $e^x > 1 + x + \dfrac{x^2}{2!} + \cdots + \dfrac{x^n}{n!}$ $(x > 0,\ n \in \mathbf{N})$

(iv) $x > 0, x \neq 1, p > q > 1$ のとき，$\dfrac{x^p - 1}{p} > \dfrac{x^q - 1}{q}$.

**(ex.6.A.10)** 次の関数の 4 次のマクローリン多項式を求めよ．
(i) $f(x) = \log \cos x$ (ii) $f(x) = e^{\sin x}$ (iii) $f(x) = (1+x)^x$ (iv) $f(x) = e^{\tan x}$

**(ex.6.A.11)** 次の関数は $x \to 0$ で $x$ に対して，何位の無限小であるか．
(i) $f(x) = \sin x - x$ (ii) $f(x) = \log(1+x) - x$
(iii) $f(x) = \tan x - \sin x$ (iv) $f(x) = 1 - \sqrt{1 - x^2}$

**(ex.6.A.12)** 次の関数の凹凸，変曲点を求めよ．
$f(x) = a \cos x + b \sin 2x$ $(a > 0, b > 0)$ $(0 \leq x \leq 2\pi)$

**(ex.6.A.13)** 次を示せ．
(i) 半径 $a$ の円に内接する長方形のうちで，面積が最大になるものは 1 辺の長さが $a\sqrt{2}$ の正方形である．
(ii) 半径 $a$ の球に内接する直円柱のうちで，体積が最大になるものは底面の円の半径が $a\sqrt{2/3}$ で高さが $2a/\sqrt{3}$ のものである．
(iii) 半径 $a$ の球に内接する直円錐のうちで，体積が最大になるものは底面の円の半径が $2a\sqrt{2}/3$ で高さが $4a/3$ のものである．
(iv) 体積が一定な直円柱のうち，全表面積が最小になるものは高さが底面の直径と等しいものである．
(v) 全表面積が一定な直円錐のうち，体積が最大のものは底面の半径 : 高さ $= 1 : 2\sqrt{2}$ のものである．

**(ex.6.A.14)** 双曲線関数，逆双曲線関数（付録参照）について，次を示せ．
(i) $\dfrac{d}{dx} \sinh x = \cosh x$ (ii) $\dfrac{d}{dx} \cosh x = \sinh x$ (iii) $\dfrac{d}{dx} \tanh x = \mathrm{sech}^2 x$

(iv) $\dfrac{d}{dx}\coth x = -\cosech^2 x$   (v) $\dfrac{d}{dx}\sech x = -\sech x \tanh x$

(vi) $\dfrac{d}{dx}\cosech x = -\cosech x \coth x$   (vii) $\dfrac{d}{dx}\sinh^{-1} x = \dfrac{1}{\sqrt{x^2+1}}$

(viii) $\dfrac{d}{dx}\cosh^{-1} x = \dfrac{1}{\sqrt{x^2-1}}$   (ix) $\dfrac{d}{dx}\tanh^{-1} x = \dfrac{1}{1-x^2}$

(x) $\sinh x > x > \tanh x \ (x > 0)$   (xi) $\tanh x < \mathrm{Tan}^{-1} x < \dfrac{\pi}{2}\tanh x \ (x > 0)$

**(ex.6.B.1)** $f(x)$ が $C^{n+1}$ 級で,
$$f(a+h) = f(a) + f'(a)h + \cdots + \dfrac{f^{(n-1)}(a)}{(n-1)!}h^{n-1} + \dfrac{f^{(n)}(a+\theta h)}{n!}h^n \ (0 < \theta < 1)$$
であるとする. $f^{(n+1)}(a) \neq 0$ ならば, $h \to 0$ のとき, $\theta \to \dfrac{1}{n+1}$ であることを示せ.

**(ex.6.B.2)** 関数 $f$ が $[a, b]$ で連続で, $(a, b)$ で微分可能であるとする. 次を示せ.
(i) $f'(x) = c \ (c$ は定数$), x \in (a, b)$ ならば, $f(x) = cx + k \ (k$ は定数$) \ x \in [a, b]$
(ii) $f'(x) = cf(x) \ (c$ は定数$), x \in (a, b)$, また, $x \in [a, b]$ で $f(x) > 0$ ならば, $f(x) = k e^{cx} \ (k \neq 0$ は定数$), x \in [a, b]$.

**(ex.6.B.3)** $f(x) = \begin{cases} e^{-1/x} & x > 0 \\ 0 & x \leq 0 \end{cases}$ は, $x = 0$ で無限回微分可能であり, $f^{(n)}(0) = 0$ であることを示せ.

**(ex.6.B.4)** 次を示せ.
(i) $x > 1, p > 1$ のとき, $px^{p-1}(x-1) > x^p - 1 > p(x-1)$.
(ii) $p > 1, \dfrac{1}{p} + \dfrac{1}{q} = 1$ のとき,

(a) $\dfrac{1}{p}x^p + \dfrac{1}{q} \geq x \ (x \geq 0)$   (b) $\dfrac{1}{p}|\alpha|^p + \dfrac{1}{q}|\beta|^q \geq |\alpha\beta|$

(c) 《ヘルダーの不等式》 $\displaystyle\sum_{k=1}^{n}|a_k b_k| \leq \left(\sum_{k=1}^{n}|a_k|^p\right)^{1/p}\left(\sum_{k=1}^{n}|b_k|^q\right)^{1/q}$

(iii) 《ミンコフスキーの不等式》 $p \geq 1$ のとき,
$$\left(\sum_{k=1}^{n}|a_k+b_k|^p\right)^{1/p} \leq \left(\sum_{k=1}^{n}|a_k|^p\right)^{1/p} + \left(\sum_{k=1}^{n}|b_k|^p\right)^{1/p}$$

**NOTE:** ヘルダーの不等式において, $p = q = 2$ とおいたものはシュワルツの不等式である.

********** 章末問題解答 **********

**(ex.6.A.1)** (i) $y' = \dfrac{\cos x}{\sqrt{a^2 \cos^2 x + b^2 \sin^2 x}}$

$+ \dfrac{-\sin x}{(a^2 \cos^2 x + b^2 \sin^2 x)} \cdot \dfrac{-2a^2 \cos x \sin x + 2b^2 \sin x \cos x}{2(a^2 \cos^2 x + b^2 \sin^2 x)^{1/2}}$

$= \dfrac{\cos x(a^2 \cos^2 x + b^2 \sin^2 x) + (a^2 - b^2)\sin^2 x \cos x}{(a^2 \cos^2 x + b^2 \sin^2 x)^{3/2}} = \dfrac{a^2 \cos x}{(a^2 \cos^2 x + b^2 \sin^2 x)^{3/2}}$

(ii) $y = \sqrt{\dfrac{1-\sqrt{x}}{1+\sqrt{x}}},\ y^2 = \dfrac{1-\sqrt{x}}{1+\sqrt{x}} = \dfrac{2-(1+\sqrt{x})}{1+\sqrt{x}}$

$y^2 = \dfrac{2}{1+\sqrt{x}} - 1,\ 2yy' = \dfrac{-2\left(\dfrac{1}{2\sqrt{x}}\right)}{(1+\sqrt{x})^2} = \dfrac{-1}{\sqrt{x}(1+\sqrt{x})^2}$

ゆえに, $y' = \dfrac{-1}{2\sqrt{x}(1+\sqrt{x})^2}\sqrt{\dfrac{1+\sqrt{x}}{1-\sqrt{x}}} = \dfrac{-1}{2\sqrt{x}(1+\sqrt{x})\sqrt{1-x}}$.

**(ex.6.A.2)** (i) $x = 0$ で調べる.

$\displaystyle\lim_{h\to +0}\dfrac{f(h)-f(0)}{h} = \lim_{h\to +0}\dfrac{[1/(1+|h|)]-1}{h} = \lim_{h\to +0}\dfrac{-|h|}{h(1+|h|)} = -1$

$\displaystyle\lim_{h\to -0}\dfrac{f(h)-f(0)}{h} = \lim_{h\to -0}\dfrac{[1/(1+|h|)]-1}{h} = \lim_{h\to -0}\dfrac{-|h|}{h(1+|h|)} = 1$

ゆえに, $f_+{'}(0) \neq f_-{'}(0)$. よって, $x = 0$ では微分可能ではない.
その他の点では微分可能.

(ii) $x = 0$ で調べる.

$\displaystyle\lim_{h\to +0}\dfrac{f(h)-f(0)}{h} = \lim_{h\to +0}\dfrac{1}{h}\sqrt{h+h^2} = \lim_{h\to +0}\sqrt{\dfrac{1}{h}+1} = +\infty$

ゆえに, $x = 0$ で右微分可能ではない. 他の点では微分可能.

(iii) $x = 0$ で調べる.

$\displaystyle\lim_{h\to +0}\dfrac{f(h)-f(0)}{h} = \lim_{h\to +0}\dfrac{1}{h}(\tan h - h) = \lim_{h\to +0}\left(\dfrac{\sin h}{h}\right)\left(\dfrac{1}{\cos h}\right) - 1 = 0$

$$\lim_{h \to -0} \frac{f(h) - f(0)}{h} = \lim_{h \to -0} \frac{1}{h}(\tan(-h) + h) = \lim_{h \to -0}\left(-\frac{\sin h}{h}\right)\left(\frac{1}{\cos h}\right) + 1 = 0$$

ゆえに，$f_+'(0) = f_-'(0)$．よって，$f'(0) = 0$．

ゆえに，$-\dfrac{\pi}{2} < x < \dfrac{\pi}{2}$ のすべての $x$ で微分可能．

**(ex.6.A.3)** (i) $(\cos ax)' = -a\sin ax = a\cos\left(ax + \dfrac{\pi}{2}\right)$

$(\cos ax)'' = -a^2 \sin\left(ax + \dfrac{\pi}{2}\right) = a^2 \cos\left(ax + \dfrac{2\pi}{2}\right)$

帰納的に，$(\cos ax)^{(k)} = a^k \cos\left(ax + \dfrac{k\pi}{2}\right)$．

同様に，$(\cos bx)^{(k)} = b^k \cos\left(bx + \dfrac{k\pi}{2}\right)$．

ゆえに，$f^{(n)}(x) = \{(\cos ax)(\cos bx)\}^{(n)} = \displaystyle\sum_{r=0}^{n} {}_nC_r (\cos ax)^{(n-r)} (\cos bx)^{(r)}$

$= \displaystyle\sum_{r=0}^{n} {}_nC_r a^{n-r} b^r \cos\left(ax + \dfrac{n-r}{2}\pi\right)\cos\left(bx + \dfrac{r}{2}\pi\right)$

(ii) $f(x) = (x+a)^{-1}(x+b)^{-1}$．ここで，$\left\{(x+a)^{-1}\right\}^{(k)} = (-1)^k k!(x+a)^{-1-k}$．

$\left\{(x+b)^{-1}\right\}^{(k)} = (-1)^k k!(x+b)^{-1-k}$ であるから，

$f^{(n)}(x) = \displaystyle\sum_{r=0}^{n} {}_nC_r \left\{(x+a)^{-1}\right\}^{(n-r)} \left\{(x+b)^{-1}\right\}^{(r)}$

$= \displaystyle\sum_{r=0}^{n} {}_nC_r (-1)^{n-r}(n-r)!(x+a)^{-1-n+r}(-1)^r r!(x+b)^{-1-r}$

$= \displaystyle\sum_{r=0}^{n} (-1)^n n!(x+a)^{-n+r-1}(x+b)^{-r-1}$

**(ex.6.A.4)** (i) $\displaystyle\lim_{x \to \infty} x\left(a^{1/x} - 1\right) = \lim_{x \to \infty} \frac{a^{1/x} - 1}{1/x}$．ここで，$\dfrac{1}{x} = z$ とおくと

$\displaystyle\lim_{z \to +0} \frac{a^z - 1}{z} = \log a$ より，$\displaystyle\lim_{x \to \infty} x\left(a^{1/x} - 1\right) = \log a$．

(ii) $\displaystyle\lim_{x\to 0}\frac{\log\cos(ax)}{\log\cos(bx)} = \lim_{x\to 0}\frac{\left(\dfrac{-\sin ax}{\cos ax}\right)\cdot a}{\left(\dfrac{-\sin bx}{\cos bx}\right)\cdot b} = \lim_{x\to 0}\frac{\left(\dfrac{\sin ax}{ax}\right)a^2\cos bx}{\left(\dfrac{\sin bx}{bx}\right)b^2\cos ax} = \frac{a^2}{b^2}$

(iii) $z = (\cos x)^{1/x^2}$ とおく，$\log z = \dfrac{1}{x^2}\log\cos x$．

$\displaystyle\lim_{x\to 0}\log z = \lim_{x\to 0}\frac{\log\cos x}{x^2} = \lim_{x\to 0}\frac{\left(\dfrac{-\sin x}{\cos x}\right)}{2x} = \lim_{x\to 0}\left(\frac{\sin x}{x}\right)\left(\frac{-1}{2\cos x}\right) = \frac{-1}{2}$

ゆえに，$\displaystyle\lim_{x\to 0} z = \lim_{x\to 0} e^{\log z} = e^{-1/2} = \frac{1}{\sqrt{e}}$．

**(ex.6.A.5)** (i) $y = \left(\dfrac{a^x + b^x + c^x}{3}\right)^{1/x}$ $(a>0, b>0, c>0)$ とおくと

$\log y = \dfrac{\log\left(\dfrac{a^x + b^x + c^x}{3}\right)}{x}$．

ゆえに，$\displaystyle\lim_{x\to 0}\log y = \lim_{x\to 0}\left\{\dfrac{\dfrac{3}{a^x + b^x + c^x}\left(\dfrac{a^x\log a + b^x\log b + c^x\log c}{3}\right)}{1}\right\}$

$= \dfrac{\log a + \log b + \log c}{3} = \log(abc)^{1/3}$．よって，$\displaystyle\lim_{x\to 0} y = (abc)^{1/3}$．

(ii) $a \geq b \geq c > 0$ とする．

$y = \left(\dfrac{a^{1/x} + b^{1/x} + c^{1/x}}{3}\right)^x = a\left\{\dfrac{1 + (b/a)^{1/x} + (c/a)^{1/x}}{3}\right\}^x$ $\cdots$ (イ)

ここで，$z = \left\{\dfrac{1 + (b/a)^{1/x} + (c/a)^{1/x}}{3}\right\}^x$ とおくと，$0 < \dfrac{b}{a} \leq 1$, $0 < \dfrac{c}{a} \leq 1$ であるから，

$\displaystyle\lim_{x\to +0}\log z = \lim_{x\to +0} x\log\left\{\dfrac{1 + (b/a)^{1/x} + (c/a)^{1/x}}{3}\right\} = 0$．

ゆえに，$\displaystyle\lim_{x\to +0} z = 1$．(イ) に代入すると $\displaystyle\lim_{x\to +0} y = a = \max\{a,b,c\}$．

**(ex.6.A.6)** $g_n(x) = x^{n-1}e^{1/x}$ のとき $g_n^{(n)}(x) = (-1)^n x^{-(n+1)}e^{1/x}$ となることを $n$ に

ついて帰納法で証明する．

$k = 1$ のとき $g_1(x) = e^{1/x}$ について，$g_1'(x) = (-1)x^{-2}e^{1/x}$ で成り立つ．
$k = n$ のとき成り立つとする．$g_n^{(n)}(x) = (-1)^n x^{-(n+1)} e^{1/x}$ とする．
$g_{n+1}(x) = x^n e^{1/x} = x g_n(x)$ より $g_{n+1}^{(n+1)}(x) = x g_n^{(n+1)}(x) + (n+1) g_n^{(n)}(x)$
$= x\{(-1)^{n+1}(n+1)x^{-(n+2)} e^{1/x} + (-1)^n x^{-(n+1)} e^{1/x}(-x^{-2})\} + (-1)^n (n+1) x^{-(n+1)} e^{1/x}$
$= (-1)^{n+1} x^{-(n+2)} e^{1/x}$
ゆえに，$k = n+1$ のときも成り立つ．
よって，すべての $n$ について $g_n^{(n)}(x) = (-1)^n x^{-(n+1)} e^{1/x}$．
すなわち，$f^{(n)}(x) = (-1)^n x^{-(n+1)} e^{1/x}$ は成り立つ．

**(ex.6.A.7)** (i) $y = \mathrm{Sin}^{-1} x$ とすると，$y' = \dfrac{1}{\sqrt{1-x^2}}$．
ゆえに，$\sqrt{1-x^2}\, y' = 1$, $\dfrac{-x}{\sqrt{1-x^2}} y' + \sqrt{1-x^2}\, y'' = 0$, $(1-x^2) y'' = xy'$．
両辺を $n$ 回微分する．
$$(1-x^2) y^{(n+2)} + n(-2x) y^{(n+1)} + \dfrac{n(n-1)}{2}(-2) y^{(n)} = x y^{(n+1)} + n y^{(n)}$$
ゆえに，$(1-x^2) y^{(n+2)} - 2nx y^{(n+1)} - n^2 y^{(n)} = x y^{(n+1)}$．
$x = 0$ とすると $y^{(n+2)}(0) - n y^{(n)}(0) = 0$．よって，$f^{(n+2)}(0) = n^2 f^{(n)}(0)$．
(ii) $n$ が奇数のとき (i) より $f'(0) = \left(\dfrac{1}{\sqrt{1-x^2}}\right)_{x=0} = 1$ であるから
$f^{(n)}(0) = (n-2)^2 f^{(n-2)}(0) = (n-2)^2 (n-4)^2 f^{(n-4)}(0) = \cdots$
$= (n-2)^2 (n-4)^2 \cdots 5^2 \cdot 3^2 \cdot 1 \cdot f'(0) = (n-2)^2 (n-4)^2 \cdots 5^2 \cdot 3^2 \cdot 1$
$n$ が偶数のとき，$f''(0) = 0$ であるから $f^{(n)}(0) = (n-2)^2 \cdots 4^2 \cdot 2^2 \cdot f''(0) = 0$．

**(ex.6.A.8)** (i) $f(x) = x + \sqrt{1 + \cos 2x} = x + \sqrt{2\cos^2 x}$, $0 < x < \pi$
ゆえに，$0 < x < \dfrac{\pi}{2}$ では $f(x) = x + \sqrt{2}\cos x$, $f'(x) = 1 - \sqrt{2}\sin x$．
$\dfrac{\pi}{2} < x < \pi$ では $f(x) = x - \sqrt{2}\cos x$, $f'(x) = 1 + \sqrt{2}\sin x$．
$x = \dfrac{\pi}{2}$ では $f(x) = x$．よって，$x = \dfrac{\pi}{4}$ では $f'(x) = 0$, $f''(x) < 0$ より極大値

$f\left(\dfrac{\pi}{4}\right) = 1 + \dfrac{\pi}{4}$ をとる．また，$x = \dfrac{\pi}{2}$ では区間 $\left(\dfrac{\pi}{4}, \dfrac{\pi}{2}\right)$ で $f'(x) < 0$，区間 $\left(\dfrac{\pi}{2}, \pi\right)$ で $f'(x) > 0$ であるから極小値 $f\left(\dfrac{\pi}{2}\right) = \dfrac{\pi}{2}$ をとる．

(ii) $f(x) = (x-a)^2(x-b)^2$ $(a \neq b)$．$f'(x) = 2(x-a)(x-b)\{2x - (a+b)\}$
$f''(x) = 2(x-b)\{2x - (a+b)\} + 2(x-a)\{2x - (a+b)\} + 4(x-a)(x-b)$
ゆえに，$x = a$ で $f'(x) = 0$，$f''(x) > 0$ より極小値 $f(a) = 0$．
$x = b$ で，$f'(x) = 0$，$f''(x) > 0$ より極小値 $f(b) = 0$．
$x = \dfrac{a+b}{2}$ で，$f'(x) = 0$，$f''(x) < 0$．よって，極大値 $f\left(\dfrac{a+b}{2}\right) = \dfrac{(a-b)^4}{16}$．
$a = b$ のときは，$f(x) = (x-a)^4$，$f'(x) = 4(x-a)^3$，$f^{(4)}(x) = 24$ より $x = a$
で $f'(x) = f''(x) = f'''(x) = 0, f^{(4)}(x) > 0$ であるから極小値 $f(a) = 0$ をとる．

**(ex.6.A.9)** (i) $g(x) = e^{-x} - (1-x)$ $(x > 0)$ とおくと
$g'(x) = -e^{-x} + 1 > 0, \quad \lim\limits_{x \to +0} g(x) = 0$．
よって，$g(x) > 0$ $(x > 0)$．ゆえに，$e^{-x} > (1-x)$ $(x > 0)$．
次に，$f(x) = \left(1 - x + \dfrac{x^2}{2}\right) - e^{-x}$ $(x > 0)$ とおくと
$f'(x) = -1 + x + e^{-x} = g(x) > 0$ $(x > 0)$，$\lim\limits_{x \to +0} f(x) = 0$ であるから，
$f(x) > 0$ $(x > 0)$．ゆえに，$1 - x + \dfrac{x^2}{2} > e^{-x}$ $(x > 0)$ が成り立つ．

(ii) $f(x) = \left(x - \dfrac{x^2}{2} + \dfrac{x^3}{3}\right) - \log(1+x)$ $(x > 0)$ とおくと
$f'(x) = 1 - x + x^2 - \dfrac{1}{1+x} = \dfrac{x^3}{1+x} > 0, \quad \lim\limits_{x \to +0} f(x) = 0$
よって，$f(x) > 0$ $(x > 0)$．
ゆえに，$x - \dfrac{x^2}{2} + \dfrac{x^3}{3} > \log(1+x)$ $(x > 0)$．

(iii) $f_n(x) = \left(1 + x + \dfrac{x^2}{2!} + \cdots + \dfrac{x^n}{n!}\right) - e^x$ $(x > 0)$ とおくとき
$f_n(x) < 0$ $(x > 0)$ が成り立つことを帰納的に証明する．

$n = 1$ のとき $f_1(x) = (1 + x) - e^x$, $f_1'(x) = 1 - e^x$. よって，$x > 0$ で
$f_1'(x) < 0$, $\lim_{x \to +0} f_1(x) = 0$. ゆえに，$f_1(x) < 0 \ (x > 0)$.
$n = k$ のとき $f_k(x) < 0 \ (x > 0)$ が成り立つとする．
$f_{k+1}(x) = \left(1 + x + \dfrac{x^2}{2!} + \cdots + \dfrac{x^{k+1}}{(k+1)!}\right) - e^x$ において，
$f_{k+1}'(x) = \left(1 + x + \cdots + \dfrac{e^k}{k!}\right) - e^x = f_k(x) < 0 \ (x > 0)$
$\lim_{x \to +0} f_{k+1}(x) = 0$. よって $f_{k+1}(x) < 0 \ (x > 0)$. ゆえに，任意の自然数 $n$ につい
て $f_n(x) < 0 \ (x > 0)$, すなわち，$e^x > 1 + x + \dfrac{x^2}{2!} + \cdots + \dfrac{x^n}{n!} \ (x > 0)$ が成り立つ．

(iv) $p > q > 1$ のとき，$f(x) = \dfrac{x^p - 1}{p} - \dfrac{x^q - 1}{q} \ (x > 0)$ とおく．
$f'(x) = x^{p-1} - x^{q-1}$, $f''(x) = (p-1)x^{p-2} - (q-1)x^{q-2}$
$f'(1) = 0$, $f''(1) = (p-1) - (q-1) = p - q > 0$
$x = 1$ は唯一の極小値 $f(1) = 0$ を与える．
よって，$x \neq 1$ では $f(x) = \dfrac{x^p - 1}{p} - \dfrac{x^q - 1}{q} > 0$.

**(ex.6.A.10)** 関数 $f(x)$ の4次のマクローリン多項式は4次の多項式で，$P_4$ で表すと $P_4 = f(0) + f'(0)x + \dfrac{f''(0)}{2!}x^2 + \dfrac{f'''(0)}{3!}x^3 + \dfrac{f^{(4)}(0)}{4!}x^4$ である．

(i) $f(x) = \log \cos x$, $f'(x) = \dfrac{-\sin x}{\cos x} = -\tan x$
$f''(x) = (-\tan x)' = -\sec^2 x$, $f'''(x) = -2 \sec x (\sec x)'$
ここで，$(\sec x)' = \left(\dfrac{1}{\cos x}\right)' = \dfrac{\sin x}{\cos^2 x} = \tan x \sec x$ であるから
$f'''(x) = -2 \sec^2 x \tan x$
$f^{(4)}(x) = -4 \sec x (\sec x)' \tan x - 2 \sec^2 x (\tan x)' = -4 \sec^2 x \tan^2 x - 2 \sec^4 x$
ゆえに，$f(0) = 0$, $f'(0) = 0$, $f''(0) = -1$, $f'''(0) = 0$, $f^{(4)}(0) = -2$. よって，

$$P_4 = -\frac{x^2}{2} - \frac{x^4}{12}$$

[別解] $\cos x$, $\log(1+x)$ のマクローリン級数はそれぞれ,

$$\cos x = 1 - \frac{x^2}{2!} + \frac{x^4}{4!} - \cdots, \quad \log(1+x) = x - \frac{x^2}{2} + \frac{x^3}{3} - \frac{x^4}{4} + \cdots \text{ であるから}$$

$$P_4\left[\log\left(1+\left(-\frac{x^2}{2}+\frac{x^4}{24}-\cdots\right)\right)\right] = \left(-\frac{x^2}{2}+\frac{x^4}{24}\right) - \frac{1}{2}\left(-\frac{x^2}{2}\right)^2 = -\frac{x^2}{2} - \frac{x^4}{12}$$

**NOTE:** この別解の方法は,単に $\cos x$ の展開式を $\log(1+x)$ の展開式に代入して 4 次の項までを求めた.これが,真に,与式のマクローリン多項式となる.

(ii) $e^x = 1 + x + \dfrac{x^2}{2!} + \dfrac{x^3}{3!} + \dfrac{x^4}{4!} + \cdots$ より

$$e^{\sin x} = 1 + \sin x + \frac{1}{2!}\sin^2 x + \frac{1}{3!}\sin^3 x + \frac{1}{4!}\sin^4 x + \cdots$$

ここで,$\sin x = x - \dfrac{x^3}{3!} + \dfrac{x^5}{5!} - \cdots$ だから,4 次以上の項を切り捨てて $e^{\sin x}$ の式に代入すると,$e^{\sin x}$ の式は

$$1 + \left(x - \frac{x^3}{3!}\right) + \frac{1}{2!}\left(x - \frac{x^3}{3!}\right)^2 + \frac{1}{3!}x^3 + \frac{1}{4!}x^4 + \cdots$$

$$= 1 + x + \frac{x^2}{2} + \left(-\frac{1}{3!} + \frac{1}{3!}\right)x^3 + \left(\frac{-2}{2!3!} + \frac{1}{4!}\right)x^4 + \cdots$$

$$= 1 + x + \frac{x^2}{2} - \frac{x^4}{8} + \cdots. \quad \text{ゆえに,} \quad P_4 = 1 + x + \frac{x^2}{2} - \frac{x^4}{8}.$$

(iii) $f(x) = (1+x)^x \ (x > 0)$ から $\log f(x) = x\log(1+x)$.

$$\log(1+x) = x - \frac{x^2}{2} + \frac{x^3}{3} - \cdots, \quad e^x = 1 + x + \frac{x^2}{2!} + \frac{x^3}{3!} + \cdots \text{ であるから}$$

$$f(x) = e^{\log f(x)} = e^{x\log(1+x)} = \exp\left[x^2 - \frac{x^3}{2} + \frac{x^4}{3} - \cdots\right]$$

$$= 1 + \left(x^2 - \frac{x^3}{2} + \frac{x^4}{3}\right) + \frac{1}{2}(x^2)^2 + \cdots = 1 + x^2 - \frac{x^3}{2} + \frac{5x^4}{6} - \cdots$$

ゆえに,$P_4 = 1 + x^2 - \dfrac{x^3}{2} + \dfrac{5}{6}x^4.$

(iv) (ii) の方法で，$e^{\tan x} = 1 + \tan x + \dfrac{1}{2!}\tan^2 x + \dfrac{1}{3!}\tan^3 x + \dfrac{1}{4!}\tan^4 x + \cdots$ に，$\tan x$ の 4 次のマクローリン多項式を求めて，代入する．

そこで $g(x) = \tan x$ とおくと $g'(x) = \sec^2 x = 1 + \tan^2 x = 1 + (g(x))^2$．

ゆえに，$g''(x) = 2g(x)g'(x)$, $g'''(x) = 2(g'(x))^2 + 2g(x)g''(x)$,

$g^{(4)}(x) = 6g'(x)g''(x) + 2g(x)g'''(x)$

ゆえに，$g(0) = 0$, $g'(0) = 1$, $g''(0) = 0$, $g'''(0) = 2$, $g^{(4)}(0) = 0$

よって，

$\tan x = g(0) + g'(0)x + \dfrac{1}{2}g''(0)x^2 + \dfrac{1}{3!}g'''(0)x^3 + \dfrac{1}{4!}g^{(4)}(0)x^4 + \cdots = x + \dfrac{1}{3}x^3 + \cdots$

ゆえに，$e^{\tan x}$ の展開式に代入して

$1 + \left(x + \dfrac{1}{3}x^3\right) + \dfrac{1}{2!}\left(x + \dfrac{1}{3}x^3\right)^2 + \dfrac{1}{3!}\left(x + \dfrac{1}{3}x^3\right)^3 + \dfrac{1}{4!}\left(x + \dfrac{1}{3}x^3\right)^4 + \cdots$

$= 1 + x + \dfrac{1}{2}x^2 + \left(\dfrac{1}{3} + \dfrac{1}{3!}\right)x^3 + \left(\dfrac{1}{2!}\dfrac{2}{3} + \dfrac{1}{4!}\right)x^4 + \cdots$

$= 1 + x + \dfrac{1}{2}x^2 + \dfrac{1}{2}x^3 + \dfrac{3}{8}x^4 + \cdots$

よって，$P_4 = 1 + x + \dfrac{1}{2}x^2 + \dfrac{1}{2}x^3 + \dfrac{3}{8}x^4$．

**(ex.6.A.11)**

(i) $\sin x = x - \dfrac{x^3}{3!} + o(x^5)$ であるから $\dfrac{f(x)}{x^3} = \dfrac{\sin x - x}{x^3} = -\dfrac{1}{3!} + \dfrac{o(x^5)}{x^3}$．

$\lim\limits_{x \to 0} \dfrac{f(x)}{x^3} = -\dfrac{1}{3!}$．よって第 3 位の無限小．

(ii) $\log(1 + x) = x - \dfrac{x^2}{2} + o(x^3)$ より $\dfrac{f(x)}{x^2} = \dfrac{\log(1 + x) - x}{x^2} = -\dfrac{1}{2} + \dfrac{o(x^3)}{x^2}$．ゆえに，第 2 位の無限小．

(iii) $\sin x = x - \dfrac{x^3}{3!} + o(x^5)$, $\tan x = x + \dfrac{x^3}{3} + o(x^5)$ より

$\dfrac{\tan x - \sin x}{x^3} = \dfrac{1}{2} + \dfrac{o(x^5)}{x^3}$．ゆえに第 3 位の無限小．

(iv) $(1-x^2)^{1/2} = 1 - \frac{1}{2}x^2 + o(x^4)$ であるから $1 - \sqrt{1-x^2} = \frac{1}{2}x^2 + o(x^4)$.
ゆえに $\frac{1-\sqrt{1-x^2}}{x^2} = \frac{1}{2} + \frac{o(x^4)}{x^2}$. よって第 2 位の無限小.

**(ex.6.A.12)** $f(x) = a\cos x + b\sin 2x \ (0 \le x \le 2\pi)$. $f'(x) = -a\sin x + 2b\cos 2x$
$f''(x) = -a\cos x - 4b\sin 2x = -8b\cos x\left(\frac{a}{8b} + \sin x\right)$

(イ) $\frac{a}{8b} \ge 1$ のとき区間 $\left(0, \frac{\pi}{2}\right), \left(\frac{3\pi}{2}, 2\pi\right)$ で上に凸.
区間 $\left(\frac{\pi}{2}, \frac{3\pi}{2}\right)$ で下に凸. 点 $\left(\frac{\pi}{2}, 0\right), \left(\frac{3\pi}{2}, 0\right)$ は変曲点.

(ロ) $0 < \frac{a}{8b} < 1$ のとき $\sin\theta = -\frac{a}{8b} \ \left(\pi < \theta < \frac{3\pi}{2}\right)$ とおく.
曲線の凹凸は下の表のようになる. 変曲点は,
$\left(\frac{\pi}{2}, 0\right)$, $(\theta, a\cos\theta + b\sin 2\theta)$, $\left(\frac{3\pi}{2}, 0\right)$, $(3\pi - \theta, -a\cos\theta - b\sin 2\theta)$ の 4 点.

| $x$ | 0 | $\pi/2$ | $\pi$ | $\theta$ | $3\pi/2$ | $(3\pi-\theta)$ | $2\pi$ |
|---|---|---|---|---|---|---|---|
| $f''(x)$ | | $-$ | 0 | $+$ | 0 | $-$ | 0 | $+$ | 0 | $-$ |
| $f(x)$ | | 上に凸 | | 下に凸 | | 上に凸 | | 下に凸 | | 上に凸 |

**(ex.6.A.13)** (i) 図の三角形 $ABO$ の面積は
$\frac{1}{2}a^2\sin\theta\cos\theta$. よって長方形の面積 $S(\theta) \left(0 < \theta < \frac{\pi}{2}\right)$ は
$S(\theta) = 4a^2\sin\theta\cos\theta = 2a^2\sin 2\theta$
$\frac{dS}{d\theta} = 4a^2\cos 2\theta, \quad \frac{d^2S}{d\theta^2} = -8a^2\sin 2\theta$
$\frac{dS}{d\theta} = 0$ をみたす $\theta$ は $\frac{\pi}{4}$. このとき $\frac{d^2S}{d\theta^2}\left(\frac{\pi}{4}\right) < 0$ より $S(\theta)$ は $\theta = \frac{\pi}{4}$ で唯一の
極大. よって最大値となる. このとき, $AB = a\sin\frac{\pi}{4} = \frac{a}{\sqrt{2}}$ であるから一辺の長さは $a\sqrt{2}$.

(ii) 図のように, 球の中心 $O$ から底面におろした垂線の長さを $h$ とすると, 底

面の円の面積は $\pi(a^2 - h^2)$. このときの直円柱の体積 $V(h)$ $(0 < h < a)$ は

$V(h) = \pi(a^2 - h^2)2h = 2\pi(a^2 h - h^3)$. $V'(h) = 2\pi(a^2 - 3h^2)$. $V''(h) = -12\pi h$

$h = \dfrac{a}{\sqrt{3}}$ のとき $V'(h) = 0$, $V''(h) < 0$.

よって, $V(h)$ は $h = \dfrac{a}{\sqrt{3}}$ のとき唯一つの極大. ゆえに最大となる.

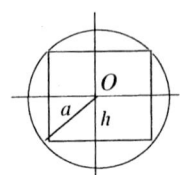

このとき底面の円の半径は $\sqrt{a^2 - h^2} = \sqrt{a^2 - \dfrac{a^2}{3}} = \sqrt{\dfrac{2}{3}}a$. 高さは $2h = \dfrac{2a}{\sqrt{3}}$ である.

(iii) 図のように, 球の中心から底面におろした垂線の長さを $h$ とすると底面の円の面積は $\pi(a^2 - h^2)$. このときの直円錐の体積 $V(h)$ $(0 < h < a)$ は

$V(h) = \dfrac{1}{3}\pi(a^2 - h^2)(a + h) = \dfrac{1}{3}\pi(a^3 + a^2 h - a h^2 - h^3)$

$V'(h) = \dfrac{\pi}{3}(a^2 - 2ah - 3h^2) = \dfrac{\pi}{3}(a - 3h)(a + h)$.

$V''(h) = \dfrac{\pi}{3}(-2a - 6h)$. $h = \dfrac{a}{3}$ のとき $V'(h) = 0$, $V''(h) < 0$. よって, $V(h)$ は $h = \dfrac{a}{3}$ のとき唯一つの極大. ゆえに最大となる. このときの底面の円の半径は

$\sqrt{a^2 - h^2} = \sqrt{a^2 - \dfrac{a^2}{9}} = \dfrac{2\sqrt{2}}{3}a$, 高さは $a + h = a + \dfrac{a}{3} = \dfrac{4}{3}a$ である.

(iv) 底面の円の半径を $r$, 直円柱の体積を $V$, 高さを $h$ とすると, $V = \pi r^2 h$. このときの表面積 $S(r)$ は $S(r) = 2\pi r h + 2\pi r^2 = 2V r^{-1} + 2\pi r^2$.

$S'(r) = \dfrac{-2V}{r^2} + 4\pi r$. $S''(r) = \dfrac{4V}{r^3} + 4\pi$.

よって, $r = \left(\dfrac{V}{2\pi}\right)^{1/3}$ のとき $S'(r) = 0$, $S''(r) > 0$. よって, このとき $S(r)$ は唯一つの極小ゆえに最小となる. $r = \left(\dfrac{V}{2\pi}\right)^{1/3}$ のとき $V = 2\pi r^3$ より $h = 2r$ となる.

(v) 底面が半径 $r$ の円で, 高さ $h$ の直円錐の体積 $V$ は, $V = \dfrac{1}{3}\pi r^2 h$. 展開図か

ら，その表面積 $S$ は $S = \dfrac{1}{2}(r^2 + h^2)\theta + \pi r^2$．ここに，角 $\theta$ は $\sqrt{r^2 + h^2}\,\theta = 2\pi r$ をみたす．ゆえに $S = \pi r\sqrt{r^2 + h^2} + \pi r^2$ … (イ)

$h^2 = \left(\dfrac{S - \pi r^2}{\pi r}\right)^2 - r^2$．よって，

$$V^2 = \dfrac{1}{9}(\pi r^2)^2\left\{\left(\dfrac{S - \pi r^2}{\pi r}\right)^2 - r^2\right\} = \dfrac{1}{9}\left\{(Sr - \pi r^3)^2 - \pi^2 r^6\right\} = \dfrac{S}{9}(Sr^2 - 2\pi r^4)$$

よって，$\dfrac{dV^2}{dr} = \dfrac{S}{9}(2Sr - 8\pi r^3)$．$\dfrac{d^2 V^2}{dr^2} = \dfrac{S}{9}(2S - 24\pi r^2)$．

ゆえに，$r = \dfrac{\sqrt{S}}{2\sqrt{\pi}}$ のとき $\dfrac{dV^2}{dr} = 0$，$\dfrac{d^2 V^2}{dr^2} < 0$．よってこのとき体積は唯一の極大となる．ゆえに最大となる．

(イ) より $\dfrac{S}{r^2} = \pi\sqrt{1 + \left(\dfrac{h}{r}\right)^2} + \pi$．$\dfrac{S}{r^2} = 4\pi$ を代入すると $\sqrt{1 + \left(\dfrac{h}{r}\right)^2} = 3$．ゆえに，$\left(\dfrac{h}{r}\right)^2 = 8$．$r : h = 1 : 2\sqrt{2}$ となる．

**(ex.6.A.14)** (i) $\sinh x = \dfrac{e^x - e^{-x}}{2}$, $\cosh x = \dfrac{e^x + e^{-x}}{2}$ であるから

$$\dfrac{d}{dx}\sinh x = \dfrac{d}{dx}\left(\dfrac{e^x - e^{-x}}{2}\right) = \dfrac{e^x + e^{-x}}{2} = \cosh x$$

(ii) $\dfrac{d}{dx}\cosh x = \dfrac{d}{dx}\left(\dfrac{e^x + e^{-x}}{2}\right) = \dfrac{e^x - e^{-x}}{2} = \sinh x$

(iii) $\dfrac{d}{dx}\tanh x = \dfrac{d}{dx}\left(\dfrac{\sinh x}{\cosh x}\right) = \dfrac{\cosh^2 x - \sinh^2 x}{\cosh^2 x}$

ここで $\cosh^2 x - \sinh^2 x = (\cosh x - \sinh x)(\cosh x + \sinh x) = e^{-x} \cdot e^x = 1$．

ゆえに $\dfrac{d}{dx}\tanh x = \dfrac{1}{\cosh^2 x} = \operatorname{sech}^2 x$．

(iv) $\dfrac{d}{dx}\coth x = \dfrac{d}{dx}\left(\dfrac{1}{\tanh x}\right) = \dfrac{-\operatorname{sech}^2 x}{\tanh^2 x} = \dfrac{-1}{\sinh^2 x} = -\operatorname{cosech}^2 x$

(v) $\dfrac{d}{dx}\operatorname{sech} x = \dfrac{d}{dx}\left(\dfrac{1}{\cosh x}\right) = \dfrac{-\sinh x}{\cosh^2 x} = -\operatorname{sech} x \tanh x$

(vi) $\dfrac{d}{dx}\operatorname{cosech} x = \dfrac{d}{dx}\left(\dfrac{1}{\sinh x}\right) = \dfrac{-\cosh x}{\sinh^2 x} = -\operatorname{cosech} x \coth x$

(vii) $\sinh^{-1} x = y$ とおくと，$x = \sinh y$．両辺を $x$ で微分すると $1 = \cosh y \cdot \dfrac{dy}{dx}$．
一方，$\cosh^2 y - \sinh^2 y = 1$ であるから $\cosh^2 y = 1 + x^2$．よって $\dfrac{dy}{dx} = \dfrac{1}{\sqrt{x^2 + 1}}$

(viii) $\cosh^{-1} x = y$ とおくと $x = \cosh y$．ゆえに，$1 = \sinh y \dfrac{dy}{dx}$，
$\sinh^2 y - \cosh^2 y = -1$ であるから $\sinh^2 y = x^2 - 1$．よって，$\dfrac{dy}{dx} = \dfrac{1}{\sqrt{x^2 - 1}}$．

(ix) $\tanh^{-1} x = y$ とおくと，$x = \tanh y$，$1 = \operatorname{sech}^2 y \dfrac{dy}{dx}$．

$1 - \tanh^2 y = 1 - \left(\dfrac{e^y - e^{-y}}{e^y + e^{-y}}\right)^2 = \dfrac{4}{(e^y + e^{-y})^2} = \dfrac{1}{\cosh^2 y} = \operatorname{sech}^2 y$

ゆえに，$\dfrac{dy}{dx} = \dfrac{1}{1 - x^2}$．

(x) $f(x) = \sinh x - x = \dfrac{e^x - e^{-x}}{2} - x$ とおくと

$f'(x) = \dfrac{e^x + e^{-x}}{2} - 1,\ f''(x) = \dfrac{e^x - e^{-x}}{2}$

よって，$f'(0) = 0,\ f''(x) > 0\ (x > 0)$ より $f'(x) > 0,\ (x > 0),\ f(0) = 0$ であるから，$f(x) > 0\ (x > 0)$．ゆえに，$\sinh x > x\ (x > 0)$．
$g(x) = x - \tanh x$ とおくと，

$g'(x) = 1 - \operatorname{sech}^2 x = 1 - \left(\dfrac{2}{e^x + e^{-x}}\right)^2 = \dfrac{(e^x - e^{-x})^2}{(e^x + e^{-x})^2}$．

ゆえに，$g(0) = 0,\ x > 0$ で $g'(x) > 0$．よって，$x > 0$ で $x > \tanh x$．

(xi) （イ）$f(x) = \operatorname{Tan}^{-1} x - \tanh x\ (x > 0)$ とおくと

$f'(x) = \dfrac{1}{1 + x^2} - \operatorname{sech}^2 x = \dfrac{1}{1 + x^2} - \left(\dfrac{2}{e^x + e^{-x}}\right)^2 = \dfrac{(e^x + e^{-x})^2 - 4(1 + x^2)}{(1 + x^2)(e^x + e^{-x})^2}$

ここで，$g(x) = (e^x + e^{-x})^2 - 4(1+x^2)$ とおくと $g(0) = 0$.
$g'(x) = 2(e^x + e^{-x})(e^x - e^{-x}) - 8x = 2e^{2x} - 2e^{-2x} - 8x$
$g''(x) = 4(e^{2x} + e^{-2x} - 2)$, $g'''(x) = 8(e^{2x} - e^{-2x}) > 0$ $(x > 0)$，$g''(0) = 0$ であるから，$x > 0$ で $g''(x) > 0$. よって，$g'(x)$ は $x > 0$ で単調増加．$g'(0) = 0$ より $x > 0$ で $g'(x) > 0$. ゆえに，$g(x)$ は $x > 0$ で単調増加，$g(0) = 0$ より $x > 0$ で $g(x) > 0$. よって，$x > 0$ で $f'(x) > 0$, $f(0) = 0$ であるから，
$x > 0$ で $f(x) = \mathrm{Tan}^{-1} x - \tanh x > 0$

(ロ) $h(x) = \dfrac{\pi}{2} \tanh x - \mathrm{Tan}^{-1} x$ とおく．

$h'(x) = \dfrac{\pi}{2}\left(\dfrac{2}{e^x + e^{-x}}\right)^2 - \dfrac{1}{1+x^2} = \dfrac{2\pi(1+x^2) - (e^x + e^{-x})^2}{(e^x + e^{-x})^2(1+x^2)}$.

ここで，$k(x) = 2\pi(1+x^2) - (e^x + e^{-x})^2$ とおく．
$k'(x) = 4\pi x - 2(e^{2x} - e^{-2x})$, $k''(x) = 4\{\pi - (e^{2x} + e^{-2x})\}$,
$k'''(x) = -8(e^{2x} - e^{-2x}) < 0$ $(x > 0)$
ここで，$\alpha > 0$ を $k''(\alpha) = 0$ とおく．
ゆえに，$0 < x < \alpha$ で $k''(x) > 0$. $\alpha < x$ で $k''(x) < 0$. ゆえに，$0 < x < \alpha$ で $k'(x)$ は単調増加．$k'(0) = 0$ より，ここでは，$k'(x) > 0$.
また，$\alpha < x$ では $k'(x)$ は単調減少で，$\lim_{x \to \infty} k'(x) = -\infty$. よってある $\beta$ $(\alpha < \beta)$ があって $0 < x < \beta$ で $k'(x) > 0$, $\beta < x$ で，$k'(x) < 0$ となる．
よって $0 < x < \beta$ で $k(x)$ は単調増加．$k(0) = 2\pi - 4 > 0$ より，ここでは $k(x) > 0$, $\beta < x$ では $k(x)$ は単調減少で，$\lim_{x \to \infty} k(x) = -\infty$. よって，ある $\gamma$ $(\beta < \gamma)$ があって $0 < x < \gamma$ で $k(x) > 0$, $\gamma < x$ で $k(x) < 0$ となる．ゆえに，$0 < x < \gamma$ で $h'(x) > 0$. $\gamma < x$ で $h'(x) < 0$, $h(0) = 0$,

$\lim_{x \to \infty} h(x) = \lim_{x \to \infty} \left\{ \dfrac{\pi}{2}\left(\dfrac{e^x - e^{-x}}{e^x + e^{-x}}\right) - \mathrm{Tan}^{-1} x \right\}$
$= \lim_{x \to \infty} \left\{ \dfrac{\pi}{2}\left(1 + \dfrac{-2e^{-x}}{e^x + e^{-x}}\right) - \mathrm{Tan}^{-1} x \right\} = \lim_{x \to \infty} \left\{ \left(\dfrac{\pi}{2} - \mathrm{Tan}^{-1} x\right) - \dfrac{\pi e^{-x}}{e^x + e^{-x}} \right\} = 0$

ゆえに $x > 0$ で $h(x) = \dfrac{\pi}{2} \tanh x - \mathrm{Tan}^{-1} x > 0$.

(ex.6.B.1)  $f(a+h) = f(a) + \cdots + \dfrac{f^{(n-1)}(a)}{(n-1)!}h^{n-1} + \dfrac{f^{(n)}(a+\theta h)}{n!}h^n \quad (0 < \theta < 1)$

ここで，$f^{(n)}$ に平均値の定理を用いると，$0 < \theta' < 1$ があって
$f^{(n)}(a+\theta h) = f^{(n)}(a) + \theta h f^{(n+1)}(a+\theta'\theta h)$ となる．
これを，上式に代入すると，

$$f(a+h) = f(a) + \cdots + \dfrac{f^{(n-1)}(a)}{(n-1)!}h^{n-1} + \dfrac{f^{(n)}(a)}{n!}h^n + \dfrac{\theta h^{n+1}}{n!}f^{(n+1)}(a+\theta'\theta h)$$
$$\cdots (\text{イ})$$

また，テーラーの定理より，$0 < \theta_2 < 1$ があって

$$f(a+h) = f(a) + \cdots + \dfrac{f^{(n-1)}(a)}{(n-1)!}h^{n-1} + \dfrac{f^{(n)}(a)}{n!}h^n + \dfrac{f^{(n+1)}(a+\theta_2 h)}{(n+1)!}h^{n+1}$$
$$\cdots (\text{ロ})$$

(イ)，(ロ) より $\dfrac{\theta h^{n+1}}{n!}f^{(n+1)}(a+\theta'\theta h) = \dfrac{f^{(n+1)}(a+\theta_2 h)}{(n+1)!}h^{n+1}$

よって，$\theta f^{(n+1)}(a+\theta'\theta h) = \dfrac{1}{n+1}f^{(n+1)}(a+\theta_2 h)$．

$\displaystyle\lim_{h\to 0}\theta = \lim_{h\to 0}\dfrac{1}{(n+1)}\left\{\dfrac{f^{(n+1)}(a+\theta_2 h)}{f^{(n+1)}(a+\theta'\theta h)}\right\} = \dfrac{1}{(n+1)}\dfrac{f^{(n+1)}(a)}{f^{(n+1)}(a)} = \dfrac{1}{n+1}$

(ex.6.B.2)  (i) $a < x \leq b$ に対して，平均値の定理により，$\xi\ (a < \xi < x)$ があって，次が成り立つ．
$f(x) - f(a) = f'(\xi)(x-a) = cx - ca$
ゆえに，$f(x) = cx + \{f(a) - ca\}$．$f(a) - ca = k$ とおくと $f(x) = cx + k$．
さらに $x = a$ のときも $f(a) = ca + \{f(a) - ca\} = ca + k$．
よって，$a \leq x \leq b$ に対して $f(x) = cx + k$ が成り立つ．
(ii) $\log f(x) = F(x)\ (x \in [a,b])$ とおくと $F'(x) = \dfrac{f'(x)}{f(x)} = c\ (x \in (a,b))$．
よって，(i) より $F(x) = cx + k_1\ (x \in [a,b])$ が成り立つ．
ゆえに，$f(x) = e^{F(x)} = e^{cx+k_1}$．$e^{k_1} = k$ とおくと，$f(x) = ke^{cx},\ x \in [a,b]$．

(ex.6.B.3)  $f(x) = e^{-1/x}\ (x > 0)$ について，

$$f'(x) = \frac{1}{x^2}e^{-1/x}, \ f''(x) = \frac{-2}{x^3}e^{-1/x} + \frac{1}{x^4}e^{-1/x} = \left(\frac{-2}{x^3} + \frac{1}{x^4}\right)e^{-1/x}, \cdots$$

ゆえに，$p(x)$ を $\frac{1}{x}$ の多項式とすれば，$f^{(n)}(x) = p(x)e^{-1/x}$ $(x > 0)$ と表すことができる．帰納法で $f^{(n)}(0) = 0$ を証明する．

$$\frac{f(x) - f(0)}{x} = \frac{f(x)}{x} = \frac{1}{x}e^{-1/x} \ (x > 0), \ \frac{1}{x} = y \ とおくと \ x \to 0 \ のとき \ y \to \infty$$

で $\lim_{y \to \infty} \frac{y}{e^y} = 0$ であるから $f'_+(0) = 0$．また，$f'_-(0) = 0$．ゆえに，$n = 1$ のとき $f'(0) = 0$ は成り立つ．$n = k$ のとき $f^{(k)}(0) = 0$ が成り立つとする．

$$\frac{f^{(k)}(x) - f^{(k)}(0)}{x} = \frac{1}{x}f^{(k)}(x) = \frac{1}{x}p(x)e^{-1/x} \quad (x > 0)$$

$\frac{1}{x} = y$ とおくと，$yp(1/y)$ は $y$ についての多項式であるから

$$\lim_{y \to \infty} \frac{yp(1/y)}{e^y} = 0. \ ゆえに，\lim_{x \to 0}\frac{f^{(k)}(x) - f^{(k)}(0)}{x} = 0 \quad (x > 0).$$

よって，$f^{(k+1)}_+(0) = 0$．また，$f^{(k+1)}_-(0) = 0$．これから $f^{(k+1)}(0) = 0$．
ゆえに，すべての自然数 $n$ について $f^{(n)}(0) = 0$．

**(ex.6.B.4)** (i) $f(x) = x^p$ $(x > 1)$ とおく．平均値の定理によって
$$f(x) - f(1) = f'(\xi)(x - 1) = p\xi^{p-1}(x - 1) \ (1 < \xi < x)$$
が成り立つ．$1 < \xi < x$，$p - 1 > 0$ より $1 < \xi^{p-1} < x^{p-1}$．
また，$p(x - 1) > 0$ より $p(x - 1) < p\xi^{p-1}(x - 1) < px^{p-1}(x - 1)$．
ゆえに，$p(x - 1) < x^p - 1 < px^{p-1}(x - 1)$．

(ii) (a) $f(x) = \frac{1}{p}x^p + \frac{1}{q} - x$ $(x \geq 0)$ とおく．
$f'(x) = x^{p-1} - 1$，ゆえに，$0 < x < 1$ で $f'(x) < 0$．
$f'(1) = 0$，$f(1) = \frac{1}{p} + \frac{1}{q} - 1 = 0$．$1 < x$ で $f'(x) > 0$．これから，$x = 1$ で $f(x)$ は最小値 $0$ をとる．よって，$f(x) = \frac{1}{p}x^p + \frac{1}{q} - x \geq 0$ $(x \geq 0)$．

(b) (a)で，$x = |\alpha||\beta|^{-(1/(p-1))}$ とおくと $\frac{1}{p}|\alpha|^p|\beta|^{-(p/(p-1))} + \frac{1}{q} \geq |\alpha| \cdot |\beta|^{-(1/(p-1))}$．

ここで，$\dfrac{1}{p}+\dfrac{1}{q}=1$ より $\dfrac{1}{q}=1-\dfrac{1}{p}=\dfrac{p-1}{p}$. ゆえに，$\dfrac{p}{p-1}=q$ であるから両辺に $|\beta|^q$ をかけて $\dfrac{1}{p}|\alpha|^p+\dfrac{1}{q}|\beta|^q \geq |\alpha\beta|$.

(c) $A=\left(\displaystyle\sum_{j=1}^{n}|a_j|^p\right)^{1/p}$, $B=\left(\displaystyle\sum_{j=1}^{n}|b_j|^q\right)^{1/q}$ とおき $\alpha=\dfrac{a_i}{A}$, $\beta=\dfrac{b_i}{B}$ を (b) に代入すると，$\dfrac{1}{p}\left|\dfrac{a_i}{A}\right|^p+\dfrac{1}{q}\left|\dfrac{b_i}{B}\right|^q \geq \left|\dfrac{a_i b_i}{AB}\right|$.

$i=1,2,\cdots,n$ として辺々加えると $\dfrac{1}{p}\left(\displaystyle\sum_{i=1}^{n}\left|\dfrac{a_i}{A}\right|^p\right)+\dfrac{1}{q}\left(\displaystyle\sum_{i=1}^{n}\left|\dfrac{b_i}{B}\right|^q\right) \geq \displaystyle\sum_{i=1}^{n}\left|\dfrac{a_i b_i}{AB}\right|$.

ゆえに，$1=\dfrac{1}{p}+\dfrac{1}{q}\geq \displaystyle\sum_{i=1}^{n}\left|\dfrac{a_i b_i}{AB}\right|$. よって，$|AB|\geq \displaystyle\sum_{i=1}^{n}|a_i b_i|$. すなわち，

$$\sum_{k=1}^{n}|a_k b_k| \leq \left(\sum_{k=1}^{n}|a_k|^p\right)^{1/p}\left(\sum_{k=1}^{n}|b_k|^q\right)^{1/q}$$

(iii) (ii) (c)を用いる．

$$\sum_{k=1}^{n}|a_k+b_k|^p = \sum_{k=1}^{n}|a_k+b_k|^{p-1}\cdot|a_k+b_k|$$

$$\leq \left(\sum_{k=1}^{n}|a_k+b_k|^{p-1}\cdot|a_k|\right)+\left(\sum_{k=1}^{n}|a_k+b_k|^{p-1}\cdot|b_k|\right)$$

$$\leq \left(\sum_{k=1}^{n}|a_k+b_k|^{q(p-1)}\right)^{1/q}\left(\sum_{k=1}^{n}|a_k|^p\right)^{1/p}+\left(\sum_{k=1}^{n}|a_k+b_k|^{q(p-1)}\right)^{1/q}\left(\sum_{k=1}^{n}|b_k|^p\right)^{1/p}$$

$$=\left(\sum_{k=1}^{n}|a_k+b_k|^p\right)^{1/q}\left\{\left(\sum_{k=1}^{n}|a_k|^p\right)^{1/p}+\left(\sum_{k=1}^{n}|b_k|^p\right)^{1/p}\right\}$$

ゆえに，$\left(\displaystyle\sum_{k=1}^{n}|a_k+b_k|^p\right)^{1/p} \leq \left(\displaystyle\sum_{k=1}^{n}|a_k|^p\right)^{1/p}+\left(\displaystyle\sum_{k=1}^{n}|b_k|^p\right)^{1/p}$.

# 7 積分

## 7.1 定積分

(ex.7.1.1) $f(x) = x^2$ $(x \in [0, 2])$ の上積分，下積分を求め，積分可能であれば，$\int_0^2 x^2 dx$ を求めよ．

<ヒント> $I = [a, b]$ を閉区間とし，$f: I \to \mathbf{R}$ を $[a, b]$ に定義された有界な関数とする．閉区間 $I$ は $[x_0, x_1], [x_1, x_2], ..., [x_{n-1}, x_n]$ の小区間に分けられる．これを $I$ の**分割**(partition)とよび，各 $x_i$ を**分点**という．$(x_k - x_{k-1})$ を小区間 $I_k$ の**長さ**といい，$|I_k|$ で表す．各小区間の長さのうちで，最大の値を分割 $\Delta$ の**幅**(mesh)とか**ノルム**(norm)などといい，$\|\Delta\|$ で表す．
$I$ の部分集合 $E$ に対して，$M(E) = \sup_{x \in E} f(x)$，$m(E) = \inf_{x \in E} f(x)$ とおく．このとき，

$$\underline{s}(\Delta) = \sum_{k=1}^{n} m(I_k)|I_k| = \sum_{k=1}^{n} m(I_k)(x_k - x_{k-1}), \quad \overline{S}(\Delta) = \sum_{k=1}^{n} M(I_k)|I_k| = \sum_{k=1}^{n} M(I_k)(x_k - x_{k-1})$$

と定め，それぞれ**不足和**または**下方和**(lower sum)，**過剰和**または**上方和**(upper sum)という．
区間 $I$ のすべての分割からなる集合を $\mathcal{F}$ とし，$\underline{s} = \sup\{\underline{s}(\Delta): \Delta \in \mathcal{F}\}$，$\overline{S} = \inf\{\overline{S}(\Delta): \Delta \in \mathcal{F}\}$ とおく．$\underline{s}$ を $f$ の $I = [a, b]$ における**下積分**(lower integral)といい，$\overline{S}$ を $f$ の $I = [a, b]$ における**上積分**(upper integral)という．一般に，$\underline{s} \le \overline{S}$ が成り立つ．
特に，$\underline{s} = \overline{S}$ が成り立つとき，$f$ は $I = [a, b]$ において**積分可能**(Riemann integrable)であるという．
また，区間 $I$ を $n$ 等分する分割を**正則分割**(regular partition)とよぶ．

【解】ダルブーの定理によって，上積分 $\overline{S}$，下積分 $\underline{s}$ に対して，閉区間 $I$ の分

割 $\Delta$ による過剰和 $\overline{S}(\Delta)$, 不足和 $\underline{s}(\Delta)$ について $\lim_{\|\Delta\|\to 0} \overline{S}(\Delta) = \overline{S}$, $\lim_{\|\Delta\|\to 0} \underline{s}(\Delta) = \underline{s}$ が成り立つ. このとき, 特に, $I$ の正則分割の列 $\Delta_n$ $(\|\Delta_n\| \to 0)$ についても $\lim_{\|\Delta_n\|\to 0} \overline{S}(\Delta_n) = \overline{S}$, $\lim_{\|\Delta_n\|\to 0} \underline{s}(\Delta_n) = \underline{s}$ が成り立つ. $\Delta_n$ を $I = [0, 2]$ を $n$ 等分する正則分割とする. $\Delta_n : 0 < \dfrac{2}{n} < \dfrac{4}{n} < \cdots < \dfrac{2(i-1)}{n} < \dfrac{2i}{n} < \cdots < \dfrac{2n}{n} = 2$ とすると

$$\overline{S}(\Delta_n) = \sum_{i=1}^{n}\left(\dfrac{2i}{n}\right)^2 \dfrac{2}{n} = \dfrac{8}{n^3}\left(\sum_{i=1}^{n} i^2\right) = \dfrac{8}{n^3} \dfrac{n}{6}(n+1)(2n+1) = \dfrac{4}{3}\left(1 + \dfrac{1}{n}\right)\left(2 + \dfrac{1}{n}\right)$$

よって, $\overline{S} = \lim_{n\to\infty} \overline{S}(\Delta_n) = \dfrac{8}{3}$. また,

$$\underline{s}(\Delta_n) = \sum_{i=0}^{n-1}\left(\dfrac{2i}{n}\right)^2 \dfrac{2}{n} = \dfrac{8}{n^3}\left(\sum_{i=0}^{n-1} i^2\right) = \dfrac{8}{n^3} \cdot \dfrac{1}{6}(n-1)n(2n-1) = \dfrac{4}{3}\left(1 - \dfrac{1}{n}\right)\left(2 - \dfrac{1}{n}\right)$$

よって, $\underline{s} = \lim_{n\to\infty} \underline{s}(\Delta_n) = \dfrac{8}{3}$.

$\overline{S} = \dfrac{8}{3}$, $\underline{s} = \dfrac{8}{3}$ であるから $f(x) = x^2$ は積分可能であって $\int_0^2 f(x)dx = \dfrac{8}{3}$.

**NOTE:**《ダルブーの定理》
$I = [a, b]$ を閉区間とし, $f : I \to \mathbf{R}$ を $[a, b]$ に定義された有界な関数し, $\Delta$ を $I$ の分割とする. また, $\underline{s}$ を $f$ の $[a, b]$ における下積分, $\overline{S}$ を上積分とする. このとき,
$\lim_{\|\Delta\|\to 0} \overline{S}(\Delta) = \overline{S}$, $\lim_{\|\Delta\|\to 0} \underline{s}(\Delta) = \underline{s}$.

---

(ex.7.1.2) 関数 $f : I = [-1, 3] \to \mathbf{R}$ が次のように定義されている.
$$f(x) = \begin{cases} 1 & x \text{ 有理数} \\ 0 & x \text{ 無理数} \end{cases}$$
上積分, 下積分を求め, 積分可能であれば, $\int_{-1}^{3} f(x)dx$ を求めよ.

---

【解】. $I = [-1, 3]$ の任意の分割 $\Delta$ について
$\Delta : -1 = x_0 < x_1 < \cdots < x_{k-1} < x_k < \cdots < x_n = 3$ とする. 小区間 $I_k = [x_{k-1}, x_k]$ とする. $I_k$ には無理数も有理数も含まれているから $m(I_k) = 0$, $M(I_k) = 1$. よって, $\overline{S}(\Delta) = \sum_{k=1}^{n} M(I_k)|I_k| = \sum_{k=1}^{n} |I_k| = 4$, $\underline{s}(\Delta) = \sum_{k=1}^{n} m(I_k)|I_k| = 0$.

ゆえに過剰和はつねに 4, 不足和はつねに 0. よって上積分 $\overline{S} = 4$, 下積分 $\underline{s} = 0$. ゆえに積分可能ではない.

---

(ex.7.1.3)　$f(x) = \dfrac{|x|}{x}$ ($x \in [-1, 1]$), ただし, $f(0) = 1$, は積分可能であるかを調べ, 積分可能であれば, $\displaystyle\int_{-1}^{1} f(x)dx$ を求めよ.

---

【解】$I = [-1, 1]$ の分割 $\Delta$ を考えるとき, $x = 0$ が分点となっているとしてもよい. ただし $f(0) = 1$ とする. $f(x) = \begin{cases} -1 & x \in [-1, 0) \\ 1 & x \in [0, 1] \end{cases}$

$I$ の分割 $\Delta$ を $\Delta: -1 = x_0 < x_1 < \cdots < x_n = 0 < x_{n+1} < \cdots < x_{n+m} = 1$, 小区間 $I_k = [x_{k-1}, x_k]$ とする.

$$\underline{s}(\Delta) = \sum_{k=1}^{n+m} m(I_k)|I_k| = (-1) + 1 = 0$$

$$\overline{S}(\Delta) = \sum_{k=1}^{n+m} M(I_k)|I_k| = (-1)(x_{n-1} - x_0) + (x_n - x_{n-1}) + 1$$

$x_0 = -1$, $x_n = 0$ であるから $\overline{S}(\Delta) = -2x_{n-1} - 1 + 1 = -2x_{n-1}$.
分割をこまかくすると $x_{n-1} \to 0$ であるから $\overline{S} = \inf \overline{S}(\Delta) = 0$, $\underline{s} = \sup \underline{s}(\Delta) = 0$. ゆえに, $\displaystyle\int_{-1}^{1} f(x)dx = 0$.

---

(ex.7.1.4)　次のヒントを用いて次を求めよ.
(i)　$\displaystyle\int_a^b e^x dx$　(ii)　$\displaystyle\int_a^b x^2 dx$

---

<ヒント>　$I = [a, b]$ を閉区間とし, $f: I \to \mathbf{R}$ を $[a, b]$ に定義された積分可能な有界関数とし, $\Delta: a = x_0 < x_1 < \cdots < x_n = b$ を $I$ の正則分割とする. つまり, $x_k = a + \dfrac{k}{n}(b - a)$, $k = 0, 1, 2, \ldots, n$. このとき,

$$\int_a^b f(x)dx = \lim_{n \to \infty} \frac{b-a}{n} \sum_{k=1}^{n} f(x_k) = \lim_{n \to \infty} \frac{b-a}{n} \sum_{k=1}^{n} f(x_{k-1})$$

【解】閉区間で定義された連続関数は積分可能である. $I = [a, b]$ の正則分割 $\Delta: a = x_0 < x_1 < \cdots < x_{k-1} < x_k < \cdots < x_n = b$, $x_k = a + \dfrac{k}{n}(b - a)$ とおく.

(i) $\left(\dfrac{b-a}{n}\right)\displaystyle\sum_{k=1}^{n}e^{(a+k(b-a)/n)} = e^a\left(\dfrac{b-a}{n}\right)\displaystyle\sum_{k=1}^{n}\left(e^{(b-a)/n}\right)^k$

$= e^a\left(\dfrac{b-a}{n}\right)\dfrac{e^{((b-a)/n)} - e^{((n+1)/n)(b-a)}}{1 - e^{((b-a)/n)}}$

$= e^a\left(1 - e^{(b-a)}\right)e^{(b-a)/n}\left\{\dfrac{((b-a)/n)}{1 - e^{((b-a)/n)}}\right\}$

ここで, $\displaystyle\lim_{n\to\infty}e^{(b-a)/n} = 1$, $\displaystyle\lim_{n\to\infty}\left\{\dfrac{((b-a)/n)}{1 - e^{((b-a)/n)}}\right\} = -1$ であるから

$\displaystyle\int_a^b e^x dx = \lim_{n\to\infty}\left(\dfrac{b-a}{n}\right)\displaystyle\sum_{k=1}^{n}e^{(a+k(b-a)/n)} = e^b - e^a$

(ii) $\left(\dfrac{b-a}{n}\right)\displaystyle\sum_{k=1}^{n}\left\{a + \dfrac{k}{n}(b-a)\right\}^2 = \left(\dfrac{b-a}{n}\right)\displaystyle\sum_{k=1}^{n}\left\{a^2 + \dfrac{2ak}{n}(b-a) + \dfrac{k^2}{n^2}(b-a)^2\right\}$

$= (b-a)a^2 + \dfrac{2(b-a)^2 a}{n^2}\left(\displaystyle\sum_{k=1}^{n}k\right) + \dfrac{(b-a)^3}{n^3}\left(\displaystyle\sum_{k=1}^{n}k^2\right)$

$= (b-a)\left\{a^2 + \dfrac{2a(b-a)}{n^2}\dfrac{n(n+1)}{2} + \dfrac{(b-a)^2}{n^3}\dfrac{1}{6}n(n+1)(2n+1)\right\}$

$= (b-a)\left\{a^2 + a(b-a)\left(1 + \dfrac{1}{n}\right) + \dfrac{(b-a)^2}{6}\left(1 + \dfrac{1}{n}\right)\left(2 + \dfrac{1}{n}\right)\right\}$

ゆえに

$\displaystyle\int_a^b x^2 dx = \lim_{n\to\infty}\left(\dfrac{b-a}{n}\right)\displaystyle\sum_{k=1}^{n}\left\{a + \dfrac{k}{n}(b-a)\right\}^2 = (b-a)\left\{a^2 + a(b-a) + \dfrac{(b-a)^2}{3}\right\}$

$= (b-a)\dfrac{\left(b^2 + ab + a^2\right)}{3} = \dfrac{b^3 - a^3}{3}$

**NOTE:** $I = [a, b]$ を閉区間とし, $f: I \to \boldsymbol{R}$ を $[a, b]$ に定義された関数とする.
(i) $f$ が単調な関数ならば, $f$ は $I$ で積分可能である.
(ii) $f$ が連続な関数ならば, $f$ は $I$ で積分可能である.

## 7.2 定積分の基本性質

(ex.7.2.1) $I = [a, b]$ を閉区間とし, $f, g, h: I \to \mathbf{R}$ を $[a, b]$ で有界な関数とし, すべての $x \in I$ で, $f(x) \leq g(x) \leq h(x)$ とする. $f$ と $h$ が $I$ で積分可能で, $\int_a^b f(x)dx = \int_a^b h(x)dx = V$ であれば, $g$ もまた積分可能で, $\int_a^b g(x)dx = V$ であることを示せ.

＜ヒント＞ $I = [a, b]$ を閉区間とし, $f: I \to \mathbf{R}$ を $[a, b]$ に定義された有界な関数とする. $\Delta$: $a = x_0 < x_1 < \cdots < x_n = b$ ($\Delta: I = \bigcup_{k=1}^{n} I_k$, ここで, $I_k = [x_{k-1}, x_k]$), $(\xi_1, \xi_2, \ldots, \xi_n)$ を $x_{k-1} \leq \xi_k < x_k, k=1, 2, \ldots, n$ なる点とする. $R(\Delta, f) = \sum_{k=1}^{n} f(\xi_k)|I_k| = \sum_{k=1}^{n} f(\xi_k)(x_k - x_{k-1})$ を $f$ の分割 $\Delta$ と $(\xi_1, \xi_2, \ldots, \xi_n)$ におけるリーマン和と呼ぶ.

$\lim_{\|\Delta\| \to 0} R(\Delta, f) = V$ のとき, $\int_a^b f(x)dx = V$.

【解】 $I = [a, b]$ の任意の分割 $\Delta$ を $\Delta: a = x_0 < x_1 < \cdots < x_{k-1} < x_k < \cdots < x_n = b$ とする. 任意の小区間 $I_k = [x_{k-1}, x_k]$ において $\xi_k \in I_k$, $f(\xi_k) \leq g(\xi_k) \leq h(\xi_k)$ が成り立つ. よって, リーマン和

$$R(\Delta, f) = \sum_{k=1}^{n} f(\xi_k)|I_k| \leq \sum_{k=1}^{n} g(\xi_k)|I_k| \leq \sum_{k=1}^{n} h(\xi_k)|I_k| = R(\Delta, h).$$

$f, h$ は積分可能で $\int_a^b f(x)dx = \int_a^b h(x)dx = V$ であるから

$V = \lim_{\|\Delta\| \to 0} R(\Delta, f) \leq \lim_{\|\Delta\| \to 0} R(\Delta, g) \leq \lim_{\|\Delta\| \to 0} R(\Delta, h) = V$ が成り立つ.

ゆえに, $g$ も積分可能で $\int_a^b g(x)dx = V$.

(ex.7.2.2) $f$ が $I = [a, b]$ で連続で, すべての $x \in I$ で, $f(x) \geq 0$ であるとする.
(i) ある $c \in [a, b]$ で, $f(c) > 0$ であれば, $\int_a^b f(x)dx > 0$ であることを示せ.
(ii) $\int_a^b f(x)dx = 0$ であれば, すべての $x \in I$ で, $f(x) = 0$ であることを示せ.

【解】(i) $f$ は連続で, $x = c$ で $f(c) > 0$ であるから, ある $\delta > 0$ とある $\alpha > 0$

があって $x \in [a,b] \cap [c-\delta, c+\delta]$ に対し，$f(x) > \alpha > 0$ とできる．
$I_1 = [c-\delta, c+\delta] \cap [a,b]$ とおき，$[a,b]$ から $I_1$ を除外した範囲を $I_2$ とすれば
$$\int_a^b f(x)dx = \int_{I_1} f(x)dx + \int_{I_2} f(x)dx > \alpha |I_1| > 0 \quad (|I_1| \text{ は区間 } I_1 \text{ の長さ})$$
(ii) (i)の対偶

(ex.7.2.3) $I = [a,b]$ を閉区間とし，$f, g : I \to \mathbf{R}$ を $[a,b]$ で積分可能な関数とする．このとき，$t(x) = \max\{f(x), g(x)\}$，$s(x) = \min\{f(x), g(x)\}$ とすると，$t$ と $s$ は $I$ で積分可能であることを示せ．

【解】 $t(x) = \max\{f(x), g(x)\} = \dfrac{f(x) + g(x)}{2} + \dfrac{|f(x) - g(x)|}{2}$

$s(x) = \min\{f(x), g(x)\} = \dfrac{f(x) + g(x)}{2} - \dfrac{|f(x) - g(x)|}{2}$

ここで，$f(x), g(x)$ は積分可能であるから，$\dfrac{f(x)+g(x)}{2}, \dfrac{f(x)-g(x)}{2}$ も積分可能である．また，$\dfrac{f(x)-g(x)}{2}$ が積分可能だから $\dfrac{|f(x)-g(x)|}{2}$ も積分可能である．よって，$t(x), s(x)$ は積分可能である．

**NOTE:** $I = [a,b]$ を閉区間とし，$f, g : I \to \mathbf{R}$ を $[a,b]$ で積分可能な関数とする．
(i) $k$ を定数とすると，$kf(x)$ も $[a,b]$ で積分可能で，$\int_a^b kf(x)dx = k\int_a^b f(x)dx$．
(ii) $f(x) + g(x)$ も $[a,b]$ で積分可能で，$\int_a^b (f(x) + g(x))dx = \int_a^b f(x)dx + \int_a^b g(x)dx$．
(iii) $|f(x)|$ は $[a,b]$ で積分可能で $\left|\int_a^b f(x)dx\right| \leq \int_a^b |f(x)|dx$
(iv) すべての $x \in I$ で $f(x) > c$ となる正数 $c$ があるとき，$1/f(x)$ は $I$ で積分可能．
(v) $f(x)g(x)$ は $I$ で積分可能である．

(ex.7.2.4) $I = [a,b]$ を閉区間とし，$f : I \to \mathbf{R}$ を $[a,b]$ で積分可能な関数とする．$g : I \to \mathbf{R}$ を $I$ の有限個の点以外では $g(x) = f(x)$ であるとすると，$g$ は $I$ で積分可能で，$\int_a^b g(x)dx = \int_a^b f(x)dx$ であることを示せ．

【解】 $h(x) = g(x) - f(x)$ とおくと有限個の点を除外して $0$ となる．その有限個

の点の集合を $J$ とし，$M = \max_{x \in J}|h(x)|$ とおく．$I$ の分割 $\Delta: I = \bigcup I_k$ によってリーマン和 $R(\Delta, h)$ をつくるとき $I_k \cap J \neq \phi$ および $I_k \cap J = \phi$ となる $k$ についての和を，それぞれ $\Sigma'$，$\Sigma''$ で表すと $\|\Delta\| \to 0$ のとき $\Sigma'|I_k| \to 0$ となる（$|I_k|$ は小区間 $I_k$ の長さ）．ゆえに，$\xi_k \in I_k$ について，

$$|R(\Delta, h)| = |\Sigma' h(\xi_k)|I_k| + \Sigma'' h(\xi_k)|I_k|\| = |\Sigma' h(\xi_k)|I_k|| \leq M\Sigma'|I_k| \to 0 \quad (\|\Delta\| \to 0)$$

これより，$\int_a^b h(x)dx = \lim_{\|\Delta\| \to 0} R(\Delta, h) = 0$.

$g(x) = g(x) - f(x) + f(x) = h(x) + f(x)$ であるから，$g$ も積分可能となり，$\int_a^b g(x)dx = \int_a^b h(x)dx + \int_a^b f(x)dx = \int_a^b f(x)dx$ が成り立つ．

## 7.3 微積分学の基本定理

(ex.7.3.1) 次の定積分を求めよ．
(i) $\int_1^2 \frac{2x}{(x^2+1)}dx$ (ii) $\int_0^{\pi/2} x\sin x^2 dx$ (iii) $\int_0^1 x^n e^x dx$ $(n \in N)$
(iv) $\int_1^2 x^2 \log x dx$ (v) $\int_0^1 x\sqrt{1-x}dx$ (vi) $\int_0^{\pi/2} x\cos x dx$ (vii) $\int_0^1 \log(1+x)dx$

<ヒント> $I = [a, b]$ を閉区間とし，$f: I \to R$ を $I$ で積分可能な関数とする．$F: I \to R$ を $I$ で連続な関数とし，$(a, b)$ で微分可能で，すべての $x \in (a, b)$ で，$F'(x) = f(x)$ であるとする．このとき，$\int_a^b f(x)dx = F(b) - F(a)$.

【解】 (i) $\int_1^2 \frac{2x}{(x^2+1)}dx = \left[\log(x^2+1)\right]_1^2 = \log 5 - \log 2 = \log \frac{5}{2}$

(ii) $\int_0^{\pi/2} x\sin x^2 dx = \left[-\frac{1}{2}\cos x^2\right]_0^{\pi/2} = -\frac{1}{2}\cos \frac{\pi^2}{4} + \frac{1}{2}$

(iii) $I_n = \int_0^1 x^n e^x dx = \left[x^n e^x\right]_0^1 - n\int_0^1 x^{n-1}e^x dx = e - nI_{n-1}$ … (イ)

$I_1 = \int_0^1 xe^x dx = \left[xe^x\right]_0^1 - \int_0^1 e^x dx = e - (e-1)$

$I_2 = \int_0^1 x^2 e^x dx = \left[x^2 e^x\right]_0^1 - 2\int_0^1 xe^x dx = e - 2e + 2(e-1)$

よって，$I_n = e\left\{1 + \sum_{k=1}^{n-1}(-1)^k {}_nP_k\right\} + (-1)^n {}_nP_n(e-1)$ $(n \geq 2)$ $\cdots$（ロ）

ただし，${}_nP_k = n(n-1)\cdots(n-k+1)$ として帰納法で証明する．

（イ）より $I_{n+1} = e - (n+1)I_n = e - (n+1)\left[e\left\{1 + \sum_{k=1}^{n-1}(-1)^k {}_nP_k\right\} + (-1)^n {}_nP_n(e-1)\right]$

$= e\left\{1 - (n+1) + \sum_{k=1}^{n-1}(-1)^{k+1} {}_{n+1}P_{k+1}\right\} + (-1)^{n+1} {}_{n+1}P_{n+1}(e-1)$

$= e\left\{1 + \sum_{k=1}^{n}(-1)^k {}_{n+1}P_k\right\} + (-1)^{n+1} {}_{n+1}P_{n+1}(e-1)$

よって，$n+1$ のときも（ロ）は成り立つ．

ゆえに，$\int_0^1 x^n e^x dx = e\left\{1 + \sum_{k=1}^{n-1}(-1)^k {}_nP_k\right\} + (-1)^n {}_nP_n(e-1)$．

(iv) $\int_1^2 x^2 \log x\, dx = \left[\frac{1}{3}x^3 \log x\right]_1^2 - \frac{1}{3}\int_1^2 x^3 \frac{1}{x}dx = \frac{8}{3}\log 2 - \frac{1}{3}\int_1^2 x^2 dx$

$= \frac{8}{3}\log 2 - \frac{1}{3}\left[\frac{1}{3}x^3\right]_1^2 = \frac{8}{3}\log 2 - \frac{7}{9}$

(v) $I = \int_0^1 x\sqrt{1-x}\, dx$ において，$1-x = y^2$，$-dx = 2y\, dy$ とすると，

$I = \int_1^0 -(1-y^2)2y^2 dy = 2\int_0^1 (y^2 - y^4)dy = 2\left[\frac{y^3}{3} - \frac{y^5}{5}\right]_0^1 = \frac{4}{15}$

(vi) $\int_0^{\pi/2} x\cos x\, dx = [x\sin x]_0^{\pi/2} - \int_0^{\pi/2} \sin x\, dx = \frac{\pi}{2} - [-\cos x]_0^{\pi/2} = \frac{\pi}{2} - 1$

(vii) $\int_0^1 \log(1+x)dx = [(1+x)\log(1+x)]_0^1 - \int_0^1 (1+x)\cdot \frac{1}{1+x}dx = 2\log 2 - 1$

***NOTE:*** 《部分積分》 $I = [a, b]$ を閉区間とし，$f, g : I \to \mathbf{R}$ を $I$ で積分可能な関数とし，それぞれ原始関数 $F, G$ を持つとする．

$$\int_a^b F(x)g(x)dx = [F(b)G(b) - F(a)G(a)] - \int_a^b f(x)G(x)dx$$

《置換積分》 $J = [\alpha, \beta]$ を閉区間とし，$u : J \to \mathbf{R}$ を $J$ で連続な導関数を持つとする．

(i) $f$ を $u(J) \subset I$ なる区間 $I$ に定義された連続関数とすると，

$$\int_\alpha^\beta f(u(t))u'(t)dt = \int_{u(\alpha)}^{u(\beta)} f(x)dx$$

(ii) すべての $x \in J$ で $u'(x) \neq 0$. $u^{-1}$ を $u(J) \subset I$ なる区間 $I$ に定義された $u$ の逆関数とし，$f$ を区間 $I$ に定義された連続関数とすると，$\int_\alpha^\beta f(u(t))dt = \int_{u(\alpha)}^{u(\beta)} f(x)[u^{-1}]'(x)dx$

(ex.7.3.2) 次を示せ．
(i) $\int_0^{\pi/2} \dfrac{\cos x}{1+\sin^2 x}dx = \dfrac{\pi}{4}$ (ii) $\int_0^a \sqrt{a^2-x^2}\,dx = \dfrac{a^2\pi}{4}$ $(a>0)$
(iii) $\int_0^1 \log(1+\sqrt{x})dx = \dfrac{1}{2}$ (iv) $\int_0^1 \mathrm{Sin}^{-1}x\,dx = \dfrac{\pi}{2} - 1$

【解】(i) $\sin x = y$, $\cos x\,dx = dy$ とすると
$$\int_0^{\pi/2} \frac{\cos x}{1+\sin^2 x}dx = \int_0^1 \frac{dy}{1+y^2} = \left[\mathrm{Tan}^{-1}y\right]_0^1 = \frac{\pi}{4}$$

(ii) $x = a\sin y$, $dx = a\cos y\,dy$ とすると
$$\int_0^a \sqrt{a^2-x^2}\,dx = \int_0^{\pi/2}\sqrt{a^2(1-\sin^2 y)}\cdot a\cos y\,dy = a^2\int_0^{\pi/2}\cos^2 y\,dy$$
$$= a^2\int_0^{\pi/2}\frac{1}{2}(1+\cos 2y)dy = \frac{a^2}{2}\left[y + \frac{\sin 2y}{2}\right]_0^{\pi/2} = \frac{a^2\pi}{4}$$

(iii) $\sqrt{x} = y$, $x = y^2$, $dx = 2y\,dy$ とすると，
$$\int_0^1 \log(1+\sqrt{x})dx = \int_0^1 (\log(1+y))2y\,dy = 2\int_0^1 y\log(1+y)dy$$
$$= 2\left[\frac{y^2}{2}\log(1+y)\right]_0^1 - \int_0^1 \frac{y^2}{1+y}dy$$
$$= \log 2 - \int_0^1 \left(y - 1 + \frac{1}{1+y}\right)dy = \log 2 - \left[\frac{y^2}{2} - y + \log(1+y)\right]_0^1$$
$$= \log 2 - \left(\frac{1}{2} - 1 + \log 2\right) = \frac{1}{2}$$

(iv) $I = \int_0^1 \mathrm{Sin}^{-1}x\,dx = \left[x\,\mathrm{Sin}^{-1}x\right]_0^1 - \int_0^1 \frac{x}{\sqrt{1-x^2}}dx = \frac{\pi}{2} - \int_0^1 \frac{x}{\sqrt{1-x^2}}dx$

ここで，$1-x^2 = y$, $-2x\,dx = dy$ とすると
$$I = \frac{\pi}{2} - \int_1^0 \frac{-\dfrac{1}{2}dy}{y^{1/2}} = \frac{\pi}{2} - \frac{1}{2}\int_0^1 y^{-1/2}dy = \frac{\pi}{2} - \frac{1}{2}\left[\frac{y^{-(1/2)+1}}{-(1/2)+1}\right]_0^1 = \frac{\pi}{2} - 1$$

(ex.7.3.3) $f$ が $R$ で連続であるとする．
(i) $\int_0^a f(x)dx = \int_0^a f(a-x)dx$  (ii) $\int_0^a f(x)dx = \int_0^{a/2}\{f(x)+f(a-x)\}dx$
(iii) $\int_0^a f(x)dx = a\int_0^1 f(ax)dx$  (iv) $\int_0^{\pi/2} f(\sin x)dx = \int_0^{\pi/2} f(\cos x)dx$

【解】(i)  $a-x=y,\ -dx=dy$ とすると
$$\int_0^a f(x)dx = \int_a^0 -f(a-y)dy = \int_0^a f(a-y)dy = \int_0^a f(a-x)dx$$

(ii) $\int_0^a f(x)dx = \int_0^{a/2} f(x)dx + \int_{a/2}^a f(x)dx \quad \cdots (イ)$

$I = \int_{a/2}^a f(x)dx$ において $a-x=y,\ -dx=dy$ とすると

$I = \int_{a/2}^0 -f(a-y)dy = \int_0^{\pi/2} f(a-x)dx$

(イ) に代入して $\int_0^a f(x)dx = \int_0^{a/2}\{f(x)+f(a-x)\}dx$.

(iii)  $x=ay,\ dx=ady$ とすると $\int_0^a f(x)dx = \int_0^1 f(ay)ady = a\int_0^1 f(ax)dx$.

(iv) (i) より $\int_0^{\pi/2} f(\sin x)dx = \int_0^{\pi/2} f\left\{\sin\left(\frac{\pi}{2}-x\right)\right\}dx = \int_0^{\pi/2} f(\cos x)dx$.

(ex.7.3.4) $f$ が $I=[0,1]$ で連続であるとする．$x,\ 2x,\ x+1,\ x^2,\ c\in I$ について，次が成り立つことを示せ．
(i)  $\dfrac{d}{dx}\int_0^x f(x-u)du = f(x)$  (ii) $\dfrac{d}{dx}\int_x^c f(u)du = -f(x)$
(iii)  $\dfrac{d}{dx}\int_{2x}^{x^2} f(u)du = 2\{xf(x^2)-f(2x)\}$

<ヒント> $I=[a,b]$ を閉区間とし，$f: I\to R$ を連続関数とする．
(i)  $F(x) = \int_a^x f(x)dx$  ($x\in I$)と定義した関数 $F$ は $f$ の原始関数である．すなわち，$x\in I$ について，$F'(x) = \dfrac{d}{dx}F(x) = \dfrac{d}{dx}\int_a^x f(x)dx = f(x)$.

(ii) $F$ が $f$ の原始関数であれば，任意の $c, d \in I$ について，$\int_c^d f(x)dx = F(d) - F(c)$

【解】(i) $x - u = y$, $-du = dy$ とする. $0, x, x+h \in I$ とする.

$$F(x) = \int_0^x f(x-u)du = \int_x^0 -f(y)dy = \int_0^x f(y)dy$$

$$J = \frac{F(x+h) - F(x)}{h} = \frac{1}{h}\left\{\int_0^{x+h} f(y)dy - \int_0^x f(y)dy\right\} = \frac{1}{h}\int_x^{x+h} f(y)dy$$

積分の平均値の定理によって, $x$ と $x+h$ の間にある $\xi$ について

$$J = \frac{1}{h}\int_x^{x+h} f(y)dy = f(\xi)$$ が成り立つ. $h \to 0$ のとき $\xi \to x$ であるから, $f(\xi) \to f(x)$. よって,

$$\frac{d}{dx}\int_0^x f(x-u)du = \frac{d}{dx}F(x) = \lim_{h \to 0}\frac{F(x+h) - F(x)}{h} = f(x)$$

(ii) $\int_x^c f(u)du = -\int_c^x f(u)du = -\int_0^x f(u)du + \int_0^c f(u)du$. (i) の証明の中の

$\frac{d}{dx}\int_0^x f(y)dy = f(x)$ によって, $\frac{d}{dx}\int_x^c f(u)du = \frac{d}{dx}\left\{-\int_c^x f(u)du\right\} = -f(x)$.

(iii) 合成関数の微分法によって, $\frac{d}{dx}\int_0^{x^2} f(u)du = f(x^2) \cdot 2x$.

また, $\frac{d}{dx}\int_0^{2x} f(u)du = f(2x) \cdot 2$. ゆえに,

$$\frac{d}{dx}\int_{2x}^{x^2} f(u)du = \frac{d}{dx}\left\{\int_0^{x^2} f(u)du - \int_0^{2x} f(u)du\right\} = 2\{xf(x^2) - f(2x)\}$$

**NOTE:**《第一平均値の定理》 $I = [a, b]$ を閉区間とし, $g: I \to \mathbf{R}$ を $I$ で積分可能な関数とする. $f: I \to \mathbf{R}$ を $I$ で連続な関数とする. すべての $x \in I$ で, $g(x) \geq 0$ であるかまたは, すべての $x \in I$ で, $g(x) \leq 0$ であれば, $\int_a^b f(x)g(x)dx = f(\xi)\int_a^b g(x)dx$ となる $\xi \in I$ が存在する.

(ex.7.3.5) 次を示せ.
(i) $\frac{\pi}{4} < \int_0^1 \sqrt{1-x^4}\,dx < \frac{\sqrt{2}}{4}\pi$ (ii) $1 - e^{-1} < \int_0^{\pi/2} e^{-\sin x}dx < \frac{\pi}{2}(1 - e^{-1})$

【解】(i) $0 \leq x \leq 1$ において, $1 \leq \sqrt{1+x^2} \leq \sqrt{2}$.
よって, $\sqrt{1-x^2} \leq \sqrt{1-x^4} \leq \sqrt{2}\sqrt{1-x^2}, (0 \leq x \leq 1)$.
ゆえに, $\int_0^1 \sqrt{1-x^2}\,dx < \int_0^1 \sqrt{1-x^4}\,dx < \sqrt{2}\int_0^1 \sqrt{1-x^2}\,dx$ … (イ)

ここで，$\int_0^1 \sqrt{1-x^2}\,dx = \dfrac{\pi}{4}$ であるから $\dfrac{\pi}{4} < \int_0^1 \sqrt{1-x^4}\,dx < \dfrac{\sqrt{2}}{4}\pi$ .

**NOTE:** (ex.7.2.3) より不等式（イ）は等号を含まないことに注意．

(ii) $0 \leq y \leq 1$ で $y \leq \sin\dfrac{\pi}{2}y \leq \dfrac{\pi}{2}y$ が成り立つ．  …（イ）

なぜならば，(a) $f(y) = \sin\dfrac{\pi}{2}y - y$ $(0 \leq y \leq 1)$ とおくと $f(0) = 0,\ f(1) = 0$ .

$f'(y) = \dfrac{\pi}{2}\cos\dfrac{\pi}{2}y - 1,\ f''(y) = -\left(\dfrac{\pi}{2}\right)^2 \sin\dfrac{\pi}{2}y < 0$ ．$f'(0) > 0,\ f'(1) < 0$ より極大値は唯一つ．ゆえに，$f(y) \geq 0$ $(0 \leq y \leq 1)$ .

(b) また，$g(y) = \dfrac{\pi}{2}y - \sin\dfrac{\pi}{2}y$ $(0 \leq y \leq 1)$ とおくと，$g(0) = 0$ .

$g'(y) = \dfrac{\pi}{2} - \dfrac{\pi}{2}\cos y \geq 0$ より $g(y) \geq 0$ $(0 \leq y \leq 1)$ .

（イ）より $\exp\left(-\dfrac{\pi}{2}y\right) \leq \exp\left(-\sin\dfrac{\pi}{2}y\right) \leq e^{-y}$ $(0 \leq y \leq 1)$ .

よって，$\int_0^1 \exp\left(-\dfrac{\pi}{2}y\right)dy < \int_0^1 \exp\left(-\sin\dfrac{\pi}{2}y\right)dy < \int_0^1 e^{-y}\,dy$  …（ロ）

ここで，$\int_0^1 \exp\left(-\dfrac{\pi}{2}y\right)dy = \left(-\dfrac{2}{\pi}\right)\left[\exp\left(-\dfrac{\pi}{2}y\right)\right]_0^1 = \dfrac{2}{\pi}(1 - e^{-\pi/2}) > \dfrac{2}{\pi}(1 - e^{-1})$ .

また，$\dfrac{\pi}{2}y = z$ とおくと，

$\int_0^1 \exp\left(-\sin\dfrac{\pi}{2}y\right)dy = \int_0^{\pi/2} \exp(-\sin z) \cdot \dfrac{2}{\pi}\,dz = \dfrac{2}{\pi}\int_0^{\pi/2} e^{-\sin y}\,dy$

だから（ロ）に代入して $\dfrac{2}{\pi}(1-e^{-1}) < \dfrac{2}{\pi}\int_0^{\pi/2}\exp(-\sin y)\,dy < (1-e^{-1})$ .

よって，$(1-e^{-1}) < \int_0^{\pi/2}\exp(-\sin y)\,dy < \dfrac{\pi}{2}(1-e^{-1})$ .

---

(ex.7.3.6) $I_n = \int_0^\pi \dfrac{\sin nx}{\sin x}\,dx$ について，$I_n = I_{n-2}$ を示し，$I_n = \begin{cases} 0 & n\ 偶数 \\ \pi & n\ 奇数 \end{cases}$ であることを示せ．

---

【解】 $\sin nx = \sin\{(n-2)x + 2x\} = \{\sin(n-2)x\}\cos 2x + \{\cos(n-2)x\}\sin 2x$

$$= \{\sin(n-2)x\}(1 - 2\sin^2 x) + \{\cos(n-2)x\}2\sin x \cos x$$
$$= \sin(n-2)x + 2\sin x[\{\cos(n-2)x\}\cos x - \{\sin(n-2)x\}\sin x]$$
$$= \sin(n-2)x + 2\sin x\{\cos(n-1)x\}$$

これを代入して，

$$I_n = \int_0^\pi \frac{\sin nx}{\sin x}dx = \int_0^\pi \frac{\sin(n-2)x}{\sin x}dx + 2\int_0^\pi \cos(n-1)x\,dx$$

$$= I_{n-2} + 2\left[\frac{\sin(n-1)x}{(n-1)}\right]_0^\pi = I_{n-2} \quad (n \geq 2)$$

よって，$I_n = I_{n-2} \ (n \geq 2)$．

$$I_1 = \int_0^\pi \frac{\sin x}{\sin x}dx = \pi, \quad I_2 = \int_0^\pi \frac{\sin 2x}{\sin x}dx = 2\int_0^\pi \cos x\,dx = 0$$

ゆえに，$I_n = \begin{cases} 0 & n \text{ 偶数} \\ \pi & n \text{ 奇数} \end{cases}$ となる．

---

(ex.7.3.7) 次を示せ．

(i) $\displaystyle\lim_{n \to \infty} \frac{1}{n\sqrt{n}}\sum_{k=1}^n \sqrt{k} = \frac{2}{3}$ 　(ii) $\displaystyle\lim_{n \to \infty} \sum_{k=0}^{n-1} \frac{n}{n^2 + k^2} = \frac{\pi}{4}$

---

【解】(i) 区間 $I = [0,1]$ において分点 $x_k = \dfrac{k}{n}$ $(k = 0, 1, \cdots, n)$ による正則分割で得られる $f(x) = \sqrt{x}$ のリーマン和を考えると，

$$\lim_{n \to \infty} \sum_{k=1}^n \left(\sqrt{\frac{k}{n}}\right)\frac{1}{n} = \lim_{n \to \infty} \frac{1}{n\sqrt{n}}\sum_{k=1}^n \sqrt{k} = \int_0^1 \sqrt{x}\,dx = \left[\frac{x^{(1/2)+1}}{(1/2)+1}\right]_0^1 = \frac{2}{3}$$

(ii) 区間 $I = [0,1]$ の分点 $x_k = \dfrac{k}{n}$ $(k = 0, 1, \cdots, n)$ による $f(x) = \dfrac{1}{1+x^2}$ のリーマン和は，$R(\Delta, f) = \displaystyle\sum_{k=0}^{n-1} \frac{1}{1+(k/n)^2} \cdot \frac{1}{n}$．

ゆえに，$\displaystyle\lim_{n \to \infty} \sum_{k=0}^{n-1} \frac{1}{1+(k/n)^2} \cdot \frac{1}{n} = \int_0^1 \frac{1}{1+x^2}dx = \left[\mathrm{Tan}^{-1} x\right]_0^1 = \frac{\pi}{4}$．

よって，$\displaystyle\lim_{n \to \infty} \sum_{k=0}^{n-1} \frac{n}{n^2+k^2} = \lim_{n \to \infty} \sum_{k=0}^{n-1} \frac{1}{1+(k/n)^2} \cdot \frac{1}{n} = \frac{\pi}{4}$．

(ex.7.3.8) 次の不等式を証明せよ．
 $I=[a,b]$ を閉区間とし，$f$ と $g$ を $I$ で積分可能であるとする．
(i) 《ヘルダーの不等式》
$p, q > 1$ で，$\dfrac{1}{p} + \dfrac{1}{q} = 1$ ならば，$\displaystyle\int_a^b |f(x)g(x)| dx \leq \left(\int_a^b |f(x)|^p dx\right)^{1/p} \left(\int_a^b |g(x)|^q dx\right)^{1/q}$
(ii) 《シュワルツの不等式》
$\displaystyle\left(\int_a^b f(x)g(x)dx\right)^2 \leq \left(\int_a^b [f(x)]^2 dx\right)\left(\int_a^b [g(x)]^2 dx\right)$
(iii) 《ミンコフスキーの不等式》
$p \geq 1$ のとき，$\displaystyle\left(\int_a^b |f(x)+g(x)|^p dx\right)^{1/p} \leq \left(\int_a^b |f(x)|^p dx\right)^{1/p} + \left(\int_a^b |g(x)|^p dx\right)^{1/p}$

【解】(i) $A > 0$, $B > 0$, $0 < t < 1$ に対し，$c = tA + (1-t)B$ とおくと，$y = \log x$ は上に凸であることから，$t \log A + (1-t) \log B \leq \log c = \log(tA + (1-t)B)$ が成り立つ．よって，$\log A^t B^{1-t} \leq \log(tA + (1-t)B)$.
ゆえに，$A^t B^{1-t} \leq tA + (1-t)B$. ……（イ）

ここで，$A = \dfrac{|f(x)|^p}{\int_a^b |f(x)|^p dx}$, $B = \dfrac{|g(x)|^q}{\int_a^b |g(x)|^q dx}$, $t = \dfrac{1}{p}$, $1 - t = \dfrac{1}{q}$ とおくと，
（イ）より
$$\dfrac{|f(x)g(x)|}{\left(\int_a^b |f(x)|^p dx\right)^{1/p}\left(\int_a^b |g(x)|^q dx\right)^{1/q}} \leq \left(\dfrac{1}{p}\right)\dfrac{|f(x)|^p}{\int_a^b |f(x)|^p dx} + \left(\dfrac{1}{q}\right)\dfrac{|g(x)|^q}{\int_a^b |g(x)|^q dx}$$

積分すると，$\dfrac{\int_a^b |f(x)g(x)| dx}{\left(\int_a^b |f(x)|^p dx\right)^{1/p}\left(\int_a^b |g(x)|^q dx\right)^{1/q}} \leq \dfrac{1}{p} + \dfrac{1}{q} = 1$．

よって，$\displaystyle\int_a^b |f(x)g(x)| dx \leq \left(\int_a^b |f(x)|^p dx\right)^{1/p} \left(\int_a^b |g(x)|^q dx\right)^{1/q}$．

(ii) (i) のヘルダーの不等式で $p = 2$, $q = 2$ とおき
$\left|\int_a^b f(x)g(x) dx\right| \leq \int_a^b |f(x)g(x)| dx$ に着目すれば
$\left(\int_a^b f(x)g(x) dx\right)^2 \leq \left(\int_a^b |f(x)|^2 dx\right)\left(\int_a^b |g(x)|^2 dx\right)$ を得る．

(iii) $p > 1$ のときヘルダーの不等式を用いて，

$$\int_a^b |f(x) + g(x)|^p dx = \int_a^b |f(x) + g(x)|^{p-1} |f(x) + g(x)| dx$$

$$\leq \int_a^b |f(x) + g(x)|^{p-1} |f(x)| dx + \int_a^b |f(x) + g(x)|^{p-1} |g(x)| dx$$

$$\leq \left( \int_a^b |f(x) + g(x)|^{q(p-1)} dx \right)^{1/q} \left( \int_a^b |f(x)|^p dx \right)^{1/p}$$

$$+ \left( \int_a^b |f(x) + g(x)|^{q(p-1)} dx \right)^{1/q} \left( \int_a^b |g(x)|^p dx \right)^{1/p}$$

ここで，$\dfrac{1}{p} + \dfrac{1}{q} = 1$ より $q(p-1) = p$ であるから

$$\left( \int_a^b |f(x) + g(x)|^p dx \right)^{1/p} \leq \left( \int_a^b |f(x)|^p dx \right)^{1/p} + \left( \int_a^b |g(x)|^p dx \right)^{1/p}$$

$p = 1$ のときも成り立つ．

## 7.4　不定積分の計算

---

(ex.7.4.1)　次の関数の原始関数を求めよ．
(i) $\dfrac{1}{(x+1)(x-2)}$　(ii) $\dfrac{1}{\sqrt{9-x^2}}$　(iii) $\dfrac{1}{x^2+6x+10}$　(iv) $\dfrac{1}{\sqrt{5x^2+2}}$　(v) $\sin^2 x$
(vi) $\dfrac{1}{\sin x}$　(vii) $\cos^2 x$　(viii) $\dfrac{1}{\cos x}$　(ix) $\tan^2 x$　(x) $x^2 \cos x$　(xi) $\sin^2 x \cos^2 x$
(xii) $\dfrac{\sin x}{1 + \sin x}$　(xiii) $e^x \sin x$　(xiv) $(\log x)^2$　(xv) $\cos(\log x)$　(xvi) $\dfrac{1}{(x^3-1)^2}$
(xvii) $\dfrac{1}{x + \sqrt{x-1}}$　(xviii) $\dfrac{1}{(1-x^2)\sqrt{1+x^2}}$　(xix) $\sqrt{\dfrac{x+2}{x+1}}$　(xx) $\dfrac{1}{x}\sqrt{\dfrac{1+x}{1-x}}$
(xxi) $\dfrac{(x^3-x)^{1/3}}{x^4}$　(xxii) $x^2(x^3+1)^{3/2}$

---

【解】(i) $\displaystyle\int \dfrac{1}{(x+1)(x-2)} dx = \dfrac{1}{3} \int \left( \dfrac{-1}{x+1} + \dfrac{1}{x-2} \right) dx = \dfrac{1}{3} \log \dfrac{x-2}{x+1} + c$

(ii) $I = \displaystyle\int \dfrac{dx}{\sqrt{9-x^2}} = \int \dfrac{dx}{3\sqrt{1-(x/3)^2}}$, $\dfrac{x}{3} = t$, $\dfrac{1}{3} dx = dt$ とすると

$$I = \int \frac{dt}{\sqrt{1-t^2}} = \mathrm{Sin}^{-1} t + c = \mathrm{Sin}^{-1} \frac{x}{3} + c$$

(iii) $I = \int \frac{1}{x^2 + 6x + 10} dx = \int \frac{dx}{(x+3)^2 + 1}$, $x + 3 = t$, $dx = dt$ とすると,

$$I = \int \frac{1}{t^2 + 1} dt = \mathrm{Tan}^{-1} t + c = \mathrm{Tan}^{-1}(x+3) + c$$

(iv) $I = \int \frac{1}{\sqrt{5x^2 + 2}} dx = \int \frac{dx}{\sqrt{2}\sqrt{(x\sqrt{5/2})^2 + 1}}$, $\sqrt{\frac{5}{2}} x = t$, $\sqrt{\frac{5}{2}} dx = dt$ とすると,

$$I = \frac{1}{\sqrt{2}} \int \frac{\sqrt{2}/\sqrt{5}}{\sqrt{t^2 + 1}} dt = \frac{1}{\sqrt{5}} \int \frac{1}{\sqrt{t^2 + 1}} dt = \frac{1}{\sqrt{5}} \log\left|t + \sqrt{t^2 + 1}\right| + c$$

$$= \frac{1}{\sqrt{5}} \log\left|\sqrt{\frac{5}{2}} x + \sqrt{\frac{5}{2} x^2 + 1}\right| + c$$

(v) $\int \sin^2 x\, dx = \frac{1}{2} \int (1 - \cos 2x) dx = \frac{1}{2}\left(x - \frac{1}{2}\sin 2x\right) + c$

(vi) $I = \int \frac{1}{\sin x} dx$, $\tan \frac{x}{2} = t$, $\frac{1}{2}\sec^2 \frac{x}{2} dx = dt$, $\tan^2 \frac{x}{2} + 1 = \sec^2 \frac{x}{2}$ より

$\cos^2 \frac{x}{2} = \frac{1}{1 + t^2}$, $\sin^2 \frac{x}{2} = \frac{t^2}{1 + t^2}$. また, $\sin x = 2\sin \frac{x}{2} \cos \frac{x}{2}$.

$$I = \int \frac{1}{\sin x} dx = \int \frac{1}{2\sin(x/2)\cos(x/2)} \cdot 2\cos^2 \frac{x}{2} dt = \int \frac{\cos(x/2)}{\sin(x/2)} dt$$

$$= \int \frac{1}{t} dt = \log|t| + c = \log\left|\tan \frac{x}{2}\right| + c$$

(vii) $\int \cos^2 x\, dx = \frac{1}{2} \int (1 + \cos 2x) dx = \frac{1}{2}\left(x + \frac{\sin 2x}{2}\right) + c$

(viii) 前問 (vi) のように $\tan \frac{x}{2} = t$ とおくと $\frac{1}{2}\sec^2 \frac{x}{2} dx = dt$.

$$\cos x = \cos^2 \frac{x}{2} - \sin^2 \frac{x}{2} = \frac{1}{1+t^2} - \frac{t^2}{1+t^2} = \frac{1-t^2}{1+t^2}$$

$$\int \frac{1}{\cos x} dx = \int \frac{1+t^2}{1-t^2} \cdot \frac{2}{1+t^2} dt = \int \frac{2}{1-t^2} dt = \int \left(\frac{1}{1-t} + \frac{1}{1+t}\right) dt$$

$$= -\log|1-t| + \log|1+t| + c = \log\left|\frac{1+t}{1-t}\right| + c = \log\left|\frac{1 + \tan(x/2)}{1 - \tan(x/2)}\right| + c$$

7.4 不定積分の計算

(ix) $\tan x = t$, $\sec^2 x dx = dt$, $dx = \dfrac{1}{1+t^2} dt$ とすると

$$\int \tan^2 x dx = \int t^2 \cdot \dfrac{1}{1+t^2} dt = \int \left(1 - \dfrac{1}{1+t^2}\right) dt = (t - \mathrm{Tan}^{-1} t) + c = (\tan x - x) + c$$

(x) $\int x^2 \cos x dx = (x^2 \sin x) - 2\int x \sin x dx = x^2 \sin x - 2\{-x \cos x + \int \cos x dx\}$
$= x^2 \sin x + 2x \cos x - 2 \sin x + c$

(xi) $\int \sin^2 x \cos^2 x dx = \dfrac{1}{4} \int (2 \sin x \cos x)^2 dx = \dfrac{1}{4} \int (\sin 2x)^2 dx$

$= \dfrac{1}{4} \int \dfrac{1 - \cos 4x}{2} dx = \dfrac{1}{8} \int (1 - \cos 4x) dx = \dfrac{1}{8}\left(x - \dfrac{1}{4} \sin 4x\right) + c$

(xii) $I = \int \dfrac{\sin x}{1 + \sin x} dx = \int \left(1 - \dfrac{1}{1 + \sin x}\right) dx = x - \int \dfrac{1}{1 + \sin x} dx$

$\tan \dfrac{x}{2} = t$, $\dfrac{1}{2} \sec^2 \dfrac{x}{2} dx = dt$ とすると $dx = \dfrac{2}{1+t^2} dt$, $\sin^2 \dfrac{x}{2} = \dfrac{t^2}{1+t^2}$,

$\cos^2 \dfrac{x}{2} = \dfrac{1}{1+t^2}$, $\sin x = 2 \sin \dfrac{x}{2} \cos \dfrac{x}{2} = \dfrac{2t}{1+t^2}$. よって,

$$J = \int \dfrac{1}{1 + \sin x} dx = \int \dfrac{2}{(1+t)^2} dt = \dfrac{-2}{1+t} = \dfrac{-2}{1 + \tan(x/2)}$$

ゆえに, $I = x + \dfrac{2}{1 + \tan(x/2)} + c$.

(xiii) $I = \int e^x \sin x dx = (e^x \sin x) - \int e^x \cos x dx = e^x \sin x - J$

$J = \int e^x \cos x dx = (e^x \cos x) + \int e^x \sin x dx = e^x \cos x + I$

ゆえに, $\left.\begin{array}{l} I + J = e^x \sin x \\ -I + J = e^x \cos x \end{array}\right\}$

$I = \dfrac{e^x}{2}(\sin x - \cos x) + c$, $J = \dfrac{e^x}{2}(\sin x + \cos x) + c$

(xiv) $\int (\log x)^2 dx = x(\log x)^2 - 2 \int x(\log x) \cdot \dfrac{1}{x} dx = x(\log x)^2 - 2 \int \log x dx$

$= x(\log x)^2 - 2\left\{(x \log x) - \int x \cdot \dfrac{1}{x} dx\right\} = x(\log x)^2 - 2x \log x + 2x + c$

(xv) $\log x = t$, $\dfrac{1}{x} dx = dt$, $dx = e^t dt$ とすると $I = \int \cos(\log x) dx = \int e^t \cos t dt$.

前問 (xiii) より　$\int e^t \cos t\, dt = \dfrac{e^t}{2}(\sin t + \cos t) + c$ であるから

$$I = \dfrac{x}{2}(\sin(\log x) + \cos(\log x)) + c$$

(xvi)　$I = \displaystyle\int \dfrac{1}{(x^3-1)^2}dx = \int \left(\dfrac{1}{x^3-1}\right)'\dfrac{-1}{3x^2}dx = \dfrac{-1}{(x^3-1)3x^2} + \dfrac{1}{3}\int \dfrac{1}{x^3-1}\dfrac{-2x}{x^4}dx$

$\quad = \dfrac{-1}{3x^2(x^3-1)} - \dfrac{2}{3}\displaystyle\int \dfrac{1}{x^3-1}dx + \dfrac{2}{3}\int\dfrac{1}{x^3}dx\quad\cdots\text{(イ)}$

ここで，$\dfrac{1}{x^3-1} = \dfrac{1}{(x-1)(x^2+x+1)} = \dfrac{1}{3(x-1)} - \dfrac{x+2}{3(x^2+x+1)}$ であるから

$\displaystyle\int\dfrac{1}{x^3-1}dx = \dfrac{1}{3}\int\dfrac{1}{x-1}dx - \dfrac{1}{3}\int\dfrac{x+2}{x^2+x+1}dx$

$\quad = \dfrac{1}{3}\log|x-1| - \dfrac{1}{3}\displaystyle\int\left\{\dfrac{2x+1}{2(x^2+x+1)} + \dfrac{3}{2(x^2+x+1)}\right\}dx$

$\quad = \dfrac{1}{3}\log|x-1| - \dfrac{1}{6}\log|x^2+x+1| - \dfrac{1}{2}\displaystyle\int\dfrac{dx}{(x+(1/2))^2+(3/4)}\quad\cdots\text{(ロ)}$

ここで，また

$\displaystyle\int\dfrac{dx}{\left(x+\dfrac{1}{2}\right)^2+\dfrac{3}{4}} = \dfrac{4}{3}\int\dfrac{dx}{\left\{\dfrac{2}{\sqrt{3}}\left(x+\dfrac{1}{2}\right)\right\}^2+1} = \dfrac{4}{3}\cdot\dfrac{\sqrt{3}}{2}\mathrm{Tan}^{-1}\left\{\dfrac{2}{\sqrt{3}}\left(x+\dfrac{1}{2}\right)\right\}$

これを (ロ) に代入し，さらに (イ) と共に，

$\displaystyle\int\dfrac{1}{(x^3-1)^2}dx = \dfrac{-1}{3x^2(x^3-1)} + \dfrac{1}{9}\log\dfrac{|x^2+x+1|}{(x-1)^2} + \dfrac{2\sqrt{3}}{9}\mathrm{Tan}^{-1}\left(\dfrac{2x+1}{\sqrt{3}}\right) - \dfrac{1}{3x^2} + c$

(xvii)　$\sqrt{x-1} = t,\ x-1 = t^2,\ dx = 2t\,dt$ とすると

$I = \displaystyle\int\dfrac{1}{x+\sqrt{x-1}}dx = \int\dfrac{2t}{1+t^2+t}dt = \int\dfrac{2t+1}{t^2+t+1}dt - \int\dfrac{1}{t^2+t+1}dt$

$\quad = \log|t^2+t+1| - \displaystyle\int\dfrac{1}{(t+(1/2))^2+(3/4)}dt$

ここで，$J = \displaystyle\int\dfrac{1}{\left(t+\dfrac{1}{2}\right)^2+\dfrac{3}{4}}dt = \dfrac{4}{3}\int\dfrac{dt}{\left\{\dfrac{2}{\sqrt{3}}\left(t+\dfrac{1}{2}\right)\right\}^2+1}$.

$$= \frac{2}{\sqrt{3}} \operatorname{Tan}^{-1}\left\{\frac{2}{\sqrt{3}}\left(t + \frac{1}{2}\right)\right\} = \frac{2}{\sqrt{3}} \operatorname{Tan}^{-1}\left\{\frac{2}{\sqrt{3}}\sqrt{x-1} + \frac{1}{\sqrt{3}}\right\}$$

ゆえに, $I = \log|x + \sqrt{x-1}| - \dfrac{2}{\sqrt{3}} \operatorname{Tan}^{-1}\left\{\dfrac{2}{\sqrt{3}}\sqrt{x-1} + \dfrac{1}{\sqrt{3}}\right\} + c$.

(xviii) $I = \displaystyle\int \frac{dx}{(1-x^2)\sqrt{1+x^2}} = \int \frac{dx}{2(1-x)\sqrt{1+x^2}} + \int \frac{dx}{2(1+x)\sqrt{1+x^2}}$

$J_1 = \displaystyle\int \frac{dx}{(1-x)\sqrt{1+x^2}}, \quad J_2 = \int \frac{dx}{(1+x)\sqrt{1+x^2}}$ とおく.

$\sqrt{1+x^2} = t - x$ とおくと, $1 + x^2 = t^2 - 2tx + x^2$, $x = \dfrac{t^2-1}{2t}$, $dx = \dfrac{t^2+1}{2t^2}dt$.

ゆえに, $1 - x = 1 - \dfrac{t^2-1}{2t} = \dfrac{-(t^2-2t-1)}{2t}$.

$$\sqrt{1+x^2} = t - \frac{t^2-1}{2t} = \frac{t^2+1}{2t}, \quad 1 + x = 1 + \frac{t^2-1}{2t} = \frac{t^2+2t-1}{2t}$$

ゆえに,

$$J_1 = \int \frac{dx}{(1-x)\sqrt{1+x^2}} = \int \frac{-4t^2}{(t^2-2t-1)(t^2+1)} \cdot \frac{t^2+1}{2t^2} dt = -2\int \frac{1}{(t-1)^2-2} dt$$

$$= \frac{1}{\sqrt{2}} \int \left\{\frac{1}{(t-1)+\sqrt{2}} - \frac{1}{(t-1)-\sqrt{2}}\right\} dt = \frac{1}{\sqrt{2}} \log\left|\frac{(t-1)+\sqrt{2}}{(t-1)-\sqrt{2}}\right|$$

$$= \frac{1}{\sqrt{2}} \log\left|\frac{x+\sqrt{1+x^2}-1+\sqrt{2}}{x+\sqrt{1+x^2}-1-\sqrt{2}}\right|$$

また,

$$J_2 = \int \frac{dx}{(1+x)\sqrt{1+x^2}} = \int \frac{4t^2}{(t^2+2t-1)(t^2+1)} \cdot \frac{t^2+1}{2t^2} dt = 2\int \frac{1}{(t+1)^2-2} dt$$

$$= \frac{1}{\sqrt{2}} \int \left\{\frac{1}{(t+1)-\sqrt{2}} - \frac{1}{(t+1)+\sqrt{2}}\right\} dt = \frac{1}{\sqrt{2}} \log\left|\frac{(t+1)-\sqrt{2}}{(t+1)+\sqrt{2}}\right|$$

$$= \frac{1}{\sqrt{2}} \log\left|\frac{x+\sqrt{1+x^2}+1-\sqrt{2}}{x+\sqrt{1+x^2}+1+\sqrt{2}}\right|$$

よって, $I = \dfrac{1}{2}J_1 + \dfrac{1}{2}J_2$

$$= \frac{1}{2\sqrt{2}} \left(\log\left|\frac{x+\sqrt{1+x^2}-1+\sqrt{2}}{x+\sqrt{1+x^2}-1-\sqrt{2}}\right| + \log\left|\frac{x+\sqrt{1+x^2}+1-\sqrt{2}}{x+\sqrt{1+x^2}+1+\sqrt{2}}\right|\right) + c$$

$$= \frac{1}{2\sqrt{2}}\log\left|\frac{x^2+x\sqrt{1+x^2}-1+\sqrt{2}}{x^2+x\sqrt{1+x^2}-1-\sqrt{2}}\right|+c$$

(xix) $I=\int\sqrt{\dfrac{x+2}{x+1}}dx.$  $\sqrt{\dfrac{x+2}{x+1}}=t,\ \dfrac{x+2}{x+1}=t^2$ とおくと $1+\dfrac{1}{x+1}=t^2.$ ゆえに $x=\dfrac{2-t^2}{t^2-1},\ dx=\left(\dfrac{2-t^2}{t^2-1}\right)'dt.$ よって,

$$I=\int\sqrt{\dfrac{x+2}{x+1}}dx=\int t\cdot\left(\dfrac{2-t^2}{t^2-1}\right)'dt=t\cdot\dfrac{2-t^2}{t^2-1}-\int\dfrac{2-t^2}{t^2-1}dt$$

$$=x\sqrt{\dfrac{x+2}{x+1}}-\int\dfrac{1-(t^2-1)}{t^2-1}dt$$

$$=x\sqrt{\dfrac{x+2}{x+1}}+t-\int\dfrac{1}{t^2-1}dt=(x+1)\sqrt{\dfrac{x+2}{x+1}}-\dfrac{1}{2}\int\left(\dfrac{1}{t-1}-\dfrac{1}{t+1}\right)dt$$

$$=(x+1)\sqrt{\dfrac{x+2}{x+1}}-\dfrac{1}{2}\log\left|\dfrac{t-1}{t+1}\right|+c$$

$$=(x+1)\sqrt{\dfrac{x+2}{x+1}}-\dfrac{1}{2}\log\left|\dfrac{\sqrt{x+2}-\sqrt{x+1}}{\sqrt{x+2}+\sqrt{x+1}}\right|+c$$

(xx) $\sqrt{\dfrac{1+x}{1-x}}=t,\ \dfrac{1+x}{1-x}=t^2,\ (1+x)=(1-x)t^2,\ x=\dfrac{t^2-1}{1+t^2}$

$$dx=\dfrac{2t(1+t^2)-2t(t^2-1)}{(1+t^2)^2}dt=\dfrac{4t}{(1+t^2)^2}dt$$

$$I=\int\dfrac{1}{x}\sqrt{\dfrac{1+x}{1-x}}dx=\int\left(\dfrac{1+t^2}{t^2-1}\right)\cdot t\cdot\dfrac{4t}{(1+t^2)^2}dt=4\int\dfrac{t^2}{(t^2-1)(1+t^2)}dt$$

$$=2\int\left(\dfrac{1}{t^2-1}+\dfrac{1}{t^2+1}\right)dt=\int\left(\dfrac{1}{t-1}-\dfrac{1}{t+1}\right)dt+2\operatorname{Tan}^{-1}t$$

$$=\log\left|\dfrac{t-1}{t+1}\right|+2\operatorname{Tan}^{-1}t+c=\log\left|\dfrac{\sqrt{1+x}-\sqrt{1-x}}{\sqrt{1+x}+\sqrt{1-x}}\right|+2\operatorname{Tan}^{-1}\sqrt{\dfrac{1+x}{1-x}}+c$$

(xxi) $I=\int\dfrac{(x^3-x)^{1/3}}{x^4}dx=\int\dfrac{x\left(1-\dfrac{1}{x^2}\right)^{1/3}}{x^4}dx=\int x^{-3}\left(1-\dfrac{1}{x^2}\right)^{1/3}dx$

$\left(1-\dfrac{1}{x^2}\right)^{1/3}=t$ とおくと, $1-\dfrac{1}{x^2}=t^3,\ x^2=\dfrac{1}{1-t^3},$

$$x = \frac{1}{(1-t^3)^{1/2}}, \quad dx = \frac{(-1/2)(1-t^3)^{-1/2}(-3t^2)}{(1-t^3)} dt. \quad \text{ゆえに,}$$

$$I = \int (1-t^3)^{3/2} t \frac{(3/2)t^2(1-t^3)^{-1/2}}{(1-t^3)} dt = \frac{3}{2}\int t^3 dt = \frac{3}{8}t^4 + c = \frac{3}{8}\left(1-\frac{1}{x^2}\right)^{4/3} + c$$

(xxii) $x^3 + 1 = t$, $3x^2 dx = dt$ とすると $I = \int x^2(x^3+1)^{3/2} dx = \int \frac{1}{3}t^{3/2} dt$

$$= \frac{1}{3} \cdot \frac{t^{(3/2)+1}}{(3/2)+1} + c = \frac{2}{15}t^{5/2} + c = \frac{2}{15}(x^3+1)^{5/2} + c$$

> (ex.7.4.2) 次を示せ. $c$ は積分定数.
> (i) $\displaystyle\int \frac{x + \sin x}{1 + \cos x} dx = x \tan \frac{x}{2} + c$ (ii) $\displaystyle\int \frac{1}{e^x - e^{-x}} dx = \frac{1}{2}\log\left|\frac{e^x - 1}{e^x + 1}\right| + c$
> (iii) $\displaystyle\int \frac{1}{x^2\sqrt{a^2 - x^2}} dx = -\frac{\sqrt{a^2 - x^2}}{a^2 x} + c \quad (a > 0)$

【解】(i)

$$\int \frac{x + \sin x}{1 + \cos x} dx = \int \frac{x + 2\sin(x/2)\cos(x/2)}{2\cos^2(x/2)} dx = \int x\left(\frac{1}{2}\sec^2\frac{x}{2}\right)dx + \int \tan\frac{x}{2} dx$$

$$= \int x\left(\tan\frac{x}{2}\right)' dx + \int \tan\frac{x}{2} dx = x\tan\frac{x}{2} - \int \tan\frac{x}{2} dx + \int \tan\frac{x}{2} dx = x\tan\frac{x}{2} + c$$

(ii) $e^x = t$, $e^x dx = dt$ とすると $\displaystyle\int \frac{1}{e^x - e^{-x}} dx = \int \frac{e^x}{e^{2x} - 1} dx$

$$= \int \frac{dt}{t^2 - 1} = \frac{1}{2}\int\left(\frac{1}{t-1} - \frac{1}{t+1}\right)dt = \frac{1}{2}\log\left|\frac{t-1}{t+1}\right| + c = \frac{1}{2}\log\left|\frac{e^x - 1}{e^x + 1}\right| + c$$

(iii) $x = a\sin t$, $dx = a\cos t\, dt$ とすると

$$I = \int \frac{dx}{x^2\sqrt{a^2 - x^2}} = \int \frac{a\,dt}{a^3\sin^2 t} = \frac{1}{a^2}\int \frac{1}{\tan^2 t}\sec^2 t\, dt$$

ここで，$\tan t = s$ とおくと $\sec^2 t\, dt = ds$ より

$$I = \frac{1}{a^2}\int \frac{1}{s^2} ds = \frac{-1}{a^2 s} + c = \frac{-1}{a^2}\frac{\cos t}{\sin t} + c = \frac{-\sqrt{1-(x/a)^2}}{ax} + c = \frac{-\sqrt{a^2 - x^2}}{a^2 x} + c$$

(ex.7.4.3) $n$ を自然数とするとき，次を示せ．

(i) $I_n = \int \sin^n x\, dx$ のとき，$I_n = -\dfrac{1}{n}\sin^{n-1} x \cos x + \dfrac{n-1}{n} I_{n-2}$．

(ii) $I_n = \int \cos^n x\, dx$ のとき，$I_n = \dfrac{1}{n}\cos^{n-1} x \sin x + \dfrac{n-1}{n} I_{n-2}$．

(iii) $I_n = \int \tan^n x\, dx$ のとき，$I_n = \dfrac{1}{n-1}\tan^{n-1} x - I_{n-2}$．

(iv) $I_n = \int x^n \sin x\, dx$ のとき，$I_n = x^{n-1}(n \sin x - x \cos x) - n(n-1) I_{n-2}$．

(v) $I_n = \int x^n \cos x\, dx$ のとき，$I_n = x^{n-1}(n \cos x + x \sin x) - n(n-1) I_{n-2}$．

【解】(i) $I_n = \int \sin^n x\, dx = \int (\sin^{n-1} x)(-\cos x)'\, dx$
$= -\sin^{n-1} x \cos x + (n-1)\int \sin^{n-2} x \cos^2 x\, dx$
$= -\sin^{n-1} x \cos x + (n-1)\int (\sin^{n-2} x)(1 - \sin^2 x)\, dx$
$= -\sin^{n-1} x \cos x + (n-1) I_{n-2} - (n-1) I_n$

ゆえに，$n I_n = -\sin^{n-1} x \cos x + (n-1) I_{n-2}$．

$I_n = -\dfrac{1}{n}\sin^{n-1} x \cos x + \dfrac{n-1}{n} I_{n-2}$

(ii) $I_n = \int \cos^n x\, dx = \int (\cos^{n-1} x)(\sin x)'\, dx$
$= \cos^{n-1} x \sin x + (n-1)\int \cos^{n-2} x \sin^2 x\, dx$
$= \cos^{n-1} x \sin x + (n-1)\int \cos^{n-2} x(1 - \cos^2 x)\, dx$
$= \cos^{n-1} x \sin x + (n-1) I_{n-2} - (n-1) I_n$

ゆえに，$n I_n = \cos^{n-1} x \sin x + (n-1) I_{n-2}$．

$I_n = \dfrac{1}{n}\cos^{n-1} x \sin x + \dfrac{n-1}{n} I_{n-2}$

(iii) $I_n = \int \tan^n x\, dx = \int \tan^{n-2} x(\sec^2 x - 1)\, dx = \int \tan^{n-2} x \sec^2 x\, dx - I_{n-2}$

ここで，$\tan x = t$ とおくと $\sec^2 x\, dx = dt$ であるから，

$\int \tan^{n-2} x \sec^2 x\, dx = \int t^{n-2}\, dt = \dfrac{1}{n-1} t^{n-1} = \dfrac{1}{n-1} \tan^{n-1} x$

よって，$I_n = \dfrac{1}{n-1}\tan^{n-1}x - I_{n-2}$．
(iv), (v) まとめての問題としてとく．
$$I_n = \int x^n \sin x\,dx = \int x^n(-\cos x)'\,dx = -x^n\cos x + nJ_{n-1}$$
$$J_n = \int x^n \cos x\,dx = \int x^n(\sin x)'\,dx = x^n\sin x - nI_{n-1}$$
ゆえに，
$$I_n = -x^n\cos x + n\{x^{n-1}\sin x - (n-1)I_{n-2}\} = x^{n-1}(n\sin x - x\cos x) - n(n-1)I_{n-2}$$
$$J_n = x^n\sin x - n\{-x^{n-1}\cos x + (n-1)J_{n-2}\} = x^{n-1}(n\cos x + x\sin x) - n(n-1)J_{n-2}$$

---

(ex.7.4.4) $m, n$ を整数とし，$I_{m,n} = \int \sin^m x \cos^n x\,dx$ のとき，次を示せ．

$$I_{m,n} = \dfrac{\sin^{m+1}x\cos^{n-1}x}{m+n} + \dfrac{n-1}{m+n}I_{m,n-2} \quad (m+n \neq 0)$$

$$I_{m,n} = -\dfrac{\sin^{m-1}x\cos^{n+1}x}{m+n} + \dfrac{m-1}{m+n}I_{m-2,n} \quad (m+n \neq 0)$$

$$I_{m,n} = -\dfrac{\sin^{m+1}x\cos^{n+1}x}{n+1} + \dfrac{m+n+2}{n+1}I_{m,n+2} \quad (n \neq -1)$$

$$I_{m,n} = \dfrac{\sin^{m+1}x\cos^{n+1}x}{m+1} + \dfrac{m+n+2}{m+1}I_{m+2,n} \quad (m \neq -1)$$

---

【解】$I_{m,n} = \int \sin^m x \cos^n x\,dx$．$n \neq -1$ のとき，
$$I_{m,n+2} = \int \sin^m x \cos^{n+2} x\,dx = \int \sin^m x(1 - \sin^2 x)\cos^n x\,dx$$
$$= I_{m,n} + \int \sin^{m+1} x \cos^n x(-\sin x)\,dx = I_{m,n} + \int \sin^{m+1}x \left(\dfrac{\cos^{n+1}x}{n+1}\right)'\,dx$$
$$= I_{m,n} + \dfrac{\sin^{m+1}x\cos^{n+1}x}{n+1} - \dfrac{m+1}{n+1}\int \sin^m x \cos^{n+2}x\,dx$$
$$= I_{m,n} + \dfrac{\sin^{m+1}x\cos^{n+1}x}{n+1} - \dfrac{m+1}{n+1}I_{m,n+2}$$

ゆえに，$I_{m,n} = -\dfrac{\sin^{m+1}x\cos^{n+1}x}{n+1} + \dfrac{m+n+2}{n+1}I_{m,n+2} \quad \cdots (イ)$

同様に $m \neq -1$ のとき $I_{m,n} = \dfrac{\sin^{m+1}x\cos^{n+1}x}{m+1} + \dfrac{m+n+2}{m+1}I_{m+2,n} \quad \cdots (ロ)$

も成り立つ．（イ）において，$n$ を $n-2$ にすれば，$n \neq 1$, $m+n \neq 0$ のとき
$$I_{m,n-2} = -\frac{\sin^{m+1} x \cos^{n-1} x}{n-1} + \frac{m+n}{n-1} I_{m,n} \text{ を得るので}$$
$$I_{m,n} = \frac{\sin^{m+1} x \cos^{n-1} x}{m+n} + \frac{n-1}{m+n} I_{m,n-2} \quad \cdots (\text{ハ})$$
また，$n = 1$, $m+n \neq 0$ のとき
$$I_{m,n} = \int \sin^m x \cos x dx = \frac{\sin^{m+1} x}{m+1}.$$ この式は（ハ）において $n=1$ とおいた式であるので，（ハ）は $m+n \neq 0$ のとき，すべての $n$（整数）について成り立つ．同様に，（ロ）式から $m+n \neq 0$ のとき $m$ を $m-2$ におきかえると，
$$I_{m,n} = -\frac{\sin^{m-1} x \cos^{n+1} x}{m+n} + \frac{m-1}{m+n} I_{m-2,n} \text{ も成り立つ．}$$

## 7.5 広義積分

---

(ex.7.5.1) 次の広義積分が存在するかを調べ，収束するときはその値を求めよ．
(i) $\displaystyle\int_1^\infty \frac{dx}{x(1+x)}$ (ii) $\displaystyle\int_0^2 \frac{dx}{2x-x^2}$ (iii) $\displaystyle\int_0^\pi \frac{dx}{\sin x}$ (iv) $\displaystyle\int_0^\infty \sin^2 x dx$

---

<ヒント> $I \subset \mathbf{R}$, $f: I \to \mathbf{R}$. 広義積分を次のように定義する．
(I) (i) $I = [a, b)$ の場合：すべての $c \in I$ に対して，$f$ は $[a, c]$ で積分可能であるとし，
$\displaystyle\lim_{c \to b-0} \int_a^c f(x) dx = V$ が存在する．このとき，$\displaystyle\int_a^b f(x) dx = V$ と書く．
(ii) $I = (a, b]$ の場合：すべての $c \in I$ に対して，$f$ は $[c, b]$ で積分可能であるとし，
$\displaystyle\lim_{c \to a+0} \int_c^b f(x) dx = V$ が存在する．このとき，$\displaystyle\int_a^b f(x) dx = V$ と書く．
(iii) $I = (a, b)$ の場合：すべての $c, d \in I$ に対して，$f$ は $[c, d]$ で積分可能であるとし
$\displaystyle\lim_{\substack{d \to b-0 \\ c \to a+0}} \int_c^d f(x) dx = V$ が存在する．このとき，$\displaystyle\int_a^b f(x) dx = V$ と書く．
(II) (i) $I = [a, \infty)$ の場合：すべての $c \in I$ に対して，$f$ は $[a, c]$ で積分可能であるとし，
$\displaystyle\lim_{c \to \infty} \int_a^c f(x) dx = V$ が存在する．このとき，$\displaystyle\int_a^\infty f(x) dx = V$ と書く．
(ii) $I = (-\infty, b]$ の場合：すべての $c \in I$ に対して，$f$ は $[c, b]$ で積分可能であるとし，

$\lim_{c \to -\infty} \int_c^b f(x)dx = V$ が存在する．このとき，$\int_{-\infty}^b f(x)dx = V$ と書く．

(iii) $I = (-\infty, \infty)$ の場合：$\int_a^\infty f(x)dx$ と $\int_{-\infty}^a f(x)dx$ が存在するとき，

$\int_{-\infty}^\infty f(x)dx = \int_{-\infty}^a f(x)dx + \int_a^\infty f(x)dx$ と定義し，この値が $V$ であるとき，$\int_{-\infty}^\infty f(x)dx = V$ と書く．ここで，$a$ は任意の点．

これらのとき，$f$ は $I$ で**広義積分可能**であるといい，$V$ を $f$ の $I$ における**広義積分** (improper integral) という．広義積分可能であるとき，$\int_a^\infty f(x)dx$ は**収束する**ともいい，そうでないときは $\int_a^\infty f(x)dx$ は**発散する**ともいう．

広義積分 $\int_a^b |f(x)|dx$ が収束するとき，広義積分 $\int_a^b f(x)dx$ は**絶対収束する**といい，広義積分 $\int_a^b f(x)dx$ は収束するが，広義積分 $\int_a^b |f(x)|dx$ が発散するとき，広義積分 $\int_a^b f(x)dx$ は**条件付き収束する**という．ここで，$a, b$ を $-\infty, \infty$ で置き換えた場合も同様に定義される．

【解】(i) $\displaystyle\int_1^\infty \frac{dx}{x(1+x)} = \lim_{c \to \infty} \int_1^c \frac{1}{x(1+x)} dx = \lim_{c \to \infty} \int_1^c \left(\frac{1}{x} - \frac{1}{1+x}\right) dx$

$\displaystyle = \lim_{c \to \infty} [\log x - \log(1+x)]_1^c = \log 2 + \lim_{c \to \infty} \left(\log \frac{1}{1+(1/c)}\right) = \log 2$

(ii) $\displaystyle\int_0^2 \frac{dx}{(2-x)x} = \lim_{\substack{v \to 2-0 \\ u \to +0}} \int_u^v \frac{dx}{(2-x)x}$

ここで，$\displaystyle\int_u^v \frac{dx}{(2-x)x} = \int_u^v \frac{1}{2}\left(\frac{1}{x} + \frac{1}{2-x}\right)dx = \frac{1}{2}[\log x - \log(2-x)]_u^v$

$\displaystyle = \frac{1}{2}\left[\log \frac{x}{2-x}\right]_u^v = \frac{1}{2}\left(\log \frac{v}{2-v} - \log \frac{u}{2-u}\right)$

$\displaystyle \lim_{v \to 2-0} \log \frac{v}{2-v} = \infty$, $\displaystyle \lim_{u \to +0} \log \frac{u}{2-u} = -\infty$ より広義積分 $\displaystyle\int_0^2 \frac{dx}{(2-x)x}$ は存在しない．

(iii) $\displaystyle\int_0^\pi \frac{dx}{\sin x} = \lim_{\substack{v \to \pi-0 \\ u \to +0}} \int_u^v \frac{dx}{\sin x}$

ここで，$\displaystyle\int_u^v \frac{dx}{\sin x} = \int_u^v \frac{\cos(x/2)}{2\sin(x/2)(\cos^2(x/2))} dx = \int_u^v \frac{1}{\tan(x/2)}\left(\frac{1}{2}\sec^2 \frac{x}{2}\right)dx$.

$\tan \dfrac{x}{2} = t$ とおくと，上式 $= \displaystyle\int_{u'}^{v'} \frac{1}{t} dt = [\log t]_{u'}^{v'}$. $u \to 0$ のとき，$u' \to 0$,

$v \to \pi - 0$ のとき $v' \to \infty$ であるから $\int_0^\pi \dfrac{dx}{\sin x}$ は収束しない.

[別解]

$\lim\limits_{x \to 0} \dfrac{\sin x}{x} = 1$ であるから, ある $\alpha$, $(0 < \alpha < \pi)$ が存在して $0 < x < \alpha$ のとき $\left| \dfrac{\sin x}{x} - 1 \right| < \dfrac{1}{2}$ とできる. すなわち, このとき $\dfrac{1}{2} < \dfrac{\sin x}{x} < \dfrac{3}{2}$. さらに, $\alpha \le x < \pi$ に対しては $0 < \dfrac{\sin x}{x} \le \dfrac{1}{\alpha}$. ゆえに, $0 < x < \pi$ に対して $M = \max\left\{\dfrac{3}{2}, \dfrac{1}{\alpha}\right\}$ について, $0 < \dfrac{\sin x}{x} < M$ が成り立つ.

ゆえに, $0 < \dfrac{M^{-1}}{x} < \dfrac{1}{\sin x}$, $(0 < x < \pi)$ であり $\int_0^\pi \dfrac{1}{x} dx$ は収束しないから $\int_0^\pi \dfrac{dx}{\sin x}$ も収束しない.

(iv) $\int_0^\infty \sin^2 x dx = \sum\limits_{n=0}^\infty \int_{n\pi}^{(n+1)\pi} \sin^2 x dx$. ここで, $x = n\pi + t$ とすると $dx = dt$ で

$$\int_{n\pi}^{(n+1)\pi} \sin^2 x dx = \int_0^\pi \sin^2 t dt = \int_0^\pi \dfrac{1 - \cos 2t}{2} dt = \dfrac{\pi}{2}.$$

ゆえに, $\int_0^\infty \sin^2 x dx = \lim\limits_{n \to \infty} \left( \int_0^{n\pi} \sin^2 x dx \right) = \lim\limits_{n \to \infty} \dfrac{n\pi}{2} = \infty$ となり, 収束しない.

---

(ex.7.5.2) 次を示せ.

(i) $\int_a^b \dfrac{dx}{\sqrt{(b-x)(x-a)}} = \pi$  $(b > a)$   (ii) $\int_0^\infty x^2 e^{-x} dx = 2$   (iii) $\int_1^\infty \dfrac{\log x}{x^2} dx = 1$

(iv) $\int_1^\infty \dfrac{1}{x\sqrt{x^2-1}} dx = \dfrac{\pi}{2}$   (v) $\int_0^\infty \log(1 + \dfrac{1}{x^2}) dx = \pi$

(vi) $\int_0^\infty e^{-ax} \cos bx dx = \dfrac{a}{a^2 + b^2}$  $(a > 0)$   (vii) $\int_0^\infty e^{-ax} \sin bx dx = \dfrac{b}{a^2 + b^2}$  $(a > 0)$

---

【解】 (i) $\int_a^b \dfrac{dx}{\sqrt{(b-x)(x-a)}} = \lim\limits_{\substack{v \to b-0 \\ u \to a+0}} \int_u^v \dfrac{dx}{\sqrt{(b-x)(x-a)}}$

$\sqrt{\dfrac{x-a}{b-x}}=t$ とすると, $x=b-\dfrac{b-a}{t^2+1}$, $dx=\dfrac{2(b-a)t}{(t^2+1)^2}dt$ であるから,

$$\int \dfrac{dx}{\sqrt{(b-x)(x-a)}}=\int \dfrac{1}{x-a}\sqrt{\dfrac{x-a}{b-x}}dx=\int \dfrac{2}{t^2+1}dt$$

$$=2\operatorname{Tan}^{-1}t=2\operatorname{Tan}^{-1}\sqrt{\dfrac{x-a}{b-x}}+c$$

ゆえに,

$$\lim_{\substack{v\to b-0\\u\to a+0}}\left[2\operatorname{Tan}^{-1}\sqrt{\dfrac{x-a}{b-x}}\right]_u^v=\lim_{v\to b-0}2\operatorname{Tan}^{-1}\sqrt{\dfrac{v-a}{b-v}}-\lim_{u\to a+0}2\operatorname{Tan}^{-1}\sqrt{\dfrac{u-a}{b-u}}=\pi$$

(ii) $\int_0^\infty x^2 e^{-x}dx=\left[-x^2 e^{-x}\right]_0^\infty+2\int_0^\infty xe^{-x}dx=\left[-x^2 e^{-x}\right]_0^\infty+2\left[-xe^{-x}\right]_0^\infty+2\int_0^\infty e^{-x}dx$

ここで, $\left[-x^2 e^{-x}\right]_0^\infty=\lim_{x\to\infty}(-x^2 e^{-x})=0$, $2\left[-xe^{-x}\right]_0^\infty=\lim_{x\to\infty}(-xe^{-x})=0$.

$\int_0^\infty e^{-x}dx=\left[-e^{-x}\right]_0^\infty=1$ であるから $\int_0^\infty x^2 e^{-x}dx=2$.

(iii) $\int_1^\infty \dfrac{\log x}{x^2}dx=\int_1^\infty \left(\dfrac{-1}{x}\right)'\log xdx=\left[\dfrac{-1}{x}\log x\right]_1^\infty+\int_1^\infty \dfrac{1}{x^2}dx$

ここで, $\left[\dfrac{-1}{x}\log x\right]_1^\infty=\lim_{x\to\infty}\dfrac{-\log x}{x}=0$.

$\int_1^\infty \dfrac{1}{x^2}dx=\left[\dfrac{-1}{x}\right]_1^\infty=1$ であるから, $\int_1^\infty \dfrac{\log x}{x^2}dx=1$.

(iv) $I=\int \dfrac{1}{x\sqrt{x^2-1}}dx$ において, $(x^2-1)^{-1/2}=t$ とおくと $x^2=\dfrac{1+t^2}{t^2}$. ゆえに, $2xdx=\dfrac{-2}{t^3}dt$. $I=\int \dfrac{x}{x^2\sqrt{x^2-1}}dx=\int \dfrac{t^2}{1+t^2}\cdot t\cdot \dfrac{-1}{t^3}dt=-\int \dfrac{1}{1+t^2}dt$

$$=-\operatorname{Tan}^{-1}t=-\operatorname{Tan}^{-1}\left(\dfrac{1}{\sqrt{x^2-1}}\right)$$

ゆえに, $\int_1^\infty \dfrac{1}{x\sqrt{x^2-1}}dx=-\left[\operatorname{Tan}^{-1}\left(\dfrac{1}{\sqrt{x^2-1}}\right)\right]_1^\infty=\dfrac{\pi}{2}$.

(v) $\int_0^\infty \log\left(1+\dfrac{1}{x^2}\right)dx=\int_0^\infty (x)'\log\left(1+\dfrac{1}{x^2}\right)dx$

$$= \left[x\log\left(1 + \frac{1}{x^2}\right)\right]_0^\infty - \int_0^\infty x\frac{(1 + (1/x^2))'}{(1 + (1/x^2))}dx$$

ここで, $\displaystyle\lim_{x\to 0} x\log\left(1 + \frac{1}{x^2}\right) = \lim_{x\to 0}\frac{\log(1 + (1/x^2))}{(1/x)}$

$$= \lim_{x\to 0}\frac{\dfrac{1}{(1+(1/x^2))}\left(\dfrac{-2}{x^3}\right)}{(-1/x^2)} = \lim_{x\to 0}\frac{2x}{x^2 + 1} = 0$$

$$\lim_{x\to\infty} x\log\left(1 + \frac{1}{x^2}\right) = \lim_{x\to\infty}\frac{\log(1 + (1/x^2))}{(1/x)} = \lim_{x\to\infty}\frac{2x}{x^2 + 1} = 0$$

$$\int_0^\infty x\frac{(1 + (1/x^2))'}{(1 + (1/x^2))}dx = \int_0^\infty \frac{-2}{x^2 + 1}dx = -2\left[\mathrm{Tan}^{-1} x\right]_0^\infty = -\pi \text{ であるから}$$

$$\int_0^\infty \log\left(1 + \frac{1}{x^2}\right)dx = \pi$$

(vi), (vii) $\displaystyle I = \int_0^\infty e^{-ax}\cos bx\,dx = \int_0^\infty \left(\frac{-e^{-ax}}{a}\right)'\cos bx\,dx$

$$= \left[\frac{-e^{-ax}}{a}\cos bx\right]_0^\infty + \int_0^\infty \frac{-b}{a}e^{-ax}\sin bx\,dx = \frac{1}{a} - \frac{b}{a}J$$

$$J = \int_0^\infty e^{-ax}\sin bx\,dx = \int_0^\infty \left(\frac{-e^{-ax}}{a}\right)'\sin bx\,dx$$

$$= \left[\frac{-e^{-ax}}{a}\sin bx\right]_0^\infty + \int_0^\infty \frac{b}{a}e^{-ax}\cos bx\,dx = \frac{b}{a}I$$

ゆえに, $\displaystyle I = \frac{1}{a} - \frac{b}{a}J = \frac{1}{a} - \left(\frac{b}{a}\right)^2 I$, $\displaystyle I = \frac{a}{a^2 + b^2}$. また, $\displaystyle J = \frac{b}{a^2 + b^2}$.

---

(ex.7.5.3) 次の広義積分が収束するか調べよ.

(i) $\displaystyle\int_{-1}^1 \frac{\log(1 + x)}{x}dx$  (ii) $\displaystyle\int_0^{2a} \frac{1}{(x-a)^2}dx$  (iii) $\displaystyle\int_0^1 \frac{\log x}{\sqrt{x}}dx$

(iv) $\displaystyle\int_1^2 \frac{\sqrt{x}}{\log x}dx$  (v) $\displaystyle\int_0^\infty \frac{1}{1 + x^p}dx$

<ヒント> (I) $I=[a,b)$ で定義された関数 $f$ と $g$ が，すべての $x \in I$ で，$f(x) \geq 0$, $g(x) \geq 0$ で，すべての $c \in (a,b)$ について，$[a,c]$ で積分可能であるとする．すべての $x \in I$ で，$f(x) \leq g(x)$ であるとする．

(i) $\int_a^b g(x)dx$ が収束すれば，$\int_a^b f(x)dx$ も収束する．

(ii) $\int_a^b f(x)dx$ が発散すれば，$\int_a^b g(x)dx$ も発散する．

(II) $I=[a,b)$ で定義された関数 $f$ と $g$ が，すべての $c \in (a,b)$ について，$[a,c]$ で積分可能であるとする．すべての $x \in I$ で，$|f(x)| \leq g(x)$ であるとする．

$\int_a^b g(x)dx$ が収束すれば，$\int_a^b f(x)dx$ は絶対収束する．

【解】 (i) $I = \int_{-1}^{1} \dfrac{\log(1+x)}{x}dx$, $I_1 = \int_{-1}^{-1/2} \dfrac{\log(1+x)}{x}dx$, $I_2 = \int_{-1/2}^{0} \dfrac{\log(1+x)}{x}dx$,

$I_3 = \int_{0}^{1} \dfrac{\log(1+x)}{x}dx$ とおく．

$0 < p < 1$ のとき $\lim\limits_{x \to 0} x^p \dfrac{\log(1+x)}{x} = \lim\limits_{x \to 0} \dfrac{\log(1+x)}{x^{1-p}} = \lim\limits_{x \to 0} \dfrac{\left(\dfrac{1}{1+x}\right)}{(1-p)x^{-p}} = 0.$

また，$x^p \dfrac{\log(1+x)}{x}$ は，$\left[\dfrac{-1}{2}, 0\right) \cup (0,1]$ で連続であるから，ある正数 $M > 0$ が存在して，$\dfrac{-1}{2} \leq x < 0$ および，$0 < x \leq 1$ において，$0 < \left|x^p \dfrac{\log(1+x)}{x}\right| \leq M$ とできる．よって，$0 < \left|\dfrac{\log(1+x)}{x}\right| \leq \left|\dfrac{M}{x^p}\right|$．さらに，$\int_0^1 \dfrac{1}{x^p} dx$ $(p<1)$ および

$\int_{-1/2}^{0} \dfrac{1}{|x^p|} dx$ $(p<1)$ は収束するから，$I_3 = \int_0^1 \dfrac{\log(1+x)}{x}dx$,

$I_2 = \int_{-1/2}^{0} \dfrac{\log(1+x)}{x}dx$ は収束する．

また，$0 < p < 1$ のとき，$\lim\limits_{x \to -1+0} (x+1)^p \log(1+x) = \lim\limits_{x \to -1+0} \dfrac{\log(1+x)}{(x+1)^{-p}}$

$= \lim\limits_{x \to -1+0} \dfrac{(1/(1+x))}{(-p)(x+1)^{-p-1}} = \lim\limits_{x \to -1+0} \dfrac{(x+1)^p}{-p} = 0$

ゆえに，$\lim\limits_{x \to -1+0} (x+1)^p \dfrac{\log(1+x)}{x} = 0$. $(x+1)^p \dfrac{\log(1+x)}{x}$ は $\left(-1, -\dfrac{1}{2}\right]$ で連続であるから，ある正数 $M_1 > 0$ が存在して，$-1 < x \leq -\dfrac{1}{2}$ について

$$0 < \left|(x+1)^p \frac{\log(1+x)}{x}\right| \leq M_1 \text{ とできる.}$$

ゆえに, $0 < \left|\frac{\log(1+x)}{x}\right| \leq \left|\frac{M_1}{(x+1)^p}\right|$. $\int_{-1}^{-1/2} \frac{1}{(x+1)^p} dx$ $(p<1)$ は収束するから

$I_1 = \int_{-1}^{-1/2} \frac{\log(1+x)}{x} dx$ は収束する. よって, $I_1, I_2, I_3$ が収束するから $I$ は収束する.

(ii) $\int_0^{2a} \frac{1}{(x-a)^2} dx = \int_0^a \frac{1}{(x-a)^2} dx + \int_a^{2a} \frac{1}{(x-a)^2} dx$ において

$\int_0^a \frac{1}{(x-a)^2} dx = \left[\frac{-1}{x-a}\right]_0^a$ は収束しない. $\int_a^{2a} \frac{1}{(x-a)^2} dx = \left[\frac{-1}{x-a}\right]_a^{2a}$ も収束しないから, $\int_0^{2a} \frac{1}{(x-a)^2} dx$ も収束しない.

(iii) $I = \int_0^1 \frac{\log x}{\sqrt{x}} dx$. $\frac{1}{2} < p < 1$ について $\lim_{x \to +0} x^p \frac{\log x}{\sqrt{x}} = \lim_{x \to +0} \frac{\log x}{x^{-p+(1/2)}}$

$= \lim_{x \to +0} \frac{1/x}{\left(-p+\frac{1}{2}\right)x^{-p+(1/2)-1}} = \lim_{x \to +0} \frac{1}{\left(-p+\frac{1}{2}\right)} x^{p-(1/2)} = 0.$

また, $x^p \frac{\log x}{\sqrt{x}}$ は $0 < x \leq 1$ で連続であるから, ある正数 $M > 0$ が存在して,

$\left|x^p \frac{\log x}{\sqrt{x}}\right| \leq M$. ゆえに, $\left|\frac{\log x}{\sqrt{x}}\right| \leq \left|\frac{M}{x^p}\right|$.

$\int_0^1 \frac{1}{x^p} dx$ $\left(\frac{1}{2} < p < 1\right)$ は収束するから $\int_0^1 \frac{\log x}{\sqrt{x}} dx$ は収束する.

(iv) $I = \int_1^2 \frac{\sqrt{x}}{\log x} dx$. $\lim_{x \to 1+0} \frac{x-1}{\log x} = \lim_{x \to 1+0} \frac{1}{1/x} = 1$. ゆえに,

$\lim_{x \to 1+0} (x-1) \frac{\sqrt{x}}{\log x} = 1$. よって, ある正数 $\varepsilon > 0$ があって $1 < x < 1+\varepsilon < 2$ に対して $(x-1) \frac{\sqrt{x}}{\log x} > \frac{1}{2}$ とすることができる. ゆえに $0 < \varepsilon' < \varepsilon$ について

$\int_{1+\varepsilon'}^{1+\varepsilon} \frac{\sqrt{x}}{\log x} dx > \frac{1}{2} \int_{1+\varepsilon'}^{1+\varepsilon} \frac{1}{x-1} dx = \frac{1}{2} \{\log \varepsilon - \log \varepsilon'\} = \frac{1}{2} \log \frac{\varepsilon}{\varepsilon'}.$

よって，$\displaystyle\int_1^2 \frac{\sqrt{x}}{\log x}dx = \lim_{\varepsilon'\to +0}\int_{1+\varepsilon'}^2 \frac{\sqrt{x}}{\log x}dx \geq \lim_{\varepsilon'\to +0}\int_{1+\varepsilon'}^{1+\varepsilon}\frac{\sqrt{x}}{\log x}dx$

$\displaystyle \geq \lim_{\varepsilon'\to +0}\frac{1}{2}\int_{1+\varepsilon'}^{1+\varepsilon}\frac{1}{x-1}dx = \lim_{\varepsilon'\to +0}\frac{1}{2}\log\frac{\varepsilon}{\varepsilon'} = \infty.$

ゆえに，$\displaystyle\int_1^2 \frac{\sqrt{x}}{\log x}dx$ は収束しない．

(v) $\displaystyle I = \int_0^\infty \frac{1}{1+x^p}dx,\ I_1 = \int_0^1 \frac{1}{1+x^p}dx,\ I_2 = \int_1^\infty \frac{1}{1+x^p}dx$ とおく．

$p > 1$ のとき，$\displaystyle I_2 = \int_1^\infty \frac{1}{1+x^p}dx \leq \int_1^\infty \frac{1}{x^p}dx = \left[\frac{1}{-p+1}x^{-p+1}\right]_1^\infty = \frac{1}{p-1}.$

ゆえに．$I_2$ は収束する．さらに，このとき，$\dfrac{1}{1+x^p}$ は $[0,1]$ で連続だから，$I_1$ も存在する．よって，$I$ は収束する．

$p = 1$ のとき $\displaystyle I_2 = \int_1^\infty \frac{1}{1+x}dx = [\log(1+x)]_1^\infty = \infty$．よって，収束しない．$I > I_2$ より，$I$ も収束しない．

$p < 1$ のとき $\displaystyle I_2 = \int_1^\infty \frac{1}{1+x^p}dx \geq \int_1^\infty \frac{1}{2x^p}dx = \frac{1}{2}\left[\frac{1}{-p+1}x^{-p+1}\right]_1^\infty = \infty.$

よって，$I_2$ は収束しないから $I$ も収束しない．

---

(ex.7.5.4) 関数 $f$ が $[0,\infty)$ で単調で $\displaystyle\int_0^\infty f(x)dx$ が収束するならば，$\displaystyle\lim_{x\to\infty}xf(x)=0$ であることを示せ．

---

【解】$\displaystyle\int_0^\infty f(x)dx$ は収束するから，任意の自然数 $n$ に対し正数 $a_n$ $(0 < a_n < a_{n+1} \to \infty)$ をとって，$a_n \leq x \leq y$ ならば $\left|\displaystyle\int_x^y f(x)dx\right| < \dfrac{1}{n}$ となるようにできる．$\displaystyle\lim_{x\to\infty}xf(x) = 0$ が成り立たないとすると，ある正数 $\varepsilon_0 > 0$ があって，任意の自然数 $n$ に対し，$a_n \leq x_n,\ 2x_n < x_{n+1}$ をみたすような $x_n$ をとって
$$|x_n f(x_n)| > \varepsilon_0 \quad \cdots (イ)$$
とできる．$f$ が単調減少の場合：$x_n \leq x \leq x_{n+1}$ のとき $f(x_n) \geq f(x) \geq f(x_{n+1})$．

よって，$\displaystyle\int_{x_n}^{x_{n+1}} f(x_n)dx \geq \int_{x_n}^{x_{n+1}} f(x)dx \geq \int_{x_n}^{x_{n+1}} f(x_{n+1})dx$．

$f(x_n)(x_{n+1} - x_n) \geq \int_{x_n}^{x_{n+1}} f(x)dx \geq f(x_{n+1})(x_{n+1} - x_n)$ が任意の $n$ について成り立つ。よって,

$$\frac{1}{n} \geq \int_{x_n}^{x_{n+1}} f(x)dx \geq f(x_{n+1})(x_{n+1} - x_n) \quad \cdots (\text{ロ})$$

$$f(x_{n+1})(x_{n+2} - x_{n+1}) \geq \int_{x_{n+1}}^{x_{n+2}} f(x)dx \geq -\frac{1}{n} \quad \cdots (\text{ハ})$$

(ロ) より, $\left(\dfrac{x_{n+1}}{x_{n+1} - x_n}\right)\dfrac{1}{n} \geq x_{n+1} f(x_{n+1})$

(ハ) より, $x_{n+1} f(x_{n+1}) \geq \left(\dfrac{x_{n+1}}{x_{n+2} - x_{n+1}}\right)\left(-\dfrac{1}{n}\right)$

ここで, $x_n < \dfrac{1}{2} x_{n+1}$ であるから $\dfrac{x_{n+1}}{x_{n+1} - x_n} < 2$, $2x_{n+1} < x_{n+2}$ であるから $\dfrac{x_{n+1}}{x_{n+2} - x_{n+1}} < 1$. よって, $\dfrac{2}{n} \geq x_{n+1} f(x_{n+1}) \geq -\dfrac{1}{n}$.

ゆえに, $|x_{n+1} f(x_{n+1})| \leq \dfrac{2}{n}$. (イ) より, $\varepsilon_0 \leq \dfrac{2}{n}$. $n$ は任意に大きくできるからこれは不合理.

よって, $\lim_{x \to \infty} xf(x) = 0$ でなければならない.

$f$ が単調増加のときも同様に証明することができる.

---

(ex.7.5.5) $\int_0^\infty \dfrac{\sin x}{x^p} dx$ は $1 < p < 2$ のとき, 絶対収束し, $0 < p \leq 1$ のとき条件収束することを示せ.

---

【解】$1 < p < 2$ のとき, $\lim_{x \to 0} \dfrac{\sin x}{x} = 1$ より, ある正数 $M > 0$ について, $0 < x < 1$ のとき, $\left|\dfrac{\sin x}{x}\right| < M$ とできる. ゆえに,

$$\int_0^1 \left|\dfrac{\sin x}{x^p}\right| dx = \int_0^1 \left|\dfrac{\sin x}{x}\right| \dfrac{1}{x^{p-1}} dx \leq M \int_0^1 \dfrac{1}{x^{p-1}} dx = M \left[\dfrac{x^{-p+2}}{2-p}\right]_0^1 = \dfrac{M}{2-p} \quad \cdots (\text{イ})$$

であるから $\int_0^1 \dfrac{\sin x}{x^p} dx$ は絶対収束.

また，$\int_1^\infty \left|\dfrac{\sin x}{x^p}\right| dx \leq \int_1^\infty \dfrac{1}{x^p} dx = \left[\dfrac{x^{-p+1}}{-p+1}\right]_1^\infty = \dfrac{1}{p-1}$．これから $\int_0^\infty \dfrac{\sin x}{x^p} dx$ は絶対収束する．$0 < p < 1$ のとき，$0 < x < 1$ で $1 > \sin x > 0$ であるから $\int_0^1 \dfrac{\sin x}{x^p} dx$ は収束する．$p = 1$ のときは，$\displaystyle\lim_{x \to 0} \dfrac{\sin x}{x} = 1$ より，$\int_0^1 \dfrac{\sin x}{x^p} dx$ は収束する．

また，$\int_1^\infty \dfrac{\sin x}{x^p} dx = \left[(-\cos x)x^{-p}\right]_1^\infty - p\int_1^\infty (\cos x) x^{-p-1} dx \quad (0 < p \leq 1)$

ここで，$\int_1^\infty |(\cos x) x^{-p-1}| dx \leq \int_1^\infty x^{-p-1} dx = \left[\dfrac{x^{-p}}{-p}\right]_1^\infty = \dfrac{1}{p}$ であるから $\int_1^\infty \dfrac{\sin x}{x^p} dx$ も収束する．ゆえに，$\int_0^\infty \dfrac{\sin x}{x^p} dx$ は収束する．

## 章末問題

**(ex.7.A.1)** 次を示せ．

(i) $\int_0^1 \mathrm{Tan}^{-1} x\, dx = \dfrac{\pi}{4} - \dfrac{\log 2}{2}$ (ii) $\int_0^2 \sqrt{2x - x^2}\, dx = \dfrac{\pi}{2}$ (iii) $\int_0^1 x\sqrt{x - x^2}\, dx = \dfrac{\pi}{16}$

(iv) $\int_0^4 \sqrt{|x^2 - 4|}\, dx = 2\left(\dfrac{\pi}{2} + 2\sqrt{3} - \log(2 + \sqrt{3})\right)$

**(ex.7.A.2)** 次の関数の原始関数を求めよ．

(i) $\dfrac{2x}{(x-1)(x-2)(x-3)}$ (ii) $\dfrac{1}{x^4 - 1}$ (iii) $\dfrac{x}{(x^2 + a^2)(x^2 + b^2)}$

(iv) $\dfrac{1}{(a^2 + x^2)^2}$ $(a \neq 0)$ (v) $\dfrac{1}{x^4 + 1}$ (vi) $\dfrac{1}{\sin x + \cos x}$

(vii) $\mathrm{Sin}^{-1} \sqrt{\dfrac{x}{x+a}}$ $(a > 0)$ (viii) $\sqrt{\dfrac{1 + \sqrt{x}}{1 - \sqrt{x}}}$

(ix) $\dfrac{1}{a + b\cos x}$ $(b \neq 0)$ (x) $\dfrac{1}{a + b\tan x}$ $(b \neq 0)$

**(ex.7.A.3)** 次を示せ．

(i) $\displaystyle\int \dfrac{dx}{\sin^2 x \cos^2 x} = \tan x - \cot x + c$

(ii) $\displaystyle\int \frac{dx}{(x-a)\sqrt{(x-a)(x-b)}} = -\frac{2}{a-b}\sqrt{\frac{x-b}{x-a}} + c \quad (a \neq b)$

(iii) $\displaystyle\int \sqrt{\frac{a+x}{a-x}}dx = 2a\left(\mathrm{Tan}^{-1}\sqrt{\frac{a+x}{a-x}} - \frac{\sqrt{a^2-x^2}}{2a}\right) + c \quad (a > 0)$

**(ex.7.A.4)** 関数 $f$ が連続のとき,次を示せ.

(i) $\displaystyle\int_0^\pi f(\sin x)dx = 2\int_0^{\pi/2} f(\sin x)dx$ (ii) $\displaystyle\int_0^\pi xf(\sin x)dx = \frac{\pi}{2}\int_0^\pi f(\sin x)dx$

(iii) $\displaystyle\int_0^{2\pi} f(a\cos x + b\sin x)dx = 2\int_{-\pi/2}^{\pi/2} f(\sqrt{a^2+b^2}\sin x)dx$

**(ex.7.A.5)** $\displaystyle\lim_{n\to\infty}\left(\frac{n!}{n^n}\right)^{1/n} = e^{-1}$ を示せ.

**(ex.7.A.6)** 次を示せ.

(i) $\displaystyle\int_0^\infty \frac{\log(1+x^2)}{x^2}dx = \pi$ (ii) $\displaystyle\int_0^1 \sin(\log x)dx = -\frac{1}{2}$

(iii) $\displaystyle\int_0^{\pi/2} \frac{1}{a^2\sin^2 x + b^2\cos^2 x}dx = \frac{\pi}{2ab} \quad (0 < a,\ 0 < b)$

(iv) $\displaystyle\int_0^\infty e^{-x}|\sin x|dx = \frac{1}{2}\cdot\frac{e^\pi + 1}{e^\pi - 1}$

(v) $\displaystyle\int_0^1 x^m(\log x)^n dx = (-1)^n \frac{n!}{(m+1)^{n+1}} \quad (n \in \mathbf{N}, m > -1)$

**(ex.7.A.7)** $f(x)$ が $\mathbf{R}$ で連続であるとき,$g(x) = \displaystyle\int_0^x f(t)(x-t)^n dt$ について,
$\dfrac{1}{n!}\dfrac{d^{n+1}}{dx^{n+1}}g(x) = f(x)$ であることを示せ.

**(ex.7.B.1)** $f:[0,1] \to \mathbf{R}$,$p, q$ は公約数が $1$ である自然数で,
$$f(x) = \begin{cases} 1/q & x = p/q \text{ 有理数} \\ 0 & x \text{ 無理数 または } x = 0 \end{cases}$$
この関数はすべての有理数で不連続であるが,無理数では連続である.
$\displaystyle\int_0^1 f(x)dx = 0$ であることを示せ.

**(ex.7.B.2)** $f$ が $I = [0, \infty)$ で連続であるとする.$f$ が $I$ で有界ならば,
$\displaystyle\int_0^\infty e^{-x}f(x)dx$ は絶対収束することを示せ.

********** 章末問題解答 **********

**(ex.7.A.1)** (i) $\int_0^1 \mathrm{Tan}^{-1} x\, dx = \left[x\, \mathrm{Tan}^{-1} x\right]_0^1 - \int_0^1 \frac{x}{1+x^2} dx$

$= \dfrac{\pi}{4} - \left[\dfrac{1}{2}\log(1+x^2)\right]_0^1 = \dfrac{\pi}{4} - \dfrac{\log 2}{2}$

(ii) $I = \int_0^2 \sqrt{2x - x^2}\, dx = \int_0^2 \sqrt{1-(x-1)^2}\, dx$, $x - 1 = \sin t$ とおくと $dx = \cos t\, dt$.

$I = \int_{-\pi/2}^{\pi/2} \cos^2 t\, dt = 2\int_0^{\pi/2} \cos^2 t\, dt = \int_0^{\pi/2}(1 + \cos 2t)\, dt = \left[t + \dfrac{\sin 2t}{2}\right]_0^{\pi/2} = \dfrac{\pi}{2}$

(iii) $I = \int_0^1 x\sqrt{x - x^2}\, dx = \int_0^1 x\sqrt{\dfrac{1}{4} - \left(x - \dfrac{1}{2}\right)^2}\, dx$

$x - \dfrac{1}{2} = \dfrac{1}{2}\sin t$ とおくと $dx = \dfrac{1}{2}\cos t\, dt$. ゆえに,

$I = \int_{-\pi/2}^{\pi/2} \left(\dfrac{1}{2} + \dfrac{1}{2}\sin t\right)\left(\dfrac{1}{2}\cos t\right)^2 dt = \dfrac{1}{8}\int_{-\pi/2}^{\pi/2} \cos^2 t\, dt + \dfrac{1}{8}\int_{-\pi/2}^{\pi/2} \sin t \cos^2 t\, dt$

$\sin t \cos^2 t$ は奇関数だから $\int_{-\pi/2}^{\pi/2} \sin t \cos^2 t\, dt = 0$.

また, $\int_{-\pi/2}^{\pi/2} \cos^2 t\, dt = \dfrac{\pi}{2}$. よって, $I = \dfrac{\pi}{16}$.

(iv) $I = \int_0^4 \sqrt{|x^2 - 4|}\, dx$, $I_1 = \int_0^2 \sqrt{4 - x^2}\, dx$, $I_2 = \int_2^4 \sqrt{x^2 - 4}\, dx$ とおくと,

$I = I_1 + I_2$. $I_1 = \int_0^2 \sqrt{4 - x^2}\, dx$ において, $x = 2\sin t$, $dx = 2\cos t\, dt$ とおく,

$I_1 = 4\int_0^{\pi/2} \cos^2 t\, dt = \pi$. $I_2 = \int_2^4 \sqrt{x^2 - 4}\, dx$ において $\sqrt{x^2 - 4} = t - x$ とおく.

$2tx = t^2 + 4$, $x = \dfrac{t^2 + 4}{2t}$, $dx = \left(\dfrac{t^2 - 4}{2t^2}\right)dt$

ゆえに, $I_2 = \int_2^4 \sqrt{x^2 - 4}\, dx = \int_2^{2\sqrt{3}+4} \left(t - \dfrac{t^2 + 4}{2t}\right)\dfrac{t^2 - 4}{2t^2}\, dt$

$= \int_2^{2\sqrt{3}+4} \dfrac{t^4 - 8t^2 + 16}{4t^3}\, dt = \int_2^{2\sqrt{3}+4} \dfrac{1}{4}\left(t - \dfrac{8}{t} + \dfrac{16}{t^3}\right)dt$

$$= \frac{1}{4}\left[\frac{t^2}{2} - 8\log t - \frac{8}{t^2}\right]_2^{2\sqrt{3}+4} = \frac{1}{8}\left\{(2\sqrt{3}+4)^2 - 4\right\}$$

$$- 2\{\log(2\sqrt{3}+4) - \log 2\} - 2\left\{\frac{1}{(2\sqrt{3}+4)^2} - \frac{1}{4}\right\}$$

$$= \frac{1}{8}(2\sqrt{3}+4)^2 - 2\log(\sqrt{3}+2) - \frac{2}{(2\sqrt{3}+4)^2}$$

$$= \frac{1}{8}(2\sqrt{3}+4)^2 - \frac{2(2\sqrt{3}-4)^2}{(2\sqrt{3}+4)^2(2\sqrt{3}-4)^2} - 2\log(2+\sqrt{3})$$

$$= \frac{1}{8}\left\{(2\sqrt{3}+4)^2 - (2\sqrt{3}-4)^2\right\} - 2\log(2+\sqrt{3}) = 4\sqrt{3} - 2\log(2+\sqrt{3})$$

ゆえに, $I = I_1 + I_2 = \pi + 4\sqrt{3} - 2\log(2+\sqrt{3})$.

**(ex.7.A.2)** (i) $\dfrac{2x}{(x-1)(x-2)(x-3)} = \dfrac{A}{x-1} + \dfrac{B}{x-2} + \dfrac{C}{x-3}$ とおくと

$2x = A(x-2)(x-3) + B(x-1)(x-3) + C(x-1)(x-2)$

$2x = (A+B+C)x^2 + (-5A-4B-3C)x + (6A+3B+2C)$

これから, $A+B+C = 0$, $-5A-4B-3C = 2$, $6A+3B+2C = 0$.

ゆえに, $A = 1$, $B = -4$, $C = 3$. よって,

$$\int \frac{2x}{(x-1)(x-2)(x-3)}\,dx = \int \frac{1}{x-1}\,dx - \int \frac{4}{x-2}\,dx + \int \frac{3}{x-3}\,dx$$

$$= \log|x-1| - 4\log|x-2| + 3\log|x-3| + c$$

$$= \log\frac{\left|(x-1)(x-3)^3\right|}{|x-2|^4} + c$$

(ii) $\displaystyle\int \frac{1}{x^4-1}\,dx = \frac{1}{2}\int\left(\frac{-1}{x^2+1} + \frac{1}{x^2-1}\right)dx = \frac{1}{2}\int \frac{-1}{x^2+1}\,dx + \frac{1}{2}\int \frac{1}{x^2-1}\,dx$

$\displaystyle = -\frac{1}{2}\mathrm{Tan}^{-1}x + \frac{1}{4}\int\left(\frac{-1}{x+1} + \frac{1}{x-1}\right)dx = \frac{1}{4}\log\left|\frac{x-1}{x+1}\right| - \frac{1}{2}\mathrm{Tan}^{-1}x + c$

(iii) $a^2 \neq b^2$ のとき, $\dfrac{x}{(x^2+a^2)(x^2+b^2)} = \dfrac{Ax+B}{x^2+a^2} + \dfrac{Cx+D}{x^2+b^2}$ とおくと

$x = (Ax+B)(x^2+b^2) + (Cx+D)(x^2+a^2)$

$x = (A + C)x^3 + (B + D)x^2 + (Ab^2 + Ca^2)x + (Bb^2 + Da^2)$

ゆえに，$A + C = 0$, $B + D = 0$, $Ab^2 + Ca^2 = 1$, $Bb^2 + Da^2 = 0$.

$\begin{cases} A + C = 0 \\ Ab^2 + Ca^2 = 1 \end{cases}$, $\begin{cases} B + D = 0 \\ Bb^2 + Da^2 = 0 \end{cases}$

$\begin{vmatrix} 1 & 1 \\ b^2 & a^2 \end{vmatrix} = a^2 - b^2 \neq 0$ だから $A = \dfrac{-1}{a^2 - b^2}$, $C = \dfrac{1}{a^2 - b^2}$, $B = D = 0$. ゆえに，

$I = \displaystyle\int \dfrac{x}{(x^2 + a^2)(x^2 + b^2)} dx = \dfrac{-1}{a^2 - b^2} \int \dfrac{x}{x^2 + a^2} dx + \dfrac{1}{a^2 - b^2} \int \dfrac{x}{x^2 + b^2} dx$

$= \dfrac{-1}{2(a^2 - b^2)} \log(x^2 + a^2) + \dfrac{1}{2(a^2 - b^2)} \log(x^2 + b^2) = \dfrac{1}{2(a^2 - b^2)} \log \dfrac{x^2 + b^2}{x^2 + a^2} + c$

$a^2 = b^2$ のとき，$I = \displaystyle\int \dfrac{x}{(x^2 + a^2)^2} dx$, $x^2 + a^2 = t$ とおくと $2x\,dx = dt$.

$I = \displaystyle\int \dfrac{1}{2t^2} dt = \dfrac{-1}{2t} = \dfrac{-1}{2(x^2 + a^2)} + c$

(iv) $I = \displaystyle\int \dfrac{dx}{(a^2 + x^2)^2}$, $x = a\tan t$ とおくと $dx = a\sec^2 t\,dt$. ゆえに，

$I = \displaystyle\int \dfrac{a\sec^2 t}{a^4 \sec^4 t} dt = \dfrac{1}{a^3} \int \cos^2 t\,dt = \dfrac{1}{2a^3} \int (1 + \cos 2t)dt = \dfrac{1}{2a^3}\left(t + \dfrac{\sin 2t}{2}\right)$

ここで，

$\dfrac{1}{2}\sin 2t = \sin t \cos t = \tan t \cdot \dfrac{1}{\sec^2 t} = \dfrac{\tan t}{1 + \tan^2 t} = \dfrac{(x/a)}{1 + (x/a)^2} = \dfrac{ax}{x^2 + a^2}$

$t = \mathrm{Tan}^{-1}\dfrac{x}{a}$ であるから $I = \dfrac{1}{2a^3}\left(\mathrm{Tan}^{-1}\dfrac{x}{a} + \dfrac{ax}{x^2 + a^2}\right) + c$.

(v) $x^4 + 1 = (x^2 + \sqrt{2}x + 1)(x^2 - \sqrt{2}x + 1)$ であるから

$\dfrac{1}{x^4 + 1} = \dfrac{Ax + B}{x^2 + \sqrt{2}x + 1} + \dfrac{Cx + D}{x^2 - \sqrt{2}x + 1}$ とおくと

$1 = (Ax + B)(x^2 - \sqrt{2}x + 1) + (Cx + D)(x^2 + \sqrt{2}x + 1)$

$1 = (A + C)x^3 + (B - \sqrt{2}A + D + \sqrt{2}C)x^2 + (A - \sqrt{2}B + C + \sqrt{2}D)x + (B + D)$

ゆえに，

$A + C = 0$, $B - \sqrt{2}A + D + \sqrt{2}C = 0$, $A - \sqrt{2}B + C + \sqrt{2}D = 0$, $B + D = 1$

$\begin{cases} A + C = 0 \\ -\sqrt{2}A + \sqrt{2}C = -1 \end{cases}$, $\begin{cases} B + D = 1 \\ -\sqrt{2}B + \sqrt{2}D = 0 \end{cases}$ より $A = \dfrac{1}{2\sqrt{2}}$, $C = \dfrac{-1}{2\sqrt{2}}$, $B = D = \dfrac{1}{2}$.

ゆえに, $I = \displaystyle\int \dfrac{1}{x^4 + 1} dx = \int \dfrac{\dfrac{1}{2\sqrt{2}}x + \dfrac{1}{2}}{x^2 + \sqrt{2}x + 1} dx + \int \dfrac{-\dfrac{1}{2\sqrt{2}}x + \dfrac{1}{2}}{x^2 - \sqrt{2}x + 1} dx$

$= \dfrac{1}{4\sqrt{2}} \displaystyle\int \dfrac{2x + \sqrt{2}}{x^2 + \sqrt{2}x + 1} dx + \dfrac{1}{4} \int \dfrac{1}{x^2 + \sqrt{2}x + 1} dx$

$\quad + \dfrac{-1}{4\sqrt{2}} \displaystyle\int \dfrac{2x - \sqrt{2}}{x^2 - \sqrt{2}x + 1} dx + \dfrac{1}{4} \int \dfrac{1}{x^2 - \sqrt{2}x + 1} dx$

$= \dfrac{1}{4\sqrt{2}} \log \dfrac{x^2 + \sqrt{2}x + 1}{x^2 - \sqrt{2}x + 1} + \dfrac{1}{2} \displaystyle\int \dfrac{1}{(\sqrt{2}x + 1)^2 + 1} dx + \dfrac{1}{2} \int \dfrac{1}{(\sqrt{2}x - 1)^2 + 1} dx$

$= \dfrac{1}{4\sqrt{2}} \log \dfrac{x^2 + \sqrt{2}x + 1}{x^2 - \sqrt{2}x + 1} + \dfrac{1}{2\sqrt{2}} \mathrm{Tan}^{-1}(\sqrt{2}x + 1) + \dfrac{1}{2\sqrt{2}} \mathrm{Tan}^{-1}(\sqrt{2}x - 1) + c$

(vi) $I = \displaystyle\int \dfrac{1}{\sin x + \cos x} dx$, $\tan(x/2) = t$ とおくと

$\sin x = 2 \sin(x/2) \cos(x/2) = \dfrac{2 \tan(x/2)}{1 + \tan^2(x/2)} = \dfrac{2t}{1 + t^2}$

$\cos x = 2 \cos^2 \dfrac{x}{2} - 1 = \dfrac{2}{1 + t^2} - 1 = \dfrac{1 - t^2}{1 + t^2}$

また, $\dfrac{1}{2} \sec^2(x/2) dx = dt$ より $dx = \dfrac{2}{1 + t^2} dt$.

ゆえに, $I = \displaystyle\int \dfrac{1}{\dfrac{2t}{1 + t^2} + \dfrac{1 - t^2}{1 + t^2}} \cdot \dfrac{2}{1 + t^2} dt = \int \dfrac{2}{1 + 2t - t^2} dt$

$= \displaystyle\int \dfrac{2}{2 - (t - 1)^2} dt = \int \dfrac{-2}{(t - 1 - \sqrt{2})(t - 1 + \sqrt{2})} dt$

$= \dfrac{-1}{\sqrt{2}} \displaystyle\int \left( \dfrac{1}{t - 1 - \sqrt{2}} - \dfrac{1}{t - 1 + \sqrt{2}} \right) dt = \dfrac{1}{\sqrt{2}} \log \left| \dfrac{t - 1 + \sqrt{2}}{t - 1 - \sqrt{2}} \right|$

$= \dfrac{1}{\sqrt{2}} \log \left| \dfrac{\tan(x/2) - 1 + \sqrt{2}}{\tan(x/2) - 1 - \sqrt{2}} \right| + c$

(vii) $I = \displaystyle\int \mathrm{Sin}^{-1} \sqrt{\dfrac{x}{x + a}} dx = x \mathrm{Sin}^{-1} \sqrt{\dfrac{x}{x + a}}$

$$-\int x \frac{1}{\sqrt{1-\left(\dfrac{x}{x+a}\right)}} \cdot \frac{1}{2} \cdot \left(\frac{1}{\sqrt{\dfrac{x}{x+a}}}\right) \cdot \left\{\frac{(x+a)-x}{(x+a)^2}\right\} dx$$

第 2 項 $= \displaystyle\int \frac{\sqrt{x}}{2\sqrt{a}} \cdot \frac{a}{x+a} dx = \frac{\sqrt{a}}{2} \int \frac{\sqrt{x}}{x+a} dx$

ここで, $\sqrt{x} = t$ とおくと $\dfrac{1}{2\sqrt{x}} dx = dt$ より $dx = 2t\,dt$.

ゆえに, $\dfrac{\sqrt{a}}{2} \displaystyle\int \frac{\sqrt{x}}{x+a} dx = \frac{\sqrt{a}}{2} \int \frac{2t^2}{t^2+a} dt = \sqrt{a} \int \left(1 - \frac{a}{t^2+a}\right) dt$

$= \sqrt{a}\,t - a\,\mathrm{Tan}^{-1} \dfrac{t}{\sqrt{a}} = \sqrt{ax} - a\,\mathrm{Tan}^{-1} \sqrt{\dfrac{x}{a}}$

よって, $I = x\,\mathrm{Sin}^{-1}\sqrt{\dfrac{x}{x+a}} - \sqrt{ax} + a\,\mathrm{Tan}^{-1}\sqrt{\dfrac{x}{a}} + c$.

(viii) $I = \displaystyle\int \sqrt{\frac{1+\sqrt{x}}{1-\sqrt{x}}} dx = \int \frac{1+\sqrt{x}}{\sqrt{1-x}} dx = \int \frac{1}{\sqrt{1-x}} dx + \int \frac{\sqrt{x}}{\sqrt{1-x}} dx$

$= -2\sqrt{1-x} + \displaystyle\int \frac{\sqrt{x}}{\sqrt{1-x}} dx$

第 2 項 $= J = \displaystyle\int \frac{\sqrt{x}}{\sqrt{1-x}} dx$ において, $\sqrt{\dfrac{x}{1-x}} = t$ とおくと $\dfrac{x}{1-x} = t^2$ より

$x = \dfrac{t^2}{1+t^2}$, $dx = \left(\dfrac{2t}{1+t^2} + \dfrac{-2t^3}{(1+t^2)^2}\right) dt$. ゆえに, $dx = \dfrac{2t}{(1+t^2)^2} dt$. よって

$J = \displaystyle\int \frac{2t^2}{(1+t^2)^2} dt = \int t \left(\frac{-1}{1+t^2}\right)' dt = \frac{-t}{1+t^2} + \int \frac{1}{1+t^2} dt$

$= \dfrac{-t}{1+t^2} + \mathrm{Tan}^{-1} t = -\sqrt{x(1-x)} + \mathrm{Tan}^{-1} \sqrt{\dfrac{x}{1-x}}$

よって, $I = -2\sqrt{1-x} - \sqrt{x(1-x)} + \mathrm{Tan}^{-1} \sqrt{\dfrac{x}{1-x}} + c$.

(ix) $a^2 > b^2$ のとき, $I = \displaystyle\int \frac{1}{a + b\cos x} dx$, $\tan \dfrac{x}{2} = t$ とおくと,

$dx = \dfrac{2}{1+t^2} dt$, $\cos x = \dfrac{1-t^2}{1+t^2}$. ゆえに,

$$I = \int \dfrac{1}{a + b\left(\dfrac{1-t^2}{1+t^2}\right)} \cdot \dfrac{2}{1+t^2} dt = \int \dfrac{2}{a(1+t^2) + b(1-t^2)} dt$$

$$= \int \dfrac{2}{(a-b)t^2 + (a+b)} dt = \dfrac{1}{a+b} \int \dfrac{2dt}{[t\sqrt{(a-b)/(a+b)}]^2 + 1}$$

$$= \dfrac{2}{\sqrt{a^2 - b^2}} \operatorname{Tan}^{-1}\left(\sqrt{\dfrac{a-b}{a+b}} \tan \dfrac{x}{2}\right) + c$$

$a^2 < b^2$ のとき, $I = \displaystyle\int \dfrac{2dt}{(a-b)t^2 + (a+b)} = \dfrac{2}{a-b} \int \dfrac{dt}{t^2 - [(a+b)/(b-a)]}$

$$= \dfrac{1}{b-a} \dfrac{1}{\sqrt{(a+b)/(b-a)}} \int \left\{\dfrac{-1}{t - \sqrt{(a+b)/(b-a)}} + \dfrac{1}{t + \sqrt{(a+b)/(b-a)}}\right\} dt$$

$$= \dfrac{1}{\sqrt{b^2 - a^2}} \log \left|\dfrac{\tan(x/2) + \sqrt{(a+b)/(b-a)}}{\tan(x/2) - \sqrt{(a+b)/(b-a)}}\right| + c$$

$a = b$ のとき $I = \dfrac{1}{a}\displaystyle\int \dfrac{1}{1 + \cos x} dx = \dfrac{1}{a}\int \dfrac{1}{2\cos^2(x/2)} dx = \dfrac{1}{a}\tan \dfrac{x}{2} + c$.

$a = -b$ のとき $I = \dfrac{1}{a}\displaystyle\int \dfrac{1}{1 - \cos x} dx = \dfrac{1}{a}\int \dfrac{1}{1 + \cos(x + \pi)} dx = \dfrac{1}{a}\tan \dfrac{x + \pi}{2} + c$.

(x) $I = \displaystyle\int \dfrac{1}{a + b\tan x} dx$, $\tan x = t$ とおくと, $\sec^2 x\, dx = dt$.

ゆえに, $I = \displaystyle\int \dfrac{1}{a + bt} \cdot \dfrac{1}{1 + t^2} dt$. ここで, $\dfrac{1}{(a+bt)(1+t^2)} = \dfrac{A}{a + bt} + \dfrac{Bt + c}{1 + t^2}$ とお

くと, $1 = A(1 + t^2) + (a + bt)(Bt + C) = (A + bB)t^2 + (aB + bC)t + (A + aC)$

$$A = \dfrac{b^2}{a^2 + b^2}, \quad B = \dfrac{-b}{a^2 + b^2}, \quad C = \dfrac{a}{a^2 + b^2}.$$

よって, $I = \dfrac{b^2}{a^2 + b^2}\displaystyle\int \dfrac{1}{a + bt} dt - \dfrac{b}{a^2 + b^2}\int \dfrac{t}{1 + t^2} dt + \dfrac{a}{a^2 + b^2}\int \dfrac{1}{1 + t^2} dt$

$$= \dfrac{b}{a^2 + b^2}\log|a + bt| - \dfrac{b}{2(a^2 + b^2)}\log|1 + t^2| + \dfrac{a}{a^2 + b^2}\operatorname{Tan}^{-1} t$$

$$= \dfrac{b}{2(a^2 + b^2)}\log \dfrac{(a + b\tan x)^2}{1 + \tan^2 x} + \dfrac{a}{a^2 + b^2} x + c$$

**(ex.7.A.3)** (i) $I = \int \dfrac{dx}{\sin^2 x \cos^2 x} = \int \dfrac{4}{\sin^2 2x} dx = \int \dfrac{4}{\tan^2 2x} \sec^2 2x \, dx$

ここで，$\tan 2x = t$, $2\sec^2 2x \, dx = dt$ とおくと，

$I = \int \dfrac{2}{t^2} dt = -\dfrac{2}{t} = \dfrac{-2}{\tan 2x} = \dfrac{-\cos 2x}{\sin x \cos x} = \dfrac{\sin^2 x - \cos^2 x}{\sin x \cos x} = \tan x - \cot x + c$

(ii) $\sqrt{\dfrac{x-b}{x-a}} = t$ とおく と $\dfrac{x-b}{x-a} = t^2$, $x = \dfrac{b-at^2}{1-t^2}$, $dx = \dfrac{2t(b-a)}{(1-t^2)^2} dt$.

また，$x - a = \dfrac{b-at^2}{1-t^2} - a = \dfrac{b-a}{1-t^2}$ であるから

$I = \int \dfrac{dx}{(x-a)\sqrt{(x-a)(x-b)}} = \int \dfrac{dx}{(x-a)^2 \sqrt{\dfrac{x-b}{x-a}}} = \int \dfrac{\dfrac{2t(b-a)}{(1-t^2)^2}}{\left(\dfrac{b-a}{1-t^2}\right)^2 t} dt$

$= \dfrac{2}{b-a} \int dt = \dfrac{2t}{b-a} = \dfrac{2}{b-a} \sqrt{\dfrac{x-b}{x-a}} + c$

(iii) $\sqrt{\dfrac{a+x}{a-x}} = t$ とおくと，$\dfrac{a+x}{a-x} = t^2$, $x = \dfrac{at^2 - a}{1+t^2} = a - \dfrac{2a}{1+t^2}$.

ゆえに，$dx = \left(\dfrac{-2a}{1+t^2}\right)' dt$.

$I = \int \sqrt{\dfrac{a+x}{a-x}} dx = -2a \int t \left(\dfrac{1}{1+t^2}\right)' dt = -2a \left\{ \dfrac{t}{1+t^2} - \int \dfrac{1}{1+t^2} dt \right\}$

$= \dfrac{-2at}{1+t^2} + 2a \operatorname{Tan}^{-1} t = 2a \left( \operatorname{Tan}^{-1} \sqrt{\dfrac{a+x}{a-x}} - \dfrac{\sqrt{a^2 - x^2}}{2a} \right) + c$

**(ex.7.A.4)** (i) $\int_0^\pi f(\sin x) dx = \int_0^{\pi/2} f(\sin x) dx + \int_{\pi/2}^\pi f(\sin x) dx$

第2項において，$x = \pi - s$ とおくと，$dx = -ds$ であるから

$\int_{\pi/2}^\pi f(\sin x) dx = \int_{\pi/2}^0 f(\sin(\pi - s))(-1) ds = \int_0^{\pi/2} f(\sin s) ds$

よって，$\int_0^\pi f(\sin x) dx = 2 \int_0^{\pi/2} f(\sin x) dx$.

(ii) $x = \pi - t$ とおくと，$dx = -dt$. ゆえに，

$$\int_0^\pi xf(\sin x)dx = \int_\pi^0 (\pi-t)f(\sin(\pi-t))(-1)dt = \pi\int_0^\pi f(\sin t)dt - \int_0^\pi tf(\sin t)dt$$

よって, $2\int_0^\pi xf(\sin x)dx = \pi\int_0^\pi f(\sin x)dx$. $\int_0^\pi xf(\sin x)dx = \dfrac{\pi}{2}\int_0^\pi f(\sin x)dx$

(iii) $a^2+b^2 \neq 0$ とする.

$$a\cos x + b\sin x = \sqrt{a^2+b^2}\left(\dfrac{a}{\sqrt{a^2+b^2}}\cos x + \dfrac{b}{\sqrt{a^2+b^2}}\sin x\right)$$

$\dfrac{a}{\sqrt{a^2+b^2}} = \sin\theta$, $\dfrac{b}{\sqrt{a^2+b^2}} = \cos\theta$ $(0 \leq \theta < 2\pi)$ とおくと

$$a\cos x + b\sin x = \sqrt{a^2+b^2}\sin(\theta+x)$$

さらに, $\theta + x = y$ とおくと, $dx = dy$ であるから

$$I = \int_0^{2\pi} f(a\cos x + b\sin x)dx = \int_0^{2\pi} f\left(\sqrt{a^2+b^2}\sin(\theta+x)\right)dx$$

$$= \int_\theta^{2\pi+\theta} f\left(\sqrt{a^2+b^2}\sin y\right)dy = \int_0^{2\pi} f\left(\sqrt{a^2+b^2}\sin y\right)dy$$

$$= \int_0^{\pi/2} f\left(\sqrt{a^2+b^2}\sin y\right)dy + \int_{\pi/2}^{\pi} f\left(\sqrt{a^2+b^2}\sin y\right)dy$$

$$+ \int_\pi^{3\pi/2} f\left(\sqrt{a^2+b^2}\sin y\right)dy + \int_{3\pi/2}^{2\pi} f\left(\sqrt{a^2+b^2}\sin y\right)dy$$

ここで, $I_1 = \int_{\pi/2}^{\pi} f\left(\sqrt{a^2+b^2}\sin y\right)dy$ において, $y = \pi - t$ とおくと

$$I_1 = \int_{\pi/2}^0 f\left(\sqrt{a^2+b^2}\sin(\pi-t)\right)(-1)dt = \int_0^{\pi/2} f\left(\sqrt{a^2+b^2}\sin t\right)dt$$

$I_2 = \int_\pi^{3\pi/2} f\left(\sqrt{a^2+b^2}\sin y\right)dy$ において, $y = \pi - t$ とおくと

$$I_2 = \int_0^{-\pi/2} f\left(\sqrt{a^2+b^2}\sin(\pi-t)\right)(-1)dt = \int_{-\pi/2}^0 f\left(\sqrt{a^2+b^2}\sin t\right)dt$$

$$I_3 = \int_{3\pi/2}^{2\pi} f\left(\sqrt{a^2+b^2}\sin y\right)dy = \int_{-\pi/2}^0 f\left(\sqrt{a^2+b^2}\sin y\right)dy$$

であるから, $I = 2\int_{-\pi/2}^{\pi/2} f\left(\sqrt{a^2+b^2}\sin x\right)dx$.

(ex.7.A.5) $\left(\dfrac{n!}{n^n}\right)^{1/n} = y$ とおくと,

$$\log y = \dfrac{1}{n}\log\dfrac{n!}{n^n} = \dfrac{1}{n}\log\left(\dfrac{1}{n}\right)\left(\dfrac{2}{n}\right)\cdots\left(\dfrac{n}{n}\right) = \dfrac{1}{n}\sum_{k=1}^{n}\log\left(\dfrac{k}{n}\right).$$

よって，$\displaystyle\lim_{n\to\infty}\frac{1}{n}\sum_{k=1}^{n}\log\left(\frac{k}{n}\right)=\int_{0}^{1}\log x\,dx$. ここで，広義積分

$$\lim_{\varepsilon\to +0}\int_{\varepsilon}^{1}\log x\,dx = \lim_{\varepsilon\to +0}\left\{[x\log x]_{\varepsilon}^{1}-\int_{\varepsilon}^{1}dx\right\}=\lim_{\varepsilon\to +0}\{(-\varepsilon\log\varepsilon)-1+\varepsilon\}=-1$$

$\log y \to (-1)$ より $y=e^{\log y}\to e^{-1}$. よって，$\displaystyle\lim_{n\to\infty}\left(\frac{n!}{n^{n}}\right)^{1/n}=e^{-1}$.

**(ex.7.A.6)**

(i) $\displaystyle\int\frac{\log(1+x^{2})}{x^{2}}dx = \int\left(\frac{-1}{x}\right)'\log(1+x^{2})dx = \frac{-\log(1+x^{2})}{x}+\int\frac{1}{x}\cdot\frac{2x}{1+x^{2}}dx$

$\displaystyle = \frac{-\log(1+x^{2})}{x}+2\int\frac{dx}{1+x^{2}} = \frac{-\log(1+x^{2})}{x}+2\operatorname{Tan}^{-1}x$

$\displaystyle\int_{0}^{\infty}\frac{\log(1+x^{2})}{x^{2}}dx = \lim_{\substack{c\to +0\\d\to +\infty}}\int_{c}^{d}\frac{\log(1+x^{2})}{x^{2}}dx$

$\displaystyle = \lim_{d\to +\infty}\left\{\frac{-\log(1+d^{2})}{d}+2\operatorname{Tan}^{-1}d\right\}-\lim_{c\to +0}\left\{\frac{-\log(1+c^{2})}{c}+2\operatorname{Tan}^{-1}c\right\}$

$\displaystyle\lim_{d\to +\infty}\frac{-\log(1+d^{2})}{d}=0,\ \lim_{c\to +0}\frac{-\log(1+c^{2})}{c}=0,$

$\displaystyle\lim_{d\to +\infty}2\operatorname{Tan}^{-1}d=\pi,\ \lim_{c\to +0}2\operatorname{Tan}^{-1}c=0$ であるから，$\displaystyle\int_{0}^{\infty}\frac{\log(1+x^{2})}{x^{2}}dx=\pi$.

(ii) $\displaystyle I = \int\sin(\log x)dx = x\sin(\log x)-\int x\cos(\log x)\left(\frac{1}{x}\right)dx$

$\displaystyle = x\sin(\log x)-\int\cos(\log x)dx$

$\displaystyle J = \int\cos(\log x)dx = x\cos(\log x)+\int\sin(\log x)dx$

よって，$I = x\sin(\log x)-J,\ J = x\cos(\log x)+I$.

ゆえに，$\displaystyle\int\sin(\log x)dx = \frac{1}{2}\{x\sin(\log x)-x\cos(\log x)\}$.

よって，$\displaystyle\int_{0}^{1}\sin(\log x)dx = \lim_{c\to +0}\int_{c}^{1}\sin(\log x)dx$

$$= \left\{\frac{1}{2}\sin(\log 1) - \frac{1}{2}\cos(\log 1)\right\} - \lim_{c \to +0}\left\{\frac{c}{2}\sin(\log c) - \frac{c}{2}\cos(\log c)\right\} = -\frac{1}{2}$$

(iii) $\tan x = t$ とおくと，$\sec^2 x\, dx = dt$, $dx = \dfrac{1}{1+t^2}dt$ であるから，

$$\int_0^{\pi/2} \frac{1}{a^2\sin^2 x + b^2\cos^2 x}dx = \int_0^{\pi/2} \frac{\sec^2 x}{a^2\tan^2 x + b^2}dx$$

$$= \int_0^\infty \frac{1}{a^2 t^2 + b^2}dt = \frac{1}{ab}\left[\mathrm{Tan}^{-1}\left(\frac{at}{b}\right)\right]_0^\infty = \frac{\pi}{2ab}$$

(iv) $I = \int e^{-x}\sin x\, dx = \left(-e^{-x}\cos x\right) - \int e^{-x}\cos x\, dx$

$J = \int e^{-x}\cos x\, dx = \left(e^{-x}\sin x\right) + \int e^{-x}\sin x\, dx$

ゆえに，$I = -e^{-x}\cos x - J$, $J = e^{-x}\sin x + I$. よって $I = \dfrac{-e^{-x}}{2}(\cos x + \sin x)$.

$$S_n = \int_0^{2(n+1)\pi} e^{-x}|\sin x|dx = \sum_{k=0}^{n}\int_{2k\pi}^{2(k+1)\pi} e^{-x}|\sin x|dx$$

$$= \sum_{k=0}^{n}\left\{\int_{2k\pi}^{(2k+1)\pi} e^{-x}\sin x\, dx - \int_{(2k+1)\pi}^{2(k+1)\pi} e^{-x}\sin x\, dx\right\}$$

$$= \sum_{k=0}^{n}\left\{\left[\frac{-e^{-x}}{2}(\cos x + \sin x)\right]_{2k\pi}^{(2k+1)\pi} - \left[\frac{-e^{-x}}{2}(\cos x + \sin x)\right]_{(2k+1)\pi}^{2(k+1)\pi}\right\}$$

$$= \sum_{k=0}^{n}\left\{\left(\frac{e^{-(2k+1)\pi}}{2} + \frac{e^{-2k\pi}}{2}\right) - \left(\frac{-e^{-2(k+1)\pi}}{2} - \frac{e^{-(2k+1)\pi}}{2}\right)\right\}$$

$$= \sum_{k=0}^{n}\frac{e^{-2k\pi}}{2}\left(1 + 2e^{-\pi} + e^{-2\pi}\right) = \frac{e^{-2\pi}\left(e^\pi + 1\right)^2}{2}\sum_{k=0}^{n}e^{-2k\pi}$$

$$= \frac{e^{-2\pi}\left(e^\pi + 1\right)^2}{2} \cdot \frac{e^{2\pi} - e^{-2n\pi}}{e^{2\pi} - 1} = \frac{e^\pi + 1}{2\left(e^\pi - 1\right)}\left(1 - e^{-2n\pi - 2\pi}\right)$$

ゆえに，$\displaystyle\lim_{n \to \infty} S_n = \dfrac{e^\pi + 1}{2\left(e^\pi - 1\right)}$. 任意の $c$ $(2\pi < c)$ について，

$2(n+1)\pi \leq c < 2(n+2)\pi$ となる $n$ をとれば $S_n < \displaystyle\int_0^c e^{-x}|\sin x|dx < S_{n+1}$ であるか

ら $\int_0^\infty e^{-x}|\sin x|dx = \lim_{c\to+\infty}\int_0^c e^{-x}|\sin x|dx = \dfrac{e^\pi+1}{2(e^\pi-1)}$.

(v) $I_{m,n} = \int_0^1 x^m(\log x)^n dx = \int_0^1 \left(\dfrac{1}{m+1}x^{m+1}\right)'(\log x)^n dx$

$= \left[\dfrac{1}{m+1}x^{m+1}(\log x)^n\right]_0^1 - \dfrac{n}{m+1}I_{m,n-1}$

ここで，一般に，$n \in N$, $m+1 > 0$ について $\lim_{x\to+0} x^{m+1}(\log x)^n = 0$ であるから，

$I_{m,n} = \left(-\dfrac{n}{m+1}\right)I_{m,n-1} = \left(-\dfrac{n}{m+1}\right)\left(-\dfrac{n-1}{m+1}\right)I_{m,n-2}$

さらに，$I_{m,0} = \int_0^1 x^m dx = \left[\dfrac{x^{m+1}}{m+1}\right]_0^1 = \dfrac{1}{m+1}$ であるから

$I_{m,1}, I_{m,2}, \cdots, I_{m,n-2}, I_{m,n-1}$ はすべて収束して，

$I_{m,n} = \left(-\dfrac{n}{m+1}\right)\left(-\dfrac{n-1}{m+1}\right)\cdots\left(-\dfrac{1}{m+1}\right)I_{m,0} = (-1)^n\dfrac{n!}{(m+1)^{n+1}}$

**(ex.7.A.7)** 数学的帰納法で証明する．（次の NOTE 参照）

$k = 1$ のとき $g_1(x) = \int_0^x f(t)(x-t)dt = x\int_0^x f(t)dt - \int_0^x tf(t)dt$.

ここで，$f(t)$ は連続であるから $\dfrac{d}{dx}\int_0^x f(t)dt = f(x)$, $\dfrac{d}{dx}\int_0^x tf(t)dt = xf(x)$.

よって，$g_1'(x) = \int_0^x f(t)dt + xf(x) - xf(x) = \int_0^x f(t)dt$.

ゆえに，$g_2''(x) = f(x)$.

$k = (n-1)$ のとき $g_{n-1}(x) = \int_0^x f(t)(x-t)^{n-1}dt$ に対し，

$\dfrac{1}{(n-1)!}\dfrac{d^n}{dx^n}g_{n-1}(x) = f(x)$ が成り立つとする．

$k = n$ について，

$g_n(x) = \int_0^x f(t)(x-t)^n dt = \int_0^x f(t)(x-t)^{n-1}xdt - \int_0^x f(t)(x-t)^{n-1}tdt$

$= xg_{n-1}(x) - \int_0^x f(t)(x-t)^{n-1}tdt$

よって，

$$g_n{'}(x) = g_{n-1}(x) + xg_{n-1}{'}(x) - f(x)(x-x)^{n-1}x - \int_0^x f(t)(n-1)(x-t)^{n-2}t\,dt$$

ここで，
$$g_{n-1}{'}(x) = \frac{d}{dx}\int_0^x f(t)(x-t)^{n-1}dt = f(x)(x-x)^{n-1} + \int_0^x f(t)(n-1)(x-t)^{n-2}dt$$
$$= (n-1)\int_0^x f(t)(x-t)^{n-2}dt$$

であるから $g_n{'}(x) = g_{n-1}(x) + (n-1)\int_0^x f(t)(x-t)^{n-1}dt$.

ゆえに，$g_n{'}(x) = ng_{n-1}(x)$.

よって，$g_n^{(n+1)}(x) = ng_{n-1}^{(n)}(x) = n\cdot(n-1)!f(x) = n!f(x)$.

ゆえに，$\dfrac{1}{n!}\dfrac{d^{(n+1)}}{dx^{(n+1)}}g_n(x) = f(x)$.

**NOTE:** $F(x,t)$ および，$F(x,t)$ の $x$ に関する偏導関数 $F_x(x,t)$ は，$a \leq x \leq b$，$a \leq t \leq b$ で連続とする．このとき，$a \leq x \leq b$ について $\dfrac{d}{dx}\int_a^x F(x,t)dt = F(x,x) + \int_a^x F_x(x,t)dt$ が成り立つ．

【証】$\dfrac{1}{\Delta x}\left\{\int_a^{x+\Delta x} F(x+\Delta x,t)dt - \int_a^x F(x,t)dt\right\}$

$= \int_a^{x+\Delta x} \dfrac{F(x+\Delta x,t) - F(x,t)}{\Delta x}dt + \dfrac{1}{\Delta x}\int_x^{x+\Delta x} F(x,t)dt$

$\to \int_a^x F_x(x,t)dt + F(x,x)\quad (\Delta x \to 0)$

**(ex.7.B.1)** 任意の自然数 $n$ について，$A_n = \{p/q \in (0,1) : p,q \text{ は公約数 1 の自然数},\ q \leq n\}$ とおくと，$A_n$ は有限集合である．任意の無理数 $x \in [0,1]$ をとる．任意の正数 $\varepsilon > 0$ について，$\dfrac{1}{n} < \varepsilon$ をみたす $n$ について集合 $A_n$ は有理数の有限集合だから，正数 $\delta > 0$ が存在して，$x$ の $\delta$ 近傍 $U_\delta(x)$ について，$U_\delta(x) \subset (0,1)$ かつ $U_\delta(x) \cap A_n = \phi$ が成り立つようにできる．よって，$U_\delta(x)$ に含まれる有理数 $y$ は $y \notin A_n$ だから $y = \dfrac{p}{q}$（$p,q$ は公約数 1 の自然数）と表す

とき，$q > n$．ゆえに，$|f(x) - f(y)| = \dfrac{1}{q} < \dfrac{1}{n} < \varepsilon$．
また，$U_\delta(x)$ に含まれる無理数 $z$ については $|f(x) - f(z)| = 0 < \varepsilon$ が成り立つ．
よって，$U_\delta(x)$ に含まれるすべての $x'$ について，$|f(x) - f(x')| < \varepsilon$ となる．
ゆえに，無理数 $x$ で $f$ は連続である．

次に，$(0,1]$ に含まれる任意の有理数 $y$ について，上と同様に $y = \dfrac{p}{q}$ と表すと $f(y) = \dfrac{1}{q} > 0$．このとき，$y$ に収束する無理数列 $(x_n)$，$(0 < x_n < 1)$ とすれば $\lim\limits_{n \to 0} f(x_n) = 0$ であるから $\lim\limits_{n \to 0} f(x_n) \neq f(y)$ となり有理数 $y$ では $f$ は不連続である．$x = 0$ では，任意に与えた正数 $\varepsilon > 0$ に対し，$\dfrac{1}{n} < \varepsilon$ をみたす $n$ についての $A_n$ と交わらない 0 の近傍 $U_\delta(0)$ をとれば，$y \in U_\delta(0) \cap [0,1]$ について，$|f(0) - f(y)| < \varepsilon$ が成り立つ．ゆえに，$x = 0$ で $f$ は連続である．

次に，$\displaystyle\int_0^1 f(x)dx = 0$ を示す．

任意の正数 $\varepsilon > 0$ に対し，自然数 $n$ を $\dfrac{1}{n} < \dfrac{\varepsilon}{2}$ とする．このとき集合 $A_n$ の元の個数を $l(n)$ とする．区間 $[0,1]$ の分割 $\varDelta$ を $\|\varDelta\| \cdot l(n) < \dfrac{\varepsilon}{2}$ …（イ）
となるように与え，分割 $\varDelta$ の小区間について，$A_n$ の元を含む区間を $I_{k'}$，含まない区間を $I_{k''}$ とする．$\varDelta$ による過剰和を

$$\overline{S}(\varDelta) = \sum M(I_{k'})|I_{k'}| + \sum M(I_{k''})|I_{k''}| \text{とする．} \quad \cdots （ロ）$$

ここで $I_{k''}$ に属する有理数 $y$ については $y \notin A_n$ だから上のように $y = \dfrac{p}{q}$ と表したとき $f(y) = \dfrac{1}{q} < \dfrac{1}{n} < \dfrac{\varepsilon}{2}$ だから $M(I_{k''}) \leq \dfrac{\varepsilon}{2}$．ゆえに，

$$\sum M(I_{k''})|I_{k''}| \leq \dfrac{\varepsilon}{2} \sum |I_{k''}| \leq \dfrac{\varepsilon}{2} \quad \cdots （ハ）$$

また，$I_{k'}$ に属する有理数 $y$ については，$f(y) \leq 1$ だから $M(I_{k'}) \leq 1$．さらに $I_{k'}$ の個数は高々 $l(n)$．よって（イ）より，

$$\sum M(I_{k'})|I_{k'}| \leq l(n) \cdot \|\varDelta\| < \dfrac{\varepsilon}{2} \quad \cdots （ニ）$$

ゆえに，(ロ), (ハ), (ニ) によって $\overline{S}(\Delta) < \varepsilon$.
一方，$\Delta$ による不足和 $\underline{s}(\Delta) = 0$ であるから $\overline{S}(\Delta) - \underline{s}(\Delta) < \varepsilon$.
ゆえに，$f$ は $[0,1]$ で積分可能で $\int_0^1 f(x)dx = \sup_\Delta \underline{s}(\Delta) = 0$.

**(ex.7.B.2)** $f$ は $I = [0, \infty)$ で有界だから，ある正数 $M > 0$ が存在して $|f(x)| \leq M$ $(x \in I)$. $f$ は連続であるから $|e^{-x}f(x)|$ は任意の $c > 0$ について $[0,c]$ で積分可能である.

$$\int_0^c |e^{-x}f(x)|dx \leq M\int_0^c e^{-x}dx = M(1 - e^{-c}) < M$$

ゆえに，$\lim_{c \to +\infty} \int_0^c |e^{-x}f(x)|dx = \int_0^\infty |e^{-x}f(x)|dx$ は存在する.
すなわち，$\int_0^\infty e^{-x}f(x)dx$ は絶対収束する.

# 8 級　　数

## 8.1 級　数

(ex.8.1.1) 次の級数は収束するか，発散するかを調べよ．収束する場合はその和を求めよ．

(i) $\displaystyle\sum_{k=1}^{\infty}\frac{2}{k^2+k}$  (ii) $\displaystyle\sum_{k=1}^{\infty}\frac{1}{3^{k+2}}$  (iii) $\displaystyle\sum_{k=1}^{\infty}\frac{1}{(2k+1)^2-1}$  (iv) $\displaystyle\sum_{n=1}^{\infty}\frac{n^n}{n!}$

(v) $\displaystyle\sum_{n=1}^{\infty}\frac{(-1)^{n-1}n}{n+1}$  (vi) $\displaystyle\sum_{n=1}^{\infty}(2r)^{n-1}$  (vii) $\displaystyle\sum_{n=1}^{\infty}n\sin\frac{1}{n}$

&lt;ヒント&gt;　$(a_n)_{n\in N}$ を数列とする．次のように定義した数列 $(s_n)$ を**無限級数**という．

$$s_1=a_1,\ s_2=s_1+a_2\ (=a_1+a_2),\ \cdots\cdots,\ s_n=s_{n-1}+a_n\ (=a_1+a_2+\cdots+a_n),\ \cdots\cdots$$

$a_n$ をこの級数の第 $n$ 項といい，$s_n$ を第 $n$ 部分和という．このとき，部分和の列 $(s_n)$ がある実数 $s$ に収束するとき，この級数は**収束する**といい，その極限 $s$ をこの級数の和といい，$\displaystyle\sum_{n=1}^{\infty}a_n=s$ と表す．つまり，$\displaystyle\lim_{n\to\infty}s_n=s\Leftrightarrow\sum_{n=1}^{\infty}a_n=s$．部分和の列 $(s_n)$ が発散するとき，その級数 $\displaystyle\sum_{n=1}^{\infty}a_n$ も**発散する**という．級数 $\displaystyle\sum_{n=1}^{\infty}a_n$ が収束するならば，$\displaystyle\lim_{n\to\infty}a_n=0$．数列 $(a_n)$ が 0 に収束しなければ，$\sum a_n$ は発散する．

【解】(i) $\displaystyle S_n=\sum_{k=1}^{n}\frac{2}{k^2+k}=\sum_{k=1}^{n}2\left(\frac{1}{k}-\frac{1}{k+1}\right)=2\left(1-\frac{1}{n+1}\right)$

ゆえに，$\displaystyle S=\lim_{n\to\infty}S_n=2$．

(ii) $S_n = \sum_{k=1}^{n} \dfrac{1}{3^{k+2}} = \dfrac{1}{3^2}\sum_{k=1}^{n}\dfrac{1}{3^k} = \dfrac{1}{3^2}\left(\dfrac{(1/3)-(1/3^{n+1})}{1-(1/3)}\right) = \dfrac{1}{6}\left(\dfrac{1}{3}-\dfrac{1}{3^{n+1}}\right)$

ゆえに, $S = \lim_{n\to\infty} S_n = \dfrac{1}{18}$.

(iii) $S_n = \sum_{k=1}^{n}\dfrac{1}{(2k+1)^2-1} = \sum_{k=1}^{n}\dfrac{1}{2k(2k+2)} = \sum_{k=1}^{n}\dfrac{1}{2}\left(\dfrac{1}{2k}-\dfrac{1}{2k+2}\right)$
$= \dfrac{1}{4}\sum_{k=1}^{n}\left(\dfrac{1}{k}-\dfrac{1}{k+1}\right) = \dfrac{1}{4} - \dfrac{1}{4(n+1)}$

ゆえに, $S = \lim_{n\to\infty} S_n = \dfrac{1}{4}$.

(iv) $n>1$ のとき $\dfrac{n^n}{n!} > 1$ であるから $\lim_{n\to\infty}\dfrac{n^n}{n!} \neq 0$, よって発散.

(v) $\lim_{n\to\infty}\dfrac{(-1)^{n-1}n}{n+1} \neq 0$ より発散.

(vi) $r \neq 0$, $|2r|<1$ のとき収束で $\sum_{n=1}^{\infty}(2r)^{n-1} = \dfrac{1}{1-2r}$. $|2r| \geq 1$ のとき発散.

(vii) $\lim_{n\to\infty}\left(n\sin\dfrac{1}{n}\right) = \lim_{n\to\infty}\dfrac{\sin(1/n)}{1/n} = 1 \neq 0$ より発散.

---

(ex.8.1.2) 次を示せ.

(i) $\sum_{n=1}^{\infty} na^n = \dfrac{a}{(1-a)^2}$ ($|a|<1$)  (ii) $\sum_{n=2}^{\infty} n(n-1)a^{n-2} = \dfrac{2}{(1-a)^3}$ ($|a|<1$)

(iii) $\sum_{n=1}^{\infty}\dfrac{n}{2^{n-1}} = 4$  (iv) $\sum_{n=0}^{\infty}\dfrac{1}{(a+n)(a+n+1)} = \dfrac{1}{a}$ ($a>0$)

(v) $\sum_{n=1}^{\infty}\dfrac{1}{n(n+1)(n+2)} = \dfrac{1}{4}$

---

【解】(i) $S_k = \sum_{n=1}^{k} na^n = a + 2a^2 + \cdots + ka^k$, $aS_k = a^2 + \cdots + (k-1)a^k + ka^{k+1}$

ゆえに, $(1-a)S_k = a + a^2 + a^3 + \cdots + a^k - ka^{k+1} = \dfrac{a-a^{k+1}}{1-a} - ka^{k+1}$.

ゆえに，$S_k = \dfrac{a - a^{k+1}}{(1-a)^2} - \dfrac{ka^{k+1}}{1-a}$．ここで，$|a| < 1$ より

$\lim\limits_{k \to \infty} a^{k+1} = 0$, $\lim\limits_{k \to \infty} ka^{k+1} = 0$ であるから $S = \lim\limits_{k \to \infty} S_k = \dfrac{a}{(1-a)^2}$

(ii) $S_k = \sum\limits_{n=2}^{k} (n^2 - n)a^{n-2}$, $aS_k = \sum\limits_{n=3}^{k+1} \{(n-1)^2 - (n-1)\}a^{n-2}$

ゆえに，$(1-a)S_k = 2 + \sum\limits_{n=3}^{k} 2(n-1)a^{n-2} - (k^2 - k)a^{k-1}$

$\qquad = 2 + 2\sum\limits_{n=3}^{k}(n-2)a^{n-2} + 2\sum\limits_{n=3}^{k} a^{n-2} - (k^2 - k)a^{k-1}$

$k \to \infty$ のとき前問 (i) から $\sum\limits_{n=1}^{\infty} na^n = \dfrac{a}{(1-a)^2}$, $\lim\limits_{k \to \infty}(k^2 - k)a^{k-1} = 0$ であるから

$S = \lim\limits_{k \to \infty} S_k = \dfrac{2}{(1-a)} + \dfrac{2a}{(1-a)^3} + \dfrac{2a}{(1-a)^2}$

$\qquad = \dfrac{2(1-a)^2 + 2a + 2a(1-a)}{(1-a)^3} = \dfrac{2}{(1-a)^3}$

(iii) $S_k = \sum\limits_{n=1}^{k} \dfrac{n}{2^{n-1}}$, $\dfrac{1}{2}S_k = \sum\limits_{n=1}^{k} \dfrac{n}{2^n} = \sum\limits_{n=2}^{k+1} \dfrac{n-1}{2^{n-1}}$,

$\dfrac{1}{2}S_k = S_k - \dfrac{1}{2}S_k = 1 + \sum\limits_{n=2}^{k} \dfrac{1}{2^{n-1}} - \dfrac{k}{2^k}$

$\dfrac{1}{2}S_k = 1 + \dfrac{\frac{1}{2} - \frac{1}{2^k}}{1 - \frac{1}{2}} - \dfrac{k}{2^k} = 1 + \left(1 - \dfrac{1}{2^{k-1}}\right) - \dfrac{k}{2^k}$, $S_k = 4 - \dfrac{2}{2^{k-1}} - \dfrac{2k}{2^k}$

$S = \lim\limits_{k \to \infty} S_k = 4$

(iv) $S_k = \sum\limits_{n=0}^{k} \left(\dfrac{1}{a+n} - \dfrac{1}{a+n+1}\right) = \dfrac{1}{a} - \dfrac{1}{a+k+1}$．$S = \lim\limits_{k \to \infty} S_k = \dfrac{1}{a}$

(v) $a_n = \dfrac{1}{n(n+1)(n+2)} = \dfrac{(1/2)}{n} - \dfrac{1}{n+1} + \dfrac{(1/2)}{n+2}$ であるから

$$a_n = \frac{(1/2)}{n} - \frac{1}{n+1} + \frac{(1/2)}{n+2}$$

$$a_{n+1} = \frac{(1/2)}{n+1} - \frac{1}{n+2} + \frac{(1/2)}{n+3}$$

$$a_{n+2} = \frac{(1/2)}{n+2} - \frac{1}{n+3} + \frac{(1/2)}{n+4}$$

… … … … …

これから, $S_k = \sum_{n=1}^{k} a_n = \left(\frac{1}{2} - \frac{1}{2} + \frac{1}{4}\right) - \frac{(1/2)}{k+1} + \frac{(1/2)}{k+2}$.

ゆえに, $S = \lim_{k \to \infty} S_k = \frac{1}{4}$.

---

(ex.8.1.3) 次の級数の和を求めよ．

(i) $\sum_{k=1}^{\infty} \frac{1}{3k(k+1)}$  (ii) $\sum_{n=0}^{\infty} \frac{3^n + 4^n}{5^n}$

---

<ヒント> 級数 $\sum_{n=1}^{\infty} a_n$, $\sum_{n=1}^{\infty} b_n$ がともに収束するとき,

(i) $\sum_{n=1}^{\infty} (a_n + b_n)$ も収束し, $\sum_{n=1}^{\infty} (a_n + b_n) = \sum_{n=1}^{\infty} a_n + \sum_{n=1}^{\infty} b_n$.

(ii) $k$ を定数とすると, $\sum_{n=1}^{\infty} k a_n$ も収束し, $\sum_{n=1}^{\infty} k a_n = k \sum_{n=1}^{\infty} a_n$.

【解】(i) $S = \frac{1}{3} \sum_{k=1}^{\infty} \left(\frac{1}{k} - \frac{1}{k+1}\right) = \frac{1}{3}$

(ii) $S = \sum_{n=0}^{\infty} \left(\frac{3}{5}\right)^n + \sum_{n=0}^{\infty} \left(\frac{4}{5}\right)^n = \frac{1}{1-(3/5)} + \frac{1}{1-(4/5)} = \frac{5}{2} + 5 = \frac{15}{2}$

---

(ex.8.1.4) $\sum_{n=1}^{\infty} a_n$, $\sum_{n=1}^{\infty} b_n$ が収束するとき, 次を示せ.

(i) $a_n \geq 0, n \in N$ ならば, $\sum_{n=1}^{\infty} a_n \geq 0$  (ii) $a_n \leq b_n, n \in N$ ならば, $\sum_{n=1}^{\infty} a_n \leq \sum_{n=1}^{\infty} b_n$

【解】(i) $a_n \geq 0$ より $S_k = \sum_{n=1}^{k} a_n \geq 0$. $S_1 \leq \cdots \leq S_k \leq S_{k+1}$ であり. ゆえに,
$0 \leq S_1 \leq \lim_{k \to \infty} S_k = S$. よって, $S \geq 0$.

(ii) (i) より $\sum_{n=1}^{\infty}(b_n - a_n) \geq 0$. $\sum_{n=1}^{\infty}(b_n - a_n) = \left(\sum_{n=1}^{\infty} b_n\right) - \left(\sum_{n=1}^{\infty} a_n\right) \geq 0$ より
$\sum_{n=1}^{\infty} b_n \geq \sum_{n=1}^{\infty} a_n$

## 8.2 正項級数

(ex.8.2.1) 次の級数が収束するか発散するかを調べよ.
(i) $\sum_{n=1}^{\infty} \dfrac{1}{n^2 + 2}$ (ii) $\sum_{n=1}^{\infty}(\sqrt{n^2 - 1} - n)$ (iii) $\sum_{n=1}^{\infty} \dfrac{1 \cdot 3 \cdots (2n - 1)}{n!}$ (iv) $\sum_{n=1}^{\infty} \dfrac{n}{3^n}$
(v) $\sum_{n=1}^{\infty} \dfrac{n^3}{n!}$ (vi) $\sum_{n=1}^{\infty}(\sqrt{n+1} - \sqrt{n})$ (vii) $\sum_{n=1}^{\infty} n^2 2^{-n^2}$ (viii) $\sum_{n=1}^{\infty} \dfrac{\log n}{n}$
(ix) $\sum_{n=2}^{\infty} \dfrac{1 \cdot 3 \cdots (2n-1)}{2 \cdot 4 \cdots (2n)} \dfrac{1}{2n+1}$

<ヒント> 汎調和級数 $\sum_{n=1}^{\infty} \dfrac{1}{n^p}$ は $p \leq 1$ のとき発散し, $p > 1$ のとき収束する.

【解】(i) $\dfrac{1}{n^2 + 2} < \dfrac{1}{n^2}$ で $\sum_{n=1}^{\infty} \dfrac{1}{n^2}$ は収束するから $\sum_{n=1}^{\infty} \dfrac{1}{n^2 + 2}$ も収束する.

(ii) $\sqrt{n^2 - 1} - n = \dfrac{-1}{\sqrt{n^2 - 1} + n}$, $\dfrac{1}{\sqrt{n^2 - 1} + n} > \dfrac{1}{2n}$. $\sum_{n=1}^{\infty} \dfrac{1}{2n}$ は発散するから
$\sum_{n=1}^{\infty} \dfrac{1}{\sqrt{n^2 - 1} + n}$ も発散. よって, $\sum_{n=1}^{\infty} \dfrac{-1}{\sqrt{n^2 - 1} + n} = \sum_{n=1}^{\infty}\left(\sqrt{n^2 - 1} - n\right)$ も発散.

(iii) $a_n = \dfrac{1 \cdot 3 \cdots (2n - 1)}{n!}$ とおく. $\lim_{n \to \infty} \dfrac{a_{n+1}}{a_n} = \lim_{n \to \infty} \dfrac{2n+1}{n+1} = \lim_{n \to \infty} \dfrac{2 + (1/n)}{1 + (1/n)}$
$= 2 > 1$. よって項比判定法により発散.

(iv) $a_n = \dfrac{n}{3^n}$ とおくと $\dfrac{a_{n+1}}{a_n} = \left[\left(\dfrac{n+1}{3^{n+1}}\right) \Big/ \left(\dfrac{n}{3^n}\right)\right] = \dfrac{1}{3}\left(1+\dfrac{1}{n}\right)$. ゆえに,

$\displaystyle\lim_{n\to\infty} \dfrac{a_{n+1}}{a_n} = \dfrac{1}{3} < 1$. よって収束.

(v) $a_n = \dfrac{n^3}{n!}$ とおくと $\dfrac{a_{n+1}}{a_n} = \dfrac{(n+1)^3}{(n+1)!} \Big/ \dfrac{n^3}{n!} = \dfrac{1}{n+1}\left(1+\dfrac{1}{n}\right)^3$.

ゆえに, $\displaystyle\lim_{n\to\infty} \dfrac{a_{n+1}}{a_n} = 0 < 1$. よって収束.

(vi) $a_n = \sqrt{n+1} - \sqrt{n}$ とおくと $a_n = \dfrac{1}{\sqrt{n+1}+\sqrt{n}} > \dfrac{1}{2\sqrt{n+1}}$.

$\displaystyle\sum_{n=1}^{\infty} \dfrac{1}{\sqrt{n+1}} = \sum_{n=2}^{\infty} \dfrac{1}{\sqrt{n}}$ は発散するから, $\displaystyle\sum_{n=1}^{\infty} a_n$ も発散する.

(vii) $a_n = n^2 2^{-n^2}$ とおくと $\dfrac{a_{n+1}}{a_n} = \dfrac{(n+1)^2 2^{-(n+1)^2}}{n^2 2^{-n^2}} = \left(1+\dfrac{1}{n}\right)^2 2^{-(2n+1)}$.

$\displaystyle\lim_{n\to\infty} \dfrac{a_{n+1}}{a_n} = 0 < 1$. よって収束する.

(viii) $n \geq 3$ のとき $\dfrac{\log n}{n} > \dfrac{1}{n}$. $\displaystyle\sum_{n=3}^{\infty} \dfrac{1}{n}$ は発散するから $\displaystyle\sum_{n=1}^{\infty} \dfrac{\log n}{n}$ も発散する.

(ix) $a_n = \dfrac{1 \cdot 3 \cdots (2n-1)}{2 \cdot 4 \cdots (2n)} \dfrac{1}{2n+1}$ とおくと

$\dfrac{a_{n+1}}{a_n} = \dfrac{\{2(n+1)-1\}}{2(n+1)} \cdot \dfrac{2n+1}{2(n+1)+1} = \dfrac{(2n+1)^2}{2(n+1)(2n+3)}$

$\displaystyle\lim_{n\to\infty} \left\{n\left(1 - \dfrac{a_{n+1}}{a_n}\right)\right\} = \lim_{n\to\infty} \dfrac{n(6n+5)}{2(n+1)(2n+3)} = \dfrac{3}{2} > 1$

ゆえにラーベの判定法によって収束する.

**NOTE**:《比較判定法》$\sum a_n$, $\sum b_n$ が正項級数であるとき $(a_n \geq 0, b_n \geq 0, n \in N)$, ある自然数 $N$ が存在して, $n > N$ ならば, $a_n \leq b_n$ であるとき,
(i) $\sum b_n$ が収束すれば, $\sum a_n$ も収束する. (ii) $\sum a_n$ が発散すれば, $\sum b_n$ も発散する.

$a_n > 0, b_n > 0, n \in N$ とする. ある自然数 $N$ が存在して, $n > N$ ならば, $\dfrac{a_{n+1}}{a_n} \leq \dfrac{b_{n+1}}{b_n}$ であるとき,
(i) $\sum b_n$ が収束すれば, $\sum a_n$ も収束する. (ii) $\sum a_n$ が発散すれば, $\sum b_n$ も発散する.

《ラーベの判定法》 $a_N > 0, n \in N$ とする.

(i) ある実数 $c > 1$ について, 自然数 $N$ が存在して, $n > N$ ならば, $\dfrac{a_{n+1}}{a_n} \leq 1 - \dfrac{c}{n}$ が成り立つとき, $\sum_{n=1}^{\infty} a_n$ は収束する.

(ii) ある実数 $c \leq 1$ について, 自然数 $N$ が存在して, $n > N$ ならば, $\dfrac{a_{n+1}}{a_n} \geq 1 - \dfrac{c}{n}$ が成り立つとき, $\sum_{n=1}^{\infty} a_n$ は発散する.

---

**(ex.8.2.2)** 比較判定法を使って次の級数の収束, 発散を調べよ.

(i) $\displaystyle\sum_{n=1}^{\infty} \dfrac{n}{n^2 + 1}$ (ii) $\displaystyle\sum_{n=1}^{\infty} \dfrac{1}{(2n+1)^2}$ (iii) $\displaystyle\sum_{n=1}^{\infty} \dfrac{1}{1 + 2\log n}$

---

**【解】** (i) $a_n = \dfrac{n}{n^2 + 1}$ とおくと $a_n = \dfrac{1}{n + (1/n)} \geq \dfrac{1}{n+1}$.

$\displaystyle\sum_{n=1}^{\infty} \dfrac{1}{n+1} = \sum_{n=2}^{\infty} \dfrac{1}{n}$ は発散するから $\displaystyle\sum_{n=1}^{\infty} a_n$ も発散する.

(ii) $a_n = \dfrac{1}{(2n+1)^2} < \dfrac{1}{(2n)^2} = \dfrac{1}{4}\dfrac{1}{n^2}$. $\displaystyle\sum_{n=1}^{\infty} \dfrac{1}{n^2}$ は収束するから, $\displaystyle\sum_{n=1}^{\infty} a_n$ も収束する.

(iii) $x > e$ のとき $\dfrac{x}{\log x} > 1$ であるから, $n > e$ のとき $\dfrac{1}{1 + 2\log n} > \dfrac{1}{3\log n} > \dfrac{1}{3n}$.

さらに $\displaystyle\sum_{n=3}^{\infty} \dfrac{1}{n}$ は発散するから $\displaystyle\sum_{n=1}^{\infty} \dfrac{1}{1 + 2\log n}$ も発散する.

---

**(ex.8.2.3)** 一般調和級数との極限比較法を使って次の級数の収束, 発散を調べよ.

(i) $\displaystyle\sum_{n=1}^{\infty} \dfrac{1}{\sqrt{n(n+1)}}$ (ii) $\displaystyle\sum_{n=1}^{\infty} \dfrac{1}{n}\log\left(1 + \dfrac{1}{n}\right)$ (iii) $\displaystyle\sum_{n=1}^{\infty} \sin\dfrac{\pi}{n}$ (iv) $\displaystyle\sum_{n=1}^{\infty} \dfrac{\sqrt{n}}{n^2 + 1}$

---

<ヒント> 《極限比較法》 $\sum a_n, \sum b_n$ がともに正の項からなり ($a_n > 0, b_n > 0, n \in N$), $\displaystyle\lim_{n \to \infty} \dfrac{a_n}{b_n} = L$ ($> 0$) が存在するとき, ともに収束するか, ともに発散するかのどちら

かである．

【解】(i) $\displaystyle\lim_{n\to\infty}\frac{1/\sqrt{n(n+1)}}{1/n}=\lim_{n\to\infty}\frac{1}{\sqrt{1+(1/n)}}=1$. $\displaystyle\sum_{n=1}^{\infty}\frac{1}{n}$ は発散であるから，与式も発散する．

(ii) $\displaystyle\lim_{n\to\infty}\frac{\frac{1}{n}\log\left(1+\frac{1}{n}\right)}{(1/n^2)}=\lim_{n\to\infty}\log\left(1+\frac{1}{n}\right)^n=\log e=1$. $\displaystyle\sum_{n=1}^{\infty}\frac{1}{n^2}$ は収束するので，収束する．

(iii) $\displaystyle\lim_{n\to\infty}\frac{\sin(\pi/n)}{(\pi/n)}=1$. $\displaystyle\sum_{n=1}^{\infty}\frac{\pi}{n}$ は発散するので，与式も発散する．

(iv) $\displaystyle\lim_{n\to\infty}\frac{\sqrt{n}}{n^2+1}\bigg/\left(\frac{1}{n}\right)^{3/2}=\lim_{n\to\infty}\frac{1}{1+(1/n^2)}=1$. $\displaystyle\sum_{n=1}^{\infty}\frac{1}{n^{3/2}}$ は収束するから，与式も収束する．

---

(ex.8.2.4) 項比判定法を使って次の級数の収束，発散を調べよ．$(a,b>0)$

(i) $\displaystyle\sum_{n=1}^{\infty}\frac{1}{n!}$ (ii) $\displaystyle\sum_{n=1}^{\infty}\frac{n}{5^n}$ (iii) $\displaystyle\sum_{n=1}^{\infty}\frac{2^n+1}{3^n+n}$ (iv) $\displaystyle\sum_{n=1}^{\infty}\frac{(a+1)(2a+1)\cdots(na+1)}{(b+1)(2b+1)\cdots(nb+1)}$

---

<ヒント> 《項比判定法》 $a_n>0, n\in N$ とする．$\displaystyle\lim_{n\to\infty}\frac{a_{n+1}}{a_n}=r$ が存在するとき，

(i) $r<1$ ならば，$\sum a_n$ は収束する．(ii) $r>1$ ならば，$\sum a_n$ は発散する．

【解】(i) $a_n=\dfrac{1}{n!}$ とおくと $\dfrac{a_{n+1}}{a_n}=\dfrac{1}{n+1}\to 0$ であるから，収束する．

(ii) $a_n=\dfrac{n}{5^n}$ とおくと，$\dfrac{a_{n+1}}{a_n}=\left(\dfrac{n+1}{5^{n+1}}\right)\bigg/\left(\dfrac{n}{5^n}\right)=\dfrac{1}{5}\left(1+\dfrac{1}{n}\right)$.

$\displaystyle\lim_{n\to\infty}\frac{a_{n+1}}{a_n}=\frac{1}{5}<1$. ゆえに，$\displaystyle\sum_{n=1}^{\infty}a_n$ は収束する．

(iii) $a_n=\dfrac{2^n+1}{3^n+n}$ とおくと，$\dfrac{a_{n+1}}{a_n}=\left(\dfrac{2^{n+1}+1}{3^{n+1}+n+1}\right)\bigg/\left(\dfrac{2^n+1}{3^n+n}\right)$

$=\dfrac{(2^{n+1}+1)(3^n+n)}{(3^{n+1}+n+1)(2^n+1)}=\dfrac{(2+(1/2^n))(1+(n/3^n))}{(3+(n+1)/3^n)(1+(1/2^n))}$

$\lim_{n\to\infty} \dfrac{n}{3^n} = 0, \lim_{n\to\infty} \dfrac{n+1}{3^n} = 0$ であるから $\lim_{n\to\infty} \dfrac{a_{n+1}}{a_n} = \dfrac{2}{3} < 1$. ゆえに, $\sum_{n=1}^{\infty} a_n$ は収束する.

(iv) $a_n = \dfrac{(a+1)(2a+1)\cdots(na+1)}{(b+1)(2b+1)\cdots(nb+1)}$ とおくと,

$\dfrac{a_{n+1}}{a_n} = \dfrac{(n+1)a+1}{(n+1)b+1} = \dfrac{a+[1/(n+1)]}{b+[1/(n+1)]}$, $\lim_{n\to\infty} \dfrac{a_{n+1}}{a_n} = \dfrac{a}{b}$

よって, $\dfrac{a}{b} < 1$ のとき $\sum_{n=1}^{\infty} a_n$ は収束. $\dfrac{a}{b} > 1$ のときは $\sum_{n=1}^{\infty} a_n$ は発散.

さらに, $\dfrac{a}{b} = 1$ のときは $a_n = 1$ であるから $\sum_{n=1}^{\infty} a_n$ は発散する.

---

**(ex.8.2.5)** 根号判定法を使って, 次の級数の収束, 発散を調べよ.

(i) $\sum_{n=1}^{\infty} \left(\dfrac{n}{2n+1}\right)^n$ (ii) $\sum_{n=1}^{\infty} \dfrac{n}{2^n}$ (iii) $\sum_{n=1}^{\infty} \left(1+\dfrac{1}{\sqrt{n}}\right)^{-n^{3/2}}$ (iv) $\sum_{n=1}^{\infty} \dfrac{\log n}{e^n}$

---

<ヒント> 《根号判定法》 $a_n \geq 0, n \in N$ とする. $\lim_{n\to\infty} a_n^{1/n} = r$ が存在するとき,
(i) $r < 1$ ならば, $\sum a_n$ は収束する. (ii) $r > 1$ ならば, $\sum a_n$ は発散する.

【解】(i) $a_n = \left(\dfrac{n}{2n+1}\right)^n$ とおくと $(a_n)^{1/n} = \dfrac{n}{2n+1} = \dfrac{1}{2+(1/n)} < \dfrac{1}{2} < 1$.

ゆえに, $\sum_{n=1}^{\infty} a_n$ は収束する.

(ii) $a_n = \dfrac{n}{2^n}$ とおく. $(a_n)^{1/n} = \dfrac{n^{1/n}}{2}$. $\lim_{n\to\infty} n^{1/n} = 1$ であるから,

$\lim_{n\to\infty} (a_n)^{1/n} = \dfrac{1}{2} < 1$ であるから $\sum_{n=1}^{\infty} a_n$ は収束する.

(iii) $a_n = \left(1+\dfrac{1}{\sqrt{n}}\right)^{-n^{3/2}}$ とおくと,

$(a_n)^{1/n} = \dfrac{1}{\left\{(1+(1/\sqrt{n}))^{n^{3/2}}\right\}^{1/n}} = \dfrac{1}{(1+(1/\sqrt{n}))^{\sqrt{n}}}$. よって,

$\lim_{n\to\infty} (a_n)^{1/n} = \dfrac{1}{e} < 1$. ゆえに, $\sum_{n=1}^{\infty} a_n$ は収束する.

(iv) $a_n = \dfrac{\log n}{e^n}$ とおくと $(a_n)^{1/n} = \dfrac{(\log n)^{1/n}}{e}$. ここで, $n > e$ のとき $n > \log n > 1$ であるから $n^{1/n} > (\log n)^{1/n} > 1$, $\lim_{n\to\infty} n^{1/n} = 1$ であるから, $\lim_{n\to\infty} (\log n)^{1/n} = 1$. ゆえに, $\lim_{n\to\infty} (a_n)^{1/n} = \dfrac{1}{e} < 1$. ゆえに, $\sum_{n=1}^{\infty} a_n$ は収束する.

---

**(ex.8.2.6)** 積分比較判定法を用いて $\sum_{n=3}^{\infty} \dfrac{1}{n(\log n)(\log\log n)^p}$ の収束, 発散を調べよ.

---

**＜ヒント＞** 《積分比較判定法》 $I = [1, \infty)$ とする. 関数 $f: I \to R$ が $I$ で連続で, 非負であり, 単調減少関数とする. $f(k) = a_k, k \in N$ とおく.

(i) $\sum_{k=1}^{\infty} f(k)$ が収束する. $\Leftrightarrow \int_1^{\infty} f(x)dx$ が収束する.

(ii) $\sum_{k=1}^{\infty} f(k)$ が収束し, $s = \sum_{k=1}^{\infty} f(k)$ とするとき, $\int_{n+1}^{\infty} f(x)dx \leq s - \sum_{k=1}^{n} f(k) \leq \int_n^{\infty} f(x)dx$

【解】 $I = \int_3^{\infty} \dfrac{dx}{(x\log x)(\log\log x)^p}$ において, $\log\log x = y$ とおくと $\dfrac{1}{(\log x)x} dx = dy$. ゆえに, $I = \int_{\log\log 3}^{\infty} \dfrac{dy}{y^p}$. よって, $p > 1$ のとき,

$I = \left[ \dfrac{1}{1-p} y^{1-p} \right]_{\log\log 3}^{\infty} = \dfrac{1}{p-1}(\log\log 3)^{1-p}$ であるから与式は収束する.

$p < 1$ のときは与式は発散する.

$p = 1$ のとき $I = [\log y]_{\log\log 3}^{\infty}$ だから与式は発散する.

---

**(ex.8.2.7)** ガウスの判定法を用いて $\sum_{n=1}^{\infty} \dfrac{1^2 3^2 \cdots (2n-1)^2}{2^2 4^2 \cdots (2n)^2}$ は発散することを示せ.

---

**＜ヒント＞** 《ガウスの判定法》 $a_n > 0, n \in N$ とする. $(b_n)$ を有界な数列とする. ある自

然数 $N$ が存在して，$n > N$ ならば，$\dfrac{a_{n+1}}{a_n} = 1 - \dfrac{c}{n} - \dfrac{b_n}{n^2}$ となる定数 $c$ が存在するとき，
(i) $c > 1$ ならば，$\sum a_n$ は収束する．(ii) $c \leq 1$ ならば，$\sum a_n$ は発散する．

【解】 $a_n = \dfrac{1^2 \cdot 3^2 \cdots (2n-1)^2}{2^2 \cdot 4^2 \cdots (2n)^2}$ とおくと

$$\dfrac{a_{n+1}}{a_n} = \dfrac{(2n+1)^2}{(2n+2)^2} = \dfrac{(2n+2)^2 - (4n+3)}{(2n+2)^2} = 1 - \dfrac{(4n+3)}{(2n+2)^2}$$

$$= 1 - \dfrac{1}{n} - \left\{\dfrac{4n+3}{(2n+2)^2} - \dfrac{1}{n}\right\} = 1 - \dfrac{1}{n} - \dfrac{b_n}{n^2}$$

とおくと $\dfrac{b_n}{n^2} = \dfrac{4n+3}{(2n+2)^2} - \dfrac{1}{n}$ で，

$$b_n = \dfrac{n\{(4n^2 + 3n) - (2n+2)^2\}}{(2n+2)^2} = \dfrac{n(-5n - 4)}{(2n+2)^2} = \dfrac{-5 - (4/n)}{(2 + (2/n))^2} \text{ となる．}$$

$|b_n| = \left|\dfrac{5 + (4/n)}{(2 + (2/n))^2}\right| \leq \dfrac{9}{4}$ より，$(b_n)$ は有界列．よって，$\sum_{n=1}^{\infty} a_n$ は発散する．

---

(ex.8.2.8) $\displaystyle\int_1^\infty \dfrac{dx}{\sqrt{x(x+1)(x+2)}}$ は収束することを示せ．

---

【解】 $a_n = \dfrac{1}{\sqrt{n(n+1)(n+2)}}$ とおくと $b_n = \dfrac{1}{n^{3/2}}$ に対し

$$\lim_{n \to \infty} \dfrac{b_n}{a_n} = \lim_{n \to \infty} \dfrac{\sqrt{n(n+1)(n+2)}}{n^{3/2}} = \lim_{n \to \infty} \sqrt{\left(1 + \dfrac{1}{n}\right)\left(1 + \dfrac{2}{n}\right)} = 1$$

$\displaystyle\sum_{n=1}^{\infty} \dfrac{1}{n^{3/2}}$ は収束するから $\displaystyle\sum_{n=1}^{\infty} \dfrac{1}{\sqrt{n(n+1)(n+2)}}$ は収束する．

このとき，$f(x) = \dfrac{1}{\sqrt{x(x+1)(x+2)}}$ とおくと，$f$ は単調減少だから $1 \leq k$ について，$\displaystyle\int_k^{k+1} f(x) dx \leq f(k) = \dfrac{1}{\sqrt{k(k+1)(k+2)}}$．

$\displaystyle\int_1^\infty f(x) dx = \sum_{k=1}^{\infty} \int_k^{k+1} f(x) dx \leq \sum_{k=1}^{\infty} \dfrac{1}{\sqrt{k(k+1)(k+2)}} < +\infty$ より，$\displaystyle\int_1^\infty f(x) dx$ は収束する．

(ex.8.2.9) $(a_n)$ を正の減少数列とする．$\sum a_n$ が収束するならば，$\lim_{n \to \infty} na_n = 0$ であることを示せ．

【解】$[1, \infty)$ で関数 $f$ を次のように定める．
$$f(x) = \begin{cases} a_n, & x = n \\ a_n + (x-n)(a_{n+1} - a_n), & n < x < n+1 \end{cases}$$
このとき $f$ は正の減少関数となる．

$\int_n^{n+1} f(x)dx \leq a_n$ であるから $\int_1^\infty f(x)dx = \sum_{n=1}^\infty \int_n^{n+1} f(x)dx \leq \sum_{n=1}^\infty a_n$ より $\int_1^\infty f(x)dx$ は収束する．よって，任意の正数 $\varepsilon > 0$ に対し，ある $m_0 \in \mathbf{N}$ があって，$m_0 \leq n$ について $\int_{m_0}^n f(x)dx < \dfrac{\varepsilon}{2}$ とできる．
さらに，$a_n \to 0$ であるから，ある $n_0 \in \mathbf{N}$ $(n_0 > m_0)$ があって，$n_0 < n$ ならば $m_0 a_n < \dfrac{\varepsilon}{2}$ とできる．よって，$n_0 < n$ について，
$$(n - m_0)a_n = (n - m_0)f(n) \leq \int_{m_0}^n f(x)dx < \dfrac{\varepsilon}{2}$$
ゆえに，$na_n < m_0 a_n + \dfrac{\varepsilon}{2} < \dfrac{\varepsilon}{2} + \dfrac{\varepsilon}{2} = \varepsilon$．よって，$\lim_{n \to \infty} na_n = 0$ が成り立つ．

(ex.8.2.10) $a_n \geq 0, n \in \mathbf{N}$，$\sum a_n$ が収束するならば，$\sum_{n=1}^\infty \sqrt{a_n a_{n+1}}$ も収束することを示せ．ただし，この逆は成り立たない．

【解】$\sum a_n$ が収束すれば $\sum \left( \dfrac{a_n + a_{n+1}}{2} \right)$ も収束する．
ゆえに，$\sqrt{a_n a_{n+1}} \leq \dfrac{a_n + a_{n+1}}{2}$ によって $\sum \sqrt{a_n a_{n+1}}$ も収束する．
逆が成り立たない例：$a_{2n-1} = \dfrac{1}{n}$，$a_{2n} = \dfrac{1}{n^2}$ とすれば
$$\sum_{n=1}^\infty a_n = 1 + 1 + \dfrac{1}{2} + \dfrac{1}{2^2} + \dfrac{1}{3} + \dfrac{1}{3^2} + \cdots \text{ は発散するが}$$

$$\sum_{n=1}^{\infty} \sqrt{a_n a_{n+1}} = \sqrt{a_1 a_2} + \sqrt{a_2 a_3} + \cdots$$

$$= 1 + \frac{1}{\sqrt{2}} + \frac{1}{\sqrt{2} \cdot 2} + \frac{1}{2 \cdot \sqrt{3}} + \frac{1}{\sqrt{3} \cdot 3} + \frac{1}{3 \cdot \sqrt{4}} + \cdots$$

$$\leq 1 + \frac{1}{\sqrt{2}} + 2 \left\{ \frac{1}{\sqrt{2} \cdot 2} + \frac{1}{\sqrt{3} \cdot 3} + \cdots \right\} \text{ は収束する.}$$

(ex.8.2.11) 次の項比判定法を証明せよ.

$a_n > 0$, $n \in N$ とする. $\lim_{n \to \infty} \dfrac{a_{n+1}}{a_n} = r$ が存在するとき,

(i) $r < 1$ ならば, $\sum a_n$ は収束する. (ii) $r > 1$ ならば, $\sum a_n$ は発散する.

【解】 $a_n > 0$, $n \in N$ について $\lim_{n \to \infty} \dfrac{a_{n+1}}{a_n} = r$ とする.

(i) $r < 1$ のとき, $r < r' < 1$ をみたす $r'$ に対し, ある $n_0 \in N$ があって, $n_0 \leq n$ ならば $\dfrac{a_{n+1}}{a_n} < r'$ とできる. このとき, $a_{n+1} < r' a_n$ $(n_0 \leq n)$ が成り立つ. ゆえに, $a_{n_0+1} < r' a_{n_0}$, $a_{n_0+2} < (r')^2 a_{n_0}$, $\cdots$, であるから, 任意の $m \in N$ について, $a_{n_0+m} < (r')^m a_{n_0}$ が成り立つ. $0 < r' < 1$ より, $\sum_{m=0}^{\infty} (r')^m$ は収束するから $\sum_{n=1}^{\infty} a_n$ も収束する.

(ii) $r > 1$ のとき $1 < r'' < r$ をみたす $r''$ に対し, ある $n_0' \in N$ があって, $n_0' \leq n$ ならば $\dfrac{a_{n+1}}{a_n} > r''$ とできる. このとき, 任意の $m \in N$ について $a_{n_0'+m} > (r'')^m a_{n_0'}$ が成り立つ. $\sum_{m=0}^{\infty} (r'')^m$ は発散するから $\sum_{n=1}^{\infty} a_n$ も発散する.

(ex.8.2.12) $a_n > 0$, $n \in N$ とする. $c = \lim_{n \to \infty} \left( n \left( 1 - \dfrac{a_{n+1}}{a_n} \right) \right)$ とおく (極限が存在する場合). このとき, 次を示せ.

(i) $c > 1$ ならば, $\sum a_n$ は収束する. (ii) $c < 1$ ならば, $\sum a_n$ は発散する.

【解】 $a_n > 0$, $n \in \mathbb{N}$ について $c = \lim_{n \to \infty} n\left(1 - \dfrac{a_{n+1}}{a_n}\right)$ とする.

(i) $c > 1$ のとき, $c > c' > 1$ をみたす $c'$ に対し, ある $n_0 \in \mathbb{N}$ があって, $n_0 \le n$ ならば $c' < n\left(1 - \dfrac{a_{n+1}}{a_n}\right)$ とできる. ゆえに, $\dfrac{c'}{n} < 1 - \dfrac{a_{n+1}}{a_n}$,

$\dfrac{a_{n+1}}{a_n} < 1 - \dfrac{c'}{n}$, $n \ge n_0$. よって, ラーベの判定法によって $\displaystyle\sum_{n=1}^{\infty} a_n$ は収束する.

(ii) $c < 1$ のとき, $c < c'' < 1$ をみたす $c''$ に対し, ある $n_0' \in \mathbb{N}$ があって, $n_0' \le n$ ならば $c'' > n\left(1 - \dfrac{a_{n+1}}{a_n}\right)$ とできる. ゆえに, $n_0' \le n$ について,

$\dfrac{a_{n+1}}{a_n} > 1 - \dfrac{c''}{n}$. よって, $\displaystyle\sum_{n=1}^{\infty} a_n$ は発散する.

## 8.3 絶対収束と条件収束

---
(ex.8.3.1) 次の級数の絶対収束, 条件収束を調べよ.

(i) $\displaystyle\sum_{n=2}^{\infty} \dfrac{(-1)^n}{\log n}$  (ii) $\displaystyle\sum_{n=1}^{\infty} \dfrac{(-1)^n a^n}{2n+1}$

---

<ヒント> $(a_n)$ を次のような数列であるとする.
(i) ある自然数 $N$ が存在して, $n > N$ ならば, $0 \le a_{n+1} \le a_n$, (ii) $\lim_{n \to \infty} a_n = 0$.

このとき, 交項級数 $\sum (-1)^{k+1} a_k$ は収束する. 級数 $\displaystyle\sum_{i=1}^{\infty} a_i$ において, $\displaystyle\sum_{i=1}^{\infty} |a_i|$ が収束するとき, 級数 $\displaystyle\sum_{i=1}^{\infty} a_i$ は**絶対収束**するという. 収束する級数で絶対収束しないものを**条件収束**するという.

【解】(i) $\displaystyle\sum_{n=2}^{\infty} \dfrac{(-1)^n}{\log n}$ において, $a_n = \dfrac{1}{\log n}$ とおくと, $a_n > a_{n+1}$, $\lim_{n \to \infty} a_n = 0$ であるから交項級数 $\displaystyle\sum_{n=2}^{\infty} \dfrac{(-1)^n}{\log n}$ は収束する. しかし, 絶対収束しない. なぜならば,

$f(x) = x - \log(1+x)$ $(x \geq 0)$ とおくと, $f(0) = 0, f'(x) = 1 - \dfrac{1}{1+x} > 0$ $(x > 0)$ より, $f$ は単調増加だから $f(x) > 0$ $(x > 0)$.

ゆえに, $n - \log(1+n) > 0$. これから $\dfrac{1}{n} < \dfrac{1}{\log(1+n)}$.

$\sum\limits_{n=1}^{\infty} \dfrac{1}{n}$ は発散するから $\sum\limits_{n=1}^{\infty} \dfrac{1}{\log(1+n)} = \sum\limits_{n=2}^{\infty} \dfrac{1}{\log n}$ も発散する.

(ii) $\sum\limits_{n=1}^{\infty} \dfrac{(-1)^n a^n}{2n+1}$ において

(イ) $|a| < 1$ ならば $\left| \dfrac{(-1)^n a^n}{2n+1} \right| < |a|^n$ $(n \geq 1)$ であるから絶対収束する.

(ロ) $a = 1$ のとき, 条件収束する.

(ハ) $a = -1$ のとき, 収束しない.

(ニ) $|a| > 1$ のとき, $\lim\limits_{n \to \infty} \left| \dfrac{a^n}{2n+1} \right| = \infty$ であるから収束しない.

(ex.8.3.2) 次の交項級数の収束を調べよ.
(i) $\sum\limits_{n=1}^{\infty} \dfrac{(-1)^n}{\sqrt{n+1}+\sqrt{n}}$ (ii) $\sum\limits_{n=1}^{\infty} \dfrac{(-1)^n}{a^n}$ $(a > 1)$ (iii) $\sum\limits_{n=1}^{\infty} (-1)^{n-1} \dfrac{n}{n+1}$

【解】(i) 収束するが絶対収束しない. (ii) $\left| \dfrac{(-1)^n}{a^n} \right| \leq \left( \dfrac{1}{a} \right)^n$ より絶対収束する.

(iii) $\lim\limits_{n \to \infty} \dfrac{n}{n+1} \neq 0$ より収束しない.

(ex.8.3.3) $|a| < 1$, $|b| < 1$ のとき, $\sum\limits_{n=1}^{\infty} a^{n-1}$ と $\sum\limits_{n=1}^{\infty} b^{n-1}$ のコーシー積を作り, その和を求めよ.

【解】$\sum\limits_{n=1}^{\infty} a^{n-1}$, $\sum\limits_{n=1}^{\infty} b^{n-1}$ は絶対収束するから, それらのコーシー積

$\sum_{n=1}^{\infty} c_n \ \left(c_n = a_1 b_n + a_2 b_{n-1} + \cdots + a_n b_1, \ a_n = a^{n-1}, \ b_n = b^{n-1}\right)$
も絶対収束して $\sum_{n=1}^{\infty} c_n = \left(\sum_{n=1}^{\infty} a^{n-1}\right)\left(\sum_{n=1}^{\infty} b^{n-1}\right) = \dfrac{1}{(1-a)(1-b)}$ である.

---

(ex.8.3.4) $(a_n)$ が減少数列で $\lim_{n \to \infty} a_n = 0$ のとき, $\sum_{n=1}^{\infty} a_n \sin nx$ は収束することを示せ.

---

【解】$\sum_{n=1}^{\infty} a_n \sin nx$ において, $2 \sin kx \sin \dfrac{x}{2} = \cos\left(kx - \dfrac{x}{2}\right) - \cos\left(kx + \dfrac{x}{2}\right)$ であるから, $2(\sin x + \sin 2x + \cdots + \sin nx) \sin \dfrac{x}{2}$

$= \left\{\cos\left(x - \dfrac{x}{2}\right) - \cos\left(x + \dfrac{x}{2}\right)\right\} + \left\{\cos\left(2x - \dfrac{x}{2}\right) - \cos\left(2x + \dfrac{x}{2}\right)\right\}$
$+ \cdots + \left\{\cos\left(nx - \dfrac{x}{2}\right) - \cos\left(nx + \dfrac{x}{2}\right)\right\} = \cos\left(x - \dfrac{x}{2}\right) - \cos\left(nx + \dfrac{x}{2}\right)$

よって, $x \neq 2k\pi \ (k = 0, \pm 1, \pm 2, \cdots)$ のとき,

$|\sin x + \sin 2x + \cdots + \sin nx| = \left|\dfrac{\cos(x/2) - \cos(nx + (x/2))}{2 \sin(x/2)}\right| \leq \dfrac{1}{|\sin(x/2)|}$

よって, $s_n = \sum_{k=1}^{n} \sin kx$ は有界であるから, ディリクレの定理によって

$\sum_{n=1}^{\infty} a_n \sin nx$ は収束する.

また, $x = 2k\pi \ (k = 0, \pm 1, \cdots)$ のときは $\sin nx = 0$ より $0$ に収束する.

NOTE: 《ディリクレの判定法》(i) 部分和 $s_n = \sum_{k=1}^{n} b_k$ が有界, (ii) $(a_n)$ が単調減少数列であるとき, $\lim_{n \to \infty} a_n = 0$ ならば, $\sum a_n b_n$ は収束する.

## 章末問題

**(ex.8.A.1)** 次の級数の収束，発散を調べよ．

(i) $\displaystyle\sum_{n=1}^{\infty}\frac{1}{(a+bn)^p}$ $(a>0, b>0, p>0)$ (ii) $\displaystyle\sum_{n=1}^{\infty}\left(\frac{na+c}{nb+c}\right)^{n-1}$ $(a,b,c>0)$

(iii) $\displaystyle\sum_{n=1}^{\infty}\frac{1\cdot 3\cdot 5\cdots(2n-1)}{3\cdot 6\cdot 9\cdots(3n)}$ (iv) $\displaystyle\sum_{n=1}^{\infty}\left(\frac{\log n}{n}\right)^n$ (v) $\displaystyle\sum_{n=1}^{\infty}(\sqrt[n]{a}-1)$ $(a>0)$

(vi) $\displaystyle\sum_{n=1}^{\infty}(-1)^n\frac{\log n}{n}$ (vii) $\displaystyle\sum_{n=1}^{\infty}\frac{(1+a)(2+a)\cdots(n+a)}{(1+b)(2+b)\cdots(n+b)}$ $(a,b>0)$

**(ex.8.A.2)** 次を示せ．

(i) $\displaystyle\sum_{n=1}^{\infty}\frac{4}{n^2+6n+5}=\frac{1}{2}+\frac{1}{3}+\frac{1}{4}+\frac{1}{5}$ (ii) $\displaystyle\sum_{n=1}^{\infty}\frac{1}{n(n+1)(n+2)(n+3)}=\frac{1}{18}$

**(ex.8.A.3)** $\displaystyle\sum_{n=2}^{\infty}\frac{1}{(\log n)^{\log n}}$ は収束することを示せ．

**(ex.8.A.4)** $(a_n)$ が正の単調増加数列であるとする．$\displaystyle\sum_{n=1}^{\infty}\frac{1}{a_1 a_2\cdots a_n}$ が収束するための必要十分条件は $\displaystyle\lim_{n\to\infty}a_n>1$ であることを示せ．

**(ex.8.B.1)** (i) $\displaystyle\sum_{n=1}^{\infty}a_n^2$ が収束すれば，$\displaystyle\sum_{n=1}^{\infty}\frac{|a_n|}{n}$ と $\displaystyle\sum_{n=1}^{\infty}|a_n a_{n+1}|$ はどちらも収束することを示せ．

(ii) (i)の逆は成り立たないことを示せ．

**(ex.8.B.2)** 《超幾何級数》 次を超幾何級数という．

$$\sum_{n=0}^{\infty}\frac{\binom{a+n-1}{n}\binom{b+n-1}{n}}{\binom{c+n-1}{n}}x^n \quad (a,b,c\neq 0,-1,-2,\ldots)$$

(i) 項比判定法により，$|x|<1$ のとき，絶対収束し，$|x|>1$ のとき，発散することを示せ．

(ii) ガウス判定により，$x=1$ のとき，$a+b<c$ のとき収束し，$a+b\geq c$ のとき発散することを示せ．

## ********** 章末問題解答 **********

**(ex.8.A.1)** (i) $\displaystyle\lim_{n\to\infty}\left(\frac{1/n^p}{1/(a+bn)^p}\right) = \lim_{n\to\infty}\left(\frac{a}{n}+b\right)^p = b^p > 0$ であるから

$\displaystyle\sum_{n=1}^{\infty}\frac{1}{(a+bn)^p}$ と $\displaystyle\sum_{n=1}^{\infty}\frac{1}{n^p}$ の収束, 発散は一致する. よって, $p \leq 1$ のとき発散し, $p > 1$ のとき収束する.

(ii) $a_n = \left(\dfrac{na+c}{nb+c}\right)^{n-1}$ とおく.

$$\frac{a_{n+1}}{a_n} = \frac{\left(\dfrac{(n+1)a+c}{(n+1)b+c}\right)^n}{\left(\dfrac{na+c}{nb+c}\right)^n} \cdot \left(\frac{na+c}{nb+c}\right) = \frac{\left(\dfrac{(n+1)a+c}{na+c}\right)^n}{\left(\dfrac{(n+1)b+c}{nb+c}\right)^n} \cdot \left(\frac{a+\dfrac{c}{n}}{b+\dfrac{c}{n}}\right)$$

ここで, $B_n = \left(\dfrac{(n+1)a+c}{na+c}\right)^n = \left(1+\dfrac{a}{na+c}\right)^n = \left\{\left(1+\dfrac{a}{na+c}\right)^{(na+c)/a}\right\}^{1/\left(1+\frac{c}{na}\right)}$

ゆえに, $\displaystyle\lim_{n\to\infty}B_n = e$. 同様に, $\displaystyle\lim_{n\to\infty}\left(\dfrac{(n+1)b+c}{nb+c}\right)^n = e$.

よって, $\displaystyle\lim_{n\to\infty}\frac{a_{n+1}}{a_n} = \frac{a}{b} > 0$. ゆえに, $\dfrac{a}{b} < 1$ ならば $\displaystyle\sum_{n=1}^{\infty}a_n$ は収束する. $\dfrac{a}{b} > 1$ ならば発散する. $\dfrac{a}{b} = 1$ のときは $a_n = 1$ であるから, 発散する.

(iii) $a_n = \dfrac{1\cdot 3\cdot 5\cdots(2n-1)}{3\cdot 6\cdot 9\cdots(3n)}$ とおくと $\dfrac{a_{n+1}}{a_n} = \dfrac{2n+1}{3n+3} \to \dfrac{2}{3} < 1$, よって, $\displaystyle\sum_{n=1}^{\infty}a_n$ は収束する.

(iv) $a_n = \left(\dfrac{\log n}{n}\right)^n$ とおくと $(a_n)^{1/n} = \dfrac{\log n}{n}$. ここで, $f(x) = \dfrac{\log x}{x}$ $(x>1)$ において, $x = e^y$ とおくと $e^y > 1 + y + \dfrac{1}{2}y^2 > \dfrac{1}{2}y^2$ であるから

$\dfrac{\log x}{x} = \dfrac{y}{e^y} < \dfrac{y}{y^2/2} = \dfrac{2}{y}$. これより, 十分大なる $n_0 \in \mathbf{N}$ について $n_0 \leq n$ とす

れば $(a_n)^{1/n} = \dfrac{\log n}{n} < \dfrac{1}{2} < 1$ とできるから根号判定法によって $\sum_{n=1}^{\infty} a_n$ は収束する.

(v) $e^x = 1 + x + \dfrac{1}{2}x^2 e^{\theta x}$ $(0 < \theta < 1)$ を利用すると,

$$\sqrt[n]{a} = e^{(1/n)\log a} = 1 + \dfrac{1}{n}\log a + \dfrac{1}{2}\left(\dfrac{1}{n}\log a\right)^2 e^{(\theta/n)\log a}$$

ゆえに, $\dfrac{\sqrt[n]{a} - 1}{1/n} = \log a + \dfrac{1}{2n}(\log a)^2 e^{(\theta/n)\log a}$.

$\lim_{n \to \infty} \dfrac{1}{2n}(\log a)^2 e^{(\theta/n)\log a} = 0$ であるから, $\lim_{n \to \infty} \dfrac{\sqrt[n]{a} - 1}{1/n} = \log a$. よって, $a > 1$ のときは $\sum_{n=1}^{\infty}\left(\sqrt[n]{a} - 1\right)$ は発散. $0 < a < 1$ のときは $\sum_{n=1}^{\infty}\left(1 - \sqrt[n]{a}\right)$ が発散, ゆえに, $\sum_{n=1}^{\infty}\left(\sqrt[n]{a} - 1\right)$ は発散. $a = 1$ のとき 0 に収束する.

(vi) $f(x) = \dfrac{\log x}{x}$ $(x > e)$ とおくと $f(x) > 0$ で, $f'(x) = \dfrac{1 - \log x}{x^2} < 0$ より $f(x)$ は単調減少. さらに, $x = e^y$ $(y > 1)$ とおくとき, $f(x) = \dfrac{\log x}{x} = \dfrac{y}{e^y} < \dfrac{2}{y}$ であるから $\lim_{x \to +\infty} \dfrac{\log x}{x} = 0$. ゆえに, $a_n = \dfrac{\log n}{n}$ とおくと $a_3 \geq a_4 \geq \cdots \geq a_n \geq \cdots$, $\lim_{n \to \infty} a_n = 0$ であるから交項級数 $\sum_{n=1}^{\infty}(-1)^n a_n$ は収束する.

(vii) $a_n = \dfrac{(1+a)\cdots(n+a)}{(1+b)\cdots(n+b)}$ とおくと, $\dfrac{a_{n+1}}{a_n} = \dfrac{(n+1+a)}{(n+1+b)} = \left(\dfrac{1 + [(1+a)/n]}{1 + [(1+b)/n]}\right)$

$\lim_{n \to \infty} \dfrac{a_{n+1}}{a_n} = 1$. よってラーベの判定法を利用する.

$$n\left(1 - \dfrac{a_{n+1}}{a_n}\right) = \dfrac{n(b-a)}{(n+1+b)} = \dfrac{b-a}{1 + [(1+b)/n]} \to (b-a).$$

ゆえに, $b - a > 1$ ならば, $\sum_{n=1}^{\infty} a_n$ は収束する. $b - a < 1$ ならば発散する.

$b - a = 1$ ならば $a_n = \dfrac{b}{n+b}$. ゆえに, $\sum\limits_{n=1}^{\infty} a_n = b\sum\limits_{n=1}^{\infty} \dfrac{1}{n+b}$ となり発散.

**(ex.8.A.2)** (i) $a_n = \dfrac{4}{n^2 + 6n + 5} = \dfrac{4}{(n+1)(n+5)} = \left(\dfrac{1}{n+1} - \dfrac{1}{n+5}\right)$

よって, $s_k = \sum\limits_{n=1}^{k} a_n = \left(\sum\limits_{n=1}^{k} \dfrac{1}{n+1}\right) - \left(\sum\limits_{n=1}^{k} \dfrac{1}{n+5}\right)$

$= \left(\dfrac{1}{2} + \dfrac{1}{3} + \dfrac{1}{4} + \dfrac{1}{5}\right) - \left(\dfrac{1}{k+2} + \dfrac{1}{k+3} + \dfrac{1}{k+4} + \dfrac{1}{k+5}\right)$

ゆえに, $s = \lim\limits_{k \to \infty} s_k = \dfrac{1}{2} + \dfrac{1}{3} + \dfrac{1}{4} + \dfrac{1}{5}$.

(ii)

$s_k = \sum\limits_{n=1}^{k} \dfrac{1}{n(n+1)(n+2)(n+3)} = \sum\limits_{n=1}^{k} \dfrac{1}{3}\left\{\dfrac{1}{n(n+1)(n+2)} - \dfrac{1}{(n+1)(n+2)(n+3)}\right\}$

$= \dfrac{1}{3}\left(\sum\limits_{n=1}^{k} \dfrac{1}{n(n+1)(n+2)}\right) - \dfrac{1}{3}\left(\sum\limits_{n=1}^{k+1} \dfrac{1}{n(n+1)(n+2)} - \dfrac{1}{1 \cdot 2 \cdot 3}\right)$

$= \dfrac{1}{18} - \dfrac{1}{3}\dfrac{1}{(k+1)(k+2)(k+3)}$. よって, $s = \lim\limits_{k \to \infty} s_k = \dfrac{1}{18}$.

**(ex.8.A.3)** $\log n \to \infty$ $(n \to \infty)$ であるから, ある $n_0 \in N$ があって $n_0 \leq n$ のとき $e^2 < \log n$ とできる. このとき, $a_n = \dfrac{1}{(\log n)^{\log n}} < \dfrac{1}{(e^2)^{\log n}} = \dfrac{1}{e^{\log n^2}} = \dfrac{1}{n^2}$

$\sum\limits_{n=n_0}^{\infty} \dfrac{1}{n^2}$ は収束するから, $\sum\limits_{n=2}^{\infty} a_n$ も収束する.

**(ex.8.A.4)** $b_n = \dfrac{1}{a_1 a_2 \cdots a_n}$ とする.

(十分条件) $\lim\limits_{n \to \infty} a_n = r > 1$ とする. $r > r' > 1$ に対してある $n_0 \in N$ があって, $n_0 \leq n$ ならば $a_n > r'$ とできる. よって, $\dfrac{1}{a_n} < \dfrac{1}{r'} < 1$. ゆえに, $n > n_0$ につい

て，$b_{n+1} = b_n \cdot \dfrac{1}{a_{n+1}} < b_n\left(\dfrac{1}{r'}\right) < \cdots < b_{n_0}\left(\dfrac{1}{r'}\right)^{n-n_0+1}$．よって，$\displaystyle\sum_{n=1}^{\infty} b_n$ は収束する．

（必要条件）$\displaystyle\sum_{n=1}^{\infty} b_n$ が収束するならば，$b_n \to 0$．このとき，もし $\displaystyle\lim_{n\to\infty} a_n \leq 1$ とすれば，$(a_n)$ は単調増加列だから $a_n \leq 1$．ゆえに，$b_n = \dfrac{1}{a_1 \cdots a_n} \geq 1$．これは $b_n \to 0$ に反する．よって，$\displaystyle\lim_{n\to\infty} a_n > 1$ でなければならない．

**(ex.8.B.1)** $\dfrac{|a_n|}{n} = \sqrt{\dfrac{a_n^2}{n^2}} \leq \dfrac{a_n^2 + (1/n^2)}{2}$ より，$\displaystyle\sum_{n=1}^{\infty} \dfrac{|a_n|}{n}$ は収束する．また，$|a_n a_{n+1}| = \sqrt{a_n^2 a_{n+1}^2} \leq \dfrac{a_n^2 + a_{n+1}^2}{2}$．ゆえに，$\displaystyle\sum_{n=1}^{k} |a_n a_{n+1}| \leq \dfrac{1}{2}\left(\displaystyle\sum_{n=1}^{k} a_n^2 + \sum_{n=1}^{k} a_{n+1}^2\right) = \dfrac{1}{2}\left(\displaystyle\sum_{n=1}^{k} a_n^2 + \sum_{n=2}^{k+1} a_n^2\right)$．ゆえに，$\displaystyle\sum_{n=1}^{\infty} |a_n a_{n+1}|$ も収束する．
逆が成り立たない例：

$a_{2n-1} = \dfrac{1}{\sqrt{n}}$, $a_{2n} = \dfrac{1}{n}$ とすると，$\displaystyle\sum_{n=1}^{\infty} a_n^2 = 1 + 1 + \dfrac{1}{2} + \dfrac{1}{2^2} + \dfrac{1}{3} + \dfrac{1}{3^2} + \cdots$ は発散．

$\displaystyle\sum_{n=1}^{\infty} \dfrac{|a_n|}{n} = \sum_{n=1}^{\infty} \dfrac{1}{(2n-1)\sqrt{n}} + \sum_{n=1}^{\infty} \dfrac{1}{(2n)\cdot n}$ で収束．

$\displaystyle\sum_{n=1}^{\infty} |a_n a_{n+1}| = 1 + \dfrac{1}{\sqrt{2}} + \dfrac{1}{\sqrt{2}\cdot 2} + \dfrac{1}{2\cdot \sqrt{3}} + \dfrac{1}{\sqrt{3}\cdot 3} + \dfrac{1}{3\cdot \sqrt{4}} + \cdots$

$\leq 1 + \dfrac{1}{\sqrt{2}} + 2\left\{\dfrac{1}{\sqrt{2}\cdot 2} + \dfrac{1}{\sqrt{3}\cdot 3} + \cdots\right\}$ は収束．

**(ex.8.B.2)** (i) $a_n = \dfrac{\binom{a+n-1}{n}\binom{b+n-1}{n}}{\binom{c+n-1}{n}} x^n$ とおくと，

$a_n = \dfrac{(a+n-1)(a+n-2)\cdots a}{n!} \cdot \dfrac{(b+n-1)\cdots b}{n!} \cdot \dfrac{n!}{(c+n-1)\cdots c} x^n$ であるから

$$\frac{a_{n+1}}{a_n} = \frac{(a+n)(b+n)}{(n+1)(c+n)} x = \frac{1 + \dfrac{a+b}{n} + \dfrac{ab}{n^2}}{1 + \dfrac{c+1}{n} + \dfrac{c}{n^2}} x$$

よって，$\displaystyle\lim_{n\to\infty} \frac{a_{n+1}}{a_n} = x$．ゆえに，$|x| < 1$ のとき $\displaystyle\lim_{n\to\infty} \frac{|a_{n+1}|}{|a_n|} = |x| < 1$ であるから，絶対収束する．また，$|x| > 1$ のときは絶対収束しない．さらに，このとき収束もしないことが次のように証明される．

もし，$1 < |x_1| < |x_2|$ となる $x_2$ で収束するとする．超幾何級数をかんたんに，$A_0 + A_1 x_2 + A_2 x_2^2 + \cdots + A_n x_2^n + \cdots$ とすると，収束することから $\displaystyle\lim_{n\to\infty} A_n x_2^n = 0$．よって，ある正数 $M > 0$ があって $|A_n x_2^n| < M$ $(n \in N)$ とおける．このとき，$\displaystyle |A_n x_1^n| = \left|A_n x_2^n \left|\frac{x_1}{x_2}\right|^n\right| < M\left|\frac{x_1}{x_2}\right|^n$，$\left|\dfrac{x_1}{x_2}\right| < 1$ であるから $\displaystyle\sum_{n=1}^{\infty} |A_n x_1^n|$ は収束する．すなわち $|x_1| > 1$ なる $x_1$ で絶対収束することとなり前述のことに反する．

よって，$|x| > 1$ では収束しない．つまり発散する．

(ii) $x = 1$ のとき (i) より，十分大なる $n$ について $0 < \dfrac{a_{n+1}}{a_n} = \dfrac{(a+n)(b+n)}{(n+1)(c+n)}$ とできる．ゆえに，そこでは，$a_n$ は同符号だから正項級数とみなす．

$\dfrac{a_{n+1}}{a_n} = 1 - \dfrac{A}{n} - \dfrac{B}{n^2}$ とおいて，$A, B$ を求めると，$\dfrac{1 + \dfrac{a+b}{n} + \dfrac{ab}{n^2}}{1 + \dfrac{c+1}{n} + \dfrac{c}{n^2}} = 1 - \dfrac{A}{n} - \dfrac{B}{n^2}$ であるから

$$1 + \frac{a+b}{n} + \frac{ab}{n^2} = \left(1 + \frac{c+1}{n} + \frac{c}{n^2}\right) - \frac{A}{n}\left(1 + \frac{c+1}{n} + \frac{c}{n^2}\right) - \frac{B}{n^2}\left(1 + \frac{c+1}{n} + \frac{c}{n^2}\right)$$

$$= 1 + \frac{c+1-A}{n} + \frac{1}{n^2} B'$$

$$B' = c - A(c+1) - B - \frac{Ac}{n} - B\left(\frac{c+1}{n} + \frac{c}{n^2}\right)$$

$a + b = c + 1 - A$ より，$A = c + 1 - a - b > 1$，すなわち，$c > a + b$ ならば収束する．$A = c + 1 - a - b \leq 1$，すなわち，$c \leq a + b$ ならば発散する．

# 9 関数の列と級数

## 9.1 関数列

(ex.9.1.1) 第 $n$ 項の関数が次で与えられる関数列の極限関数を求めよ.
(i) $f_n(x) = e^{-x/n}$  $x \in \mathbf{R}$  (ii) $f_n(x) = n\log\left(1 + \dfrac{x}{n}\right)$  $x > 0$

【解】(i) $\displaystyle\lim_{n\to\infty} f_n(x) = \lim_{n\to\infty} e^{-x/n} = \lim_{n\to\infty}\left(e^{-x}\right)^{1/n} = 1$
(ii) $\displaystyle\lim_{n\to\infty} f_n(x) = \lim_{n\to\infty}\left\{n\log\left(1+\dfrac{x}{n}\right)\right\} = \lim_{n\to\infty} x\left\{\log\left(1+\dfrac{x}{n}\right)^{n/x}\right\} = x$

(ex.9.1.2) 次の関数列は $f$ に収束することを示し,一様収束かどうかを調べよ.
(i)   $f_n(x) = \dfrac{x}{n+x}$, $x \geq 0$. $f(x) = 0$, $x \geq 0$
(ii)  $f_n(x) = \dfrac{nx}{1+n^2x^2}$, $x \in [0,1]$. $f(x) = 0$, $0 \leq x \leq 1$
(iii) $f_n(x) = xe^{-nx}$, $x \in [0,\infty)$. $f(x) = 0$, $x \geq 0$
(iv)  $f_n(x) = nx^n$, $0 < x < 1$. $f(x) = 0$, $0 < x < 1$
(v)   $f_n(x) = \sin^n x$, $0 \leq x \leq \pi$. $f(x) = \begin{cases} 0 & x \in [0,\pi], x \neq \pi/2 \\ 1 & x = \pi/2 \end{cases}$

<ヒント> $A \subset \mathbf{R}$ で定義された関数列 $(f_n)$ と $A_0 \subset A$ で定義された関数 $f: A_0 \to \mathbf{R}$ について,任意の正数 $\varepsilon > 0$ に対して,ある自然数 $N(\varepsilon)$ が存在して,$n > N(\varepsilon)$ ならば,任意の $x \in A_0$ で,$|f_n(x) - f(x)| < \varepsilon$ が成り立つとき,関数列 $(f_n)$ は $A_0$ で関数 $f$ に**一様収束**するという.

【解】(i) $f_n(x) = \dfrac{(x/n)}{1+(x/n)} \to 0$ $(n \to \infty)$. ゆえに, $\lim\limits_{n\to\infty} f_n(x) = f(x)$.

しかし, $f_n(n^2) = \dfrac{n^2}{n+n^2} = \dfrac{1}{(1/n)+1} \geq \dfrac{1}{2}$ $(n \geq 1)$, $|f_n(n^2) - f(n^2)| \geq \dfrac{1}{2}$.

よって, 一様収束でない.

(ii) $f_n(x) = \dfrac{x}{(1/n)+nx^2} \to 0$ $(n \to \infty)$. ゆえに, $\lim\limits_{n\to\infty} f_n(x) = f(x)$.

しかし, $f_n\left(\dfrac{1}{n}\right) = \dfrac{1}{1+1} = \dfrac{1}{2}$, $\left|f_n\left(\dfrac{1}{n}\right) - f\left(\dfrac{1}{n}\right)\right| = \dfrac{1}{2}$. よって, 一様収束でない.

(iii) $f_n(x) = \dfrac{x}{e^{nx}} \to 0$ $(x \geq 0)$, $(n \to \infty)$. ゆえに, $\lim\limits_{n\to\infty} f_n(x) = f(x)$ となる.

また, $x > 0$ のとき $e^{nx} = 1 + nx + \dfrac{1}{2}(nx)^2 e^{\theta nx}$ $(0 < \theta < 1)$ より $e^{nx} > nx$ であるから, $|f_n(x) - f(x)| = \dfrac{x}{e^{nx}} < \dfrac{x}{nx} = \dfrac{1}{n}$. よって, 一様収束する.

(iv) $f_n(x) = nx^n$ $(0 < x < 1)$. $0 < x < 1$ に対して, $h > 0$, $x = \dfrac{1}{1+h}$ と表される.

二項定理より, $(1+h)^n = 1 + nh + \dfrac{n(n-1)}{2}h^2 + \cdots + h^n$ であるから

$0 < nx^n = n\dfrac{1}{(1+h)^n} < \dfrac{n}{\dfrac{n(n-1)}{2}h^2} = \dfrac{2}{(n-1)h^2}$ $(n \geq 2)$. よって,

$f_n(x) = nx^n \to 0$ $(n \to \infty)$

$x_n = 1 - \dfrac{1}{n}$ とすると, $|f_n(x_n) - f(x_n)| = n\left(1 - \dfrac{1}{n}\right)^n$.

ここで, $\lim\limits_{n\to\infty}\left(1 - \dfrac{1}{n}\right)^n = \lim\limits_{n\to\infty}\dfrac{1}{(1-(1/n))^{-n}} = \dfrac{1}{e}$ であるから, 一様収束しない.

(v) $x \in [0, \pi]$, $x \neq \dfrac{\pi}{2}$ のときは $|\sin x| < 1$ であるから

$f_n(x) = \sin^n x \to 0$ $(n \to \infty)$. $x = \dfrac{\pi}{2}$ のときは $f_n(x) = 1$.

$x_n = \mathrm{Sin}^{-1}(1 - (1/n))$, $0 < x_n < \pi/2$ とおくと

$$|f_n(x_n) - f(x_n)| = \left\{\sin\left(\text{Sin}^{-1}\left(1 - \frac{1}{n}\right)\right)\right\}^n = \left(1 - \frac{1}{n}\right)^n \to \frac{1}{e}.$$
よって，一様収束でない．

**NOTE:** $A \subset \mathbf{R}$ に定義された関数列 $(f_n)$ が $A$ で関数 $f$ に一様収束する必要十分条件は $\sup_{x \in A}|f_n(x) - f(x)| \to 0 \ (n \to \infty)$ が成り立つことである．

$A \subset \mathbf{R}$ に定義された関数列 $(f_n)$ が $A$ で関数 $f$ に一様収束する必要十分条件は，すべての $n \in \mathbf{N}$ と $x \in A$ で $|f_n(x) - f(x)| \leq b_n$，$\lim_{n \to \infty} b_n = 0$ となる数列 $(b_n)$ が存在することである．

《コーシーの収束条件》 $A \subset \mathbf{R}$ で定義された関数列 $(f_n)$ が $A$ である関数に一様収束する必要十分条件は，任意の正数 $\varepsilon > 0$ に対して，ある自然数 $N(\varepsilon)$ が存在して，$n, m > N(\varepsilon)$ ならば，$|f_n(x) - f_m(x)| \leq \varepsilon$ がな成り立つことである．

---

(ex.9.1.3) 次の関数列は $f$ に収束するが一様収束しないことを示せ．
(i) $f_n(x) = \dfrac{nx}{1 + nx}$, $0 < x < 1$. $f(x) = 1$, $0 < x < 1$
(ii) $f_n(x) = n \sin \dfrac{x}{n}$, $x \in \mathbf{R}$. $f(x) = x$, $x \in \mathbf{R}$

---

【解】(i) $|f_n(x) - 1| = \left|\dfrac{1}{1 + nx}\right| \to 0 \ (n \to \infty)$. ゆえに，$0 < x < 1$ について，$\lim_{n \to \infty} f_n(x) = 1$. しかし，$x_n = \dfrac{1}{n}$ とすると $|f_n(x_n) - 1| = \dfrac{1}{1 + 1} = \dfrac{1}{2}$.
よって，一様収束しない．

(ii) $\lim_{n \to \infty} f_n(x) = \lim_{n \to \infty} \left(\dfrac{\sin(x/n)}{x/n}\right) x = x$. しかし，$x_n = n$ とすると，
$|f_n(x_n) - f(x_n)| = |n \sin 1 - n| = n(1 - \sin 1) \to \infty \ (n \to \infty)$
よって，一様収束でない．

---

(ex.9.1.4) 次の関数列は一様収束することを示せ．
(i) $f_n(x) = \dfrac{nx}{1 + n^3 x^2}$, $0 \leq x \leq 1$  (ii) $f_n(x) = \dfrac{\sin nx}{1 + nx}$, $x \geq a > 0$
(iii) $f_n(x) = \dfrac{x^n}{\sqrt{n}}$, $x \in [-1, 1]$

【解】(i) $f_n(x) = \dfrac{nx}{1+n^3x^2}$ $(0 \leq x \leq 1)$

$$f_n'(x) = \frac{n(1+n^3x^2) - (nx)(2n^3x)}{(1+n^3x^2)^2} = \frac{n(1-n^3x^2)}{(1+n^3x^2)^2}$$

よって，$f_n(x)$ は $x = 1/\sqrt{n^3}$ で最大値をとる．
$0 \leq x \leq 1$ について，$0 \leq f_n(x) \leq f_n\left(\dfrac{1}{\sqrt{n^3}}\right) = \dfrac{1}{2}\dfrac{n}{\sqrt{n^3}} = \dfrac{1}{2\sqrt{n}}$.
ゆえに，$n \to \infty$ のとき，一様に $f_n(x) \to 0$ となる．

(ii) $|f_n(x)| = \left|\dfrac{\sin nx}{1+nx}\right| \leq \dfrac{1}{1+na} \leq \dfrac{1}{na}$. よって，$n \to \infty$ のとき，一様に $f_n(x) \to 0$ となる．

(iii) $|x| \leq 1$ に対して，$|f_n(x)| = \left|\dfrac{x^n}{\sqrt{n}}\right| \leq \dfrac{1}{\sqrt{n}}$. よって，$n \to \infty$ のとき，一様に $f_n(x) \to 0$ となる．

---

(ex.9.1.5) 次の関数列は一様収束しないことを示せ．
(i) $f_n(x) = \dfrac{\sin nx}{1+nx}$, $x \geq 0$ (ii) $f_n(x) = \dfrac{x^n}{1+x^n}$, $x \in [0,2]$
(iii) $f_n(x) = \dfrac{\log x}{n}$, $x \in [1, \infty)$ (iv) $f_n(x) = \operatorname{Tan}^{-1} nx$, $x \in [-1, \infty)$

---

【解】(i) $|f_n(x)| = \left|\dfrac{\sin nx}{1+nx}\right| \leq \dfrac{1}{1+nx}$ $(x \geq 0)$ であるから $\lim_{n \to \infty} f_n(x) = 0$. しかし，$x_n = \dfrac{1}{n}$ とすると，$|f_n(x_n) - 0| = \dfrac{\sin 1}{2}$ であるから一様収束しない．

(ii) $0 \leq x < 1$ のとき $\lim_{n \to \infty} f_n(x) = 0$. $x = 1$ のとき，$\lim_{n \to \infty} f_n(x) = \dfrac{1}{2}$.
$1 < x \leq 2$ のとき $\lim_{n \to \infty} f_n(x) = \lim_{n \to \infty} \dfrac{1}{(1/x^n)+1} = 1$.
しかし，$x_n = (1+(1/n))$ とすれば $1 < x_n \leq 2$ であり，
$$|f_n(x_n) - 1| = \left|\dfrac{(1+(1/n))^n}{1+(1+(1/n))^n} - 1\right| = \dfrac{1}{1+(1+(1/n))^n} > \dfrac{1}{2e}.$$
よって，一様収束しない．

(iii) $1 \leq x$ のとき $f_n(x) = \dfrac{\log x}{n} \to 0$ $(n \to \infty)$. しかし，$x_n = 2^n$ とすると，$f_n(x_n) = \dfrac{\log 2^n}{n} = \log 2$. よって，$f_n(x) \to 0$ は一様収束しない.

(iv) $x > 0$ のとき，$f(x) = \lim\limits_{n\to\infty} f_n(x) = \lim\limits_{n\to\infty} \mathrm{Tan}^{-1} nx = \dfrac{\pi}{2}$. $x = 0$ のとき $f(x) = \lim\limits_{n\to\infty} f_n(x) = 0$. $x < 0$ のとき $f(x) = \lim\limits_{n\to\infty} f_n(x) = \lim\limits_{n\to\infty} \mathrm{Tan}^{-1} nx = -\dfrac{\pi}{2}$. よって，極限関数は $[-1,1]$ で不連続．このとき，$x_n = \dfrac{1}{n}$ とおくと $x_n > 0$ であって，$\left| f_n(x_n) - \dfrac{\pi}{2} \right| = \left| \mathrm{Tan}^{-1} 1 - \dfrac{\pi}{2} \right| = \left| \dfrac{\pi}{4} - \dfrac{\pi}{2} \right| = \dfrac{\pi}{4}$ であるから，一様収束しない.

*NOTE:* 問題 (iv) などは，一般の定理「連続関数列 $(f_n)$ が $A$ で $f$ に一様収束するとき，$f$ は $A$ で連続である」を用いて証明することもできる．すなわち，$[-1,1]$ で連続な関数列 $f_n(x) = \mathrm{Tan}^{-1} nx$ の極限関数 $f(x)$ は $[-1,1]$ で不連続であるから，この収束は一様収束ではない.

---

(ex.9.1.6) $f_n(x) = n^2 x^2 e^{-nx}$ は $[a, \infty), a > 0$ では一様収束するが，$[0, \infty)$ では一様収束しないことを示せ.

---

【解】 $0 < a \leq x$ について，
$$f_n(x) = n^2 x^2 e^{-nx} = \dfrac{(nx)^2}{e^{nx}} < \dfrac{(nx)^2}{1 + (nx) + \dfrac{1}{2}(nx)^2 + \dfrac{1}{6}(nx)^3} < \dfrac{6(nx)^2}{(nx)^3} = \dfrac{6}{nx} \leq \dfrac{6}{na}$$
ゆえに，$f_n(x)$ は $f(x) = 0$ に $[a, 0)$ で一様収束する．しかし，$x_n = \dfrac{1}{n}$ とすると，$|f_n(x_n) - 0| = e^{-1}$ であるから，$[0, \infty)$ では一様収束しない.

---

(ex.9.1.7) $f_n(x) = \dfrac{1}{n} e^{-nx}$, $x \geq 0$ について，
(i) $f(x) = 0$, $x \geq 0$ に収束することを示せ．また，$\lim\limits_{n\to\infty}(f_n)'_+(0) \neq f'_+(0)$ を示せ.
(ii) $(f_n)$ は一様収束して，$(f_n')$ は各点収束するが一様収束しないことを示せ.

**【解】** (i) $x \geq 0$ では $\lim_{n \to \infty} f_n(x) = \lim_{n \to \infty} \dfrac{1}{ne^{nx}} = 0$. ゆえに, $f(x) = 0$ に収束する.
よって, $f_+'(0) = 0$.
$$\lim_{x \to +0} \frac{f_n(x) - f_n(0)}{x} = \lim_{x \to +0} \frac{(1/n)(e^{-nx} - 1)}{x} = \lim_{x \to +0} (-1)\left(\frac{e^{-nx} - 1}{-nx}\right) = -1.$$
ゆえに, $(f_n)_+'(0) = -1$. よって, $\lim_{n \to \infty}(f_n)_+'(0) \neq f_+'(0)$.

(ii) $x \geq 0$, $|f_n(x) - 0| = \dfrac{1}{ne^{nx}} \leq \dfrac{1}{n}$. よって, $(f_n)$ は $0$ に一様収束する.
$x > 0$ で, $f_n'(x) = -e^{-nx} \to 0 \ (n \to \infty)$. しかし, $x_n = \dfrac{1}{n}$ とすると, $|f_n'(x_n) - 0| = \dfrac{1}{e}$. よって, $(f_n')$ は $0$ に一様収束しない.

---

(ex.9.1.8) $f_n(x) = x^2 + \dfrac{1}{n}\sin nx \quad x \in \mathbf{R}$ のとき, $(f_n)$ が $f(x) = x^2$ に一様収束することを示せ. また, $(f_n')$ は収束しないことを示せ.

---

**【解】** $|f_n(x_n) - f(x)| = \left|\dfrac{1}{n}\sin nx\right| \leq \dfrac{1}{n}$. よって, $f_n(x)$ は $f(x)$ に一様収束する.
$f_n'(x) = 2x + \cos nx$. $(f_n')$ は $x \neq k\pi$ ($k$ は整数) で以下のように, 収束はしない. $x \neq k\pi$ に対して, ある整数 $h$ があって, $x = x_0 + h\pi \ (0 < x_0 < \pi)$ とできる. このとき, 任意の自然数 $n$ について, $|\sin nx| = |\sin nx_0|$ が成り立ち, $nx_0 > \pi$ をみたす $n \in \mathbf{N}$ に対し, ある自然数 $l$ があって, $nx_0 = l\pi + R, \pi > R > 0$ とできる. $R$ について次の場合に分ける.
  (イ) $\pi/4 \leq R \leq 3\pi/4$ のときは $|\sin nx_0| = \sin R \geq 1/\sqrt{2}$.
  (ロ) $0 < R < \pi/4$ のとき, ある自然数 $m$ が存在して $\pi/4 < mR < \pi/2$ とできる. $|\sin mnx_0| = \sin mR \geq 1/\sqrt{2}$
  (ハ) $3\pi/4 < R < \pi$ のとき, $nx_0 = l\pi + R = (l+1)\pi - (\pi - R)$ において $0 < \pi - R < \pi/4$ であるから, ある自然数 $m'$ が存在して $\pi/4 \leq m'(\pi - R) < \pi/2$ とできる. $|\sin m'nx_0| = \sin m'(\pi - R) \geq 1/\sqrt{2}$. このことを,
$$|f_{n-1}'(x) - f_{n+1}'(x)| = |\cos(n-1)x - \cos(n+1)x| = |2\sin nx \sin x| = |2\sin x||\sin nx|$$
および, $|f_{mn-1}'(x) - f_{mn+1}'(x)| = |2\sin x||\sin mnx|$,

$|f''_{m'n-1}(x) - f''_{m'n+1}(x)| = |2\sin x||\sin m'nx|$
に適用すると，$(f'_n(x))$ はコーシー列にならないことがわかるので収束しない．

---

(ex.9.1.9) $n \geq 2$ について，次のように定義する．
$$f_n(x) = \begin{cases} n^2 x, & 0 \leq x \leq 1/n \\ -n^2(x - 2/n), & 1/n \leq x \leq 2/n \\ 0, & 2/n \leq x \leq 1 \end{cases}$$
(i) $(f_n)$ は $f(x) = 0$, $0 \leq x \leq 1$ に収束するが一様収束ではないことを示せ．
(ii) $\int_0^1 f(x)dx \neq \lim_{n\to\infty} \int_0^1 f_n(x)dx$ となることを示せ．

---

【解】(i) $x \in (0,1]$ を固定する．ある $n_0 \in N$ があって $\dfrac{2}{n_0} \leq x$ とできる．このとき $n_0 \leq n$ ならば $f_n(x) = 0$．よって，$\lim_{n\to\infty} f_n(x) = 0$．しかし，$x_n = \dfrac{1}{n^2}$ とすると $f_n(x_n) = 1$ であるから一様収束しない．
(ii) $f(x) = 0$ $(0 \leq x \leq 1)$ であるから $\int_0^1 f(x)dx = 0$．
$\int_0^1 f_n(x)dx = \dfrac{1}{2} \cdot \dfrac{2}{n} \cdot n = 1$．よって結論を得る．

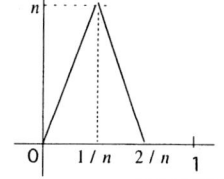

---

(ex.9.1.10) 関数列 $(f_n)$ が $f$ に $I$ で一様収束し，すべての $x \in I$ および $n \in N$ で，$|f_n(x)| \leq M$ となる実数 $M$ が存在するとき，$g$ が $[-M, M]$ で連続であれば，$(g \circ f_n)$ は $g \circ f$ に一様収束することを示せ．

---

【解】$g$ は $[-M, M]$ で連続だから一様連続である．ゆえに，任意の正数 $\varepsilon > 0$ に対し，ある正数 $\delta > 0$ があって $|x - y| < \delta$, $x, y \in [-M, M]$ ならば
$|g(x) - g(y)| < \varepsilon$．  …（イ）
$(f_n)$ は $f$ に一様収束するから，上の $\delta > 0$ に対し，ある $n_0 \in N$ があって，$n_0 \leq n$, 任意の $x \in I$ について $|f_n(x) - f(x)| < \delta$ とできる．さらに，$f_n(x), f(x) \in [-M, M]$ であるから，（イ）より $|g \circ f_n(x) - g \circ f(x)| < \varepsilon$ が成り立つ．よって，$(g \circ f_n)$ は $g \circ f$ に一様収束する．

## 9.2 関数項級数

(ex.9.2.1) 次の級数が一様収束することを示せ.

(i) $\sum_{n=1}^{\infty} \dfrac{x^n}{n^3}$, $x \in [-1,1]$   (ii) $\sum_{n=1}^{\infty} \dfrac{\sin nx}{n^p}$  $(p > 1)$   (iii) $\sum_{n=1}^{\infty} \dfrac{x^n}{n!}$, $x \in [-1,1]$

(iv) $\sum_{n=1}^{\infty} x^p e^{-nx}$, $x \geq 0$, $p > 1$

<ヒント> 《ワイエルストラスの優級数判定(M test)》 $(f_n)$ を $A \subset \boldsymbol{R}$ で定義された関数列とする. $(M_n)$ を非負の実数からなる数列とし,すべての $x \in A$, $n \in \boldsymbol{N}$ で, $|f_n(x)| \leq M_n$ であるとする. $\sum M_n$ が収束するならば, $\sum f_n$ は $A$ で一様収束する.

【解】 (i) $\left|\dfrac{x^n}{n^3}\right| \leq \dfrac{1}{n^3}$, $x \in [-1,1]$, $\sum_{n=1}^{\infty} \dfrac{1}{n^3}$ が収束よりわかる.

(ii) $\left|\dfrac{\sin nx}{n^p}\right| \leq \dfrac{1}{n^p}$ $(p>1)$, $\sum_{n=1}^{\infty} \dfrac{1}{n^p}$ は収束よりわかる.

(iii) $n > 2$, $x \in [-1,1]$ に対し, $\left|\dfrac{x^n}{n!}\right| \leq \dfrac{1}{1 \cdot 2 \cdots (n-1) \cdot n} \leq \dfrac{1}{(n-1)^2}$. よって,

$\sum_{n=2}^{\infty} \left|\dfrac{x^n}{n!}\right| \leq \sum_{n=2}^{\infty} \dfrac{1}{(n-1)^2} = \sum_{n=1}^{\infty} \dfrac{1}{n^2}$ より一様収束する.

(iv) $x \geq 0$ に対し, $f_n(x) = x^p e^{-nx}$ とおく.

$f_n'(x) = (px^{p-1} - nx^p)e^{-nx} = x^{p-1}e^{-nx}(p - nx)$. $x = \dfrac{p}{n}$ で $f_n(x)$ は最大値をとる.

ゆえに, $f_n(x) = x^p e^{-nx} \leq f_n\left(\dfrac{p}{n}\right) = \dfrac{1}{n^p}(p^p e^{-p})$. $\sum_{n=1}^{\infty} x^p e^{-nx} \leq \left(\sum_{n=1}^{\infty} \dfrac{1}{n^p}\right)(p^p e^{-p})$

で, $\sum_{n=1}^{\infty} \dfrac{1}{n^p}$ $(p>1)$ は収束するから $\sum_{n=1}^{\infty} x^p e^{-nx}$ $(x \geq 0)$ は一様収束である.

(ex.9.2.2) 次の級数は一様収束しないことを示せ.

(i) $\sum_{n=1}^{\infty} \dfrac{nx}{nx+1}$   (ii) $\sum_{n=1}^{\infty} ne^{-nx}$, $x > 0$   (iii) $\sum_{n=1}^{\infty} \dfrac{x^n}{n}$, $x \in [0,1)$   (iv) $\sum_{n=1}^{\infty} \dfrac{x^2}{(1+x^2)^n}$

【解】関数項級数 $s(x) = \sum_{n=1}^{\infty} f_n(x)$ の部分和 $s_k(x) = \sum_{n=1}^{k} f_n(x)$ の数列が $s(x)$ に $A \subset \mathbf{R}$ で一様収束するとき，$\sum_{n=1}^{\infty} f_n(x)$ は $s(x)$ に一様収束するという．
よって，「一様収束しない」ことを証明するためには，「ある正数 $\varepsilon_0 > 0$ があって，どんな大きい自然数 $N$ をとってもある $n \geq N$ とある点 $x \in A$ が存在して，$|s_n(x) - s(x)| \geq \varepsilon_0$ が成り立つ」ことを例によって示せばよい．

また，$\sum_{n=1}^{\infty} f_n(x)$ が $A \subset \mathbf{R}$ で一様収束する必要十分条件は，「任意の正数 $\varepsilon > 0$ に対して自然数 $N$ が存在して，$m > n \geq N$ ならばすべての $x \in A$ で $|f_{n+1}(x) + f_{n+2}(x) + \cdots + f_m(x)| < \varepsilon$ となる」である．よって，$\sum_{n=1}^{\infty} f_n(x)$ が一様収束しないことを証明するためには，「ある正数 $\varepsilon_0 > 0$ が存在して，どんなに大きい自然数 $N$ をとっても $N \leq n < m$ をみたす $n$ と $m$ と点 $x \in A$ が存在して $|f_{n+1}(x) + f_{n+2}(x) + \cdots + f_m(x)| \geq \varepsilon_0$」となる例を示してもよい．

(i) $f_n(x) = \dfrac{nx}{nx+1}$ $(x \neq 0, nx+1 \neq 0)$ とおくと $\displaystyle\lim_{n\to\infty} f_n(x) = \lim_{n\to\infty} \dfrac{1}{1+(1/nx)} \neq 0$

であるから $\sum_{n=1}^{\infty} f_n(x)$ は収束しない．よって，一様収束もしない．

(ii) $f_n(x) = ne^{-nx}$ $(x > 0)$ とおく．このとき $x_n = \dfrac{1}{n}\log n$ $(x \in \mathbf{N})$ とすると $f_n(x_n) = ne^{-\log n} = 1$．よって，$\varepsilon_0 = 1$ に対して，どんなに大きい自然数 $N$ をとっても $N \leq n < n+1$ となる $n$ と $x_{n+1}$ があって

$$|f_{n+1}(x_{n+1})| = (n+1)e^{-\log(n+1)} = 1 = \varepsilon_0$$

となる．よって，$\sum_{n=1}^{\infty} f_n(x)$ $(x > 0)$ は一様収束しない．

(iii) 整級数 $\sum_{n=1}^{\infty} \dfrac{x^n}{n}$ において $a_n = \dfrac{1}{n}$ とおく．$\displaystyle\lim_{n\to\infty} \left|\dfrac{a_{n+1}}{a_n}\right| = 1$ であるから収束区間は $|x| < 1$ である．よって，$0 < r < 1$ をみたす任意の $x = r$ で収束するから，

$s(r) = \sum_{k=1}^{\infty} \dfrac{r^k}{k}$, $s_n(r) = \sum_{k=1}^{n} \dfrac{r^k}{k}$ とおく．任意の正数 $\varepsilon > 0$ に対し，ある自然数 $N$ があって，$N \leq n$ をみたす任意の $n$ について，

$$0 < \sum_{k=n+1}^{\infty} \frac{r^k}{k} = |s_n(r) - s(r)| < \varepsilon \quad \cdots \text{(イ)}$$

が成り立つ．整級数は収束区間内では無限回項別微分可能であり，また，項別積分も可能である．よって，$r \leq x < 1$ に対して $g(x) = \sum_{k=n+1}^{\infty} \frac{x^k}{k}$ とおくと $g'(x) =$

$$\sum_{k=n+1}^{\infty} x^{k-1} = \frac{x^n}{1-x}.$$ ゆえに，$g(x) = \int_r^x g'(x)dx + g(r) > \int_r^x \frac{x^n}{1-x}dx > r^n \int_r^x \frac{1}{1-x}dx$

$$= r^n[-\log(1-x)]_r^x = r^n\{-\log(1-x) + \log(1-r)\}$$

ゆえに，$x \to 1-0$ とすると $g(x) \to \infty$ となり（イ）をみたさない点 $x$ が $r \leq x < 1$ に存在する．よって，一様収束でない．

(iv) $x \neq 0$ のとき $s(x) = \sum_{n=1}^{\infty} \frac{x^2}{(1+x^2)^n} = \frac{\frac{x^2}{1+x^2}}{1 - \frac{1}{1+x^2}} = 1$. 部分和について，

$$R_n(x) = s(x) - s_n(x) = \sum_{k=n+1}^{\infty} \frac{x^2}{(1+x^2)^k} \text{ とおく．}$$

$$R_n(x) = \sum_{k=n+1}^{\infty} \frac{x^2}{(1+x^2)^k} = \frac{\frac{x^2}{(1+x^2)^{n+1}}}{1 - \left(\frac{1}{1+x^2}\right)} = \frac{1}{(1+x^2)^n}. \quad x_n = \sqrt{\frac{1}{n}} \text{ とおくと，}$$

$R_n(x_n) = \dfrac{1}{(1+(1/n))^n}$. ここで，$\left(1+\dfrac{1}{n}\right)^n < e$ であるから任意の自然数 $n$ について

$R_n(x_n) > \dfrac{1}{e}$. よって，$\varepsilon = \dfrac{1}{e}$ に対し，任意の $n \in \mathbf{N}$ について

$$R_n(x_n) = s(x_n) - s_n(x_n) > \varepsilon = \frac{1}{e}.$$

ゆえに，$\sum_{n=1}^{\infty} \dfrac{x^2}{(1+x^2)^n}$ は一様収束でない．

**NOTE:** 《項別積分》 すべての $n \in \mathbf{N}$ で，$f_n$ が $[a, b]$ で積分可能であるとする．$\sum f_n$ が $[a, b]$ で関数 $f$ に一様収束するとき，$f$ は $[a, b]$ で積分可能で，$\int_a^b f(x)dx = \sum_{n=1}^{\infty} \int_a^b f_n(x)dx$

**《項別微分》** $(f_n)$ を $I = [a, b]$ に定義された微分可能な関数列とし，$(f_n')$ を対応する導関数列とする．$\sum f_n$ が少なくとも一つの $I$ の点で収束し，$\sum f_n'$ が一様収束するならば，$\sum f_n$ が $I$ で一様収束する関数 $f$ が存在して，$f$ は $I$ で微分可能であり，$f' = \sum f_n'$．

(ex.9.2.3) 次の級数は一様収束であるかを調べよ．

(i) $\displaystyle\sum_{n=1}^{\infty} x^{n-1}(1-x)$, $-1 < x < 1$  (ii) $\displaystyle\sum_{n=1}^{\infty} \frac{1}{n^a + n^b x^2}$, $a > 0$, $b$ は定数

【解】(i) $S_n(x) = \displaystyle\sum_{k=1}^{n} x^{k-1}(1-x)$, $S(x) = \displaystyle\sum_{k=1}^{\infty} x^{k-1}(1-x)$

$R_n(x) = S(x) - S_n(x) = \displaystyle\sum_{k=n+1}^{\infty} x^{k-1}(1-x) = (1-x)\sum_{k=n+1}^{\infty} x^{k-1} = x^n$

ここで，$x_n = \left(1 - \dfrac{1}{n}\right)$ とおくと $R_n(x_n) = \left(1 - \dfrac{1}{n}\right)^n$．$\left(1 - \dfrac{1}{n}\right)^{-n} < 2e$ であるから

$R_n(x_n) = \left(1 - \dfrac{1}{n}\right)^n = \dfrac{1}{(1 - (1/n))^{-n}} > \dfrac{1}{2e}$

よって，一様収束しない．

(ii) $S(x) = \displaystyle\sum_{n=1}^{\infty} \dfrac{1}{n^a + n^b x^2}$，$a > 0$，$b$ は定数．

（イ）$a > 1$ のとき，$\dfrac{1}{n^a + n^b x^2} < \dfrac{1}{n^a}$．$\displaystyle\sum_{n=1}^{\infty} \dfrac{1}{n^a}$ は収束するから $S(x)$ は一様収束する．

（ロ）$0 < a \leq 1$，$b > 1$ のとき，$\dfrac{1}{n^a + n^b x^2} < \dfrac{1}{n^b x^2}$．$\displaystyle\sum_{n=1}^{\infty} \dfrac{1}{n^b x^2} = \dfrac{1}{x^2}\sum_{n=1}^{\infty} \dfrac{1}{n^b}$ は収束するから $S(x)$ は収束する．しかし，一様収束しない．なぜならば，

$f_n(x) = \dfrac{1}{n^a + n^b x^2}$ とおく．$\displaystyle\sum_{n=1}^{\infty} \dfrac{1}{n^a} = \infty$ であるから，任意の自然数 $k$ に対して，ある自然数 $N_k$ があって，$\displaystyle\sum_{n=k}^{k+N_k} \dfrac{1}{n^a + 1} > 1$ とできる．$x_k = \sqrt{\dfrac{1}{(k+N_k)^b}}$ とおくと，任意の $k$ について，

$$\sum_{n=k}^{k+N_k} f_n(x_k) = \sum_{n=k}^{k+N_k} \frac{1}{n^a + n^b x_k^2} = \sum_{n=k}^{k+N_k} \frac{1}{n^a + (n/(k+N_k))^b} \geq \sum_{n=k}^{k+N_k} \frac{1}{n^a + 1} > 1$$

ゆえに,$S(x)$ は一様収束しない.

(ハ) $0 < a \leq 1$, $b \leq 1$ のとき,$\max\{a,b\} = c$ とすると,

$$c \leq 1, \quad \frac{1}{n^a + n^b x^2} = \frac{1}{n^c(n^{a-c} + n^{b-c} x^2)} \geq \frac{1}{n^c(1+x^2)}.$$ ゆえに,発散する.

---

(ex.9.2.4) 次を示せ.また,収束は一様かどうかを調べよ.

(i) $\displaystyle\sum_{n=0}^{\infty} \frac{1}{(x+n)(x+n+1)} = \frac{1}{x+1}$, $x \in [0,1]$

(ii) $\displaystyle\sum_{n=1}^{\infty} \left[\frac{x}{1+(n-1)^2 x^2} - \frac{x}{1+n^2 x^2}\right] = x$, $x \in \mathbf{R}$

---

【解】(i) $0 \leq x \leq 1$ について,$\displaystyle S_k(x) = \sum_{n=1}^{k} \frac{1}{(x+n)(x+n+1)}$ とおくと

$$S_k(x) = \sum_{n=1}^{k}\left(\frac{1}{x+n} - \frac{1}{x+n+1}\right) = \frac{1}{x+1} - \frac{1}{x+k+1}$$

ゆえに,$\displaystyle \left|S_k(x) - \frac{1}{x+1}\right| = \frac{1}{x+k+1} \leq \frac{1}{k+1}$.よって,一様収束する.

(ii) $\displaystyle S_k(x) = \sum_{n=1}^{k}\left\{\frac{x}{1+(n-1)^2 x^2} - \frac{x}{1+n^2 x^2}\right\} = x - \frac{x}{1+k^2 x^2}$

$\displaystyle x - S_k(x) = \frac{x}{1+k^2 x^2} = g_k(x)$ とおく.

(イ) $x \in [0,1]$ では,$(g_k)$ は連続関数列で,$k$ に関して,単調減少.さらに,任意の $x \in [0,1]$ で $g_k(x) \to 0$.ゆえに,ディニの定理より $g_k(x)$ は 0 に $[0,1]$ で一様収束する.すなわち,$S_k(x)$ は $x$ に一様収束する.

(ロ) $x \in [1,\infty)$ では,$\displaystyle g_k(x) = \frac{x}{1+k^2 x^2} = \frac{1}{\frac{1}{x} + k^2 x} < \frac{1}{k^2 x} < \frac{1}{k^2}$.ゆえに,$g_k(x)$ も 0 に一様収束する.よって,(イ),(ロ) より $g_k(x)$ は $[0,\infty)$ で一様収束する.また,$x \in (-\infty,0]$ のときは $g_k(x) = -g_k(-x)$ であるから $(-\infty,0]$ でも一様収束となり,結局 $\mathbf{R}$ 全体で $S_k(x)$ は $x$ に一様収束する.

(ex.9.2.5) $\sum_{n=1}^{\infty} a_n$ が収束するならば，$\sum_{n=1}^{\infty} a_n n^{-x}$ は $x \in [0,1]$ で一様収束することを示せ．

【解】 $f_n(x) = a_n$, $g_n(x) = n^{-x}$ $(x \in [0,1])$ とおくと，

(i) $\sum_{n=1}^{\infty} f_n(x)$ は $I = [0,1]$ で一様収束する．
(ii) 任意の $x \in I$ で，$g_n(x) \geq g_{n+1}(x)$．
(iii) 任意の $x \in I$, 任意の $n$ について，$|g_n(x)| \leq 1$．

よってアーベルの定理より，$\sum_{n=1}^{\infty} f_n(x)g_n(x) = \sum_{n=1}^{\infty} a_n n^{-x}$ は $x \in [0,1]$ で一様収束する．

**NOTE:** 《アーベルの定理》 $(f_n)$ と $(g_n)$ を区間 $I$ で定義された関数列で次を満たすとする．(i) $\sum_{n=0}^{\infty} f_n(x)$ が $I$ で一様収束する．(ii) すべての $x \in I$ で $g_n$ は $n$ に関して単調 $(g_{n+1}(x) \leq g_n(x)$ または $g_{n+1}(x) \geq g_n(x))$．(iii) すべての $n \in N$, すべての $x \in I$ で，$|g_n(x)| \leq K$

このとき，$\sum_{n=0}^{\infty} f_n(x)g_n(x)$ は $I$ 上で一様収束する．

(ex.9.2.6) $f_n(x) = \dfrac{\cos nx}{n^2}$ のとき，$f(x) = \sum_{n=1}^{\infty} f_n(x)$ とすると，
$\int_0^{\pi/2} f(x)dx = \sum_{n=0}^{\infty} \dfrac{(-1)^n}{(2n+1)^3}$ が成り立つことを示せ．

【解】 $f_n(x) = \dfrac{\cos nx}{n^2}$ は $x \in \left[0, \dfrac{\pi}{2}\right]$ で積分可能である．さらに，

$|f_n(x)| = \left|\dfrac{\cos nx}{n^2}\right| \leq \dfrac{1}{n^2}$ より $\sum_{n=0}^{\infty} f_n(x) = f(x)$ は一様収束する．よって項別積分可能で $\int_0^{\pi/2} f(x)dx = \sum_{n=1}^{\infty} \int_0^{\pi/2} f_n(x)dx = \sum_{n=1}^{\infty} \int_0^{\pi/2} \dfrac{\cos nx}{n^2}dx = \sum_{n=1}^{\infty} \dfrac{\sin \dfrac{n\pi}{2}}{n^3}$．ここで，

$n = 2m+1$ $(m = 0,1,2,\cdots)$, $n = 2m$ $(m = 1,2,\cdots)$ とおくと $\sin\dfrac{2m\pi}{2} = 0$ であるから,$\displaystyle\sum_{n=1}^{\infty}\dfrac{\sin(n\pi/2)}{n^3} = \sum_{m=0}^{\infty}\dfrac{\sin(m\pi+(\pi/2))}{(2m+1)^3} = \sum_{m=0}^{\infty}\dfrac{(-1)^m}{(2m+1)^3}$.

ゆえに,$\displaystyle\int_0^{\pi/2} f(x)dx = \sum_{n=0}^{\infty}\dfrac{(-1)^n}{(2n+1)^3}$.

---

(ex.9.2.7)  $f_n(x) = \dfrac{\cos nx}{2^n}$ のとき,$f(x) = \displaystyle\sum_{n=1}^{\infty} f_n(x)$ とすると,

$f'(x) = -\displaystyle\sum_{n=1}^{\infty}\dfrac{n\sin nx}{2^n}$ が成り立つことを示せ.

---

【解】 $f_n(x) = \dfrac{\cos nx}{2^n}$ $(x \in \mathbf{R})$ は微分可能な関数で $|f_n(x)| = \left|\dfrac{\cos nx}{2^n}\right| \leq \dfrac{1}{2^n}$ より

$f(x) = \displaystyle\sum_{n=1}^{\infty} f_n(x)$ は一様収束する.さらに,$|f_n'(x)| = \left|\dfrac{n\sin nx}{2^n}\right| \leq \dfrac{n}{2^n}$. $a_n = \dfrac{n}{2^n}$ と

おくと $\displaystyle\lim_{n\to\infty}\dfrac{a_{n+1}}{a_n} = \lim_{n\to\infty}\dfrac{(n+1)2^n}{2^{n+1}\cdot n} = \dfrac{1}{2} < 1$ より $\displaystyle\sum_{n=1}^{\infty} a_n = \sum_{n=1}^{\infty}\dfrac{n}{2^n}$ は収束する.

よって,$\displaystyle\sum_{n=1}^{\infty} f_n'(x)$ は一様に絶対収束する.

よって項別微分可能で $f'(x) = \displaystyle\sum_{n=1}^{\infty} f_n'(x) = \sum_{n=1}^{\infty}\dfrac{(-1)n\sin nx}{2^n}$ が成り立つ.

---

(ex.9.2.8) (i) $\displaystyle\sum_{n=1}^{\infty}\dfrac{\sin nx}{n^3}$ は $\mathbf{R}$ で一様収束することを示せ.また,

$\displaystyle\int_0^{\pi}\sum_{n=1}^{\infty}\dfrac{\sin nx}{n^3}dx = 2\sum_{n=1}^{\infty}\dfrac{1}{(2n-1)^4}$ が成り立つことを示せ.

(ii) $\displaystyle\sum_{n=1}^{\infty}\dfrac{d}{dx}\left(\dfrac{\sin nx}{n^2}\right)$ も $\mathbf{R}$ で一様収束することを示せ.また,

$\dfrac{d}{dx}\displaystyle\sum_{n=1}^{\infty}\dfrac{\sin nx}{n^2} = \sum_{n=1}^{\infty}\dfrac{\cos nx}{n^2}$ が成り立つことを示せ.

## 9.2 関数項級数

【解】(i) $\left|\dfrac{\sin nx}{n^3}\right| \leq \dfrac{1}{n^3}$ より $\boldsymbol{R}$ で一様収束する．よって項別積分可能で

$$\int_0^\pi \sum_{n=1}^\infty \frac{\sin nx}{n^3}dx = \sum_{n=1}^\infty \int_0^\pi \frac{\sin nx}{n^3}dx = \sum_{n=1}^\infty \left[\frac{-\cos nx}{n^4}\right]_0^\pi = \sum_{n=1}^\infty \frac{1}{n^4}\{1-\cos n\pi\}$$

ここで，$n = 2m-1$ $(m = 1, 2, \cdots)$，$n = 2m$ $(m = 1, 2, \cdots)$ とおくと $1 - \cos 2m\pi = 0$ であるから

$$\sum_{n=1}^\infty \frac{1}{n^4}\{1-\cos n\pi\} = \sum_{m=1}^\infty \frac{1-\cos(2m-1)\pi}{(2m-1)^4} = 2\sum_{m=1}^\infty \frac{1}{(2m-1)^4}. \quad \text{よって結論を得る．}$$

(ii) $\left|\dfrac{d}{dx}\left(\dfrac{\sin nx}{n^3}\right)\right| = \left|\dfrac{\cos nx}{n^2}\right| \leq \dfrac{1}{n^2}$ であるから $\displaystyle\sum_{n=1}^\infty \dfrac{d}{dx}\left(\dfrac{\sin nx}{n^3}\right)$ は一様収束する．ゆえに，$\displaystyle\sum_{n=1}^\infty \dfrac{\sin nx}{n^3}$ は項別微分可能であって，次が成り立つ．

$$\frac{d}{dx}\sum_{n=1}^\infty \frac{\sin nx}{n^3} = \sum_{n=1}^\infty \frac{d}{dx}\left(\frac{\sin nx}{n^3}\right) = \sum_{n=1}^\infty \frac{\cos nx}{n^2}$$

---

(ex.9.2.9) $f(x) = \displaystyle\sum_{n=1}^\infty \dfrac{1}{n^3 + n^4 x^2}$ のとき，$f'(x) = -2x\displaystyle\sum_{n=1}^\infty \dfrac{1}{n^2(1+nx^2)^2}$ であることを示せ．

---

【解】$f_n(x) = \dfrac{1}{n^3 + n^4 x^2}$ とおくと，$|f_n(x)| \leq 1/n^3$ より，$f(x) = \displaystyle\sum_{n=1}^\infty f_n(x)$ は一様収束する．また，任意の $x \in \boldsymbol{R}$ で，

$$|f_n'(x)| = \left|\frac{-2n^4 x}{(n^3+n^4 x^2)^2}\right| = \left|\frac{-2x}{n^2(1+nx^2)^2}\right| \quad \cdots (*)$$

よって，任意の 1 点 $x_0$ を含む有界な開区間 $I$ で考えれば，ある正数 $M > 0$ があって $x \in I$ のとき $|x| \leq M$ とできるので上の $(*)$ から $|f_n'(x)| \leq \dfrac{2M}{n^2}$ $(x \in I)$ となり，$\displaystyle\sum_{n=1}^\infty f_n'(x)$ は $I$ で一様収束となる．ゆえに，$x_0$ で項別微分可能で，

$$f'(x_0) = \sum_{n=1}^\infty f_n'(x_0) = \sum_{n=1}^\infty \frac{-2x_0}{n^2(1+nx_0^2)^2}$$

を得る．$x_0$ は任意の点であるから，

$x \in \mathbf{R}, \ f'(x) = \sum_{n=1}^{\infty} \dfrac{-2x}{n^2(1+nx^2)^2}$ が成り立つ.

## 9.3 整級数

(ex.9.3.1) 次の整級数の収束半径を求めよ.

(i) $\displaystyle\sum_{n=1}^{\infty} \dfrac{nx^n}{2^n}$  (ii) $\displaystyle\sum_{n=1}^{\infty} n! \, x^n$  (iii) $\displaystyle\sum_{n=1}^{\infty} \dfrac{x^{n-1}}{n \log(n+1)}$  (iv) $\displaystyle\sum_{n=0}^{\infty} (\sqrt{n+1} - \sqrt{n})x^n$

<ヒント> 整級数 $\displaystyle\sum_{n=0}^{\infty} a_n x^n$ について, $\lim_{n\to\infty} |a_{n+1}/a_n| = q > 0$ が存在するとき, 収束半径は, $r = 1/q$. ただし, $1/\infty = 0$, $1/0 = \infty$ とする.

【解】(i) $\left|\dfrac{a_{n+1}}{a_n}\right| = \dfrac{(n+1)\cdot 2^n}{2^{n+1}\cdot n} \to \dfrac{1}{2}$, ゆえに 2.

(ii) $\left|\dfrac{a_{n+1}}{a_n}\right| = \dfrac{(n+1)!}{n!} = n+1 \to \infty$, ゆえに 0.

(iii) $\left|\dfrac{a_{n+1}}{a_n}\right| = \dfrac{n\log(n+1)}{(n+1)\log(n+2)}$, ここで, $\displaystyle\lim_{x\to +\infty} \dfrac{\log x}{\log(x+1)} = \lim_{x\to +\infty} \left(\dfrac{1/x}{1/(x+1)}\right) = 1$

であるから $\displaystyle\lim_{n\to\infty} a_{n+1}/a_n = 1$. ゆえに 1.

(iv) $\left|\dfrac{a_{n+1}}{a_n}\right| = \left|\dfrac{\sqrt{n+2} - \sqrt{n+1}}{\sqrt{n+1} - \sqrt{n}}\right|$

$= \dfrac{(\sqrt{n+2} - \sqrt{n+1})(\sqrt{n+2} + \sqrt{n+1})(\sqrt{n+1} + \sqrt{n})}{(\sqrt{n+1} - \sqrt{n})(\sqrt{n+1} + \sqrt{n})(\sqrt{n+2} + \sqrt{n+1})}$

$= \dfrac{\sqrt{n+1} + \sqrt{n}}{\sqrt{n+2} + \sqrt{n+1}} = \dfrac{\sqrt{1+(1/n)} + 1}{\sqrt{1+(2/n)} + \sqrt{1+(1/n)}} \to 1$, ゆえに 1.

(ex.9.3.2) 次の整級数が収束する区間を求めよ.

(i) $\displaystyle\sum_{n=1}^{\infty} \dfrac{x^n}{\sqrt{n}}$  (ii) $\displaystyle\sum_{n=0}^{\infty} \dfrac{x^n}{n!}$  (iii) $\displaystyle\sum_{n=0}^{\infty} \dfrac{x^n}{\sqrt[n]{n}}$

＜ヒント＞　《コーシー・アダマールの定理》

(i) 整級数 $\sum_{n=0}^{\infty} a_n x^n$ の収束半径 $r$ は $r = 1/\varlimsup_{n\to\infty} |a_n|^{1/n}$ で与えられる．ただし，$1/\infty = 0$，$1/0 = \infty$ とする．

(ii) 整級数 $\sum_{n=0}^{\infty} a_n x^n$ の収束半径 $r$ は，$\lim_{n\to\infty} |a_n|^{1/n}$ が存在すれば，$r = 1/\lim_{n\to\infty} |a_n|^{1/n}$ で与えられる．ただし，$1/\infty = 0$，$1/0 = \infty$ とする．

【解】(i) $\left|\dfrac{a_{n+1}}{a_n}\right| = \dfrac{\sqrt{n}}{\sqrt{n+1}} = \sqrt{1 + \dfrac{-1}{n+1}} \to 1$．ゆえに収束半径 $r = 1$ であるから収束区間は $(-1, 1)$．$x = -1$ でも収束．求める区間は $[-1, 1)$．

(ii) $\left|\dfrac{a_{n+1}}{a_n}\right| = \dfrac{n!}{(n+1)!} = \dfrac{1}{n+1} \to 0$．よって収束区間は $(-\infty, \infty)$．

(iii) $\left|\dfrac{a_{n+1}}{a_n}\right| = \dfrac{\sqrt[n]{n}}{\sqrt[n+1]{n+1}} \to 1$．よって収束区間は $(-1, 1)$．$x = \pm 1$ では $\lim_{n\to\infty}(1/\sqrt[n]{n}) = 1$ より発散．

---

(ex.9.3.3)　次の整級数の収束半径が $r$ であることを示せ．

(i) $\sum_{n=0}^{\infty} \dfrac{n!}{(n+1)^n} x^n$ $(r = e)$　(ii) $\sum_{n=1}^{\infty} n x^n$ $(r = 1)$

(ii) $\sum_{n=1}^{\infty} \dfrac{x^{2n}}{2^n}$ $(r = \sqrt{2})$　(iv) $\sum_{n=1}^{\infty} \dfrac{x^n}{n^2 3^n}$ $(I = [-3, 3])$

---

【解】(i) $\left|\dfrac{a_{n+1}}{a_n}\right| = \dfrac{(n+1)!(n+1)^n}{(n+2)^{n+1} n!} = \left(\dfrac{n+1}{n+2}\right)^{n+1}$

$= \dfrac{1}{(1-(1/(n+2)))^{-(n+2)}} \cdot \dfrac{1}{(1-(1/(n+2)))} \to \dfrac{1}{e}$．ゆえに，$r = e$．

(ii) $\left|\dfrac{a_{n+1}}{a_n}\right| = \dfrac{n+1}{n} \to 1$．ゆえに，$r = 1$．

(iii) $a_n = \begin{cases} \dfrac{1}{2^k} & n = 2k \\ 0 & n \neq 2k \end{cases}$, ゆえに，

$$\overline{\lim_{n\to\infty}}|a_n|^{1/n} = \overline{\lim_{k\to\infty}}|a_{2k}|^{1/(2k)} = \overline{\lim_{k\to\infty}}(2^{-k})^{1/(2k)} = \frac{1}{\sqrt{2}}. \quad \text{ゆえに、} r = \sqrt{2}.$$

[別解] $x^2 = X$ とし、$X$ についての整級数とすれば、$\left|\dfrac{a_{n+1}}{a_n}\right| = \dfrac{1}{2}$. ゆえに、$X$ についての収束半径は 2. よって、$x$ についての収束半径は $\sqrt{2}$.

(iv) $\displaystyle\lim_{n\to\infty}|a_n|^{1/n} = \lim_{n\to\infty}\left(\dfrac{1}{n^2 3^n}\right)^{1/n} = \dfrac{1}{3}$. よって、$r = 3$.

さらに $x = 3$ のときは $\displaystyle\sum_{n=1}^{\infty}\dfrac{3^n}{n^2 \cdot 3^n} = \sum_{n=1}^{\infty}\dfrac{1}{n^2}$ より収束.

$x = -3$ のときは、$\displaystyle\sum_{n=1}^{\infty}\dfrac{(-3)^n}{n^2 \cdot 3^n} = \sum_{n=1}^{\infty}\dfrac{(-1)^n}{n^2}$ より収束. よって、$[-3, 3]$ で収束する.

---

(ex.9.3.4) 次の関数のマクローリン展開を求めよ.
(i)  $f(x) = \cos^2 x$   (ii) $f(x) = \dfrac{1}{\cos x}$   (iii) $f(x) = \dfrac{1}{\sqrt{1+x}}$
(iv) $f(x) = \log(x + \sqrt{1+x^2})$   (v) $f(x) = \dfrac{1}{2}\log\left(\dfrac{1+x}{1-x}\right)$

---

【解】(i) $x \in \mathbf{R}$ のとき $f(x) = \cos^2 x = \dfrac{1}{2}(1 + \cos 2x)$

$$= \dfrac{1}{2} + \dfrac{1}{2}\left\{1 - \dfrac{(2x)^2}{2!} + \dfrac{(2x)^4}{4!} - \cdots + (-1)^k \dfrac{(2x)^{2k}}{(2k)!} + \cdots\right\}$$

$$= 1 - \dfrac{1}{2!}2x^2 + \dfrac{1}{4!}2^3 x^4 - \cdots + (-1)^k \dfrac{1}{(2k)!}2^{2k-1} x^{2k} + \cdots$$

(ii) $-\pi/2 < x < \pi/2$ のとき

$$f(x) = \dfrac{1}{\cos x} = \dfrac{1}{1 - \dfrac{x^2}{2!} + \dfrac{x^4}{4!} - \dfrac{x^6}{6!} + \cdots} = \left\{1 - \left(\dfrac{x^2}{2!} - \dfrac{x^4}{4!} + \dfrac{x^6}{6!} - \cdots\right)\right\}^{-1}$$

$$= 1 + \left(\dfrac{x^2}{2!} - \dfrac{x^4}{4!} + \dfrac{x^6}{6!} - \cdots\right) + \left(\dfrac{x^2}{2!} - \dfrac{x^4}{4!} + \dfrac{x^6}{6!} - \cdots\right)^2 + \left(\dfrac{x^2}{2!} - \dfrac{x^4}{4!} + \dfrac{x^6}{6!} - \cdots\right)^3$$

$$+ \cdots = 1 + \dfrac{x^2}{2} + \dfrac{5}{4!}x^4 + \dfrac{61}{6!}x^6 + \cdots$$

(iii) $-1 < x < 1$ のとき $f(x) = (1+x)^{-1/2} = 1 + \left(-\dfrac{1}{2}\right)x + \dfrac{\left(-\dfrac{1}{2}\right)\left(-\dfrac{1}{2}-1\right)}{2!}x^2$

$+ \dfrac{\left(-\dfrac{1}{2}\right)\left(-\dfrac{1}{2}-1\right)\left(-\dfrac{1}{2}-2\right)}{3!}x^3 + \dfrac{\left(-\dfrac{1}{2}\right)\left(-\dfrac{1}{2}-1\right)\left(-\dfrac{1}{2}-2\right)\left(-\dfrac{1}{2}-3\right)}{4!}x^4 + \cdots$

$= 1 - \dfrac{x}{2} + \dfrac{(-1)^2 \cdot 1 \cdot 3}{2^2} \cdot \dfrac{x^2}{2!} + \dfrac{(-1)^3 \cdot 1 \cdot 3 \cdot 5}{2^3} \cdot \dfrac{x^3}{3!} + \dfrac{(-1)^4 \cdot 1 \cdot 3 \cdot 5 \cdot 7}{2^4} \cdot \dfrac{x^4}{4!} + \cdots$

(iv) $f(x) = \log\left(x + \sqrt{1+x^2}\right)$,

$\displaystyle\int_0^x \dfrac{1}{\sqrt{1+x^2}}\,dx = \left[\log\left(x+\sqrt{1+x^2}\right)\right]_0^x = \log\left(x+\sqrt{1+x^2}\right)$

であるから，$(1+x^2)^{-1/2}$ の展開式を項別積分をする．$x^2 < 1$ のとき

$(1+x^2)^{-1/2} = 1 - \dfrac{x^2}{2} + \dfrac{(-1)^2 \cdot 1 \cdot 3}{2^2} \cdot \dfrac{x^4}{2!} + \dfrac{(-1)^3 \cdot 1 \cdot 3 \cdot 5}{2^3} \cdot \dfrac{x^6}{3!} + \cdots$

であるから，$-1 < x < 1$ について，

$\log(x + \sqrt{1+x^2}) = \displaystyle\int_0^x \dfrac{du}{\sqrt{1+u^2}} = x - \dfrac{1}{2}\dfrac{x^3}{3} + \dfrac{1}{2}\dfrac{3}{4}\dfrac{x^5}{5} - \dfrac{1}{2}\dfrac{3}{4}\dfrac{5}{6}\dfrac{x^7}{7} + \cdots$

(v) $\log(1+x) = x - \dfrac{x^2}{2} + \dfrac{x^3}{3} - \dfrac{x^4}{4} + \dfrac{x^5}{5} - \cdots,\ -1 < x \leq 1$

$\log(1-x) = -x - \dfrac{x^2}{2} - \dfrac{x^3}{3} - \dfrac{x^4}{4} - \dfrac{x^5}{5} - \cdots,\ -1 \leq x < 1$

ゆえに，$-1 < x < 1$ のとき，

$f(x) = \dfrac{1}{2}\log\left(\dfrac{1+x}{1-x}\right) = \dfrac{1}{2}[\log(1+x) - \log(1-x)] = x + \dfrac{x^3}{3} + \dfrac{x^5}{5} + \cdots$

***NOTE:*** 整級数の各項の係数は収束区間内では一意に定まる．ゆえに，2つの整級数はその共通の収束区間内では加・減・乗の演算可能である．また，項別積分，項別微分も可能であるから，これらの演算を利用して収束区間内での整級数展開を求めることができる．

---

(ex.9.3.5) 次の整級数の収束域は $I$ であることを示せ．

(i) $\displaystyle\sum_{n=1}^{\infty}(-1)^n \dfrac{x^{2n+1}}{2n+1}$ $(I = [-1,1])$ (ii) $\displaystyle\sum_{n=1}^{\infty}(-1)^n \dfrac{x^n}{\log(1+n)}$ $(I = (-1,1])$

【解】(i) $a_n = \begin{cases} \dfrac{1}{2k+1} & n = 2k+1 \\ 0 & n \neq 2k+1 \end{cases}$, $\varlimsup_{n\to\infty} |a_n|^{1/n} = \varlimsup_{k\to\infty} \left|\dfrac{1}{2k+1}\right|^{1/(2k+1)} = 1$. よっ

て収束区間は $(-1, 1)$ である. さらに $x=1$ では交項級数 $\sum_{n=1}^{\infty} \dfrac{(-1)^n}{2n+1}$ となり収束す

る. $x = -1$ でも, $\sum_{n=1}^{\infty} \dfrac{(-1)^n (-1)^{2n+1}}{2n+1} = \sum_{n=1}^{\infty} \dfrac{(-1)^{n+1}}{2n+1}$ より交項級数となり収束する.

よって収束域は $[-1, 1]$ である.

(ii) $\varlimsup_{n\to\infty} \left|\dfrac{a_{n+1}}{a_n}\right| = \varlimsup_{n\to\infty} \dfrac{\log(1+n)}{\log(2+n)}$. ここで $\lim_{x\to+\infty} \dfrac{\log(1+x)}{\log(2+x)} = \lim_{x\to+\infty} \dfrac{(1/(1+x))}{(1/(2+x))} = 1$

であるから $\varlimsup_{n\to\infty} \left|\dfrac{a_{n+1}}{a_n}\right| = 1$. よって収束区間は $(-1, 1)$.

$x = 1$ では交項級数となり収束する.

$x = -1$ では $\sum_{n=1}^{\infty} \dfrac{1}{\log(1+n)}$ となる. $\dfrac{1}{\log(1+n)} > \dfrac{1}{n}$ であるから発散する. よって,

収束域は $(-1, 1]$.

---

(ex.9.3.6) 次の関数のマクローリン展開を第3項まで求めよ.
(i) $f(x) = \log(1 + x + x^2)$ (ii) $f(x) = \sqrt{1 + x + x^2}$ (iii) $f(x) = e^{x \sin x}$

<ヒント> $f$ を $c$ を含む開区間で無限回微分可能な関数とする.

$$f(x) = \sum_{k=0}^{\infty} \dfrac{f^{(k)}(c)}{k!}(x-c)^k = f(c) + f'(c)(x-c) + \dfrac{f''(c)}{2!}(x-c)^2 + \cdots$$

を $c$ のまわりのテーラー級数(Taylor series)という. また, このような級数で関数 $f$ を表すことを $c$ のまわりのテーラー展開という. とくに, $c = 0$ の場合, **マクローリン級数, マクローリン展開**という. ここで, $f^{(0)} = f$ とする.

【解】(i) $-1 < x \leq 1$ のとき $\log(1+x) = x - \dfrac{x^2}{2} + \dfrac{x^3}{3} - \cdots$, であるから

$-1 < x + x^2 \leq 1$ のとき $\log(1 + x + x^2) = (x + x^2) - \dfrac{1}{2}(x + x^2)^2 + \dfrac{1}{3}(x + x^2)^3 - \cdots$

$= x + \dfrac{1}{2}x^2 - \dfrac{2}{3}x^3 + \cdots$

(ii) $-1 < x < 1$ のとき $(1+x)^{1/2} = 1 + \frac{1}{2}x - \frac{1}{4} \cdot \frac{x^2}{2!} + \frac{3}{8} \cdot \frac{x^3}{3!} - \cdots$ であるから,
$-1 < x + x^2 < 1$ のとき

$$\sqrt{1+x+x^2} = 1 + \frac{1}{2}(x+x^2) - \frac{1}{8}(x+x^2)^2 + \frac{1}{16}(x+x^2)^3 - \cdots$$

$$= 1 + \frac{1}{2}x + \frac{3}{8}x^2 - \frac{3}{16}x^3 - \cdots$$

(iii) $x \in \mathbf{R}$ について, $e^x = 1 + x + \frac{x^2}{2} + \frac{x^3}{6} + \cdots$, $\sin x = x - \frac{x^3}{3!} + \cdots$. ゆえに,

$$e^{x\sin x} = 1 + (x\sin x) + \frac{1}{2}(x\sin x)^2 + \frac{1}{6}(x\sin x)^3 + \cdots$$

$$= 1 + \left(x^2 - \frac{x^4}{3!} + \cdots\right) + \frac{1}{2}\left(x^2 - \frac{x^4}{3!} + \cdots\right)^2 + \frac{1}{6}\left(x^2 - \frac{x^4}{3!} + \cdots\right)^3 + \cdots$$

$$= 1 + x^2 + \frac{1}{3}x^4 + \cdots$$

実際, $\left|x^2 - \frac{x^4}{3!} + \cdots\right| \leq |x|\left(|x| + \frac{|x^3|}{3!} + \cdots\right) \leq |x|e^{|x|}$ で,
$1 + |x|e^{|x|} + \frac{1}{2}\left(|x|e^{|x|}\right)^2 + \frac{1}{3!}\left(|x|e^{|x|}\right)^3 + \cdots$ は収束するから, $1 + x^2 + \frac{1}{3}x^4 + \cdots$ は $x \in \mathbf{R}$ で絶対収束する.

---

(ex.9.3.7) 次を示せ.
(i) $a^x = \sum_{n=0}^{\infty} \frac{(\log a)^n}{n!} x^n$, $x \in \mathbf{R}$, $a > 0$, $a \neq 1$

(ii) $\sin x \cos x = \frac{1}{2} \sum_{n=0}^{\infty} (-1)^n \frac{2^{2n+1}}{(2n+1)!} x^{2n+1}$

(iii) $\frac{e^x}{1+x} = \sum_{n=0}^{\infty} (-1)^n \left(1 - \frac{1}{1!} + \frac{1}{2!} - \frac{1}{3!} + \cdots + (-1)^n \frac{1}{n!}\right) x^n$, $|x| < 1$

---

【解】(i) $e^x = \sum_{n=0}^{\infty} \frac{x^n}{n!}$, $x \in \mathbf{R}$ であるから $a^x = e^{x\log a} = \sum_{n=0}^{\infty} \frac{(\log a)^n}{n!} x^n$.

(ii) $\sin x = \sum_{n=0}^{\infty} \dfrac{(-1)^n x^{2n+1}}{(2n+1)!}$, $x \in \mathbf{R}$ であるから

$\sin x \cos x = \dfrac{1}{2}\sin 2x = \dfrac{1}{2}\sum_{n=0}^{\infty}\dfrac{(-1)^n 2^{2n+1}}{(2n+1)!}x^{2n+1}$

(iii) $y = \dfrac{e^x}{1+x}$ とおくと, $(1+x)y = e^x$, $y + (1+x)y' = e^x$. 両辺を $x$ で $n$ 回微分すると $y^{(n)} + (1+x)y^{(n+1)} + ny^{(n)} = e^x$.
$x = 0$ とおくと $y^{(n+1)}(0) + (n+1)y^{(n)}(0) = 1$.
ゆえに, $y^{(n+1)}(0) = 1 - (n+1)y^{(n)}(0)$ ⋯ (イ)

このとき, 帰納法で, $y^{(n)}(0) = n!(-1)^n \left\{\sum_{k=0}^{n}\dfrac{(-1)^k}{k!}\right\}$ ⋯ (ロ) を示す.

$n = 1$ のとき, $y' = \dfrac{e^x - y}{1+x}$ より $y'(0) = 0$ で成り立つ.
$n$ のとき (ロ) 式が成り立つとして, (イ) 式より

$y^{(n+1)}(0) = 1 - (n+1)\left\{n!(-1)^n\left(\sum_{k=0}^{n}\dfrac{(-1)^k}{k!}\right)\right\}$

$= (n+1)!\left\{\dfrac{(-1)^{n+1}(-1)^{n+1}}{(n+1)!} + (-1)^{n+1}\sum_{k=0}^{n}\dfrac{(-1)^k}{k!}\right\}$

$= (n+1)!(-1)^{n+1}\left\{\sum_{k=0}^{n+1}\dfrac{(-1)^k}{k!}\right\}$

よって, すべての $n$ で (ロ) は成り立つ. ゆえに, $y$ をマクローリン展開すると

$\dfrac{e^x}{1+x} = \sum_{n=0}^{\infty}\dfrac{y^{(n)}(0)}{n!}x^n = \sum_{n=0}^{\infty}(-1)^n\left\{\sum_{k=0}^{n}(-1)^k\dfrac{1}{k!}\right\}x^n$

このとき, 収束区間は, $|x| < 1$.

---

(ex.9.3.8) 次の関数のそれぞれの値のまわりのテーラー展開を求めよ.
(i) $f(x) = \sin x$ $(x = \pi/3)$ (ii) $f(x) = \cos^2 x$ $(x = \pi/3)$

---

【解】(i) $f(x) = \sin x$ とおくと, $f^{(n)}(x) = \sin\left(x + \dfrac{n\pi}{2}\right)$.

ゆえに, $f^{(n)}\left(\dfrac{\pi}{3}\right) = \sin\left(\dfrac{\pi}{3} + \dfrac{n\pi}{2}\right)$. ここで, $n = 2m$ のとき,

$\dfrac{\pi}{3} + \dfrac{2m\pi}{2} = m\pi + \dfrac{\pi}{3}$ より $\sin\left(m\pi + \dfrac{\pi}{3}\right) = (-1)^m \dfrac{\sqrt{3}}{2}$.

$n = 2m+1$ のとき $\dfrac{\pi}{3} + \dfrac{(2m+1)\pi}{2} = (m+1)\pi - \dfrac{\pi}{6}$ より

$\sin\left((m+1)\pi - \dfrac{\pi}{6}\right) = (-1)^m \dfrac{1}{2}$. よって, $f(x) = \displaystyle\sum_{n=0}^{\infty} \dfrac{f^{(n)}(\pi/3)}{n!}\left(x - \dfrac{\pi}{3}\right)^n$

$= \displaystyle\sum_{m=0}^{\infty} \left\{ \dfrac{(-1)^m}{(2m)!} \dfrac{\sqrt{3}}{2}\left(x - \dfrac{\pi}{3}\right)^{2m} + \dfrac{(-1)^m}{(2m+1)!} \dfrac{1}{2}\left(x - \dfrac{\pi}{3}\right)^{2m+1} \right\}$ $(x \in \mathbf{R})$

(ii) $f(x) = \cos^2 x = \dfrac{1}{2}(1 + \cos 2x)$. ゆえに, $n \geq 1$ のとき,

$f^{(n)}(x) = 2^{n-1}\cos\left(2x + \dfrac{n\pi}{2}\right)$, $f^{(n)}\left(\dfrac{\pi}{3}\right) = 2^{n-1}\cos\left(\dfrac{2\pi}{3} + \dfrac{n\pi}{2}\right)$. ここで, $n = 2m$

のとき, $\dfrac{2\pi}{3} + \dfrac{2m\pi}{2} = (m+1)\pi - \dfrac{\pi}{3}$ より $\cos\left((m+1)\pi - \dfrac{\pi}{3}\right) = (-1)^{m+1}\dfrac{1}{2}$.

$n = 2m+1$ のとき $\dfrac{2\pi}{3} + \dfrac{(2m+1)\pi}{2} = (m+1)\pi + \dfrac{\pi}{6}$ より $\cos\left((m+1)\pi + \dfrac{\pi}{6}\right)$

$= (-1)^{m+1}\dfrac{\sqrt{3}}{2}$. よって, $f(x) = \displaystyle\sum_{n=0}^{\infty} \dfrac{f^{(n)}(\pi/3)}{n!}\left(x - \dfrac{\pi}{3}\right)^n = \dfrac{1}{4} - \dfrac{\sqrt{3}}{2}\left(x - \dfrac{\pi}{3}\right)$

$+ \displaystyle\sum_{m=1}^{\infty} \left\{ \dfrac{(-1)^{m+1} 2^{2m-1}}{(2m)!} \dfrac{1}{2}\left(x - \dfrac{\pi}{3}\right)^{2m} + \dfrac{(-1)^{m+1} 2^{2m}}{(2m+1)!} \dfrac{\sqrt{3}}{2}\left(x - \dfrac{\pi}{3}\right)^{2m+1} \right\}$ $(x \in \mathbf{R})$

---

(ex.9.3.9) $\displaystyle\int_0^1 \dfrac{\log(1+x)}{x} dx = 1 - \dfrac{1}{2^2} + \dfrac{1}{3^2} - \cdots + \dfrac{(-1)^{n-1}}{n^2} + \cdots$ を証明せよ.

【解】(i) $\log(1+x) = x - \dfrac{x^2}{2} + \dfrac{x^3}{3} - \cdots + (-1)^{n+1}\dfrac{x^n}{n} + \cdots$, $-1 < x \leq 1$.

ゆえに, $\dfrac{\log(1+x)}{x} = 1 - \dfrac{x}{2} + \dfrac{x^2}{3} - \cdots + (-1)^{n+1}\dfrac{x^{n-1}}{n} + \cdots$, $0 < x \leq 1$.

$0 < u < v < 1$ のとき, $[u,v]$ で項別積分できるので

$\displaystyle\int_u^v \dfrac{\log(1+x)}{x} dx = \left[ x - \dfrac{x^2}{2^2} + \dfrac{x^3}{3^2} - \cdots + (-1)^{n+1}\dfrac{x^n}{n^2} + \cdots \right]_u^v$ $\cdots$ (イ)

ここで,整級数 $f(x) = x - \dfrac{x^2}{2^2} + \dfrac{x^3}{3^2} - \cdots + (-1)^{n+1}\dfrac{x^n}{n^2} + \cdots$ の収束区間は $(-1, 1)$ であり,$\lim_{x \to +0} f(x) = 0$, $\lim_{x \to 1-0} f(x)$ も存在する.ゆえに(イ)から

$$\int_0^1 \frac{\log(1+x)}{x}dx = \lim_{\substack{v \to 1-0 \\ u \to +0}} \int_u^v \frac{\log(1+x)}{x}dx = 1 - \frac{1}{2^2} + \frac{1}{3^2} + \cdots + \frac{(-1)^{n-1}}{n^2} + \cdots$$

(ex.9.3.10) 次を示せ.
(i) $\mathrm{Tan}^{-1} x = \displaystyle\sum_{n=0}^{\infty} \frac{(-1)^n}{2n+1} x^{2n+1}$  $(-1 \le x \le 1)$
(ii) $1 - \dfrac{1}{3} + \dfrac{1}{5} - \dfrac{1}{7} + \cdots + \dfrac{(-1)^{n-1}}{2n-1} + \cdots = \dfrac{\pi}{4}$

【解】(i) $(1+x^2)^{-1} = 1 - x^2 + x^4 - x^6 + \cdots + (-1)^n x^{2n} + \cdots$  $(-1 < x < 1)$
項別積分可能であるから,$-1 < x < 1$ について,

$$\mathrm{Tan}^{-1} x = \int_0^x \frac{1}{1+x^2}dx = \sum_{n=0}^{\infty} \frac{(-1)^n}{(2n+1)} x^{2n+1}$$

ここで,右辺の整級数 $f(x) = \displaystyle\sum_{n=0}^{\infty} \frac{(-1)^n}{(2n+1)} x^{2n+1}$ は $x = 1$ では交項級数 $\displaystyle\sum_{n=0}^{\infty} \frac{(-1)^n}{2n+1}$ で収束する.$x = -1$ では $\displaystyle\sum_{n=0}^{\infty} \frac{(-1)^n (-1)^{2n+1}}{(2n+1)} = \sum_{n=0}^{\infty} \frac{(-1)^{n+1}}{2n+1}$ (交項級数) で収束する.よって,$f(x)$ は $[-1, 1]$ で連続となる.

(ii) ゆえに,$\dfrac{\pi}{4} = \mathrm{Tan}^{-1} 1 = 1 - \dfrac{1}{3} + \dfrac{1}{5} - \dfrac{1}{7} + \cdots + \dfrac{(-1)^{n-1}}{2n-1} + \cdots$.

(ex.9.3.11) 収束半径 $r \ne 0$ の整級数 $\displaystyle\sum_{n=0}^{\infty} a_n x^n$ において,すべての $x \in (-r, r)$ で,$\displaystyle\sum_{n=0}^{\infty} a_n x^n = 0$ ならば,$a_n = 0$, $n = 0, 1, 2, \ldots$ であることを示せ.

【解】整級数 $f(x) = \sum_{n=0}^{\infty} a_n x^n$ $(-r < x < r)$ で $f(x) = 0$ とする. ゆえに, $0 = f(0) = a_0$. また, 収束区間内では項別微分可能だから, $f'(x) = \sum_{n=1}^{\infty} a_n n x^{n-1}$. よって, また, $0 = f'(0) = a_1$. 以下, 何回でも項別微分可能だから, 以下同様にしてすべての $n$ について, $a_n = 0$.

(ex.9.3.12) 次を示せ.

(i) $\cos x = \sum_{n=0}^{\infty} \dfrac{(-1)^n x^{2n}}{(2n)!} = 1 - \dfrac{x^2}{2!} + \dfrac{x^4}{4!} - \cdots + (-1)^k \dfrac{x^{2k}}{(2k)!} + \cdots,\ x \in \mathbf{R}$

(ii) $\tan x = x + \dfrac{x^3}{3} + \dfrac{2x^5}{15} + \dfrac{17x^7}{315} + \cdots,\ -\pi/2 < x < \pi/2$

【解】(i) $\sin x = \sum_{n=0}^{\infty} \dfrac{(-1)^n x^{2n+1}}{(2n+1)!} = x - \dfrac{x^3}{3!} + \dfrac{x^5}{5!} - \cdots + (-1)^k \dfrac{x^{2k+1}}{(2k+1)!} + \cdots$ は収束区間は $(-\infty, \infty)$ (「解析学 I, 定理 (9.3.23)」参照). よって任意の $x \in \mathbf{R}$ で項別微分可能で $\cos x = \sum_{n=0}^{\infty} \dfrac{(-1)^n x^{2n}}{(2n)!} = 1 - \dfrac{x^2}{2!} + \dfrac{x^4}{4!} - \cdots + (-1)^k \dfrac{x^{2k}}{(2k)!} + \cdots$ を得る.

(ii) $\tan x = \dfrac{\sin x}{\cos x}$ について考察する.

$\sin x = x - \dfrac{x^3}{3!} + \dfrac{x^5}{5!} - \dfrac{x^7}{7!} + \cdots,\ \cos x = 1 - \dfrac{x^2}{2!} + \dfrac{x^4}{4!} - \dfrac{x^6}{6!} + \cdots,$

(これらは $x \in \mathbf{R}$ で絶対収束)

$y = \dfrac{x^2}{2!} - \dfrac{x^4}{4!} + \dfrac{x^6}{6!} - \cdots$ とおくと, これも任意の $x$ で絶対収束.

$\cos x = 1 - y$ であるから $|x| < \dfrac{\pi}{2}$ のとき $|y| < 1$.

ゆえに, $(1-y)^{-1} = 1 + y + y^2 + \cdots$, は $|x| < \dfrac{\pi}{2}$ のとき $y$ について絶対収束する.

$|x| < \dfrac{\pi}{2}$ のとき, コーシー積級数を求めて

$$\frac{\sin x}{\cos x} = \frac{\sin x}{1-y} = \left(x - \frac{x^3}{3!} + \frac{x^5}{5!} - \frac{x^7}{7!} + \cdots\right)(1 + y + y^2 + \cdots) = c_1 + c_2 + c_3 + \cdots$$

（ここに，$c_1 = x$, $c_2 = xy - \dfrac{x^3}{3!}$, $c_3 = xy^2 - \dfrac{x^3}{3!}y + \dfrac{x^5}{5!}, \cdots$）

とおく．$c_n$ の級数の $x$ についての最低次の項は $2(n-1)+1$ 次である．ゆえに，級数 $\displaystyle\sum_{n=1}^{\infty} c_n$ において，$x$ のベキについて，0 次から第 $2n$ 次までの項は，すべて $c_1 + c_2 + \cdots + c_{n-1}$ を形成する級数の中にある．級数 $y$ や級数 $y^2$ などは絶対収束するから，級数 $(c_1 + c_2 + \cdots + c_{n-1})$ も絶対収束する．よって，項を並べかえて $x$ のベキについて昇ベキの順に次のように並べかえられる．

$$\left(x - \frac{x^3}{3!} + \frac{x^5}{5!} - \frac{x^7}{7!} + \cdots\right)$$
$$\times \left\{1 + \left(\frac{x^2}{2!} - \frac{x^4}{4!} + \frac{x^6}{6!} - \cdots\right) + \left(\frac{x^2}{2!} - \frac{x^4}{4!} + \cdots\right)^2 + \left(\frac{x^2}{2!} - \cdots\right)^3 + \cdots\right\}$$
$$= x + \left(\frac{-1}{3!} + \frac{1}{2!}\right)x^3 + \left(\frac{-1}{4!} + \frac{-1}{3!2!} + \frac{1}{5!} + \frac{1}{4}\right)x^5$$
$$+ \left(\frac{1}{6!} + \frac{1}{3!4!} + \frac{1}{5!2!} + \frac{-1}{7!} + \frac{-1}{3!4} + \frac{-1}{4!} + \frac{1}{8}\right)x^7 + \cdots$$
$$= x + \frac{x^3}{3} + \frac{2}{15}x^5 + \frac{17}{315}x^7 + \cdots,$$

よって，$\tan x$ をマクローリン展開するとき，収束区間 $-\dfrac{\pi}{2} < x < \dfrac{\pi}{2}$ で

$$\tan x = x + \frac{x^3}{3} + \frac{2}{15}x^5 + \frac{17}{315}x^7 + \cdots \text{ となる．}$$

## 9.4 フーリエ級数

> (ex.9.4.1) 次の関数のフーリエ級数を求めよ．
> (i) $f(x) = x^2$, $|x| \leq \pi$   (ii) $f(x) = x^3$, $|x| \leq \pi$   (iii) $f(x) = \cos^3 x$, $|x| \leq \pi$
> (iv) $f(x) = |\cos x|$, $|x| \leq \pi$   (v) $f(x) = \begin{cases} x & 0 \leq x \leq \pi \\ 0 & -\pi < x < 0 \end{cases}$   (vi) $f(x) = e^x$, $|x| \leq \pi$

<ヒント> 一般に, $I=[c,c+2\pi]$ で積分可能な関数 $f$ について, そのフーリエ級数は $\dfrac{a_0}{2}+\sum_{n=1}^{\infty}(a_n\cos nx+b_n\sin nx)$ で, フーリエ係数は次で定義できる.

$a_n=\dfrac{1}{\pi}\displaystyle\int_c^{c+2\pi}f(x)\cos nxdx$, $n=0,1,2,...$, $b_n=\dfrac{1}{\pi}\displaystyle\int_c^{c+2\pi}f(x)\sin nxdx$, $n=1,2,...$

【解】(i) $x^2$ は偶関数だから

$$a_n=\dfrac{2}{\pi}\int_0^{\pi}x^2\cos nxdx=\dfrac{2}{\pi}\left(\left[\dfrac{x^2}{n}\sin nx\right]_0^{\pi}-\int_0^{\pi}\dfrac{2x}{n}\sin nxdx\right)$$

$$=-\dfrac{4}{n\pi}\int_0^{\pi}x\sin nxdx=\dfrac{4}{n\pi}\left(\left[\dfrac{x}{n}\cos nx\right]_0^{\pi}-\int_0^{\pi}\dfrac{1}{n}\cos nxdx\right)$$

$$=\dfrac{4}{n\pi}\left\{\dfrac{(-1)^n\pi}{n}-\left[\dfrac{1}{n^2}\sin nx\right]_0^{\pi}\right\}=\dfrac{(-1)^n 4}{n^2}$$

$b_n=\dfrac{1}{\pi}\displaystyle\int_{-\pi}^{\pi}x^2\sin nxdx=0$, また, $a_0=\dfrac{1}{\pi}\displaystyle\int_{-\pi}^{\pi}x^2 dx=\dfrac{2}{3}\pi^2$.

ゆえに, $x^2\sim\dfrac{a_0}{2}+\sum_{n=1}^{\infty}(a_n\cos nx+b_n\sin nx)=\dfrac{\pi^2}{3}+\sum_{n=1}^{\infty}(-1)^n\dfrac{4}{n^2}\cos nx$, $|x|\leq\pi$.

(ii) $x^3$ は奇関数だから $a_n=\dfrac{1}{\pi}\displaystyle\int_{-\pi}^{\pi}x^3\cos nxdx=0$, $a_0=\dfrac{1}{\pi}\displaystyle\int_{-\pi}^{\pi}x^3 dx=0$,

$$b_n=\dfrac{2}{\pi}\int_0^{\pi}x^3\sin nxdx=\dfrac{2}{\pi}\left(\left[\dfrac{-x^3}{n}\cos nx\right]_0^{\pi}+\int_0^{\pi}\dfrac{3x^2}{n}\cos nxdx\right)$$

$$=\dfrac{2}{\pi}\left\{\dfrac{(-1)^{n+1}}{n}\pi^3+\dfrac{3}{n}\left(\left[\dfrac{x^2}{n}\sin nx\right]_0^{\pi}-\int_0^{\pi}\dfrac{2x}{n}\sin nxdx\right)\right\}$$

$$=\dfrac{(-1)^{n+1}2\pi^2}{n}-\dfrac{12}{n^2\pi}\left(\left[\dfrac{-x}{n}\cos nx\right]_0^{\pi}+\int_0^{\pi}\dfrac{1}{n}\cos nxdx\right)$$

$$=\dfrac{(-1)^{n+1}2\pi^2}{n}+\dfrac{(-1)^n 12}{n^3}-\dfrac{12}{n^3\pi}\int_0^{\pi}\cos nxdx=\dfrac{(-1)^n\left\{12-2n^2\pi^2\right\}}{n^3}$$

ゆえに, $x^3\sim\sum_{n=1}^{\infty}\dfrac{(-1)^n\left\{12-2n^2\pi^2\right\}}{n^3}\sin nx$, $|x|\leq\pi$.

(iii) $a_n = \dfrac{1}{\pi}\displaystyle\int_{-\pi}^{\pi} \cos^3 x \cos nx\, dx$ において

$$\cos^3 x \cos nx = \left(\dfrac{3}{4}\cos x + \dfrac{1}{4}\cos 3x\right)\cos nx = \dfrac{3}{4}\cos x \cos nx + \dfrac{1}{4}\cos 3x \cos nx$$

$$= \dfrac{3}{4}\left\{\dfrac{\cos(n+1)x + \cos(n-1)x}{2}\right\} + \dfrac{1}{4}\left\{\dfrac{\cos(n+3)x + \cos(n-3)x}{2}\right\}$$

であるから,

$$a_n = \dfrac{3}{8\pi}\int_{-\pi}^{\pi}\{\cos(n+1)x + \cos(n-1)x\}dx + \dfrac{1}{8\pi}\int_{-\pi}^{\pi}\{\cos(n+3)x + \cos(n-3)x\}dx$$

この式より $n>3$ のとき, $\displaystyle\int_{-\pi}^{\pi}\cos(n+1)x\,dx = 0$, $\displaystyle\int_{-\pi}^{\pi}\cos(n-1)x\,dx = 0$,

$\displaystyle\int_{-\pi}^{\pi}\cos(n+3)x\,dx = 0$, $\displaystyle\int_{-\pi}^{\pi}\cos(n-3)x\,dx = 0$ であるから, $a_n = 0$.

$$a_3 = \dfrac{1}{8\pi}\int_{-\pi}^{\pi}\cos(3-3)x\,dx = \dfrac{1}{8\pi}\int_{-\pi}^{\pi}dx = \dfrac{1}{4}$$

さらに, $a_2 = \dfrac{1}{8\pi}\displaystyle\int_{-\pi}^{\pi}\cos(2-3)x\,dx = 0$, $a_1 = \dfrac{3}{8\pi}\displaystyle\int_{-\pi}^{\pi}\cos(1-1)x\,dx = \dfrac{3}{4}$

$$a_0 = \dfrac{1}{\pi}\int_{-\pi}^{\pi}\cos^3 x\,dx = 0,\quad b_n = \dfrac{1}{\pi}\int_{-\pi}^{\pi}\cos^3 x \sin nx\,dx = 0$$

ゆえに $\cos^3 x \sim \dfrac{3}{4}\cos x + \dfrac{1}{4}\cos 3x$, $|x|\le \pi$. これは $\cos^3 x$ の公式そのものである.

(iv) $a_n = \dfrac{1}{\pi}\displaystyle\int_{-\pi}^{\pi}|\cos x|\cos nx\,dx = \dfrac{2}{\pi}\left\{\displaystyle\int_0^{\pi/2}\cos x \cos nx\,dx - \displaystyle\int_{\pi/2}^{\pi}\cos x \cos nx\,dx\right\}$

ここで, 第2項において, $x = \pi - t$ とおくと

$$\int_{\pi/2}^{\pi}\cos x \cos nx\,dx = \int_{\pi/2}^{0}-\cos(\pi-t)\cos(n\pi-nt)dt = (-1)^{n+1}\int_0^{\pi/2}\cos t \cos nt\,dt$$

であるから

$$a_n = \dfrac{2}{\pi}\{1-(-1)^{n+1}\}\int_0^{\pi/2}\cos t \cos nt\,dt$$

ゆえに, $a_{2m+1} = 0$,

$$a_{2m} = \dfrac{4}{\pi}\int_0^{\pi/2}\cos x \cos 2mx\,dx = \dfrac{2}{\pi}\int_0^{\pi/2}\{\cos(2m+1)x + \cos(2m-1)x\}dx$$

$$= \dfrac{2}{\pi}\left[\dfrac{1}{(2m+1)}\sin(2m+1)x + \dfrac{1}{(2m-1)}\sin(2m-1)x\right]_0^{\pi/2}$$

$$= \frac{2}{\pi}\left\{\frac{(-1)^m}{2m+1} + \frac{(-1)^m(-1)}{2m-1}\right\} = \frac{(-1)^m 2}{\pi} \cdot \frac{-2}{4m^2-1} = \frac{(-1)^{m+1} 4}{(4m^2-1)\pi}$$

$$b_n = \frac{1}{\pi}\int_{-\pi}^{\pi} |\cos x| \sin nx \, dx = 0$$

よって，$|\cos x| \sim \dfrac{2}{\pi} + \displaystyle\sum_{n=1}^{\infty} \dfrac{(-1)^{n+1} 4}{(4n^2-1)\pi} \cos 2nx,\ |x| \leq \pi$．

(v) $a_n = \dfrac{1}{\pi}\displaystyle\int_{-\pi}^{\pi} f(x)\cos nx\, dx = \dfrac{1}{\pi}\int_{0}^{\pi} x\cos nx\, dx = \dfrac{1}{\pi}\left\{\left[\dfrac{x}{n}\sin nx\right]_0^{\pi} - \int_0^{\pi}\dfrac{1}{n}\sin nx\, dx\right\}$

$\quad = \dfrac{1}{n^2\pi}[\cos nx]_0^{\pi} = \dfrac{1}{n^2\pi}\{(-1)^n - 1\}$,

$\quad b_n = \dfrac{1}{\pi}\displaystyle\int_{-\pi}^{\pi} f(x)\sin nx\, dx = \dfrac{1}{\pi}\int_{0}^{\pi} x\sin nx\, dx = \dfrac{1}{\pi}\left\{\left[\dfrac{-x}{n}\cos nx\right]_0^{\pi} + \int_0^{\pi}\dfrac{1}{n}\cos nx\, dx\right\}$

$\quad = \dfrac{1}{\pi}\left\{\dfrac{(-1)^{n+1}\pi}{n} + \dfrac{1}{n^2}[\sin nx]_0^{\pi}\right\} = \dfrac{(-1)^{n+1}}{n},\quad a_0 = \dfrac{1}{\pi}\displaystyle\int_0^{\pi} x\, dx = \dfrac{\pi}{2}$

ゆえに，$f(x) \sim \dfrac{\pi}{4} + \displaystyle\sum_{n=1}^{\infty}\left\{\dfrac{1}{n^2\pi}\{(-1)^n - 1\}\cos nx + \dfrac{(-1)^{n+1}}{n}\sin nx\right\}$．

(vi) $a_n = \dfrac{1}{\pi}\displaystyle\int_{-\pi}^{\pi} e^x \cos nx\, dx,\ b_n = \dfrac{1}{\pi}\int_{-\pi}^{\pi} e^x \sin nx\, dx$．ここで，

$\displaystyle\int e^x \cos nx\, dx = \dfrac{e^x(\cos nx + n\sin nx)}{1+n^2} + c,\ \int e^x \sin nx\, dx = \dfrac{e^x(\sin nx - n\cos nx)}{1+n^2} + c$

であるから

$$a_n = \frac{1}{(1+n^2)\pi}\left[e^x(\cos nx + n\sin nx)\right]_{-\pi}^{\pi} = \frac{1}{(1+n^2)\pi}\left\{(-1)^n\left(e^{\pi} - e^{-\pi}\right)\right\}$$

$$b_n = \frac{1}{(1+n^2)\pi}\left[e^x(\sin nx - n\cos nx)\right]_{-\pi}^{\pi} = \frac{n}{(1+n^2)\pi}\left\{(-1)^{n+1}\left(e^{\pi} - e^{-\pi}\right)\right\}$$

ゆえに，$e^x \sim \dfrac{(e^{\pi} - e^{-\pi})}{2\pi} + \displaystyle\sum_{n=1}^{\infty}(-1)^n \dfrac{e^{\pi} - e^{-\pi}}{(1+n^2)\pi}(\cos nx - n\sin nx),\ |x| \leq \pi$．

---

(ex.9.4.2) 次の関数のフーリエ級数を求めよ．ただし，$L$ は正数．

(i) $f(x) = x,\ -L \leq x \leq L$　(ii) $f(x) = |x|,\ |x| \leq L$　(iii) $f(x) = \begin{cases} 1 & 0 \leq x < \pi \\ 0 & \pi \leq x < 2\pi \end{cases}$

【解】(i) $f(x) = x$, $-L \leq x \leq L$ は奇関数であるから $a_n = 0$,

$$b_n = \frac{1}{L}\int_{-L}^{L} f(x)\sin\frac{n\pi x}{L}dx = \frac{2}{L}\int_{0}^{L} x\sin\frac{n\pi x}{L}dx$$

$$= \frac{2}{L}\left\{\left[\frac{-L}{n\pi}x\cos\frac{n\pi x}{L}\right]_0^L + \frac{L}{n\pi}\int_0^L \cos\frac{n\pi x}{L}dx\right\} = \frac{-2L}{n\pi}\cos n\pi + \frac{2}{n\pi}\left[\frac{L}{n\pi}\sin\frac{n\pi}{L}x\right]_0^L$$

$$= \frac{(-1)^{n+1}2L}{n\pi}. \quad a_0 = \frac{1}{L}\int_{-L}^{L} xdx = 0$$

ゆえに, $x \sim \sum_{n=1}^{\infty}\frac{(-1)^{n+1}2L}{n\pi}\sin\frac{n\pi x}{L}$, $|x| \leq L$.

(ii) $f(x) = |x|$, $|x| \leq L$. $f(x)$ は偶関数であるから,

$$a_n = \frac{1}{L}\int_{-L}^{L} |x|\cos\frac{n\pi x}{L}dx = \frac{2}{L}\int_0^L x\cos\frac{n\pi x}{L}dx$$

$$= \frac{2}{L}\left\{\left[\frac{L}{n\pi}x\sin\frac{n\pi x}{L}\right]_0^L - \frac{L}{n\pi}\int_0^L \sin\frac{n\pi x}{L}dx\right\}$$

$$= \frac{-2}{n\pi}\left[\frac{-L}{n\pi}\cos\frac{n\pi x}{L}\right]_0^L = \frac{2L}{(n\pi)^2}\{(-1)^n - 1\}$$

$b_n = 0$, $a_0 = \frac{1}{L}\int_{-L}^L |x|dx = \frac{2}{L}\int_0^L xdx = L$

ゆえに, $|x| \sim \frac{L}{2} + \sum_{n=0}^{\infty}\frac{-4L}{(2n+1)^2\pi^2}\cos\frac{(2n+1)\pi x}{L}$.

(iii) $f(x) = \begin{cases} 1 & 0 \leq x < \pi \\ 0 & \pi \leq x \leq 2\pi \end{cases}$ において $x = y + \pi$, $g(y) = f(y+\pi)$ とおくと

$g(y) = \begin{cases} 1 & -\pi \leq y < 0 \\ 0 & 0 \leq y \leq \pi \end{cases}$ となる. $a_n = \frac{1}{\pi}\int_{-\pi}^{\pi} g(y)\cos nydy$

$$= \frac{1}{\pi}\int_0^{2\pi} f(x)\cos n(x-\pi)dx = \frac{1}{\pi}\int_0^{\pi}\cos n(x-\pi)dx = \frac{1}{\pi}\left[\frac{\sin n(x-\pi)}{n}\right]_0^{\pi} = 0,$$

$$b_n = \frac{1}{\pi}\int_{-\pi}^{\pi} g(y)\sin nydy = \frac{1}{\pi}\int_0^{2\pi} f(x)\sin n(x-\pi)dx = \frac{1}{\pi}\int_0^{\pi}\sin n(x-\pi)dx$$

$$= \frac{1}{\pi}\left[\frac{-\cos n(x-\pi)}{n}\right]_0^{\pi} = \frac{-1}{n\pi}\{1-(-1)^n\}, \quad a_0 = \frac{1}{\pi}\int_{-\pi}^{\pi} g(y)dy = \frac{1}{\pi}\int_{-\pi}^0 dy = 1$$

ゆえに，$g(y) \sim \dfrac{a_0}{2} + \sum_{n=1}^{\infty}(a_n \cos ny + b_n \sin ny)$ であるから

$$f(x) \sim \dfrac{1}{2} + \sum_{n=1}^{\infty}\left(\dfrac{(-1)}{n\pi}\{1-(-1)^n\}\sin n(x-\pi)\right)$$

ここで，$\sin n(x-\pi) = (-1)^n \sin nx$ であるから

$$f(x) \sim \dfrac{1}{2} + \sum_{n=1}^{\infty} \dfrac{(-1)^n}{n\pi}\{((-1)^n - 1)\sin nx\}$$

---

(ex.9.4.3) 次の関数の正弦級数を求めよ．ただし，$L$ は正数．
(i) $f(x) = e^{cx}$ ($0 \leq x \leq \pi$) (ii) $f(x) = \pi - x$ ($0 \leq x \leq \pi$) (iii) $x^2$ ($0 \leq x \leq L$)

---

<ヒント> $f(x)$ を $I = [-\pi, \pi]$ で定義された奇関数とする．すなわち，$f(-x) = -f(x), x \in I$．すると，$a_n = 0, n = 0, 1, 2, 3, \ldots,$ $b_n = \dfrac{2}{\pi}\int_0^\pi f(x)\sin nx dx, n = 1, 2, \ldots$．よって，このフーリエ級数は，$f(x) \sim \sum_{n=1}^{\infty} b_n \sin nx$．これを**フーリエ正弦級数**という．

【解】(i) $f(x) = e^{cx}$ ($0 \leq x \leq \pi$) ($c \neq 0$)

$$b_n = \dfrac{2}{\pi}\int_0^\pi e^{cx}\sin nx dx = \dfrac{2}{\pi}\left[-\dfrac{ne^{cx}}{c^2+n^2}\left(\cos nx - \dfrac{c}{n}\sin nx\right)\right]_0^\pi$$

$$= \dfrac{-2n}{\pi(c^2+n^2)}\{(-1)^n e^{c\pi} - 1\}$$

ゆえに，$e^{cx} \sim \displaystyle\sum_{n=1}^{\infty} \dfrac{-2n}{\pi(c^2+n^2)}\{(-1)^n e^{c\pi} - 1\}\sin nx$．

(ii) $f(x) = \pi - x$ ($0 \leq x \leq \pi$)

$$b_n = \dfrac{2}{\pi}\int_0^\pi (\pi - x)\sin nx dx = \dfrac{2}{\pi}\int_0^\pi \pi \sin nx dx - \dfrac{2}{\pi}\int_0^\pi x \sin nx dx$$

$$= 2\left[\dfrac{-\cos nx}{n}\right]_0^\pi - \dfrac{2}{\pi}\left\{\left[\dfrac{-x\cos nx}{n}\right]_0^\pi + \dfrac{1}{n}\int_0^\pi \cos nx dx\right\} = \dfrac{2}{n}$$

ゆえに，$(\pi - x) \sim \displaystyle\sum_{n=1}^{\infty} \dfrac{2}{n}\sin nx$．

(iii) $f(x) = x^2$ ($0 \leq x \leq L$)

$$b_n = \frac{2}{L}\int_0^L x^2 \sin\frac{n\pi x}{L}dx = \frac{2}{L}\left\{\left[\frac{-L}{n\pi}x^2\cos\frac{n\pi x}{L}\right]_0^L + \frac{2L}{n\pi}\int_0^L x\cos\frac{n\pi x}{L}dx\right\}$$

$$= \frac{-2L^2}{n\pi}(-1)^n + \frac{4}{n\pi}\left\{\left[\frac{L}{n\pi}x\sin\frac{n\pi x}{L}\right]_0^L - \frac{L}{n\pi}\int_0^L \sin\frac{n\pi x}{L}dx\right\}$$

$$= \frac{-(-1)^n 2L^2}{n\pi} - \frac{4L^2}{(n\pi)^3}\left[-\cos\frac{n\pi}{L}x\right]_0^L = \frac{2L^2}{n\pi}\left\{(-1)^{n+1} - \frac{2}{(n\pi)^2}\left(1-(-1)^n\right)\right\}$$

ゆえに, $f(x) \sim \sum_{n=1}^{\infty} \frac{2L^2}{n\pi}\left\{(-1)^{n+1} - \frac{2}{(n\pi)^2}\left(1-(-1)^n\right)\right\}\sin\frac{n\pi}{L}x$.

---

**(ex.9.4.4)** 次の関数の余弦級数を求めよ．ただし，$L$ は正数．
(i) $f(x) = e^{cx}$ $(0 \le x \le \pi)$ (ii) $\pi - x$ $(0 \le x \le \pi)$ (iii) $f(x) = ax+b$ $(0 \le x \le L, a \ne 0)$

---

<ヒント> $f(x)$ を $I=[-\pi,\pi]$ で定義された偶関数とする．すなわち，$f(-x)=f(x), x\in I$.

すると, $a_n = \frac{2}{\pi}\int_0^\pi f(x)\cos nx dx$, $n=0,1,2,\ldots$, $b_n=0$, $n=1,2,3,\ldots$ よって，このフーリ

エ級数は, $f(x) \sim \frac{a_0}{2} + \sum_{n=1}^{\infty} a_n \cos nx$. これをフーリエ余弦級数という.

【解】(i) $f(x) = e^{cx}$ $(0 \le x \le \pi)$ $c \ne 0$

$$a_n = \frac{2}{\pi}\int_0^\pi e^{cx}\cos nx dx = \frac{2}{\pi}\left[\frac{e^{cx}}{c^2+n^2}(c\cos nx + n\sin nx)\right]_0^\pi$$

$$= \frac{2c}{(c^2+n^2)\pi}\left((-1)^n e^{c\pi} - 1\right). \quad a_0 = \frac{2}{\pi}\int_0^\pi e^{cx}dx = \frac{2}{c\pi}\left(e^{c\pi}-1\right)$$

ゆえに, $f(x) \sim \frac{1}{c\pi}\left(e^{c\pi}-1\right) + \sum_{n=1}^{\infty}\frac{2c}{(c^2+n^2)\pi}\left((-1)^n e^{c\pi}-1\right)\cos nx$.

(ii) $f(x) = \pi - x$ $(0 \le x \le \pi)$

$$a_n = \frac{2}{\pi}\int_0^\pi (\pi-x)\cos nx dx = \frac{2}{\pi}\left\{\left[\frac{(\pi-x)}{n}\sin nx\right]_0^\pi + \frac{1}{n}\int_0^\pi \sin nx dx\right\}$$

$$= \frac{2}{n\pi}\left[\frac{-\cos nx}{n}\right]_0^\pi = \frac{2}{n^2\pi}\left((-1)^{n+1}+1\right)$$

$$a_0 = \frac{2}{\pi}\int_0^\pi (\pi - x)dx = \frac{2}{\pi}\left[\pi x - \frac{x^2}{2}\right]_0^\pi = \pi$$

ゆえに, $f(x) \sim \dfrac{\pi}{2} + \displaystyle\sum_{n=0}^\infty \dfrac{4}{(2n+1)^2 \pi}\cos(2n+1)x$.

(iii) $f(x) = ax + b \quad (0 \leq x \leq L, \; a \neq 0)$

$$a_n = \frac{2}{L}\int_0^L (ax+b)\cos\frac{n\pi x}{L}dx = \frac{2}{L}\left\{\left[\frac{L}{n\pi}(ax+b)\sin\frac{n\pi x}{L}\right]_0^L - \frac{aL}{n\pi}\int_0^L \sin\frac{n\pi x}{L}dx\right\}$$

$$= -\frac{2a}{n\pi}\left[\frac{-L}{n\pi}\cos\frac{n\pi x}{L}\right]_0^L = \frac{2aL}{(n\pi)^2}\left((-1)^n - 1\right)$$

$$a_0 = \frac{2}{L}\int_0^L (ax+b)dx = \frac{2}{L}\left[\frac{ax^2}{2} + bx\right]_0^L = aL + 2b$$

ゆえに, $f(x) \sim \dfrac{aL+2b}{2} + \displaystyle\sum_{n=0}^\infty \dfrac{-4aL}{(2n+1)^2\pi^2}\cos\dfrac{(2n+1)\pi x}{L}$

---

(ex.9.4.5) 次を示せ.

(i) $x^2 \sim \dfrac{4\pi^2}{3} + \displaystyle\sum_{n=1}^\infty \left(\dfrac{4}{n^2}\cos nx - \dfrac{4\pi}{n}\sin nx\right), \quad 0 \leq x \leq 2\pi$

(ii) $|\sin x| = \dfrac{2}{\pi} - \dfrac{4}{\pi}\displaystyle\sum_{n=1}^\infty \dfrac{\cos 2nx}{4n^2 - 1}, \quad |x| \leq \pi$

(iii) $x\sin x = 1 - \dfrac{\cos x}{2} + 2\displaystyle\sum_{n=2}^\infty \dfrac{(-1)^n}{1 - n^2}\cos nx, \quad -\pi \leq x \leq \pi$

---

【解】(i) $f(x) = x^2, \; 0 \leq x \leq 2\pi$. $y = x - \pi, \; g(y) = f(y + \pi), \; -\pi \leq y \leq \pi$ とおく. $g(y) \sim \dfrac{a_0}{2} + \displaystyle\sum_{n=1}^\infty (a_n \cos ny + b_n \sin ny)$

$$a_n = \frac{1}{\pi}\int_{-\pi}^\pi g(y)\cos ny\, dy = \frac{1}{\pi}\int_0^{2\pi} x^2 \cos n(x-\pi)dx$$

$$= \frac{1}{\pi}\left\{\left[\frac{x^2 \sin n(x-\pi)}{n}\right]_0^{2\pi} - \frac{2}{n}\int_0^{2\pi} x\sin n(x-\pi)dx\right\}$$

$$= \frac{-2}{n\pi}\left\{\left[\frac{-x\cos n(x-\pi)}{n}\right]_0^{2\pi} + \frac{1}{n}\int_0^{2\pi}\cos n(x-\pi)dx\right\}$$

$$= \frac{(-1)^n 4}{n^2} + \frac{-2}{n^3\pi}[\sin n(x-\pi)]_0^{2\pi} = \frac{(-1)^n 4}{n^2}$$

$$b_n = \frac{1}{\pi}\int_{-\pi}^{\pi}g(y)\sin ny\,dy = \frac{1}{\pi}\int_0^{2\pi}x^2\sin n(x-\pi)dx$$

$$= \frac{1}{\pi}\left\{\left[\frac{-x^2\cos n(x-\pi)}{n}\right]_0^{2\pi} + \frac{2}{n}\int_0^{2\pi}x\cos n(x-\pi)dx\right\}$$

$$= \frac{(-1)^{n+1}(2\pi)^2}{n\pi} + \frac{2}{n\pi}\left\{\left[\frac{x\sin n(x-\pi)}{n}\right]_0^{2\pi} - \frac{1}{n}\int_0^{2\pi}\sin n(x-\pi)dx\right\}$$

$$= \frac{(-1)^{n+1}(2\pi)^2}{n\pi} + \frac{2}{n^2\pi}\left[\frac{\cos n(x-\pi)}{n}\right]_0^{2\pi} = \frac{(-1)^{n+1}4\pi}{n}$$

$$a_0 = \frac{1}{\pi}\int_{-\pi}^{\pi}g(y)dy = \frac{1}{\pi}\int_0^{2\pi}x^2 dx = \frac{8\pi^2}{3}$$

ゆえに，$g(y) \sim \dfrac{4\pi^2}{3} + \displaystyle\sum_{n=1}^{\infty}\left\{\dfrac{(-1)^n 4}{n^2}\cos ny + \dfrac{(-1)^{n+1}4\pi}{n}\sin ny\right\}.$

ここで，$\cos ny = \cos n(x-\pi) = (-1)^n\cos nx$．$\sin ny = \sin n(x-\pi) = (-1)^n\sin nx$ であるから

$$f(y) \sim \frac{4\pi^2}{3} + \sum_{n=1}^{\infty}\left\{\frac{4}{n^2}\cos nx - \frac{4\pi}{n}\sin nx\right\}$$

(ii) $f(x) = |\sin x|$, $|x| \leq \pi$ は偶関数．$n \geq 2$ のとき

$$a_n = \frac{1}{\pi}\int_{-\pi}^{\pi}|\sin x|\cos nx\,dx = \frac{2}{\pi}\int_0^{\pi}\sin x\cos nx\,dx$$

$$= \frac{1}{\pi}\int_0^{\pi}\{\sin(1+n)x + \sin(1-n)x\}dx = \frac{1}{\pi}\left[\frac{-\cos(1+n)x}{1+n} + \frac{-\cos(1-n)x}{1-n}\right]_0^{\pi}$$

$$= \frac{1}{\pi}\left\{\left(\frac{(-1)^{n+2}}{1+n} + \frac{(-1)^n}{1-n}\right) - \left(\frac{-1}{1+n} + \frac{-1}{1-n}\right)\right\} = \frac{-\{(-1)^n + 1\}2}{(n^2-1)\pi}$$

$$a_1 = \frac{2}{\pi}\int_0^{\pi}\sin x\cos x\,dx = \frac{1}{\pi}\int_0^{\pi}\sin 2x\,dx = \frac{1}{2\pi}[-\cos 2x]_0^{\pi} = 0$$

$$a_0 = \frac{1}{\pi}\int_{-\pi}^{\pi}|\sin x|dx = \frac{2}{\pi}\int_0^{\pi}\sin x dx = \frac{4}{\pi}, \quad b_n = 0$$

ゆえに，$f(x)$ は連続で，$|\sin(-\pi)| = |\sin\pi|$ であるから

$$|\sin x| = \frac{2}{\pi} + \sum_{n=1}^{\infty}\frac{-\{(-1)^n+1\}2}{(n^2-1)\pi}\cos nx = \frac{2}{\pi} + \sum_{n=1}^{\infty}\frac{-4}{(4n^2-1)\pi}\cos 2nx$$

(iii) $f(x) = x\sin x, -\pi < x < \pi$ は偶関数であるから，$n \geq 2$ のとき

$$a_n = \frac{2}{\pi}\int_0^{\pi}x\sin x\cos nx dx = \frac{1}{\pi}\int_0^{\pi}\{x\sin(1+n)x + x\sin(1-n)x\}dx$$

$$= \frac{1}{\pi}\left\{\left[\frac{-x\cos(1+n)x}{1+n}\right]_0^{\pi} + \frac{1}{1+n}\int_0^{\pi}\cos(1+n)x dx\right.$$

$$\left. + \left[\frac{-x\cos(1-n)x}{1-n}\right]_0^{\pi} + \frac{1}{1-n}\int_0^{\pi}\cos(1-n)x dx\right\}$$

$$= \frac{(-1)^{n+2}}{1+n} + \frac{(-1)^n}{1-n} + \frac{1}{\pi(1+n)^2}[\sin(1+n)x]_0^{\pi}$$

$$+ \frac{1}{\pi(1-n)^2}[\sin(1-n)x]_0^{\pi} = \frac{(-1)^n 2}{1-n^2}$$

$$a_0 = \frac{2}{\pi}\int_0^{\pi}x\sin x dx = \frac{2}{\pi}\left\{[-x\cos x]_0^{\pi} + \int_0^{\pi}\cos x dx\right\} = 2$$

$$a_1 = \frac{2}{\pi}\int_0^{\pi}x\sin x\cos x dx = \frac{1}{\pi}\int_0^{\pi}x\sin 2x dx$$

$$= \frac{1}{\pi}\left\{\left[\frac{-x\cos 2x}{2}\right]_0^{\pi} + \frac{1}{2}\int_0^{\pi}\cos 2x dx\right\} = -\frac{1}{2}$$

ゆえに，$f(x)$ は連続で $f(-\pi) = f(\pi)$ であるから

$$x\sin x = 1 - \frac{\cos x}{2} + \sum_{n=2}^{\infty}\frac{(-1)^n 2}{1-n^2}\cos nx$$

(ex.9.4.6) $f(x) = \sin x \ (0 \leq x < \pi)$ のフーリエ余弦級数とフーリエ正弦級数を求めよ．

【解】 $f(x) = \sin x \ (0 \leq x < \pi)$

（イ）余弦級数．$n \geq 2$ のとき，

$$a_n = \frac{2}{\pi}\int_0^{\pi}\sin x\cos nx dx = \frac{1}{\pi}\int_0^{\pi}\{\sin(1+n)x + \sin(1-n)x\}dx$$

$$= \frac{1}{\pi}\left[\frac{-\cos(1+n)x}{1+n} + \frac{-\cos(1-n)x}{1-n}\right]_0^\pi$$

$$= \frac{1}{\pi}\left\{\left(\frac{(-1)^{n+2}}{1+n} + \frac{(-1)^n}{1-n}\right) - \left(\frac{-1}{1+n} + \frac{-1}{1-n}\right)\right\} = \frac{-\{(-1)^n + 1\}2}{(n^2-1)\pi}$$

$$a_0 = \frac{2}{\pi}\int_0^\pi \sin x dx = \frac{4}{\pi}, \quad a_1 = \frac{2}{\pi}\int_0^\pi \sin x \cos x dx = \frac{1}{\pi}\int_0^\pi \sin 2x dx = \frac{1}{2\pi}[-\cos 2x]_0^\pi = 0$$

ゆえに, 余弦級数：$\dfrac{2}{\pi} + \displaystyle\sum_{n=1}^\infty \dfrac{-4}{(4n^2-1)\pi}\cos 2nx$

（ロ）正弦級数．$n \geq 2$ のとき,

$$b_n = \frac{2}{\pi}\int_0^\pi \sin x \sin nx dx = \frac{1}{\pi}\int_0^\pi \{\cos(n-1)x - \cos(n+1)x\}dx$$

$$= \frac{1}{\pi}\left[\frac{\sin(n-1)x}{n-1} - \frac{\sin(n+1)x}{n+1}\right]_0^\pi = 0$$

$$b_1 = \frac{2}{\pi}\int_0^\pi \sin x \sin x dx = \frac{2}{\pi}\int_0^\pi \sin^2 x dx = \frac{4}{\pi}\int_0^{\pi/2}\sin^2 x dx = \frac{4}{\pi}\cdot\frac{1}{2}\cdot\frac{\pi}{2} = 1$$

ゆえに正弦関数：$\sin x$

---

(ex.9.4.7) $f(x) = x^2$ $(-\pi \leq x \leq \pi)$ のフーリエ級数とパーセヴァルの等式を用いて次を示せ．(i) $\displaystyle\sum_{n=1}^\infty \frac{(-1)^{n-1}}{n^2} = \frac{\pi^2}{12}$ (ii) $\displaystyle\sum_{n=1}^\infty \frac{1}{n^4} = \frac{\pi^4}{90}$

---

<ヒント> 《パーセヴァルの等式》 $f$ を連続関数であるとする．また, $f(\pi)=f(-\pi)$ であるとする．$f'$ は $I = [-\pi, \pi]$ で区分的に連続であるとする．このとき,

$$\frac{1}{\pi}\int_{-\pi}^\pi [f(x)]^2 dx = \frac{a_0^2}{2} + \sum_{n=1}^\infty (a_n^2 + b_n^2). \quad (a_n), (b_n) はフーリエ係数．$$

【解】(ex.9.4.1) (i) より $-\pi < x < \pi$, $x^2 = \dfrac{\pi^2}{3} + \displaystyle\sum_{n=1}^\infty (-1)^n \dfrac{4}{n^2}\cos nx$. ゆえに, $x = 0$ とすると $\dfrac{\pi^2}{3} = 4\displaystyle\sum_{n=1}^\infty \dfrac{(-1)^{n-1}}{n^2}$ より $\dfrac{\pi^2}{12} = \displaystyle\sum_{n=1}^\infty \dfrac{(-1)^{n-1}}{n^2}$. パーゼヴァルの等式から

$$\frac{1}{\pi}\int_{-\pi}^\pi x^4 dx = \frac{1}{2}(2\pi^2/3)^2 + \sum_{n=1}^\infty (-1)^{2n}\frac{16}{n^4}. \quad 一方, \int_{-\pi}^\pi x^4 dx = \left[\frac{x^5}{5}\right]_{-\pi}^\pi = \frac{2}{5}\pi^5.$$

ゆえに $\frac{2}{5}\pi^4 = \frac{2}{9}\pi^4 + \sum_{n=1}^{\infty} \frac{16}{n^4}$. ゆえに, $\frac{\pi^4}{90} = \sum_{n=1}^{\infty} \frac{1}{n^4}$.

(ex.9.4.8) 次を示せ. ただし, $0 \leq x \leq 2\pi$.
(i) $\frac{1}{2}(\pi - x) \sim \sum_{n=1}^{\infty} \frac{\sin nx}{n}$ (ii) $\sum_{n=1}^{\infty} \frac{\cos nx}{n^2} = \frac{3x^2 - 6\pi x + 2\pi^2}{12}$
(iii) $\sum_{n=1}^{\infty} \frac{\sin nx}{n^3} = \frac{x^3 - 3\pi x^2 + 2\pi^2 x}{12}$

【解】(i) $f(x) = \frac{1}{2}(\pi - x)$ $(0 \leq x \leq 2\pi)$ において
$x = y + \pi$, $g(y) = f(y + \pi)$, $-\pi \leq y \leq \pi$ とおく.

$a_n = \frac{1}{\pi}\int_{-\pi}^{\pi} g(y)\cos ny\, dy = 0$ ($g(y)$ は奇関数)

$b_n = \frac{1}{\pi}\int_{-\pi}^{\pi} g(y)\sin ny\, dy = \frac{1}{\pi}\int_0^{2\pi} \frac{1}{2}(\pi - x)\sin n(x-\pi)\, dx$

$= \frac{1}{2\pi}\left\{\left[\frac{-(\pi-x)\cos n(x-\pi)}{n}\right]_0^{2\pi} - \frac{1}{n}\int_0^{2\pi}\cos n(x-\pi)\, dx\right\}$

$= \frac{1}{2n\pi}\left\{2\pi(-1)^n\right\} - \frac{1}{2n\pi}\left[\frac{\sin n(x-\pi)}{n}\right]_0^{2\pi} = \frac{(-1)^n}{n}$

ゆえに,
$$g(y) \sim \sum_{n=1}^{\infty} \frac{(-1)^n}{n}\sin ny = \sum_{n=1}^{\infty} \frac{(-1)^n}{n}\sin n(x-\pi) = \sum_{n=1}^{\infty} \frac{\sin nx}{n} \quad (0 \leq x \leq 2\pi)$$

(ii) (ex.9.4.5) (i) より $x^2 \sim \frac{4\pi^2}{3} + \sum_{n=1}^{\infty}\left(\frac{4}{n^2}\cos nx - \frac{4\pi}{n}\sin nx\right)$, $0 \leq x \leq 2\pi$.

$0 < x < 2\pi$ では, $x^2 = \frac{4\pi^2}{3} + \sum_{n=1}^{\infty}\left(\frac{4}{n^2}\cos nx - \frac{4\pi}{n}\sin nx\right)$.

ゆえに, $\frac{x^2}{4} - \frac{\pi^2}{3} = \sum_{n=1}^{\infty}\left(\frac{1}{n^2}\cos nx - \frac{\pi}{n}\sin nx\right)$ … (イ)

また, (i) より $0 < x < 2\pi$ では $\frac{\pi^2}{2} - \frac{\pi x}{2} = \sum_{n=1}^{\infty}\frac{\pi}{n}\sin nx$ … (ロ)

これらは，収束するから(イ)，(ロ) を項別に加えて

$$\frac{3x^2 - 6\pi x + 2\pi^2}{12} = \left(\frac{1}{4}x^2 - \frac{\pi^2}{3}\right) + \left(\frac{\pi^2}{2} - \frac{\pi x}{2}\right) = \sum_{n=1}^{\infty} \frac{\cos nx}{n^2}$$

また，$x = 0$，$x = 2\pi$ でも連続性によって上の等式は成り立つ．

(iii) (ii) の $\dfrac{3x^2 - 6\pi x + 2\pi^2}{12}$ は $0 \leq x \leq 2\pi$ で連続で，$\sum_{n=1}^{\infty} \dfrac{\cos nx}{n^2}$ は一様収束するから項別に積分できて，$\int_0^x \dfrac{3x^2 - 6\pi x + 2\pi^2}{12} dx = \sum_{n=1}^{\infty} \int_0^x \dfrac{\cos nx}{n^2} dx$，$0 \leq x \leq 2\pi$.

ゆえに，$\dfrac{x^3 - 3\pi x^2 + 2\pi^2 x}{12} = \sum_{n=1}^{\infty} \dfrac{\sin nx}{n^3}$，$0 \leq x \leq 2\pi$．

## 章末問題

**(ex.9.A.1)** 次の関数列の極限関数を求め，一様収束するかどうかを述べよ．

(i) $f_n(x) = \left(1 + \dfrac{x}{n}\right)^{n^2}$，$x \leq 0$  (ii) $f_n(x) = \begin{cases} 1 - nx, & 0 \leq x \leq 1/n \\ 0, & 1/n \leq x \leq 1 \end{cases}$

(iii) $f_n(x) = \dfrac{1}{\sqrt{n}}(1 + 2\cos^2 nx)$，$x \in \boldsymbol{R}$

**(ex.9.A.2)** 次の級数は一様収束するかどうか調べよ．

(i) $\sum_{n=1}^{\infty} \dfrac{1}{1 + x^n}$，$|x| > 1$  (ii) $\sum_{n=1}^{\infty} \dfrac{x^n}{1 + x^{2n}}$

**(ex.9.A.3)** 次の整級数の収束半径を求め，その収束する区間を求めよ．

(i) $\sum_{n=1}^{\infty} \dfrac{n^n}{(n+1)^{n+1}} x^n$  (ii) $\sum_{n=0}^{\infty} \dfrac{(n!)^2}{(2n)!} x^n$

**(ex.9.A.4)** 次の関数のマクローリン展開を求めよ．

(i) $f(x) = \dfrac{1}{\sqrt{1 - x^2}}$  (ii) $f(x) = \sin x^2$  (iii) $f(x) = e^x \sin x$

**(ex.9.A.5)** 次を示せ．

(i) $\sum_{n=0}^{\infty} n^2 x^n = \dfrac{x(x+1)}{(1-x)^3}$  (ii) $\sum_{n=0}^{\infty} n^3 x^n = \dfrac{x(x^2 + 4x + 1)}{(1-x)^4}$

(iii) $\displaystyle\sum_{n=2}^{\infty} \frac{x^n}{n(n-1)} = x + (1-x)\log(1-x)$

**(ex.9.A.6)** $f_n(x) = \begin{cases} n\left(x - \dfrac{1}{n}\right)^2 & 0 \leq x \leq 1/n \\ 0 & 1/n < x \leq 1 \end{cases}$ とすると, $(f_n)$ は $f(x) = 0$ に $[0, 1]$ で一様収束することを示せ. また, $\displaystyle\lim_{n \to \infty}(f_n)'_+(0) \neq f'_+(0)$ であることを示せ.

**(ex.9.A.7)** 級数 $\displaystyle\sum_{n=1}^{\infty}\left\{\frac{n^2 x}{1+n^3 x^2} - \frac{(n+1)^2 x}{1+(n+1)^3 x^2}\right\}$ について, 次を示せ.
(i) $[0,1]$ で一様収束しない. (ii) 極限関数は連続である.
(iii) 項別積分可能である. (iv) $x=0$ で項別微分可能でない.

**(ex.9.A.8)** 次を示せ.

(i) $\cos ax \sim \dfrac{\sin \pi a}{\pi a} + \dfrac{2a}{\pi}\sin a\pi \displaystyle\sum_{n=1}^{\infty} \dfrac{(-1)^n \cos nx}{a^2 - n^2}$ ($|x| < \pi$) ($a$ は整数でない)

(ii) $\sin ax \sim \dfrac{2}{\pi}\sin a\pi \displaystyle\sum_{n=1}^{\infty} \dfrac{(-1)^n n \sin nx}{a^2 - n^2}$ ($|x| < \pi$) ($a$ は整数でない)

(iii) $e^{ax} \sim \dfrac{(e^{2\pi a}-1)}{\pi}\left\{\dfrac{1}{2a} + \displaystyle\sum_{n=1}^{\infty} \dfrac{a\cos nx - n\sin nx}{a^2+n^2}\right\}$ ($0 < x < 2\pi$, $a \neq 0$)

**(ex.9.B.1)** 次を示せ.
関数列 $(f_n)$ が $f$ に $I$ で一様収束し, 各 $f_n$ が $I$ で有界ならば, ある定数 $M$ が存在して, すべての $n \in \mathbf{N}$ で, すべての $x \in I$ について, $|f_n(x)| \leq M$. (つまり, $(f_n)$ は $I$ で一様有界である)

**(ex.9.B.2)** (i) 次を示せ.

(a) $\displaystyle\sum_{k=0}^{n} \binom{n}{k} x^k (1-x)^{n-k} = 1$

(b) $\displaystyle\sum_{k=0}^{n} k\binom{n}{k} x^k (1-x)^{n-k} = nx$ (c) $\displaystyle\sum_{k=0}^{n} k^2 \binom{n}{k} x^k (1-x)^{n-k} = n^2 x^2 + nx(1-x)$

(d) $\displaystyle\sum_{k=0}^{n} (nx-k)^2 \binom{n}{k} x^k (1-x)^{n-k} = nx(1-x) \leq \dfrac{n}{4}$

(ii) $f$ を $[0,1]$ で定義された連続関数とし, $B_n(x;f)$ を $f$ の Bernstein 多項式とすると, 任意の正数 $\varepsilon > 0$ に対して, 自然数 $N$ が存在して, すべての $x \in [0,1]$ について, $n > N$ ならば, $|B_n(x;f) - f(x)| < \varepsilon$ となることを示せ.

**(ex.9.B.3)** $m \geq 0$, $J_m(x) = \displaystyle\sum_{n=0}^{\infty} \frac{(-1)^n}{\Gamma(n+1)\Gamma(n+m+1)} \left(\frac{x}{2}\right)^{m+2n}$
を $m$ 次のベッセル関数という．ここで，$\Gamma(x)$ はガンマ関数．次を示せ．

(i)  $\dfrac{d}{dx}(x^m J_m(x)) = x^m J_{m-1}(x)$  (ii)  $\dfrac{d}{dx}(x^{-m} J_m(x)) = -x^{-m} J_{m+1}(x)$

(iii)  $\dfrac{d}{dx} J_m(x) = \dfrac{1}{2}[J_{m-1}(x) - J_{m+1}(x)]$  (iv)  $\dfrac{m}{x} J_m(x) = \dfrac{1}{2}[J_{m-1}(x) + J_{m+1}(x)]$

**(ex.9.B.4)** $e = \displaystyle\sum_{k=1}^{\infty} \frac{1}{k!}$ を用いて，$e$ は無理数であることを示せ．

********** 章末問題解答 **********

**(ex.9.A.1)** (i) $x < 0$ のとき，

$$f_n(x) = \left(1 + \frac{x}{n}\right)^{n^2} = \left[\left(1 + \frac{x}{n}\right)^{n/x}\right]^{nx} = \frac{1}{\left[(1+(x/n))^{n/x}\right]^{n|x|}}$$

ここで，$\displaystyle\lim_{n\to\infty}\left(1+\frac{x}{n}\right)^{n/x} = e$. さらに，$|x| > 0$ について $\displaystyle\lim_{n\to\infty} e^{n|x|} = \infty$ であるから $\displaystyle\lim_{n\to\infty} f_n(x) = 0$. また，$x = 0$ のとき $\displaystyle\lim_{n\to\infty} f_n(0) = 1$. $x_n = \dfrac{-1}{n}$ とおくと

$$f_n(x_n) = f_n\left(-\frac{1}{n}\right) = \left(1 - \frac{1}{n^2}\right)^{n^2} = \frac{1}{(1-1/n^2)^{-n^2}} > \frac{1}{2e}$$

であるから，$f_n(x)$，$x < 0$ は一様収束しない．

(ii) $0 < x < 1$ に対して，十分大なる $n \in \mathbf{N}$ をとれば $\dfrac{1}{n} < x$ とできる．よって，$\displaystyle\lim_{n\to\infty} f_n(x) = 0$. すなわち，$f_n(x)$ は $0 < x < 1$ なる任意の $x$ について 0 に収束する．また，$f_n(0) = 1$ であるから，$x = 0$ のときは 1 に収束する．しかし，$x_n = \dfrac{1}{2n}$ とおくと，$f_n(x_n) = f_n\left(\dfrac{1}{2n}\right) = 1 - \dfrac{1}{2} = \dfrac{1}{2}$. よって $f_n(x)$, $0 < x \leq 1$ は一様収束しない．

(iii) $0 < f_n(x) = \dfrac{1}{\sqrt{n}}\left(1 + 2\cos^2 nx\right) \leq \dfrac{3}{\sqrt{n}}$. ゆえに $\lim_{n\to\infty} f_n(x) = 0$. 一様収束する.

**(ex.9.A.2)** (i) $\lim_{n\to\infty}\left|\dfrac{a_{n+1}}{a_n}\right| = \lim_{n\to\infty}\left|\dfrac{\dfrac{1}{1+x^{n+1}}}{\dfrac{1}{1+x^n}}\right| = \lim_{n\to\infty}\left|\dfrac{\dfrac{1}{x^n}+1}{\dfrac{1}{x^n}+x}\right| = \dfrac{1}{|x|} < 1$. よって絶対収束する. しかし, $x_n = \left(1 + \dfrac{1}{n}\right)$ とおくと $\lim_{n\to\infty}\dfrac{1}{1+(1+(1/n))^n} = \dfrac{1}{1+e}$ であるから, 一様収束しない.

(ii) $|x| < 1$ のとき, $\left|\dfrac{x^n}{1+x^{2n}}\right| \leq |x|^n$ であるから収束する. $|x| > 1$ のとき,
$\left|\dfrac{x^n}{1+x^{2n}}\right| = \dfrac{|x|^n}{1+|x|^{2n}} = \dfrac{1}{\dfrac{1}{|x|^n}+|x|^n} < \dfrac{1}{|x|^n}$ であるから収束する. また,

$x = 1$, $x = -1$ では発散. さらに, $x_n = \left(1+\dfrac{1}{n}\right)$ とすれば $\lim_{n\to\infty}\dfrac{x_n^n}{1+x_n^{2n}} = \dfrac{e}{1+e^2}$
であるから $|x| > 1$ のとき一様収束しない. また, $x_n = \left(1 - \dfrac{1}{n}\right)$ とおくと
$\lim_{n\to\infty}\dfrac{x_n^n}{1+x_n^{2n}} = \dfrac{e^{-1}}{1+e^{-2}}$ であるから $|x| < 1$ のときも一様収束しない.

**(ex.9.A.3)** (i) $\left|\dfrac{a_{n+1}}{a_n}\right| = \dfrac{(n+1)^{n+1}}{(n+2)^{n+2}} \cdot \dfrac{(n+1)^{n+1}}{n^n} = \left(1+\dfrac{1}{n}\right)^n(1+n)\left(\dfrac{n+1}{n+2}\right)^{n+2}\dfrac{1}{(1+n)}$

$= \left(1+\dfrac{1}{n}\right)^n\left(1-\dfrac{1}{n+2}\right)^{n+2} \to e \cdot e^{-1} = 1 \ (n \to \infty)$

ゆえに, 収束半径 $r = 1$. また, $a_n = \dfrac{n^n}{(n+1)^{n+1}} = \dfrac{1}{[1+(1/n)]^n(1+n)}$

$> \dfrac{1}{[1+(1/(n+1))]^{n+1}(2+n)} = \dfrac{(n+1)^{n+1}}{(n+2)^{n+2}} = a_{n+1}$ かつ $\lim_{n\to\infty} a_n = 0$ であるから

$x = -1$ では収束する. また, $\dfrac{n^n}{(n+1)^{n+1}} = \dfrac{1}{(1+(1/n))^n(1+n)}$. $0 < \left(1+\dfrac{1}{n}\right)^n < e$

であるから $\dfrac{1}{(1+(1/n))^n} > \dfrac{1}{2e}$. よって, $\displaystyle\sum_{n=1}^{m}\dfrac{n^n}{(n+1)^{n+1}} \geq \dfrac{1}{2e}\sum_{n=1}^{m}\dfrac{1}{1+n}$. これより $x=1$ で発散する. 収束する区間は $[-1,1)$.

(ii) $\left|\dfrac{a_{n+1}}{a_n}\right| = \dfrac{\{(n+1)!\}^2}{\{2(n+1)\}!} \cdot \dfrac{(2n)!}{(n!)^2} = \dfrac{(n+1)^2}{(2n+2)(2n+1)} = \dfrac{n+1}{2(2n+1)} \to \dfrac{1}{4} \ (n\to\infty)$

よって, 収束半径 $r = 4$. $f_n(x) = \dfrac{(n!)^2}{(2n)!}x^n$ について, $x = \pm 4$ のとき

$|f_n(\pm 4)| = \dfrac{(n!)^2}{(2n)!}4^n = \dfrac{2^{2n}\cdot(n!)^2}{2^n\cdot n!\{1\cdot 3\cdot 5\cdots(2n-1)\}} = \dfrac{2\cdot 4\cdot 6\cdots 2n}{1\cdot 3\cdot 5\cdots(2n-1)} > 1$,

よって, $x = \pm 4$ のとき $\displaystyle\sum_{n=0}^{\infty}f_n(x)$ は収束しない. よって, 収束区間は $(-4, 4)$.

**(ex.9.A.4)** (i) 二項級数

$$(1+x)^\alpha = \sum_{n=0}^{\infty}\binom{\alpha}{n}x^n = 1 + \alpha x + \binom{\alpha}{2}x^2 + \cdots + \binom{\alpha}{k}x^k + \cdots, -1 < x < 1$$

において, $x$ に $-x^2$, $a$ に $-\dfrac{1}{2}$ を代入すると

$$\dfrac{1}{\sqrt{1-x^2}} = 1 + \left(-\dfrac{1}{2}\right)(-x^2) + \dfrac{1}{2}\left(-\dfrac{1}{2}\right)\left(-\dfrac{1}{2}-1\right)(-x^2)^2 + \cdots$$

$$+ \dfrac{1}{n!}\left(-\dfrac{1}{2}\right)\left(-\dfrac{1}{2}-1\right)\cdots\left(-\dfrac{1}{2}-n+1\right)(-x^2)^n + \cdots$$

$$= 1 + \dfrac{1}{2}x^2 + \dfrac{1}{2}\cdot\dfrac{3}{4}x^4 + \cdots + \dfrac{1}{2}\cdot\dfrac{3}{4}\cdot\dfrac{5}{6}\cdots\dfrac{(2n-1)}{2n}x^{2n} + \cdots, \ |x| < 1$$

(ii) $\sin x = \displaystyle\sum_{n=0}^{\infty}\dfrac{(-1)^n x^{2n+1}}{(2n+1)!} = x - \dfrac{x^3}{3!} + \dfrac{x^5}{5!} - \cdots + (-1)^n\dfrac{x^{2n+1}}{(2n+1)!} + \cdots, \ x\in\boldsymbol{R}$

であるから,

$\sin x^2 = \displaystyle\sum_{n=0}^{\infty}\dfrac{(-1)^n x^{4n+2}}{(2n+1)!} = x^2 - \dfrac{x^6}{3!} + \dfrac{x^{10}}{5!} + \cdots + (-1)^n\dfrac{x^{4n+2}}{(2n+1)!} + \cdots, \ x\in\boldsymbol{R}$

(iii) $e^x = 1 + x + \dfrac{1}{2!}x^2 + \cdots + \dfrac{1}{n!}x^n + \cdots, \ x\in\boldsymbol{R}$

$$\sin x = x - \frac{x^3}{3!} + \frac{x^5}{5!} + \cdots + (-1)^n \frac{x^{2n+1}}{(2n+1)!} + \cdots, \quad x \in \mathbf{R}$$

ゆえに, $x \in \mathbf{R}$ においてコーシー積をつくれば

$$e^x \sin x = \sum_{n=1}^{\infty} \left( \sum_{k=0}^{[(n-1)/2]} \frac{1}{\{n-(2k+1)\}!} \cdot \frac{(-1)^k}{(2k+1)!} \right) x^n$$

$$= \sum_{n=1}^{\infty} \left\{ \frac{1}{(n-1)!1!} + \frac{-1}{(n-3)!3!} + \cdots + \frac{1}{\{n-(2[(n-1)/2]+1)\}!} \frac{(-1)^{[(n-1)/2]}}{(2[(n-1)/2]+1)!} \right\} x^n$$

$$= x + x^2 + \frac{1}{3}x^3 - \frac{1}{30}x^5 + \cdots$$

**(ex.9.A.5)** (i) 二項展開より $\dfrac{1}{(1-x)^3} = (1-x)^{-3}$

$$= 1 + \binom{-3}{1}(-x) + \binom{-3}{2}(-x)^2 + \cdots + \binom{-3}{k}(-x)^k + \cdots = \sum_{k=0}^{\infty} (-1)^k \binom{-3}{k} x^k \quad (-1 < x < 1)$$

ゆえに, $\dfrac{x}{(1-x)^3} = \sum_{k=0}^{\infty} (-1)^k \binom{-3}{k} x^{k+1} = x + \sum_{k=2}^{\infty} (-1)^{k-1} \binom{-3}{k-1} x^k$

$$\frac{x^2}{(1-x)^3} = \sum_{k=0}^{\infty} (-1)^k \binom{-3}{k} x^{k+2} = \sum_{k=2}^{\infty} (-1)^{k-2} \binom{-3}{k-2} x^k$$

ゆえに, $-1 < x < 1$ において項別に加えて,

$$\frac{x(x+1)}{(1-x)^3} = \frac{x^2}{(1-x)^3} + \frac{x}{(1-x)^3} = x + \sum_{k=2}^{\infty} \left\{ (-1)^{k-2} \binom{-3}{k-2} + (-1)^{k-1} \binom{-3}{k-1} \right\} x^k$$

ここで, $(-1)^{k-2} \binom{-3}{k-2} + (-1)^{k-1} \binom{-3}{k-1} = (-1)^{k-2} \left\{ \binom{-3}{k-2} - \binom{-3}{k-1} \right\}$

$$= (-1)^{k-2} \left\{ \frac{(-3)(-4)\cdots(-k)}{(k-2)!} - \frac{(-3)(-4)\cdots(-(k+1))}{(k-1)!} \right\}$$

$$= (-1)^{k-2} \left\{ \frac{(-1)^{k-2}(3 \cdot 4 \cdots k)}{(k-1)!} ((k-1) + (k+1)) \right\} = k^2$$

よって, $\dfrac{x(x+1)}{(1-x)^3} = x + \sum_{k=2}^{\infty} k^2 x^k = \sum_{n=1}^{\infty} n^2 x^n$.

(ii) (i) の整級数の収束区間は $(-1,1)$ であるから. $(-1,1)$ で項別微分ができる.

ゆえに，$\dfrac{d}{dx}\dfrac{x(x+1)}{(1-x)^3} = \sum_{n=1}^{\infty} n^3 x^{n-1}$ ． $\dfrac{d}{dx}\dfrac{x(x+1)}{(1-x)^3} = \dfrac{x^2+4x+1}{(1-x)^4}$ であるから

$\dfrac{x(x^2+4x+1)}{(1-x)^4} = \sum_{n=1}^{\infty} n^3 x^n$ $(-1 < x < 1)$ が成り立つ．

(iii) 二項展開より，$-1 < x < 1$ で $(1-x)^{-1} = 1 + x^2 + \cdots + x^n + \cdots$

項別積分すると，$-1 < x < 1$ で

$$-\log(1-x) = \int_0^x (1-x)^{-1} dx = x + \dfrac{x^2}{2} + \cdots + \dfrac{1}{n}x^n + \cdots$$

よって，$(1-x)\log(1-x) = \log(1-x) - x\log(1-x) = -\left(\sum_{n=1}^{\infty}\dfrac{1}{n}x^n\right) + \left(\sum_{n=1}^{\infty}\dfrac{1}{n}x^{n+1}\right)$

$= -x + \sum_{n=2}^{\infty}\left(\dfrac{-1}{n} + \dfrac{1}{n-1}\right)x^n = -x + \sum_{n=2}^{\infty}\dfrac{x^n}{n(n-1)}$

ゆえに，$x + (1-x)\log(1-x) = \sum_{n=2}^{\infty}\dfrac{x^n}{n(n-1)}$ $(-1 < x < 1)$

**(ex.9.A.6)**

$f_n(x) = \begin{cases} n\left(x - \dfrac{1}{n}\right)^2 & 0 \leq x \leq \dfrac{1}{n} \\ 0 & \dfrac{1}{n} < x \leq 1 \end{cases}$ ． $0 < x \leq 1$ をみたす $x$ を固定すると，ある $n_0 \in \mathbf{N}$ があって $\dfrac{1}{n_0} < x$ とできる．ゆえに，$n_0 < n$ について $f_n(x) = 0$．よって，$0 < x \leq 1$ に対して，$\lim_{n \to \infty} f_n(x) = 0$．また，$x = 0$ のとき $f_n(0) = \dfrac{1}{n}$ であるから $\lim_{n \to \infty} f_n(0) = 0$．ゆえに，$0 \leq x \leq 1$ について，$\lim_{n \to \infty} f_n(x) = 0$．極限関数は $f(x) = 0$ である．$0 < x < \dfrac{1}{n}$ では $f_n'(x) = 2n\left(x - \dfrac{1}{n}\right)$ であるから，$0 < x < \dfrac{1}{n}$ のとき $f_n'(x) < 0$．よって，$f_n(x)$ は $x = 0$ で最大値をとる．ゆえに，$|f_n(x)| \leq \max|f_n(x)| = f_n(0) = \dfrac{1}{n}$．これより $f_n(x)$ は $f(x) = 0$ に一様収束する．

また，$f_n(x)$ の右微分係数

$(f_n)'_+(0) = \lim_{h \to +0} \dfrac{f_n(h) - f_n(0)}{h} = \lim_{h \to +0} \dfrac{1}{h}\left\{n\left(h - \dfrac{1}{n}\right)^2 - \dfrac{1}{n}\right\} = \lim_{h \to +0}(nh - 2) = -2$

また，$f'_+(0) = 0$．ゆえに，$\lim_{n \to \infty}(f_n)'_+(0) \neq f'_+(0)$．

**(ex.9.A.7)** $0 \leq x \leq 1$ について，$f(x) = \sum_{n=1}^{\infty}\left\{\dfrac{n^2 x}{1 + n^3 x^2} - \dfrac{(n+1)^2 x}{1 + (n+1)^3 x^2}\right\}$．

$S_n(x) = \sum_{k=1}^{n-1}\left\{\dfrac{k^2 x}{1 + k^3 x^2} - \dfrac{(k+1)^2 x}{1 + (k+1)^3 x^2}\right\} = \dfrac{x}{1 + x^2} - \dfrac{n^2 x}{1 + n^3 x^2}$

とおくと $\lim_{n \to \infty} S_n(x) = \dfrac{x}{1 + x^2} = f(x)$．

(i) $x_n = n^{-3/2}$ とおくと，$|S_n(x_n) - f(x_n)| = \dfrac{n^{1/2}}{2} \to \infty\ (n \to \infty)$ であるから，$0 \leq x \leq 1$ で $S_n(x)$ は $f(x)$ に一様収束しない．

(ii) 極限関数 $f(x) = \dfrac{x}{1 + x^2}$ は $[0,1]$ で連続である．

(iii) $0 \leq x \leq 1$ について，$\int_0^x f(x)dx = \int_0^x \dfrac{x}{1 + x^2} dx = \dfrac{1}{2}\log(1 + x^2)$．

また，

$\int_0^x S_n(x)dx = \int_0^x \dfrac{x}{1 + x^2}dx - \int_0^x \dfrac{n^2 x}{1 + n^3 x^2}dx = \dfrac{1}{2}\log(1 + x^2) - \dfrac{1}{2n}\log(1 + n^3 x^2)$

このとき，$0 \leq x \leq 1$ をみたす $x$ について $\lim_{n \to \infty}\dfrac{1}{2n}\log(1 + n^3 x^2) = 0$ であるから，

$\sum_{k=1}^{n-1}\int_0^x \left\{\dfrac{k^2 x}{1 + k^3 x^2} - \dfrac{(k+1)^2 x}{1 + (k+1)^3 x^2}\right\}dx = \int_0^x S_n(x)dx$

$= \dfrac{1}{2}\log(1 + x^2) - \dfrac{1}{2n}\log(1 + n^3 x^2) \to \int_0^x \dfrac{x}{1 + x^2}dx\ (n \to \infty)$

よって，項別積分可能である．

(iv) $f_k(x) = \dfrac{k^2 x}{1 + k^3 x^2} - \dfrac{(k+1)^2 x}{1 + (k+1)^3 x^2}$ とおく．

$(f_k)'_+(0) = \lim_{h \to +0}\dfrac{f_k(h) - f_k(0)}{h} = \lim_{h \to +0}\left\{\dfrac{k^2}{1 + k^3 h^2} - \dfrac{(k+1)^2}{1 + (k+1)^3 h^2}\right\} = k^2 - (k+1)^2$

ゆえに, $\sum_{k=1}^{n}(f_k)'_+(0) = 1-(n+1)^2$. よって, $\lim_{n\to\infty}\sum_{k=1}^{n}(f_k)'_+(0)$ は存在しない.

**(ex.9.A.8)** (i) $\cos ax$ は偶関数だから

$$a_n = \frac{2}{\pi}\int_0^{\pi}\cos ax\cos nx dx = \frac{1}{\pi}\int_0^{\pi}\{\cos(a+n)x + \cos(a-n)x\}dx$$

$$= \frac{1}{\pi}\left[\frac{\sin(a+n)x}{a+n} + \frac{\sin(a-n)x}{a-n}\right]_0^{\pi} = \frac{1}{\pi}\left\{\frac{\sin(a+n)\pi}{a+n} + \frac{\sin(a-n)\pi}{a-n}\right\}$$

$$= \frac{1}{(a^2-n^2)\pi}\{(a-n)\sin(a+n)\pi + (a+n)\sin(a-n)\pi\}$$

$$= \frac{(-1)^n}{(a^2-n^2)\pi}2a\sin a\pi. \quad b_n = 0.$$

$$a_0 = \frac{2}{\pi}\int_0^{\pi}\cos ax dx = \frac{2}{\pi a}[\sin ax]_0^{\pi} = \frac{2}{\pi a}\sin a\pi$$

ゆえに, $\cos ax \sim \dfrac{1}{\pi a}\sin a\pi + \dfrac{2a}{\pi}\sin a\pi\sum_{n=1}^{\infty}\dfrac{(-1)^n}{a^2-n^2}\cos nx$, $|x|<\pi$.

(ii) $\sin ax$ は奇関数だから

$$b_n = \frac{2}{\pi}\int_0^{\pi}\sin ax\sin nx dx = \frac{-1}{\pi}\int_0^{\pi}\{\cos(a+n)x - \cos(a-n)x\}dx$$

$$= \frac{-1}{\pi}\left[\frac{\sin(a+n)x}{a+n} - \frac{\sin(a-n)x}{a-n}\right]_0^{\pi} = \frac{-1}{\pi}\left\{\frac{\sin(a+n)\pi}{a+n} - \frac{\sin(a-n)\pi}{a-n}\right\}$$

$$= \frac{-1}{(a^2-n^2)\pi}\{(a-n)\sin(a+n)\pi - (a+n)\sin(a-n)\pi\}$$

$$= \frac{(-1)^n n}{(a^2-n^2)\pi}2\sin a\pi. \quad a_n = 0$$

ゆえに, $\sin ax \sim \dfrac{2\sin a\pi}{\pi}\sum_{n=1}^{\infty}\dfrac{(-1)^n n}{a^2-n^2}\sin nx$, $|x|<\pi$.

(iii) $y = x-\pi$ とおき, $g(y) = e^{a(y+\pi)}$ とすると $-\pi \leq y \leq \pi$ であるから,

$$g(y) \sim \frac{a_0}{2} + \sum_{n=1}^{\infty}(a_n\cos ny + b_n\sin ny)$$

$$a_0 = \frac{1}{\pi}\int_{-\pi}^{\pi}g(y)dy, \quad a_n = \frac{1}{\pi}\int_{-\pi}^{\pi}g(y)\cos ny dy, \quad b_n = \frac{1}{\pi}\int_{-\pi}^{\pi}g(y)\sin ny dy$$

さて, $a_n = \dfrac{1}{\pi}\int_{-\pi}^{\pi}g(y)\cos ny dy = \dfrac{1}{\pi}\int_0^{2\pi}e^{ax}\cos n(x-\pi)dx = \dfrac{(-1)^n}{\pi}\int_0^{2\pi}e^{ax}\cos nx dx,$

$$b_n = \frac{1}{\pi}\int_{-\pi}^{\pi}g(y)\sin ny dy = \frac{1}{\pi}\int_0^{2\pi}e^{ax}\sin n(x-\pi)dx = \frac{(-1)^n}{\pi}\int_0^{2\pi}e^{ax}\sin nx dx$$

ここで, $\displaystyle\int e^{ax}\sin nx dx = \dfrac{ae^{ax}}{a^2+n^2}\left(\sin nx - \dfrac{n}{a}\cos nx\right)+c$.

$\displaystyle\int e^{ax}\cos nx dx = \dfrac{ae^{ax}}{a^2+n^2}\left(\cos nx + \dfrac{n}{a}\sin nx\right)+c$ であるから

$$a_n = \frac{(-1)^n}{\pi}\left[\frac{ae^{ax}}{a^2+n^2}\left(\cos nx + \frac{n}{a}\sin nx\right)\right]_0^{2\pi} = \frac{(-1)^n a}{(a^2+n^2)\pi}\left(e^{2a\pi}-1\right)$$

$$b_n = \frac{(-1)^n}{\pi}\left[\frac{ae^{ax}}{a^2+n^2}\left(\sin nx - \frac{n}{a}\cos nx\right)\right]_0^{2\pi} = \frac{-(-1)^n n}{(a^2+n^2)\pi}\left(e^{2a\pi}-1\right)$$

$$a_0 = \frac{1}{\pi}\int_{-\pi}^{\pi}g(y)dy = \frac{1}{\pi}\int_0^{2\pi}e^{ax}dx = \frac{1}{a\pi}\left(e^{2\pi a}-1\right)$$

ゆえに, $e^{ax} \sim \dfrac{e^{2\pi a}-1}{\pi}\left\{\dfrac{1}{2a} + \displaystyle\sum_{n=1}^{\infty}\dfrac{(-1)^n}{a^2+n^2}(a\cos n(x-\pi) - n\sin n(x-\pi))\right\}$

$$= \frac{e^{2\pi a}-1}{\pi}\left\{\frac{1}{2a} + \sum_{n=1}^{\infty}\frac{a\cos nx - n\sin nx}{a^2+n^2}\right\}, \quad 0 < x < 2\pi$$

**(ex.9.B.1)** $(f_n)$ は $f$ に $I$ で一様収束するから, ある自然数 $N$ があって, $N \leq n$ ならば, すべての $x \in I$ に対し $|f_n(x) - f(x)| < 1$ が成り立つ.

また, $f_N$ は有界だから, ある正数 $M_N > 0$ があって, すべての $x \in I$ について $|f_N(x)| \leq M_N$ が成り立つ. よって,

$$|f(x)| \leq |f(x) - f_N(x)| + |f_N(x)| \leq 1 + M_N \quad (x \in I)$$

ゆえに, $n \geq N$, $x \in I$ について $|f_n(x)| \leq |f_n(x) - f(x)| + |f(x)| \leq 2 + M_N$.

さらに, $n = 1, 2, \cdots, N-1$ について $|f_n(x)| \leq M_n$ とし, $\max\{M_1, M_2, \cdots, M_{N-1}, 2+M_N\} = M$ とすれば, すべての $n$, すべての $x \in I$ について, $|f_n(x)| \leq M$ が成り立つ.

**(ex.9.B.2)** (i) (a) $1 = 1^n = \{x + (1-x)\}^n = \sum_{k=0}^{n} \binom{n}{k} x^k (1-x)^{n-k}$ …（イ）

(b) $(x+y)^n = \sum_{k=0}^{n} \binom{n}{k} x^k y^{n-k}$. $x$ で両辺を微分し，$x$ をかけると

$$nx(x+y)^{n-1} = \sum_{k=0}^{n} k\binom{n}{k} x^k y^{n-k} \quad \cdots （ロ）$$

ここで，$y$ に $(1-x)$ を代入すると $nx = \sum_{k=0}^{n} k\binom{n}{k} x^k (1-x)^{n-k}$ …（ハ）

(c) （ロ）を $x$ で微分して，$x$ をかけると

$$nx(nx+y)(x+y)^{n-2} = \sum_{k=0}^{n} k^2 \binom{n}{k} x^k y^{n-k}$$

ここで，$y$ に $(1-x)$ を代入すると

$$n^2 x^2 + nx(1-x) = \sum_{k=0}^{n} k^2 \binom{n}{k} x^k (1-x)^{n-k} \quad \cdots （ニ）$$

(d) （イ）$\times n^2 x^2 +$（ハ）$\times (-2nx) +$（ニ）とすると

$$nx(1-x) = \sum_{k=0}^{n} (n^2 x^2 - 2nkx + k^2)\binom{n}{k} x^k (1-x)^{n-k}$$

$$= \sum_{k=0}^{n} (nx-k)^2 \binom{n}{k} x^k (1-x)^{n-k} \quad \cdots （ホ）$$

$0 < x < 1$ で $\sqrt{x(1-x)} \leq \dfrac{1}{2}$ より，$nx(1-x) \leq \dfrac{n}{4}$.

(ii) $[0,1]$ で定義された連続関数 $f$ の Bernstein 多項式は

$$B_n(x;f) = \sum_{k=0}^{n} f\left(\frac{k}{n}\right) \binom{n}{k} x^k (1-x)^{n-k}$$

$0 \leq x \leq 1$ に対して

$$|f(x) - B_n(x;f)| = \left| \sum_{k=0}^{n} \left\{ f(x) - f\left(\frac{k}{n}\right) \right\} \binom{n}{k} x^k (1-x)^{n-k} \right|$$

$$\leq \sum_{k=0}^{n} \left| f(x) - f\left(\frac{k}{n}\right) \right| \binom{n}{k} x^k (1-x)^{n-k} \quad \cdots （ヘ）$$

が成り立つ．さて，$f$ は $[0,1]$ で連続だから一様連続である．任意の正数 $\varepsilon > 0$

に対して，ある $\delta > 0$ があって $|x - x'| < \delta$, $x, x' \in [0,1]$ ならば
$|f(x) - f(x')| < \dfrac{\varepsilon}{2}$ が成り立つ．$[0,1]$ を $n$ 等分に分割し $0 \leq x \leq 1$ をみたす $x$ を
任意にとって（ヘ）の和をつくるとき，$\left| x - \dfrac{k}{n} \right| < \delta$ となる $k$ についての和を
$\Sigma'$，$\left| x - \dfrac{k}{n} \right| \geq \delta$ となる $k$ についての和を $\Sigma''$ で表すと，

$$\Sigma' \left| f(x) - f\left(\dfrac{k}{n}\right) \right| \binom{n}{k} x^k (1-x)^{n-k} \leq \dfrac{\varepsilon}{2} \sum_{k=0}^{n} \binom{n}{k} x^k (1-x)^{n-k} = \dfrac{\varepsilon}{2}$$

また，$\left| x - \dfrac{k}{n} \right| \geq \delta$ のときは $\left| \dfrac{xn - k}{n\delta} \right| \geq 1$．ゆえに，

$\dfrac{(nx - k)^2}{n^2 \delta^2} \geq 1$, $|f(x)| \leq M$ $(x \in [0,1])$ とすれば

$$\Sigma'' \left| f(x) - f\left(\dfrac{k}{n}\right) \right| \binom{n}{k} x^k (1-x)^{n-k} \leq 2M \Sigma'' \binom{n}{k} x^k (1-x)^{n-k}$$

$$\leq 2M \sum_{k=0}^{n} \dfrac{(nx - k)^2}{n^2 \delta^2} \binom{n}{k} x^k (1-x)^{n-k} = \dfrac{2M}{n^2 \delta^2} \sum_{k=0}^{n} (nx - k)^2 \binom{n}{k} x^k (1-x)^{n-k}$$

$$\leq \dfrac{2M}{n^2 \delta^2} \cdot \dfrac{n}{4} = \dfrac{M}{2n\delta^2} \quad ((\text{ホ}) \text{ より})$$

よって，あらかじめ $\delta, M$ に対し $\dfrac{M}{2n\delta^2} < \dfrac{\varepsilon}{2}$ となるように $n$ を十分大としておけ
ば（ヘ）式より $|f(x) - B_n(x; f)| < \varepsilon$ となる．
$n$ は $x$ に無関係に定められるから $B_n(x; f)$ は $f(x)$ に一様収束する．

**(ex.9.B.3)** $x^2 = X$ とし，$J_m(x) = x^m \displaystyle\sum_{n=0}^{\infty} \dfrac{(-1)^n}{\Gamma(n+1)\Gamma(n+m+1)} \left(\dfrac{1}{2}\right)^{m+2n} X^n$,

$a_n = \dfrac{(-1)^n}{\Gamma(n+1)\Gamma(n+m+1)} \left(\dfrac{1}{2}\right)^{m+2n}$ とおくと $\displaystyle\lim_{n \to \infty} \left| \dfrac{a_{n+1}}{a_n} \right|$

$= \displaystyle\lim_{n \to \infty} \left( \dfrac{\Gamma(n+1)\Gamma(n+m+1) \cdot 2^{m+2n}}{\Gamma(n+2)\Gamma(n+m+2) \cdot 2^{m+2(n+1)}} \right) = \displaystyle\lim_{n \to \infty} \dfrac{1}{(n+1)(n+m+1) 2^2} = 0$

ゆえに $X$ の整級数として収束半径は $\infty$．よって，$x$ の整級数としても収束半径
は $\infty$．

258　第9章　関数の列と級数

(i) 収束区間で項別微分可能だから

$$\frac{d}{dx}\left(x^m J_m(x)\right) = \sum_{n=0}^{\infty} \frac{(-1)^n}{\Gamma(n+1)\Gamma(n+m+1)} \left(\frac{1}{2}\right)^{m+2n} \cdot 2(m+n)x^{2m+2n-1}$$

$$= x^m \sum_{n=0}^{\infty} \frac{(-1)^n}{\Gamma(n+1)\Gamma(n+m)} \left(\frac{1}{2}\right)^{(m-1)+2n} x^{(m-1)+2n} = x^m J_{m-1}(x)$$

(ii) $\displaystyle\frac{d}{dx}\left(x^{-m} J_m(x)\right) = \sum_{n=1}^{\infty} \frac{(-1)^n}{\Gamma(n+1)\Gamma(n+m+1)} \left(\frac{1}{2}\right)^{m+2n} \cdot 2nx^{2n-1}$

$$= -x^{-m} \sum_{n=1}^{\infty} \frac{(-1)^{n-1}}{\Gamma(n)\Gamma((n-1)+(m+1)+1)} \cdot \left(\frac{x}{2}\right)^{(m+1)+2(n-1)}$$

$$= -x^{-m} \sum_{n=0}^{\infty} \frac{(-1)^n}{\Gamma(n+1)\Gamma(n+(m+1)+1)} \cdot \left(\frac{x}{2}\right)^{(m+1)+2n} = -x^{-m} J_{m+1}(x)$$

(iii) $\displaystyle\frac{d}{dx} J_m(x) = \sum_{n=0}^{\infty} \frac{(-1)^n(m+2n)}{\Gamma(n+1)\Gamma(n+m+1)} \left(\frac{1}{2}\right)^{m+2n} x^{m+2n-1}$

$$= \frac{1}{2} \sum_{n=0}^{\infty} \left[\frac{(-1)^n n}{\Gamma(n+1)\Gamma(n+m+1)} + \frac{(-1)^n(m+n)}{\Gamma(n+1)\Gamma(n+m+1)}\right] \left(\frac{x}{2}\right)^{m+2n-1}$$

$$= \frac{1}{2}\left\{\sum_{n=1}^{\infty} \frac{(-1)(-1)^{n-1}}{\Gamma(n)\Gamma((n-1)+(m+1)+1)} \left(\frac{x}{2}\right)^{(m+1)+2(n-1)}\right.$$

$$\left.+ \sum_{n=0}^{\infty} \frac{(-1)^n}{\Gamma(n+1)\Gamma(n+(m-1)+1)} \left(\frac{x}{2}\right)^{(m-1)+2n}\right\}$$

$$= \frac{1}{2}\left\{\sum_{n=0}^{\infty} \frac{(-1)(-1)^n}{\Gamma(n+1)\Gamma(n+(m+1)+1)} \left(\frac{x}{2}\right)^{(m+1)+2n}\right.$$

$$\left.+ \sum_{n=0}^{\infty} \frac{(-1)^n}{\Gamma(n+1)\Gamma(n+(m-1)+1)} \left(\frac{x}{2}\right)^{(m-1)+2n}\right\} = \frac{1}{2}(-J_{m+1}(x) + J_{m-1}(x))$$

(iv) $\displaystyle\frac{m}{x} J_m(x) = \sum_{n=0}^{\infty} \frac{(-1)^n(-n+m+n)}{\Gamma(n+1)\Gamma(n+m+1)} \left(\frac{1}{2}\right)\left(\frac{x}{2}\right)^{m+2n-1}$

$$= \frac{1}{2}\left\{\sum_{n=1}^{\infty} \frac{(-1)^{n-1} n}{\Gamma(n+1)\Gamma((n-1)+(m+1)+1)} \left(\frac{x}{2}\right)^{m+1+2(n-1)}\right.$$

$$\left.+ \sum_{n=0}^{\infty} \frac{(-1)^n(m+n)}{\Gamma(n+1)\Gamma(n+m+1)} \left(\frac{x}{2}\right)^{m-1+2n}\right\}$$

$$= \frac{1}{2}\left\{\sum_{n=1}^{\infty} \frac{(-1)^{n-1}}{\Gamma(n)\Gamma((n-1)+(m+1)+1)}\left(\frac{x}{2}\right)^{m+1+2(n-1)}\right.$$
$$\left. + \sum_{n=0}^{\infty} \frac{(-1)^n}{\Gamma(n+1)\Gamma(n+m)}\left(\frac{x}{2}\right)^{m-1+2n}\right\}$$
$$= \frac{1}{2}\left\{\sum_{n=0}^{\infty} \frac{(-1)^n}{\Gamma(n+1)\Gamma(n+(m+1)+1)}\left(\frac{x}{2}\right)^{m+1+2n}\right.$$
$$\left. + \sum_{n=0}^{\infty} \frac{(-1)^n}{\Gamma(n+1)\Gamma(n+(m-1)+1)}\left(\frac{x}{2}\right)^{m-1+2n}\right\} = \frac{1}{2}(J_{m+1}(x) + J_{m-1}(x))$$

**(ex.9.B.4)** $e$ を有理数 $\dfrac{q}{p}$ ($p$, $q$ は自然数)とする.

任意の $l \in \mathbf{N}$ に対して $\dfrac{1}{(l+1)!} = \dfrac{1}{l}\left\{\dfrac{1}{l!} - \dfrac{1}{(l+1)!}\right\}$ であるから,

$$\sum_{k=n}^{p} \frac{1}{k!} = \frac{1}{n!} + \frac{1}{(n+1)!} + \frac{1}{(n+2)!} + \cdots + \frac{1}{p!}$$
$$= \frac{1}{n!} + \frac{1}{n}\left\{\frac{1}{n!} - \frac{1}{(n+1)!}\right\} + \frac{1}{n+1}\left\{\frac{1}{(n+1)!} - \frac{1}{(n+2)!}\right\}$$
$$+ \frac{1}{n+2}\left\{\frac{1}{(n+2)!} - \frac{1}{(n+3)!}\right\} + \cdots + \frac{1}{(p-1)}\left\{\frac{1}{(p-1)!} - \frac{1}{p!}\right\}$$
$$< \frac{1}{n!} + \left\{\frac{1}{n!} - \frac{1}{(n+1)!}\right\} + \left\{\frac{1}{(n+1)!} - \frac{1}{(n+2)!}\right\}$$
$$+ \left\{\frac{1}{(n+2)!} - \frac{1}{(n+3)!}\right\} + \cdots + \left\{\frac{1}{(p-1)!} - \frac{1}{p!}\right\} < \frac{2}{n!}$$

ゆえに, $\sum_{k=n}^{\infty} \dfrac{1}{k!} \leq \dfrac{2}{n!}$. $e = \sum_{k=1}^{\infty} \dfrac{1}{k!}$ であるから, $0 < e - \sum_{k=1}^{n-1} \dfrac{1}{k!} \leq \dfrac{2}{n!}$. 仮定より

$e = \dfrac{q}{p}$ であるから $0 < q(n-1)! - \left(\sum_{k=0}^{n-1} \dfrac{1}{k!}\right) p\{(n-1)!\} \leq \dfrac{2p}{n}$.

ここで, $n$ を十分大として $2p < n$ とすれば, 左辺は自然数であるから矛盾となる. よって $e$ は無理数である.

# 付　　　録

## A　基本事項

### A.1　《基本事項》

**(A.1.1)**　(i) $(a \pm b)^2 = a^2 \pm 2ab + b^2$　(ii) $(a+b)(a-b) = a^2 - b^2$
(iii) $(x+a)(x+b) = x^2 + (a+b)x + ab$
(iv) $(ax+b)(cx+d) = acx^2 + (ad+bc)x + bd$
(v) $(a \pm b)^3 = a^3 \pm 3a^2 b + 3ab^2 \pm b^3$　(vi) $(a \pm b)(a^2 \mp ab + b^2) = a^3 \pm b^3$
(vii) $(a+b+c)^2 = a^2 + b^2 + c^2 + 2ab + 2bc + 2ca$
(viii) $(x+a)(x+b)(x+c) = x^3 + (a+b+c)x^2 + (ab+bc+ca)x + abc$
(ix) $(a^2 + b^2)(c^2 + d^2) = (ac+bd)^2 + (ad-bc)^2$

**(A.1.2)**　$\displaystyle\sum_{k=1}^{n} k = \frac{n(n+1)}{2}, \quad \sum_{k=1}^{n} k^2 = \frac{n(n+1)(2n+1)}{6}, \quad \sum_{k=1}^{n} k^3 = \left[\frac{n(n+1)}{2}\right]^2$

### A.2　《三角関数》

**(A.2.1)**　(i) $n = 0, \pm 1, \pm 2, ...,$ とする．
$\sin(\theta + 2n\pi) = \sin\theta, \quad \cos(\theta + 2n\pi) = \cos\theta, \quad \tan(\theta + n\pi) = \tan\theta$
(ii)　$\sin(-\theta) = -\sin\theta, \quad \cos(-\theta) = \cos\theta, \quad \tan(-\theta) = -\tan\theta$
(iii)　$\sin(\theta + \pi) = -\sin\theta, \quad \cos(\theta + \pi) = -\cos\theta, \quad \tan(\theta + \pi) = \tan\theta$
(iv)　$\sin(\pi - \theta) = \sin\theta, \quad \cos(\pi - \theta) = -\cos\theta, \quad \tan(\pi - \theta) = -\tan\theta$
(v)　$\sin\left(\theta + \dfrac{\pi}{2}\right) = \cos\theta, \quad \cos\left(\theta + \dfrac{\pi}{2}\right) = -\sin\theta, \quad \tan\left(\theta + \dfrac{\pi}{2}\right) = -\dfrac{1}{\tan\theta} = -\cot\theta$
(vi)　$\sin\left(\dfrac{\pi}{2} - \theta\right) = \cos\theta, \quad \cos\left(\dfrac{\pi}{2} - \theta\right) = \sin\theta, \quad \tan\left(\dfrac{\pi}{2} - \theta\right) = \dfrac{1}{\tan\theta} = \cot\theta$
(vii)　$\sin^2\theta + \cos^2\theta = 1, \quad \tan^2\theta + 1 = \sec^2\theta, \quad \cot^2\theta + 1 = \mathrm{cosec}^2\theta$

**(A.2.2)**　(I) 《加法定理》
(i) $\sin(\alpha \pm \beta) = \sin\alpha\cos\beta \pm \cos\alpha\sin\beta$　(ii) $\cos(\alpha \pm \beta) = \cos\alpha\cos\beta \mp \sin\alpha\sin\beta$

(iii) $\tan(\alpha \pm \beta) = \dfrac{\tan\alpha \pm \tan\beta}{1 \mp \tan\alpha\tan\beta}$

(II) 《倍角公式・半角公式》

(i) $\sin 2\alpha = 2\sin\alpha\cos\alpha$, $\cos 2\alpha = \cos^2\alpha - \sin^2\alpha = 2\cos^2\alpha - 1 = 1 - 2\sin^2\alpha$

(ii) $\tan 2\alpha = \dfrac{2\tan\alpha}{1 - \tan^2\alpha}$

(iii) $\sin\dfrac{\alpha}{2} = \pm\sqrt{\dfrac{1-\cos\alpha}{2}}$, $\cos\dfrac{\alpha}{2} = \pm\sqrt{\dfrac{1+\cos\alpha}{2}}$, $\tan\dfrac{\alpha}{2} = \pm\sqrt{\dfrac{1-\cos\alpha}{1+\cos\alpha}}$

（符号は $\alpha/2$ が第何象限の角であるかによる．）

(iv) $\tan\dfrac{x}{2} = t$ $(t \neq \pm 1)$ のとき, $\sin x = \dfrac{2t}{1+t^2}$, $\cos x = \dfrac{1-t^2}{1+t^2}$, $\tan x = \dfrac{2t}{1-t^2}$

(III) 《積和公式・和積公式》

$\sin\alpha\cos\beta = \dfrac{1}{2}\{\sin(\alpha+\beta) + \sin(\alpha-\beta)\}$, $\cos\alpha\sin\beta = \dfrac{1}{2}\{\sin(\alpha+\beta) - \sin(\alpha-\beta)\}$

$\cos\alpha\cos\beta = \dfrac{1}{2}\{\cos(\alpha+\beta) + \cos(\alpha-\beta)\}$

$\sin\alpha\sin\beta = -\dfrac{1}{2}\{\cos(\alpha+\beta) - \cos(\alpha-\beta)\}$

$\sin A + \sin B = 2\sin\dfrac{A+B}{2}\cos\dfrac{A-B}{2}$, $\sin A - \sin B = 2\cos\dfrac{A+B}{2}\sin\dfrac{A-B}{2}$

$\cos A + \cos B = 2\cos\dfrac{A+B}{2}\cos\dfrac{A-B}{2}$, $\cos A - \cos B = -2\sin\dfrac{A+B}{2}\sin\dfrac{A-B}{2}$

## A.3 《双曲線関数》

$\sinh x = \dfrac{e^x - e^{-x}}{2}$ (hyperbolic sine), $\cosh x = \dfrac{e^x + e^{-x}}{2}$ (hyperbolic cosine)

$\tanh x = \dfrac{e^x - e^{-x}}{e^x + e^{-x}}$ (hyperbolic tangent), $\coth x = \dfrac{\cosh x}{\sinh x}$ (hyperbolic cotangent)

$\operatorname{sech} x = \dfrac{1}{\cosh x}$ (hyperbolic secant), $\operatorname{cosech} x = \dfrac{1}{\sinh x}$ (hyperbolic cosecant)

$\sinh^{-1} x = \log(x + \sqrt{x^2 + 1})$, $\cosh^{-1} x = \log(x + \sqrt{x^2 - 1})$, $x \geq 1$

$\tanh^{-1} x = \dfrac{1}{2}\log\dfrac{1+x}{1-x}$, $|x| < 1$

## B.0 《極限》

(i) $\lim_{x \to \infty} \left(1 + \dfrac{1}{x}\right)^x = e$, $\quad \lim_{x \to -\infty} \left(1 + \dfrac{1}{x}\right)^x = e$ $\quad$ (ii) $\lim_{x \to 0} (1+x)^{1/x} = e$

(iii) $\lim_{x \to 0} \dfrac{\log_a(1+x)}{x} = \dfrac{1}{\log a}$ $\quad$ (iv) $\lim_{x \to 0} \dfrac{a^x - 1}{x} = \log a \quad (a > 0)$

(v) $\lim_{x \to 0} \dfrac{\log(1+x)}{x} = 1$ $\quad$ (vi) $\lim_{x \to 0} \dfrac{e^x - 1}{x} = 1$ $\quad$ (vii) $\lim_{x \to \infty} \left(1 + \dfrac{a}{x}\right)^x = e^a$

(viii) $\lim_{x \to 0} (1+ax)^{1/x} = e^a$ $\quad$ (ix) $\lim_{n \to \infty} \left(1 + \dfrac{a}{n}\right)^n = e^a$

(x) $\lim_{x \to \infty} \dfrac{e^x}{x^a} = \infty$ $\quad$ ($a$ は定数) $\quad$ (xi) $\lim_{x \to \infty} \dfrac{\log x}{x^a} = 0 \quad (a > 0)$

## B.1 《微分の公式》

(1) $\dfrac{d}{dx} a = 0$ $\quad$ (2) $\dfrac{d}{dx}(x^n) = nx^{n-1}$ $\quad$ (3) $\dfrac{d}{dx} e^x = e^x$ $\quad$ (4) $\dfrac{d}{dx} \log|x| = \dfrac{1}{x}$

(5) $\dfrac{d}{dx} \sin x = \cos x$ $\quad$ (6) $\dfrac{d}{dx} \cos x = -\sin x$ $\quad$ (7) $\dfrac{d}{dx} \tan x = \sec^2 x$

(8) $\dfrac{d}{dx} \cot x = -\operatorname{cosec}^2 x$ $\quad$ (9) $\dfrac{d}{dx} \sec x = \sec x \tan x$

(10) $\dfrac{d}{dx} \operatorname{cosec} x = -\operatorname{cosec} x \cot x$ $\quad$ (11) $\dfrac{d}{dx} \operatorname{Sin}^{-1} x = \dfrac{1}{\sqrt{1-x^2}}, \quad |x| < 1$

(12) $\dfrac{d}{dx} \operatorname{Cos}^{-1} x = -\dfrac{1}{\sqrt{1-x^2}}, \quad |x| < 1$ $\quad$ (13) $\dfrac{d}{dx} \operatorname{Tan}^{-1} x = \dfrac{1}{1+x^2}$

(14) $\dfrac{d}{dx} \operatorname{Cot}^{-1} x = -\dfrac{1}{1+x^2}$ $\quad$ (15) $\dfrac{d}{dx} \operatorname{Sec}^{-1} x = \dfrac{1}{|x|\sqrt{x^2-1}}, \quad |x| > 1$

(16) $\dfrac{d}{dx} \operatorname{Cosec}^{-1} x = -\dfrac{1}{|x|\sqrt{x^2-1}}, \quad |x| > 1$ $\quad$ (17) $\dfrac{d}{dx} \sinh x = \cosh x$

(18) $\dfrac{d}{dx} \cosh x = \sinh x$ $\quad$ (19) $\dfrac{d}{dx} \tanh x = \operatorname{sech}^2 x$ $\quad$ (20) $\dfrac{d}{dx} \coth x = -\operatorname{cosech}^2 x$

(21) $\dfrac{d}{dx} \operatorname{sech} x = -\operatorname{sech} x \tanh x$ $\quad$ (22) $\dfrac{d}{dx} \operatorname{cosech} x = -\operatorname{cosech} x \coth x$

(23) $\dfrac{d}{dx} \sinh^{-1} x = \dfrac{1}{\sqrt{1+x^2}}$ $\quad$ (24) $\dfrac{d}{dx} \cosh^{-1} x = \dfrac{1}{\sqrt{x^2-1}}, \quad x > 1$

(25) $\dfrac{d}{dx}\tanh^{-1} x = \dfrac{1}{1-x^2}$, $|x| < 1$ (26) $\dfrac{d}{dx}\coth^{-1} x = \dfrac{1}{1-x^2}$, $|x| > 1$

(27) $\dfrac{d}{dx}\mathrm{sech}^{-1} x = -\dfrac{1}{x\sqrt{1-x^2}}$, $0 < x < 1$

(28) $\dfrac{d}{dx}\mathrm{cosech}^{-1} x = -\dfrac{1}{|x|\sqrt{1+x^2}}$, $x \neq 0$ (29) $\dfrac{d}{dx}\dfrac{cx+d}{ax+b} = \dfrac{bc-ad}{(ax+b)^2}$

(30) $\dfrac{d}{dx}e^{ax} = ae^{ax}$ (31) $\dfrac{d}{dx}a^x = a^x \log a$

(32) $\dfrac{d}{dx}\log_a x = \dfrac{1}{x\log a}$ (33) $\dfrac{d}{dx}\log\left|\dfrac{1+x}{1-x}\right| = \dfrac{2}{1-x^2}$

### B.2 《積分の公式》

（積分定数は省略）

(1) $\displaystyle\int x^n dx = \dfrac{x^{n+1}}{n+1}$ $(n \neq -1)$ \qquad (2) $\displaystyle\int \dfrac{dx}{x} = \log|x|$

(3) $\displaystyle\int e^x dx = e^x$ \qquad (4) $\displaystyle\int a^x dx = \dfrac{a^x}{\log a}$ $(a > 0, a \neq 1)$

(5) $\displaystyle\int \log x\, dx = x\log x - x$ \qquad (6) $\displaystyle\int \sin x\, dx = -\cos x$

(7) $\displaystyle\int \cos x\, dx = \sin x$ \qquad (8) $\displaystyle\int \tan x\, dx = \log|\sec x| = -\log|\cos x|$

(9) $\displaystyle\int \cot x\, dx = \log|\sin x|$

(10) $\displaystyle\int \sec x\, dx = \log|\sec x + \tan x| = \log\left|\tan\left(\dfrac{x}{2}+\dfrac{\pi}{4}\right)\right|$

(11) $\displaystyle\int \mathrm{cosec}\, x\, dx = \log|\mathrm{cosec}\, x - \cot x| = \log\left|\tan\dfrac{x}{2}\right|$

(12) $\displaystyle\int (ax+b)^n dx = \dfrac{(ax+b)^{n+1}}{a(n+1)}$ $(n \neq -1)$

(13) $\displaystyle\int \dfrac{1}{ax+b}dx = \dfrac{1}{a}\log|ax+b|$

(14) $\displaystyle\int x(ax+b)^n dx = \dfrac{(ax+b)^{n+1}}{a^2}\left[\dfrac{ax+b}{n+2} - \dfrac{b}{(n+1)}\right]$ $(n \neq -1, -2)$

(15) $\displaystyle\int \dfrac{x\,dx}{ax+b} = \dfrac{x}{a} - \dfrac{b}{a^2}\log|ax+b|$

(16) $\displaystyle\int \frac{x^2 dx}{ax+b} = \frac{1}{a^3}\left[\frac{1}{2}(ax+b)^2 - 2b(ax+b) + b^2 \log|ax+b|\right]$

(17) $\displaystyle\int \frac{dx}{x(ax+b)} = \frac{1}{b}\log\left|\frac{x}{ax+b}\right|$ 　　(18) $\displaystyle\int \frac{dx}{x^2(ax+b)} = -\frac{1}{bx} + \frac{a}{b^2}\log\left|\frac{ax+b}{x}\right|$

(19) $\displaystyle\int \frac{x\,dx}{(ax+b)^2} = \frac{1}{a^2}\left[\log|ax+b| + \frac{b}{ax+b}\right]$

(20) $\displaystyle\int \frac{x^2 dx}{(ax+b)^2} = \frac{1}{a^3}\left[ax - \frac{b^2}{ax+b} - 2b\log|ax+b|\right]$

(21) $\displaystyle\int (\sqrt{ax+b})^n dx = \frac{2}{a}\frac{(\sqrt{ax+b})^{n+2}}{n+2}$ 　$(n \neq -2)$

(22) $\displaystyle\int x\sqrt{ax+b}\,dx = \frac{2}{15a^2}(3ax - 2b)(ax+b)^{3/2}$

(23) $\displaystyle\int x^2\sqrt{ax+b}\,dx = \frac{2}{105a^3}(15a^2 x^2 - 12abx + 8b^2)(ax+b)^{3/2}$

(24) $\displaystyle\int x^n\sqrt{ax+b}\,dx = \frac{2x^n}{a(2n+3)}(ax+b)^{3/2} - \frac{2bn}{a(2n+3)}\int x^{n-1}\sqrt{ax+b}\,dx$

(25) $\displaystyle\int \frac{\sqrt{ax+b}}{x}dx = 2\sqrt{ax+b} + b\int \frac{dx}{x\sqrt{ax+b}}$

(26) $\displaystyle\int \frac{dx}{x\sqrt{ax-b}} = \frac{2}{\sqrt{b}}\operatorname{Tan}^{-1}\sqrt{\frac{ax-b}{b}}$ 　$(b>0)$

(27) $\displaystyle\int \frac{dx}{x\sqrt{ax+b}} = \frac{1}{\sqrt{b}}\log\left|\frac{\sqrt{ax+b}-\sqrt{b}}{\sqrt{ax+b}+\sqrt{b}}\right|$ 　$(b>0)$

(28) $\displaystyle\int \frac{x\,dx}{\sqrt{ax+b}} = \frac{2}{3a^2}(ax - 2b)\sqrt{ax+b}$

(29) $\displaystyle\int \frac{\sqrt{ax+b}}{x^2}dx = -\frac{\sqrt{ax+b}}{x} + \frac{a}{2}\int \frac{dx}{x\sqrt{ax+b}}$

(30) $\displaystyle\int \frac{x^2 dx}{\sqrt{ax+b}} = \frac{2}{15a^3}(3a^2 x^2 - 4abx + 8b^2)\sqrt{ax+b}$

(31) $\displaystyle\int \frac{dx}{x^2\sqrt{ax+b}} = -\frac{\sqrt{ax+b}}{bx} - \frac{a}{2b}\int \frac{dx}{x\sqrt{ax+b}}$

(32) $\displaystyle\int \frac{x^n dx}{\sqrt{ax+b}} = \frac{2x^n}{a(2n+1)}\sqrt{ax+b} - \frac{2bn}{a(2n+1)}\int \frac{x^{n-1} dx}{\sqrt{ax+b}}$

(33) $\displaystyle\int \frac{dx}{x^n\sqrt{ax+b}} = -\frac{\sqrt{ax+b}}{b(n-1)x^{n-1}} - \frac{a(2n-3)}{2b(n-1)}\int \frac{dx}{x^{n-1}\sqrt{ax+b}}$

(34) $\displaystyle\int \frac{\sqrt{ax+b}}{x^n} dx = -\frac{(ax+b)^{3/2}}{b(n-1)x^{n-1}} - \frac{a(2n-5)}{2b(n-1)}\int \frac{\sqrt{ax+b}}{x^{n-1}} dx$

(35) $\displaystyle\int \sin ax\, dx = -\frac{1}{a}\cos ax$ 　　(36) $\displaystyle\int \cos ax\, dx = \frac{1}{a}\sin ax$

(37) $\displaystyle\int \tan ax\, dx = \frac{1}{a}\log|\sec ax|$ 　　(38) $\displaystyle\int \cot ax\, dx = \frac{1}{a}\log|\sin ax|$

(39) $\displaystyle\int \mathrm{Sin}^{-1} ax\, dx = x\,\mathrm{Sin}^{-1} ax + \frac{1}{a}\sqrt{1-a^2 x^2}$

(40) $\displaystyle\int \mathrm{Cos}^{-1} ax\, dx = x\,\mathrm{Cos}^{-1} ax - \frac{1}{a}\sqrt{1-a^2 x^2}$

(41) $\displaystyle\int \mathrm{Tan}^{-1} ax\, dx = x\,\mathrm{Tan}^{-1} ax - \frac{1}{2a}\log(1+a^2 x^2)$

(42) $\displaystyle\int \mathrm{Cot}^{-1} ax\, dx = x\,\mathrm{Cot}^{-1} ax + \frac{1}{a}\log\sqrt{1+a^2 x^2}$

(43) $\displaystyle\int \mathrm{Sec}^{-1} ax\, dx = x\,\mathrm{Sec}^{-1} ax - \frac{1}{a}\log\left|ax+\sqrt{a^2 x^2 - 1}\right|$

(44) $\displaystyle\int \mathrm{Cosec}^{-1} ax\, dx = x\,\mathrm{Cosec}^{-1} ax + \frac{1}{a}\log\left|ax+\sqrt{a^2 x^2 - 1}\right|$

(45) $\displaystyle\int \sin^2 ax\, dx = \frac{x}{2} - \frac{1}{4a}\sin 2ax$ 　　(46) $\displaystyle\int \cos^2 ax\, dx = \frac{x}{2} + \frac{1}{4a}\sin 2ax$

(47) $\displaystyle\int \tan^2 ax\, dx = \frac{1}{a}\tan ax - x$ 　　(48) $\displaystyle\int \sec^2 ax\, dx = \frac{1}{a}\tan ax$

(49) $\displaystyle\int \mathrm{cosec}^2 ax\, dx = -\frac{1}{a}\cot ax$ 　　(50) $\displaystyle\int \cot^2 ax\, dx = -\frac{1}{a}\cot ax - x$

(51) $\displaystyle\int \sin^n ax\, dx = -\frac{1}{na}\sin^{n-1} ax\cos ax + \frac{n-1}{n}\int \sin^{n-2} ax\, dx$

(52) $\displaystyle\int \cos^n ax\, dx = \frac{1}{na}\cos^{n-1} ax\sin ax + \frac{n-1}{n}\int \cos^{n-2} ax\, dx$

(53) $\displaystyle\int \tan^n ax\,dx = \dfrac{1}{a(n-1)} \tan^{n-1} ax - \int \tan^{n-2} ax\,dx \quad (n \neq 1)$

(54) $\displaystyle\int \cot^n ax\,dx = -\dfrac{1}{a(n-1)} \cot^{n-1} ax - \int \cot^{n-2} ax\,dx \quad (n \neq 1)$

(55) $\displaystyle\int \sec^n ax\,dx = \dfrac{1}{a(n-1)} \sec^{n-2} ax \tan ax + \dfrac{n-2}{n-1} \int \sec^{n-2} ax\,dx \quad (n \neq 1)$

(56) $\displaystyle\int \operatorname{cosec}^n ax\,dx = -\dfrac{1}{a(n-1)} \operatorname{cosec}^{n-2} ax \cot ax + \dfrac{n-2}{n-1} \int \operatorname{cosec}^{n-2} ax\,dx \quad (n \neq 1)$

(57) $\displaystyle\int \sin ax \sin bx\,dx = -\dfrac{\sin(a+b)x}{2(a+b)} + \dfrac{\sin(a-b)x}{2(a-b)} \quad (a^2 \neq b^2)$

(58) $\displaystyle\int \cos ax \cos bx\,dx = \dfrac{\sin(a+b)x}{2(a+b)} + \dfrac{\sin(a-b)x}{2(a-b)} \quad (a^2 \neq b^2)$

(59) $\displaystyle\int \sin ax \cos bx\,dx = -\dfrac{\cos(a+b)x}{2(a+b)} - \dfrac{\cos(a-b)x}{2(a-b)} \quad (a^2 \neq b^2)$

(60) $\displaystyle\int \sin^m ax \cos^n ax\,dx = -\dfrac{\sin^{m-1} ax \cos^{n+1} ax}{a(m+n)} + \dfrac{m-1}{m+n} \int \sin^{m-2} ax \cos^n ax\,dx$

$= \dfrac{\sin^{m+1} ax \cos^{n-1} ax}{a(m+n)} + \dfrac{n-1}{m+n} \int \sin^m ax \cos^{n-2} ax\,dx \quad (m \neq -n)$

(61) $\displaystyle\int x \sin ax\,dx = \dfrac{1}{a^2} \sin ax - \dfrac{x}{a} \cos ax$

(62) $\displaystyle\int x \cos ax\,dx = \dfrac{1}{a^2} \cos ax + \dfrac{x}{a} \sin ax$

(63) $\displaystyle\int x^n \sin ax\,dx = -\dfrac{x^n}{a} \cos ax + \dfrac{n}{a} \int x^{n-1} \cos ax\,dx$

(64) $\displaystyle\int x^n \cos ax\,dx = \dfrac{x^n}{a} \sin ax - \dfrac{n}{a} \int x^{n-1} \sin ax\,dx$

(65) $\displaystyle\int x^n \operatorname{Sin}^{-1} ax\,dx = \dfrac{x^{n+1}}{n+1} \operatorname{Sin}^{-1} ax - \dfrac{a}{n+1} \int \dfrac{x^{n+1}}{\sqrt{1-a^2 x^2}}\,dx \quad (n \neq -1)$

(66) $\displaystyle\int x^n \operatorname{Cos}^{-1} ax\,dx = \dfrac{x^{n+1}}{n+1} \operatorname{Cos}^{-1} ax + \dfrac{a}{n+1} \int \dfrac{x^{n+1}}{\sqrt{1-a^2 x^2}}\,dx \quad (n \neq -1)$

(67) $\displaystyle\int x^n \operatorname{Tan}^{-1} ax\,dx = \dfrac{x^{n+1}}{n+1} \operatorname{Tan}^{-1} ax - \dfrac{a}{n+1} \int \dfrac{x^{n+1}}{1+a^2 x^2}\,dx \quad (n \neq -1)$

(68) $\displaystyle\int \frac{dx}{1+\sin ax} = -\frac{1}{a}\tan\left(\frac{\pi}{4}-\frac{ax}{2}\right)$  (69) $\displaystyle\int \frac{dx}{1-\sin ax} = \frac{1}{a}\tan\left(\frac{\pi}{4}+\frac{ax}{2}\right)$

(70) $\displaystyle\int \frac{dx}{1+\cos ax} = \frac{1}{a}\tan\frac{ax}{2}$  (71) $\displaystyle\int \frac{dx}{1-\cos ax} = -\frac{1}{a}\cot\frac{ax}{2}$

(72) $\displaystyle\int \frac{dx}{b+c\sin ax} = \begin{cases} \dfrac{-2}{a\sqrt{b^2-c^2}}\mathrm{Tan}^{-1}\left[\sqrt{\dfrac{b-c}{b+c}}\tan\left(\dfrac{\pi}{4}-\dfrac{ax}{2}\right)\right] & (b^2>c^2) \\ \dfrac{-1}{a\sqrt{c^2-b^2}}\log\left|\dfrac{c+b\sin ax+\sqrt{c^2-b^2}\cos ax}{b+c\sin ax}\right| & (b^2<c^2) \end{cases}$

(73) $\displaystyle\int \frac{dx}{b+c\cos ax} = \begin{cases} \dfrac{2}{a\sqrt{b^2-c^2}}\mathrm{Tan}^{-1}\left[\sqrt{\dfrac{b-c}{b+c}}\tan\dfrac{ax}{2}\right] & (b^2>c^2) \\ \dfrac{1}{a\sqrt{c^2-b^2}}\log\left|\dfrac{c+b\cos ax+\sqrt{c^2-b^2}\sin ax}{b+c\cos ax}\right| & (b^2<c^2) \end{cases}$

(74) $\displaystyle\int e^{ax}dx = \frac{1}{a}e^{ax}$  (75) $\displaystyle\int \log ax\,dx = x\log ax - x$

(76) $\displaystyle\int b^{ax}dx = \frac{1}{a\log b}b^{ax}\quad (b>0,\ b\neq 1)$  (77) $\displaystyle\int xe^{ax}dx = \frac{e^{ax}}{a^2}(ax-1)$

(78) $\displaystyle\int x^n e^{ax}dx = \frac{1}{a}x^n e^{ax} - \frac{n}{a}\int x^{n-1}e^{ax}dx$

(79) $\displaystyle\int x^n b^{ax}dx = \frac{x^n b^{ax}}{a\log b} - \frac{n}{a\log b}\int x^{n-1}b^{ax}dx\quad (b>0,\ b\neq 1)$

(80) $\displaystyle\int \frac{dx}{x\log ax} = \log|\log ax|$  (81) $\displaystyle\int \frac{(\log ax)^m}{x}dx = \frac{(\log ax)^{m+1}}{m+1}\quad (m\neq -1)$

(82) $\displaystyle\int x^n(\log ax)^m dx = \frac{x^{n+1}(\log ax)^m}{n+1} - \frac{m}{n+1}\int x^n(\log ax)^{m-1}dx\quad (n\neq -1)$

(83) $\displaystyle\int e^{ax}\sin bx\,dx = \frac{e^{ax}}{a^2+b^2}(a\sin bx - b\cos bx)$

(84) $\displaystyle\int e^{ax}\cos bx\,dx = \frac{e^{ax}}{a^2+b^2}(a\cos bx + b\sin bx)$

(85) $\displaystyle\int \frac{dx}{x^2+a^2} = \frac{1}{a}\mathrm{Tan}^{-1}\frac{x}{a}\quad (a>0)$  (86) $\displaystyle\int \frac{dx}{x^2-a^2} = \frac{1}{2a}\log\left|\frac{x-a}{x+a}\right|\quad (a>0)$

(87) $\displaystyle\int \frac{dx}{a^2 - x^2} = \frac{1}{2a}\log\left|\frac{a+x}{a-x}\right|$ $(a>0)$

(88) $\displaystyle\int \frac{dx}{(a^2 + x^2)^2} = \frac{x}{2a^2(a^2 + x^2)} + \frac{1}{2a^3}\mathrm{Tan}^{-1}\frac{x}{a}$ $(a>0)$

(89) $\displaystyle\int \frac{dx}{(a^2 - x^2)^2} = \frac{x}{2a^2(a^2 - x^2)} + \frac{1}{4a^3}\log\left|\frac{x+a}{x-a}\right|$ $(a>0)$

(90) $\displaystyle\int \frac{bx+c}{x^2 + a^2}dx = \frac{b}{2}\log(x^2 + a^2) + \frac{c}{a}\mathrm{Tan}^{-1}\frac{x}{a}$ $(a>0)$

(91) $\displaystyle\int (x^2 + a^2)^{3/2}dx = \frac{x}{8}(2x^2 + 5a^2)\sqrt{x^2 + a^2} + \frac{3a^4}{8}\log\left|x + \sqrt{x^2 + a^2}\right|$ $(a>0)$

(92) $\displaystyle\int (x^2 - a^2)^{3/2}dx = \frac{x}{8}(2x^2 - 5a^2)\sqrt{x^2 - a^2} + \frac{3a^4}{8}\log\left|x + \sqrt{x^2 - a^2}\right|$ $(a>0)$

(93) $\displaystyle\int (a^2 - x^2)^{3/2}dx = -\frac{x}{8}(2x^2 - 5a^2)\sqrt{a^2 - x^2} + \frac{3a^4}{8}\mathrm{Sin}^{-1}\frac{x}{a}$ $(a>0)$

(94) $\displaystyle\int \frac{dx}{(x^2 + a^2)^{3/2}} = \frac{x}{a^2\sqrt{x^2 + a^2}}$ $(a>0)$

(95) $\displaystyle\int \frac{dx}{(x^2 - a^2)^{3/2}} = -\frac{x}{a^2\sqrt{x^2 - a^2}}$ $(a>0)$

(96) $\displaystyle\int \frac{dx}{(a^2 - x^2)^{3/2}} = \frac{x}{a^2\sqrt{a^2 - x^2}}$ $(a>0)$

(97) $\displaystyle\int \frac{dx}{\sqrt{a^2 - x^2}} = \mathrm{Sin}^{-1}\frac{x}{|a|}$ $(a \neq 0)$

(98) $\displaystyle\int \frac{dx}{\sqrt{x^2 - a^2}} = \log(x + \sqrt{x^2 - a^2})$ $(a>0)$

(99) $\displaystyle\int \frac{dx}{x\sqrt{a^2 - x^2}} = -\frac{1}{a}\log\left|\frac{a + \sqrt{a^2 - x^2}}{x}\right|$ $(a>0)$

(100) $\displaystyle\int \frac{dx}{x\sqrt{x^2 - a^2}} = \frac{1}{a}\mathrm{Sec}^{-1}\left|\frac{x}{a}\right|$ $(a>0)$

(101) $\displaystyle\int \frac{dx}{x^2\sqrt{x^2 - a^2}} = \frac{\sqrt{x^2 - a^2}}{a^2 x}$ $(a>0)$

(102) $\displaystyle\int \frac{dx}{x^2\sqrt{a^2 - x^2}} = -\frac{\sqrt{a^2 - x^2}}{a^2 x}$ $(a>0)$

(103) $\displaystyle\int \frac{x^2}{\sqrt{x^2-a^2}}\,dx = \frac{a^2}{2}\log\left|x+\sqrt{x^2-a^2}\right| + \frac{x}{2}\sqrt{x^2-a^2}$ $(a>0)$

(104) $\displaystyle\int \frac{x^2}{\sqrt{a^2-x^2}}\,dx = \frac{a^2}{2}\mathrm{Sin}^{-1}\frac{x}{a} - \frac{x}{2}\sqrt{a^2-x^2}$ $(a>0)$

(105) $\displaystyle\int \sqrt{a^2-x^2}\,dx = \frac{x}{2}\sqrt{a^2-x^2} + \frac{a^2}{2}\mathrm{Sin}^{-1}\frac{x}{a}$ $(a>0)$

(106) $\displaystyle\int \sqrt{x^2-a^2}\,dx = \frac{x}{2}\sqrt{x^2-a^2} - \frac{a^2}{2}\log\left|x+\sqrt{x^2-a^2}\right|$ $(a>0)$

(107) $\displaystyle\int \frac{\sqrt{a^2-x^2}}{x}\,dx = \sqrt{a^2-x^2} - a\log\left|\frac{a+\sqrt{a^2-x^2}}{x}\right|$ $(a>0)$

(108) $\displaystyle\int \frac{\sqrt{x^2-a^2}}{x}\,dx = \sqrt{x^2-a^2} - a\,\mathrm{Sec}^{-1}\frac{x}{a}$ $(a>0)$

(109) $\displaystyle\int \frac{\sqrt{a^2-x^2}}{x^2}\,dx = -\mathrm{Sin}^{-1}\frac{x}{a} - \frac{\sqrt{a^2-x^2}}{x}$ $(a>0)$

(110) $\displaystyle\int \frac{\sqrt{x^2-a^2}}{x^2}\,dx = \log\left|x+\sqrt{x^2-a^2}\right| - \frac{\sqrt{x^2-a^2}}{x}$ $(a>0)$

(111) $\displaystyle\int x^2\sqrt{a^2-x^2}\,dx = \frac{a^4}{8}\mathrm{Sin}^{-1}\frac{x}{a} - \frac{1}{8}x\sqrt{a^2-x^2}\,(a^2-2x^2)$ $(a>0)$

(112) $\displaystyle\int x^2\sqrt{x^2-a^2}\,dx = \frac{x}{8}(2x^2-a^2)\sqrt{x^2-a^2} - \frac{a^4}{8}\log\left|x+\sqrt{x^2-a^2}\right|$ $(a>0)$

(113) $\displaystyle\int (\sqrt{x^2-a^2})^n\,dx = \frac{x(\sqrt{x^2-a^2})^n}{n+1} - \frac{na^2}{n+1}\int (\sqrt{x^2-a^2})^{n-2}\,dx$ $(n\neq -1)$
$(a>0)$

(114) $\displaystyle\int \frac{dx}{(\sqrt{x^2-a^2})^n} = \frac{x(\sqrt{x^2-a^2})^{2-n}}{(2-n)a^2} - \frac{n-3}{(n-2)a^2}\int \frac{dx}{(\sqrt{x^2-a^2})^{n-2}}$ $(n\neq -2)$
$(a>0)$

(115) $\displaystyle\int x(\sqrt{x^2-a^2})^n\,dx = \frac{(\sqrt{x^2-a^2})^{n+2}}{n+2}$ $(n\neq -2)$ $(a>0)$

(116) $\displaystyle\int \frac{dx}{\sqrt{x^2+a^2}} = \log(x+\sqrt{x^2+a^2})$ $(a>0)$

(117) $\displaystyle\int \frac{dx}{x\sqrt{x^2+a^2}} = -\frac{1}{a}\log\left|\frac{a+\sqrt{x^2+a^2}}{x}\right|$  $(a>0)$

(118) $\displaystyle\int \frac{dx}{x^2\sqrt{x^2+a^2}} = -\frac{\sqrt{x^2+a^2}}{a^2 x}$  $(a>0)$

(119) $\displaystyle\int \frac{x^2 dx}{\sqrt{x^2+a^2}} = -\frac{a^2}{2}\log\left|x+\sqrt{x^2+a^2}\right| + \frac{x\sqrt{x^2+a^2}}{2}$  $(a>0)$

(120) $\displaystyle\int \sqrt{x^2+a^2}\, dx = \frac{x}{2}\sqrt{x^2+a^2} + \frac{a^2}{2}\log(x+\sqrt{x^2+a^2})$  $(a>0)$

(121) $\displaystyle\int x\sqrt{x^2+a^2}\, dx = \frac{1}{3}(x^2+a^2)^{3/2}$  $(a>0)$

(122) $\displaystyle\int x^2\sqrt{x^2+a^2}\, dx = \frac{x}{8}(a^2+2x^2)\sqrt{x^2+a^2} - \frac{a^4}{8}\log(x+\sqrt{x^2+a^2})$  $(a>0)$

(123) $\displaystyle\int \frac{\sqrt{a^2+x^2}}{x}\, dx = \sqrt{a^2+x^2} - a\log\left|\frac{a+\sqrt{a^2+x^2}}{x}\right|$  $(a>0)$

(124) $\displaystyle\int \frac{\sqrt{a^2+x^2}}{x^2}\, dx = \log\left|x+\sqrt{a^2+x^2}\right| - \frac{\sqrt{a^2+x^2}}{x}$  $(a>0)$

(125) $\displaystyle\int \frac{dx}{\sqrt{2ax-x^2}} = \mathrm{Sin}^{-1}\!\left(\frac{x-a}{a}\right)$  $(a>0)$

(126) $\displaystyle\int \sqrt{2ax-x^2}\, dx = \frac{x-a}{2}\sqrt{2ax-x^2} + \frac{a^2}{2}\mathrm{Sin}^{-1}\!\left(\frac{x-a}{a}\right)$  $(a>0)$

(127) $\displaystyle\int (\sqrt{2ax-x^2})^n\, dx = \frac{(x-a)(\sqrt{2ax-x^2})^n}{n+1} + \frac{na^2}{n+1}\int (\sqrt{2ax-x^2})^{n-2}\, dx$

(128) $\displaystyle\int \frac{dx}{(\sqrt{2ax-x^2})^n} = \frac{(x-a)(\sqrt{2ax-x^2})^{2-n}}{(n-2)a^2} + \frac{n-3}{(n-2)a^2}\int \frac{dx}{(\sqrt{2ax-x^2})^{n-2}}$

(129) $\displaystyle\int x\sqrt{2ax-x^2}\, dx = \frac{(x+a)(2x-3a)}{6}\sqrt{2ax-x^2} + \frac{a^3}{2}\mathrm{Sin}^{-1}\!\left(\frac{x-a}{a}\right)$  $(a>0)$

(130) $\displaystyle\int \frac{\sqrt{2ax-x^2}}{x}\, dx = \sqrt{2ax-x^2} + a\,\mathrm{Sin}^{-1}\!\left(\frac{x-a}{a}\right)$  $(a>0)$

(131) $\displaystyle\int \frac{\sqrt{2ax-x^2}}{x^2}dx = -2\sqrt{\frac{2a-x}{x}} - \mathrm{Sin}^{-1}\left(\frac{x-a}{a}\right) \quad (a>0)$

(132) $\displaystyle\int \frac{xdx}{\sqrt{2ax-x^2}} = -\sqrt{2ax-x^2} + a\,\mathrm{Sin}^{-1}\left(\frac{x-a}{a}\right) \quad (a>0)$

(133) $\displaystyle\int \frac{x^2 dx}{\sqrt{2ax-x^2}} = -\frac{(x+3a)}{2}\sqrt{2ax-x^2} + \frac{3a^2}{2}\mathrm{Sin}^{-1}\left(\frac{x-a}{a}\right) \quad (a>0)$

(134) $\displaystyle\int \frac{dx}{x\sqrt{2ax-x^2}} = -\frac{1}{a}\sqrt{\frac{2a-x}{x}} \quad (a>0)$

(135) $\displaystyle\int \frac{dx}{(2ax-x^2)^{3/2}} = \frac{x-a}{a^2\sqrt{2ax-x^2}}$

(136) $\displaystyle\int \frac{xdx}{(2ax-x^2)^{3/2}} = \frac{x}{a\sqrt{2ax-x^2}}$

(137) $\displaystyle\int \sinh ax\,dx = \frac{1}{a}\cosh ax$  (138) $\displaystyle\int \cosh ax\,dx = \frac{1}{a}\sinh ax$

(139) $\displaystyle\int \tanh ax\,dx = \frac{1}{a}\log(\cosh ax)$  (140) $\displaystyle\int \coth ax\,dx = \frac{1}{a}\log|\sinh ax|$

(141) $\displaystyle\int \mathrm{sech}\,ax\,dx = \frac{1}{a}\mathrm{Sin}^{-1}(\tanh ax)$  (142) $\displaystyle\int \mathrm{cosech}\,ax\,dx = \frac{1}{a}\log\left|\tanh\frac{ax}{2}\right|$

(143) $\displaystyle\int \sinh^2 ax\,dx = \frac{\sinh 2ax}{4a} - \frac{x}{2}$  (144) $\displaystyle\int \cosh^2 ax\,dx = \frac{\sinh 2ax}{4a} + \frac{x}{2}$

(145) $\displaystyle\int \tanh^2 ax\,dx = x - \frac{1}{a}\tanh ax$  (146) $\displaystyle\int \coth^2 ax\,dx = x - \frac{1}{a}\coth ax$

(147) $\displaystyle\int \mathrm{sech}^2 ax\,dx = \frac{1}{a}\tanh ax$  (148) $\displaystyle\int \mathrm{cosech}^2 ax\,dx = -\frac{1}{a}\coth ax$

(149) $\displaystyle\int \sinh^n ax\,dx = \frac{\sinh^{n-1}ax\cosh ax}{na} - \frac{n-1}{n}\int \sinh^{n-2} ax\,dx \quad (n\neq 0)$

(150) $\displaystyle\int \cosh^n ax\,dx = \frac{\cosh^{n-1}ax\sinh ax}{na} + \frac{n-1}{n}\int \cosh^{n-2} ax\,dx \quad (n\neq 0)$

(151) $\displaystyle\int \tanh^n ax\,dx = -\frac{\tanh^{n-1}ax}{(n-1)a} + \int \tanh^{n-2} ax\,dx \quad (n\neq 1)$

(152) $\displaystyle\int \coth^n ax\, dx = -\frac{\coth^{n-1} ax}{(n-1)a} + \int \coth^{n-2} ax\, dx \quad (n \neq 1)$

(153) $\displaystyle\int \text{sech}^n ax\, dx = \frac{\text{sech}^{n-2} ax \tanh ax}{(n-1)a} + \frac{n-2}{n-1}\int \text{sech}^{n-2} ax\, dx \quad (n \neq 1)$

(154) $\displaystyle\int \text{cosech}^n ax\, dx = -\frac{\text{cosech}^{n-2} ax \coth ax}{(n-1)a} - \frac{n-2}{n-1}\int \text{cosech}^{n-2} ax\, dx \quad (n \neq 1)$

(155) $\displaystyle\int x \sinh ax\, dx = \frac{x}{a}\cosh ax - \frac{1}{a^2}\sinh ax$

(156) $\displaystyle\int x \cosh ax\, dx = \frac{x}{a}\sinh ax - \frac{1}{a^2}\cosh ax$

(157) $\displaystyle\int x^n \sinh ax\, dx = \frac{x^n}{a}\cosh ax - \frac{n}{a}\int x^{n-1}\cosh ax\, dx$

(158) $\displaystyle\int x^n \cosh ax\, dx = \frac{x^n}{a}\sinh ax - \frac{n}{a}\int x^{n-1}\sinh ax\, dx$

(159) $\displaystyle\int e^{ax} \sinh bx\, dx = \frac{e^{ax}}{2}\left[\frac{e^{bx}}{a+b} - \frac{e^{-bx}}{a-b}\right] \quad (a^2 \neq b^2)$

(160) $\displaystyle\int e^{ax} \cosh bx\, dx = \frac{e^{ax}}{2}\left[\frac{e^{bx}}{a+b} + \frac{e^{-bx}}{a-b}\right] \quad (a^2 \neq b^2)$

(161) $\displaystyle\int_0^{\pi/2} \sin^n x\, dx = \int_0^{\pi/2} \cos^n x\, dx = \begin{cases} \dfrac{1\cdot 3\cdot 5\cdots(n-1)}{2\cdot 4\cdot 6\cdots n}\dfrac{\pi}{2} & n \geq 2, n\ \text{偶数} \\ \dfrac{2\cdot 4\cdot 6\cdots(n-1)}{1\cdot 3\cdot 5\cdots n} & n \geq 3, n\ \text{奇数} \end{cases}$

## B.3 《積分》

関数はすべてある区間に定義された連続関数であるとする.

関数 $f$ の 1 つの原始関数を, $\int f(x)dx$ で表すことにする. $c$ は積分定数.

(i) $\displaystyle\int kf(x)dx = k\int f(x)dx + c$ \quad (ii) $\displaystyle\int \{f(x) + g(x)\}dx = \int f(x)dx + \int g(x)dx + c$

(iii) $\displaystyle\int f'(x)g(x)dx = f(x)g(x) + \int f(x)g'(x)dx + c$ \quad (部分積分)

(iv) $\displaystyle\int f(x)dx = \int f(u(t))u'(t)dt + c,\ x = u(t)$ \quad (置換積分)

# 索　引

## ア　行

アーベルの定理　221
アルキメデスの公理
　　　　　　　　20
1対1対応　　　3
一様収束　　209, 216
一様連続　　　80
陰関数　　　　97
裏　　　　　　5
M test　　　216
$O, o$ 記号　　61

## カ　行

ガウス記号　　9, 71
ガウスの判定法　196
下界　　　　　17
下極限　　　　37
下限　　　　　17
過剰和　　　　139
下積分　　　　139
加法定理　　　260
下方和　　　　139
関数項級数　　216
関数の極限　　49, 54
関数列　　　　209
基本列　　　　34

逆　　　　　　5
逆関数　　　　3
逆像　　　　　2
級数　　　　　187
極限　　26, 49, 54, 262
極限関数　　　209
極限判定法　　193
極小　　　　　100
極大　　　　　100
極値　　　　98, 100
原始関数　　　148
原像　　　　　2
高位の無限小　61
広義積分　　162, 163
交項級数　　　200
合成関数　　　3
項比判定法　　194
項別積分　　　218
項別微分　　　219
コーシー・アダマール
　の定理　　　225
コーシーの平均値
　の定理　　　108
コーシー列　　33
孤立点　　　　51
根号判定法　　195

## サ　行

最小値　　　78, 102
最大値　　　78, 102
三角関数　　　260
自然対数の底　36, 248
実数　　　　　17
周期関数　　　80
集合　　　　　1
集積値　　　　37
集積点　　　　51
収束　26, 163, 187, 209
収束半径　　　224
縮小列　　　　35
シュワルツの不等式
　　　　　　122, 152
順序　　　　　14
上界　　　　　17
上極限　　　　37
上限　　　　　17
条件収束　　163, 200
上積分　　　　139
上方和　　　　139
数学的帰納法　6, 9
数列　　　　　26
整級数　　　　224
正弦級数　　　239
正項級数　　　191

| | | |
|---|---|---|
| 正数 15 | 導関数 88 | 不連続 70 |
| 正則分割 139 | 凸関数 113, 118 | 分割 139 |
| 積分 139 | | 平均値の定理 97 |
| 積分の公式 263 | ナ / ハ 行 | ベキ集合 2 |
| 積分比較判定法 196 | | ベッセル関数 248 |
| 積和公式 261 | 二項定理 14 | ヘルダーの不等式 |
| 絶対収束 163, 200 | ニュートン法 116 | 122, 152 |
| 全射 3 | 倍角公式 261 | 変曲点 113 |
| 像 121, 261 | はさみうちの原理 32 | |
| 相加・相乗平均 153 | パーセヴァルの等式 244 | マ / ヤ / ラ / ワ 行 |
| | 発散 26, 163, 187 | マクローリン級数 228 |
| タ 行 | 半角公式 262 | マクローリン展開 |
| | 汎調和級数 191 | 109, 226, 228 |
| 第一平均値の定理 149 | 比較判定法 192 | マクローリンの定理 109 |
| 対偶 5 | 微積分学の基本定理 145 | |
| ダルブーの定理 140 | 左微分可能 89 | 右微分可能 89 |
| 単射 3 | 左連続 69, 71 | 右連続 69, 71 |
| 単調減少 98 | 微分 88 | ミンコフスキーの |
| 単調数列 33, 48 | 微分可能 88, 91 | 不等式 122, 152 |
| 単調増加 98 | 微分可能性と連続性 89 | 無限小 61 |
| 値域 2 | | 無限大 62 |
| 置換積分 146 | 微分係数 88 | 優級数判定 216 |
| 中間値の定理 78 | 微分の公式 262 | 余弦級数 240 |
| 超幾何級数 203 | フィボナッチ数列 40 | ライプニッツの定理 95 |
| 調和平均 23 | 負数 15 | |
| 直積 1 | 不定積分 153 | ラーベの判定法 193 |
| 定義域 2 | 部分数列 33 | リーマン和 143 |
| 定積分 139 | 部分積分 146 | 連続関数 68, 72 |
| ディリクレの判定法 202 | 部分和 187 | 論理 4 |
| テーラー級数 228 | フーリエ級数 234 | 和積公式 261 |
| テーラー展開 228 | フーリエ係数 235 | |
| テーラーの定理 109 | | |

**著者略歴**

宮岡　悦良
1955年　東京都に生まれる
1987年　カリフォルニア大学バークレー校大学院博士課程修了
現　在　東京理科大学理学部教授
　　　　Ph. D

永倉安次郎
1927年　東京都に生まれる
1950年　北海道大学理学部数学科卒業
　　　　元 東京理科大学理学部教授
　　　　理学博士

解析演習〔一変数関数編〕　　　　　　　定価はカバーに表示

2001年 4月10日　初版第1刷
2025年 3月25日　　　第15刷

　　　　　著　者　宮　岡　悦　良
　　　　　　　　　永　倉　安次郎
　　　　　発行者　朝　倉　誠　造
　　　　　発行所　株式会社　朝　倉　書　店
　　　　　　　　　東京都新宿区新小川町 6-29
　　　　　　　　　郵便番号 162-8707
　　　　　　　　　電　話　03(3260)0141
　　　　　　　　　FAX　03(3260)0180
　　　　　　　　　https://www.asakura.co.jp
〈検印省略〉

Ⓒ 2001〈無断複写・転載を禁ず〉　印刷・製本　デジタルパブリッシングサービス
ISBN 978-4-254-11081-4　C3041　　　　　Printed in Japan

**JCOPY** 〈出版者著作権管理機構 委託出版物〉
本書の無断複写は著作権法上での例外を除き禁じられています．複写される場合は，そのつど事前に，出版者著作権管理機構（電話 03-5244-5088, FAX 03-5244-5089, e-mail: info@jcopy.or.jp）の許諾を得てください．

## 好評の事典・辞典・ハンドブック

|  |  |  |
|---|---|---|
| 数学オリンピック事典 | 野口　廣 監修 | B5判 864頁 |
| コンピュータ代数ハンドブック | 山本　慎ほか 訳 | A5判 1040頁 |
| 和算の事典 | 山司勝則ほか 編 | A5判 544頁 |
| 朝倉 数学ハンドブック［基礎編］ | 飯高　茂ほか 編 | A5判 816頁 |
| 数学定数事典 | 一松　信 監訳 | A5判 608頁 |
| 素数全書 | 和田秀男 監訳 | A5判 640頁 |
| 数論＜未解決問題＞の事典 | 金光　滋 訳 | A5判 448頁 |
| 数理統計学ハンドブック | 豊田秀樹 監訳 | A5判 784頁 |
| 統計データ科学事典 | 杉山高一ほか 編 | B5判 788頁 |
| 統計分布ハンドブック（増補版） | 蓑谷千凰彦 著 | A5判 864頁 |
| 複雑系の事典 | 複雑系の事典編集委員会 編 | A5判 448頁 |
| 医学統計学ハンドブック | 宮原英夫ほか 編 | A5判 720頁 |
| 応用数理計画ハンドブック | 久保幹雄ほか 編 | A5判 1376頁 |
| 医学統計学の事典 | 丹後俊郎ほか 編 | A5判 472頁 |
| 現代物理数学ハンドブック | 新井朝雄 著 | A5判 736頁 |
| 図説ウェーブレット変換ハンドブック | 新　誠一ほか 監訳 | A5判 408頁 |
| 生産管理の事典 | 圓川隆夫ほか 編 | B5判 752頁 |
| サプライ・チェイン最適化ハンドブック | 久保幹雄 著 | B5判 520頁 |
| 計量経済学ハンドブック | 蓑谷千凰彦ほか 編 | A5判 1048頁 |
| 金融工学事典 | 木島正明ほか 編 | A5判 1028頁 |
| 応用計量経済学ハンドブック | 蓑谷千凰彦ほか 編 | A5判 672頁 |

価格・概要等は小社ホームページをご覧ください．